中 国 国 家 标 准 汇 编

482

GB 25746～25794

（2010 年制定）

中国标准出版社　编

中国质检出版社
中国标准出版社
北　京

图书在版编目（CIP）数据

中国国家标准汇编：2010年制定. 482：GB 25746～25794/中国标准出版社编. —北京：中国标准出版社，2012
ISBN 978-7-5066-6520-9

Ⅰ. ①中… Ⅱ. ①中… Ⅲ. ①国家标准-汇编-中国-2010 Ⅳ. ①T-652.1

中国版本图书馆CIP数据核字(2011)第187916号

中国质检出版社
中国标准出版社
出版发行

北京市朝阳区和平里西街甲2号(100013)
北京市西城区三里河北街16号(100045)

网址:www.spc.net.cn
总编室:(010)64275323 发行中心:(010)51780235
读者服务部:(010)68523946

中国标准出版社秦皇岛印刷厂印刷
各地新华书店经销

*

开本 880×1230 1/16 印张 33.75 字数 796 千字
2012年1月第一版 2012年1月第一次印刷

*

定价 220.00 元

出 版 说 明

1.《中国国家标准汇编》是一部大型综合性国家标准全集。自1983年起，按国家标准顺序号以精装本、平装本两种装帧形式陆续分册汇编出版。它在一定程度上反映了我国建国以来标准化事业发展的基本情况和主要成就，是各级标准化管理机构，工矿企事业单位，农林牧副渔系统，科研、设计、教学等部门必不可少的工具书。

2.《中国国家标准汇编》收入我国每年正式发布的全部国家标准，分为"制定"卷和"修订"卷两种编辑版本。

"制定"卷收入上一年度我国发布的、新制定的国家标准，顺延前年度标准编号分成若干分册，封面和书脊上注明"20××年制定"字样及分册号，分册号一直连续。各分册中的标准是按照标准编号顺序连续排列的，如有标准顺序号缺号的，除特殊情况注明外，暂为空号。

"修订"卷收入上一年度我国发布的、修订的国家标准，视篇幅分设若干分册，但与"制定"卷分册号无关联，仅在封面和书脊上注明"20××年修订-1,-2,-3,……"字样。"修订"卷各分册中的标准，仍按标准编号顺序排列(但不连续)；如有遗漏的，均在当年最后一分册中补齐。需提请读者注意的是，个别非顺延前年度标准编号的新制定的国家标准没有收入在"制定"卷中，而是收入在"修订"卷中。

读者配套购买《中国国家标准汇编》"制定"卷和"修订"卷则可收齐上一年度我国制定和修订的全部国家标准。

3. 由于读者需求的变化，自1996年起，《中国国家标准汇编》仅出版精装本。

4. 2010年我国制修订国家标准共2846项。本分册为"2010年制定"卷第482分册，收入国家标准GB 25746～25794的最新版本。

中国标准出版社

2011年8月

目　　录

GB/T 25746—2010　可锻铸铁金相检验 …… 1
GB/T 25747—2010　镁合金压铸件 …… 15
GB/T 25748—2010　压铸镁合金 …… 27
GB/T 25749.1—2010　机械安全　空气传播的有害物质排放的评估　第1部分:试验方法的选择 …… 32
GB/T 25749.2—2010　机械安全　空气传播的有害物质排放的评估　第2部分:测量给定污染物排放率的示踪气体法 …… 41
GB/T 25749.3—2010　机械安全　空气传播的有害物质排放的评估　第3部分:测量给定污染物排放率的试验台法 …… 50
GB/T 25749.4—2010　机械安全　空气传播的有害物质排放的评估　第4部分:测量排气系统捕获效率的示踪法 …… 59
GB/T 25750—2010　可锁定气弹簧技术条件 …… 73
GB 25751—2010　压缩气弹簧技术条件 …… 85
GB/T 25752—2010　差压式气密检漏仪 …… 97
GB/T 25753.1—2010　真空技术　罗茨真空泵性能测量方法　第1部分:最大允许压差的测量 …… 108
GB/T 25753.2—2010　真空技术　罗茨真空泵性能测量方法　第2部分:零流量压缩比的测量 …… 115
GB/T 25754—2010　真空技术　直角阀　尺寸和气动装置的接口 …… 121
GB/T 25755—2010　真空技术　溅射离子泵　性能参数的测量 …… 129
GB/Z 25756—2010　真空技术　可烘烤法兰　刀口法兰尺寸 …… 140
GB/T 25757—2010　无损检测　钢管自动漏磁检测系统综合性能测试方法 …… 149
GB/T 25758.1—2010　无损检测　工业X射线系统焦点特性　第1部分:扫描方法 …… 155
GB/T 25758.2—2010　无损检测　工业X射线系统焦点特性　第2部分:针孔照相机射线照相方法 …… 165
GB/T 25758.3—2010　无损检测　工业X射线系统焦点特性　第3部分:狭缝照相机射线照相方法 …… 174
GB/T 25758.4—2010　无损检测　工业X射线系统焦点特性　第4部分:边缘方法 …… 182
GB/T 25758.5—2010　无损检测　工业X射线系统焦点特性　第5部分:小焦点和微焦点X射线管的有效焦点尺寸的测量方法 …… 190
GB/T 25759—2010　无损检测　数字化超声检测数据的计算机传输数据段指南 …… 197
GB/T 25760—2010　滚动轴承　滚针和推力球组合轴承　外形尺寸 …… 207
GB/T 25761—2010　滚动轴承　滚针和角接触球组合轴承　外形尺寸 …… 215
GB/T 25762—2010　滚动轴承　摩托车连杆支承用滚针和保持架组件 …… 219
GB/T 25763—2010　滚动轴承　汽车变速箱用滚针轴承 …… 229
GB/T 25764—2010　滚动轴承　汽车变速箱用滚子轴承 …… 247
GB/T 25765—2010　滚动轴承　汽车变速箱用球轴承 …… 265
GB/T 25766—2010　滚动轴承　外球面球轴承　径向游隙 …… 273
GB/T 25767—2010　滚动轴承　圆锥滚子 …… 277
GB/T 25768—2010　滚动轴承　滚针和双向推力圆柱滚子组合轴承 …… 287

GB/T 25769—2010　滚动轴承　径向游隙的测量方法 ………………………………………………… 301
GB/T 25770—2010　滚动轴承　铁路货车轴承 ……………………………………………………… 307
GB/T 25771—2010　滚动轴承　铁路机车轴承 ……………………………………………………… 319
GB/T 25772—2010　滚动轴承　铁路客车轴承 ……………………………………………………… 335
GB/T 25773—2010　燃气机熔化焊技术规范 ………………………………………………………… 345
GB/T 25774.1—2010　焊接材料的检验　第1部分:钢、镍及镍合金熔敷金属力学性能试样的制备及检验 ……………………………………………………………………………… 359
GB/T 25774.3—2010　焊接材料的检验　第3部分:T型接头角焊缝试样的制备及检验………… 367
GB/T 25775—2010　焊接材料供货技术条件　产品类型、尺寸、公差和标志 ……………………… 375
GB/T 25776—2010　焊接材料焊接工艺性能评定方法 ……………………………………………… 385
GB/T 25777—2010　焊接材料熔敷金属化学分析试样制备方法 …………………………………… 393
GB/T 25778—2010　焊接材料采购指南 ……………………………………………………………… 399
GB 25779—2010　承重混凝土多孔砖 ………………………………………………………………… 407
GB/T 25780—2010　1-硝基蒽醌 ……………………………………………………………………… 421
GB/T 25781—2010　1-萘胺 …………………………………………………………………………… 427
GB/T 25782—2010　1-萘酚 …………………………………………………………………………… 435
GB/T 25783—2010　1,4-二氨基蒽醌隐色体 ………………………………………………………… 441
GB/T 25784—2010　2,4,6-三硝基苯酚(苦味酸) …………………………………………………… 449
GB/T 25785—2010　2-氨基-4,6-二硝基酚钠(苦氨酸钠) …………………………………………… 457
GB/T 25786—2010　2-氨基-4-乙酰氨基苯甲醚 ……………………………………………………… 465
GB/T 25787—2010　4,4'-二羟基二苯砜(双酚S) …………………………………………………… 473
GB/T 25788—2010　C.I.溶剂蓝104 ………………………………………………………………… 481
GB/T 25789—2010　对苯二胺 ………………………………………………………………………… 489
GB/T 25790—2010　反应橙KN-3R 150%(C.I.反应橙16)…………………………………………… 497
GB/T 25791—2010　反应红M-2BE(C.I.反应红194) ……………………………………………… 503
GB/T 25792—2010　反应红W-2G(C.I.反应红84)…………………………………………………… 511
GB/T 25793—2010　反应黄KN-GR 150%(C.I.反应黄15) ………………………………………… 517
GB/T 25794—2010　反应金黄KN-RNL(C.I.反应橙107)及反应红M-RB(C.I.反应红198)…… 525

ICS 77.040.10
J 31

中华人民共和国国家标准

GB/T 25746—2010

可锻铸铁金相检验

Metallographic test for malleable cast iron

2010-12-23 发布 2011-06-01 实施

中华人民共和国国家质量监督检验检疫总局
中国国家标准化管理委员会 发布

前　言

本标准由全国铸造标准化技术委员会(SAC/TC 54)提出并归口。

本标准主要起草单位:济南玫德铸造有限公司、河北建支铸造集团有限公司、江西赣玛实业有限公司、西峡县内燃机进排气管有限责任公司。

本标准主要起草人:臧桂铭、王瑞昌、李国林、杨纲勃、任久红、夏侯于生、孙允月、赵新武。

可锻铸铁金相检验

1 范围

本标准规定了在金相显微镜下可锻铸铁显微组织的评定方法。

本标准对可锻铸铁的石墨形状、石墨形状分级、石墨分布、石墨颗数、珠光体形状、珠光体残余量分级、渗碳体残余量分级、表皮层厚度的评定方法作了规定，并列出了相应评级图。

本标准适用于评定可锻铸铁的金相显微组织。

2 规范性引用文件

下列文件中的条款通过本标准的引用而成为本标准的条款。凡是注日期的引用文件，其随后所有的修改单(不包括勘误的内容)或修订版均不适用于本标准，然而，鼓励根据本标准达成协议的各方研究是否可使用这些文件的最新版本。凡是不注日期的引用文件，其最新版本适用于本标准。

GB/T 13298 金属显微组织检验方法

3 检验项目和评级图

3.1 石墨形状分类及特征

3.1.1 对石墨形状的观察，应在未浸蚀的金相试样上进行。放大倍数为100倍。

3.1.2 如在同一试样中有不同形状的石墨，则应观察估计每种形状石墨的百分数，并在报告中依次注明。

3.1.3 石墨分布形状分五种类型，见表1及图1～图5。

表1 石墨形状分类及特征

名称	图号	特征
球状	图1	石墨较致密，外形近似圆形，周界凹凸
团絮状	图2	类似棉絮团，外形较不规则
絮状	图3	较团絮状石墨松散
聚虫状	图4	石墨松散，类似蠕虫状石墨聚集而成
枝晶状	图5	由颇多细小的短片状、点状石墨聚集呈树枝状分布

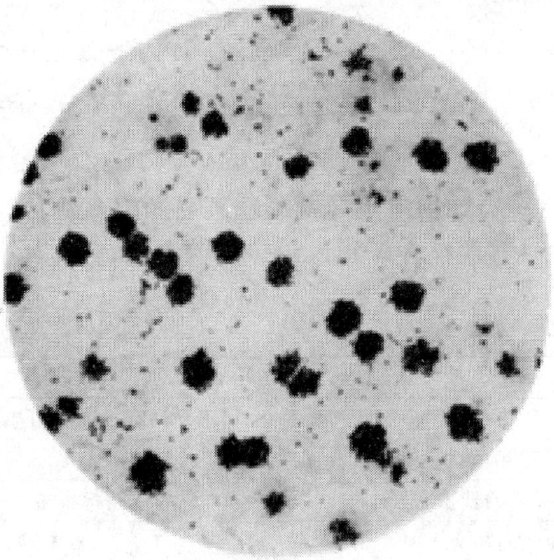

图1 100×

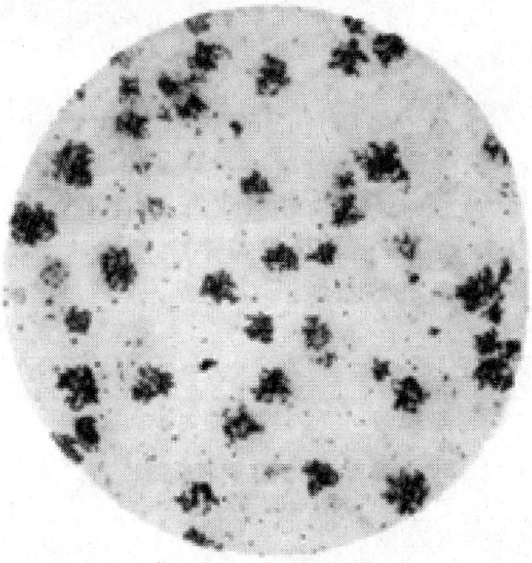

图2 100×

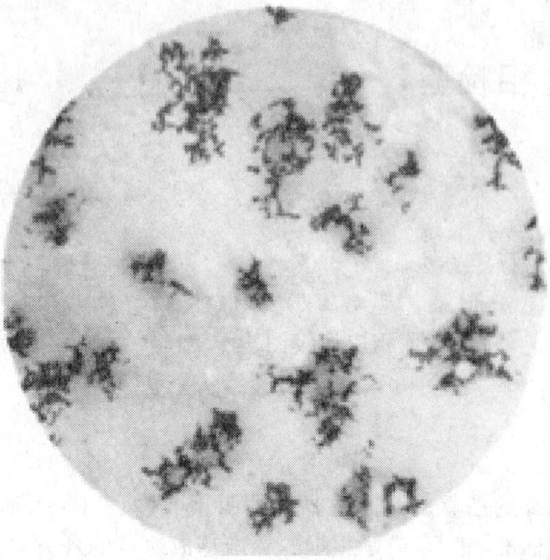

图 3　100×

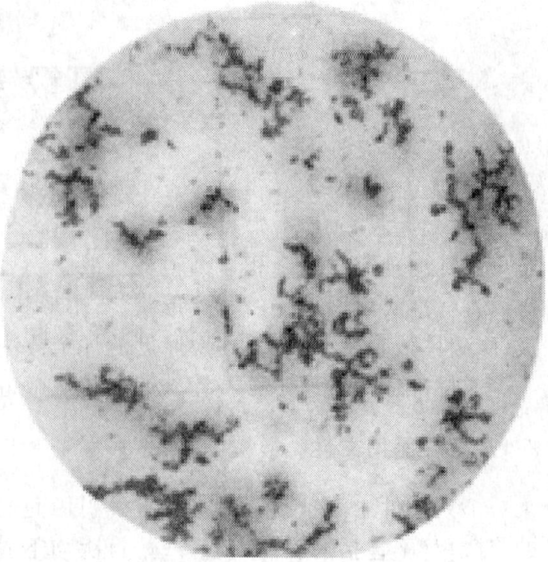

图 4　100×

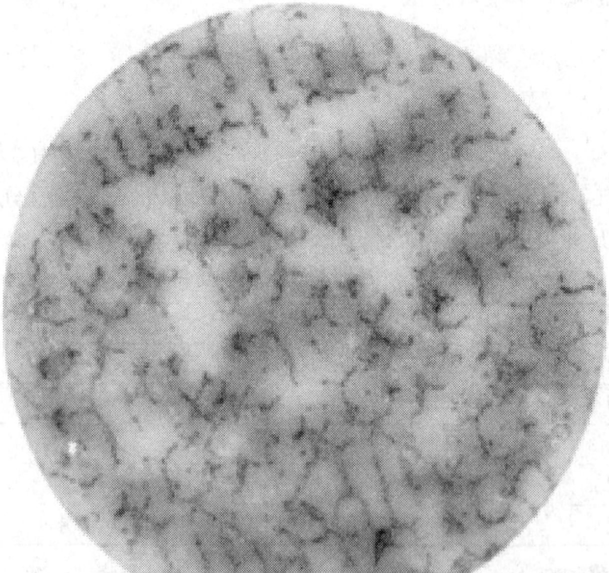

图 5　100×

3.2　石墨形状分级

可锻铸铁中，石墨通常不以单一形状出现。鉴于石墨形状对力学性能的影响，分为五级。见表 2 及图 6～图 10。

对石墨形状级别的评定，应在未浸蚀的金相试样上进行。放大倍数为 100 倍。

表 2　石墨形状分级

级别	图号	说　明
1 级	图 6	石墨大部分呈球状，允许有不大于 15% 的团絮状、絮状、聚虫状石墨存在，但不允许有枝晶状石墨
2 级	图 7	石墨大部分呈球状、团絮状，允许有不大于 15% 的絮状、聚虫状石墨存在，但不允许有枝晶状石墨
3 级	图 8	石墨大部分呈团絮状、絮状，允许有不大于 15% 的聚虫状及小于试样截面积 1% 的枝晶状石墨存在
4 级	图 9	聚虫状石墨大于 15%，枝晶状石墨小于试样截面积的 1%
5 级	图 10	枝晶状石墨大于或等于试样截面积的 1%

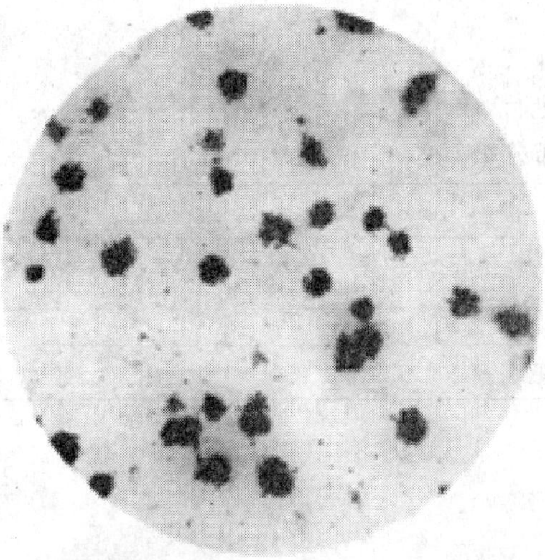

图 6　100×

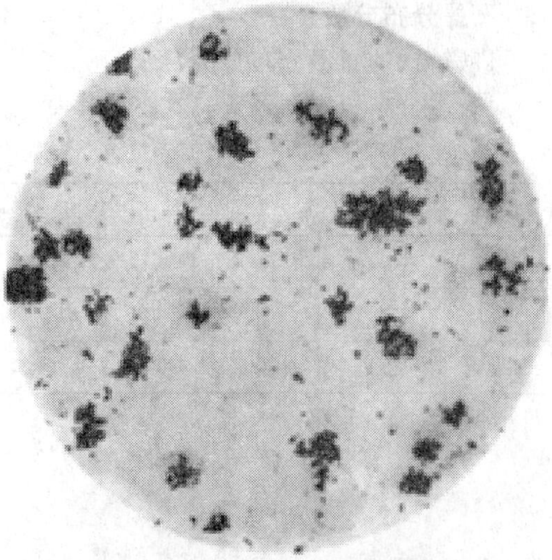

图 7　100×

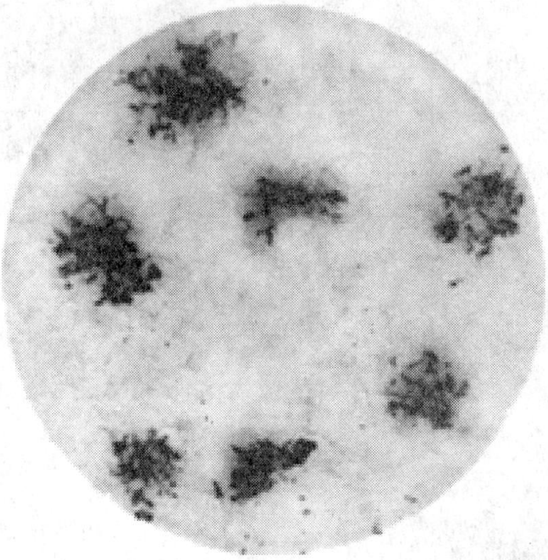

图 8　100×

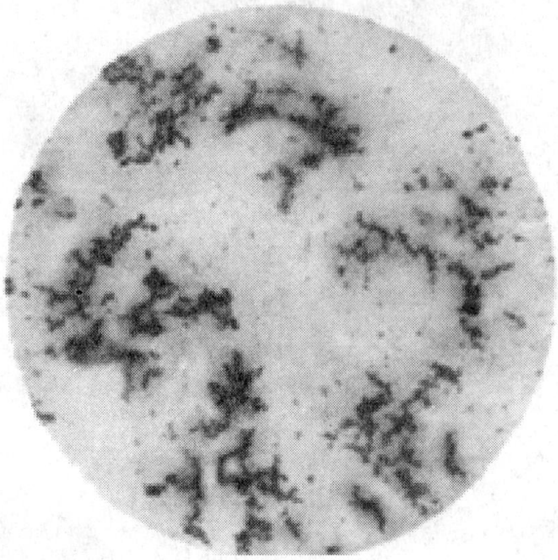

图 9　100×

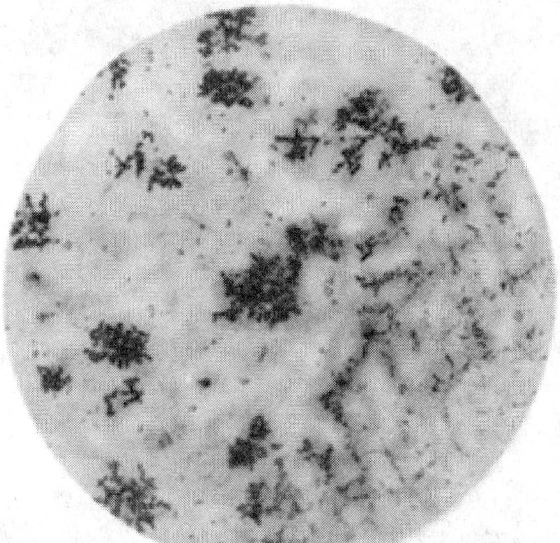

图 10　100×

3.3 石墨分布分级

可锻铸铁的石墨分布分为三级。见表3及图11～图13。

对石墨分布级别的评定,应在未浸蚀的金相试样上进行,放大倍数为100倍。

表3 石墨分布分级

级别	图号	特征
1级	图11	石墨分布均匀或较均匀
2级	图12	石墨分布不均匀,但无方向性
3级	图13	石墨呈方向性分布

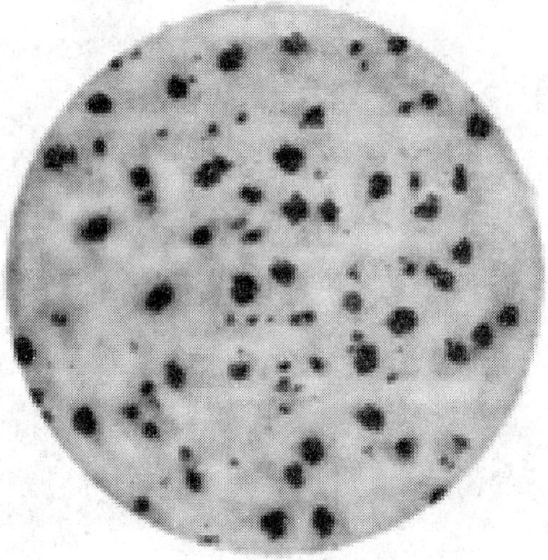

图11 100×

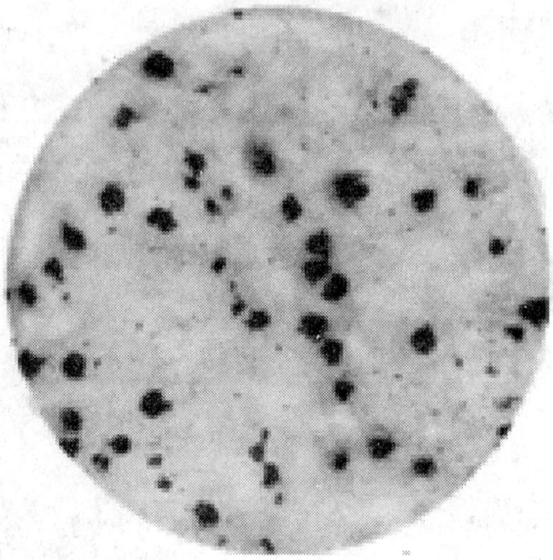

图12 100×

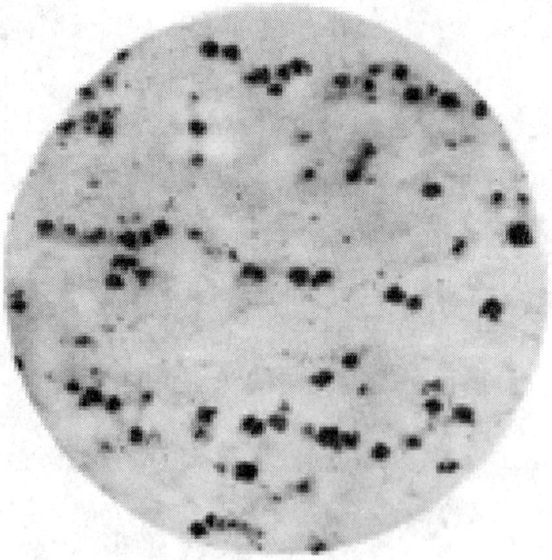

图13 100×

3.4 石墨颗数分级

单位面积内的石墨数,称为石墨颗数,以颗/mm^2计。

石墨颗数,分为五级。见表4及图14～图17。

对石墨颗数级别的评定,应在未浸蚀的金相试样上进行。放大倍数为100倍。

表 4　石墨颗数分级

级别	图号	石墨颗数(颗/mm²)	说　　明
1 级	图 14	>150	颗数大于图 14 所示
2 级	图 15～图 14	>110～150	颗数大于图 15～图 14 所示的范围内
3 级	图 16～图 15	>70～110	颗数大于图 16～图 15 所示的范围内
4 级	图 17～图 16	>30～70	颗数大于图 17～图 16 所示的范围内
5 级	图 17	≤30	颗数小于或等于图 17 所示

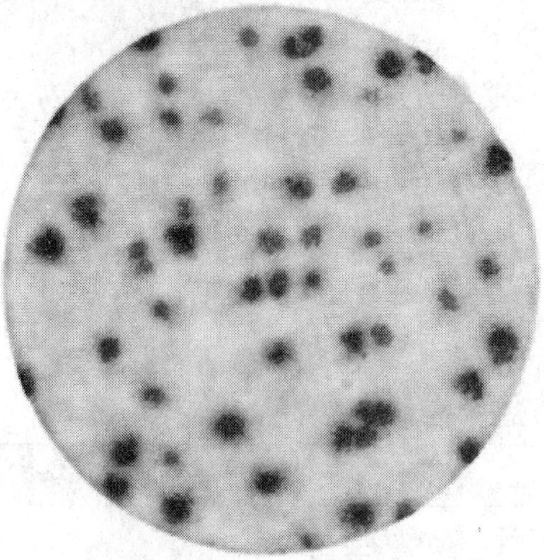

图 14　100×

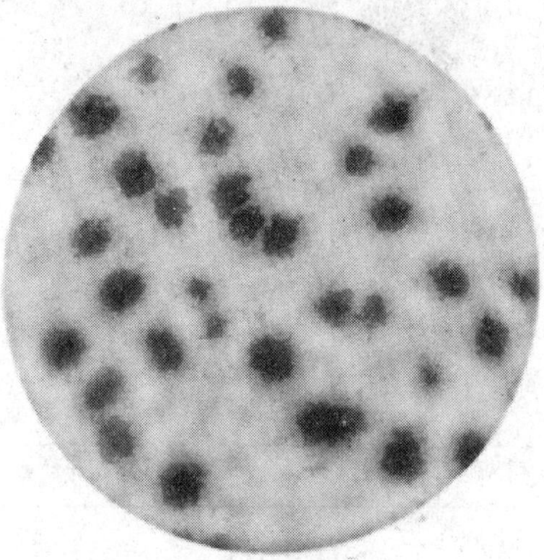

图 15　100×

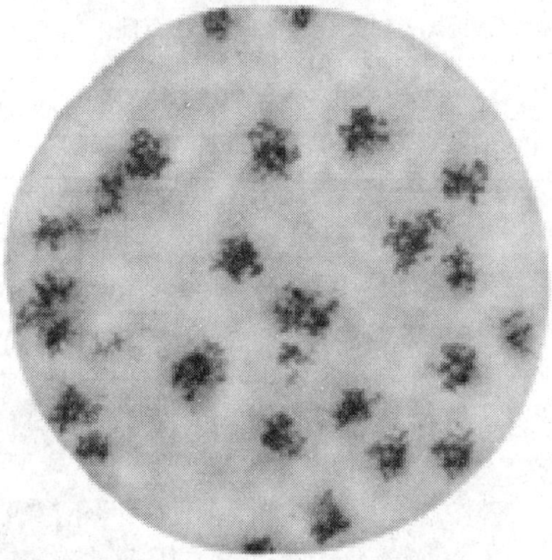

图 16　100×

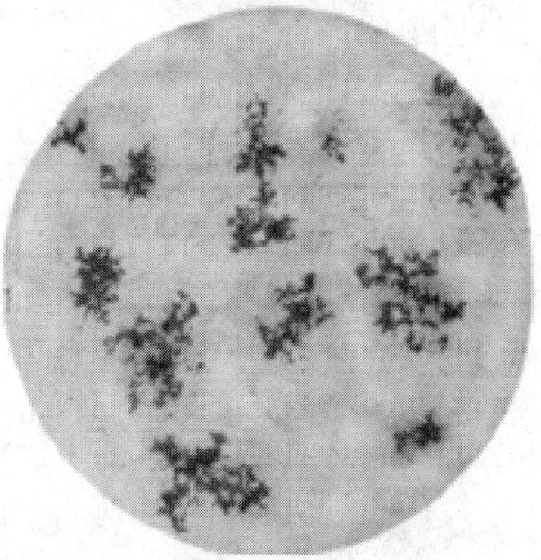

图 17　100×

3.5　珠光体形状

珠光体形状有片状和粒状两种,以片状为常见。见表 5 及图 18、图 19。

对珠光体形状的鉴别,应在浸蚀后的金相试样上进行。

表 5　珠光体形状

名　称	图号	特　　征
片状珠光体	图 18	珠光体中渗碳体呈片状
粒状珠光体	图 19	珠光体中渗碳体呈粒状

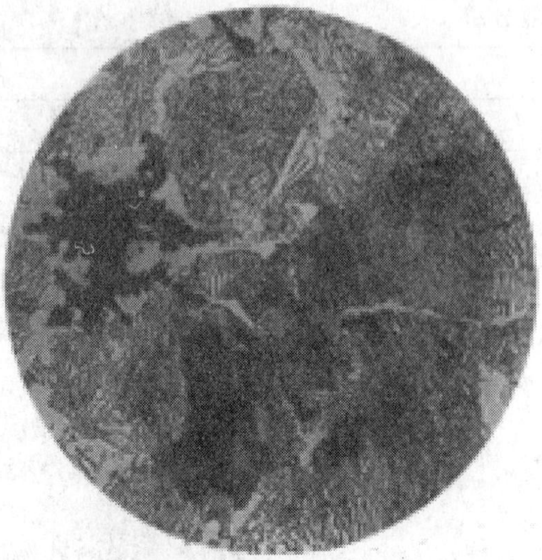

图 18　500×

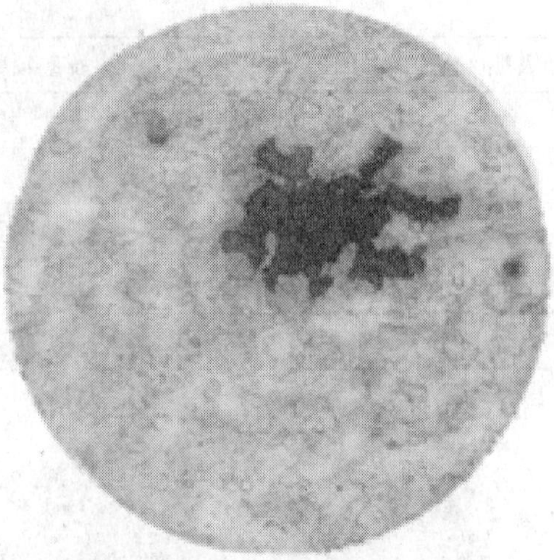

图 19　500×

3.6　珠光体残余量分级

基体中珠光体的残余量分为五级。见表 6 及图 20～图 23。

对珠光体残余量级别的评定，应在浸蚀后的金相试样上进行。放大倍数为 100 倍。

表 6　珠光体残余量分级

级别	图号	珠光体残余量/%	说　明
1 级	图 20	≤10	珠光体残余量小于或等于图 20 所示
2 级	图 20～图 21	>10～20	珠光体残余量大于图 20～图 21 所示的范围内
3 级	图 21～图 22	>20～30	珠光体残余量大于图 21～图 22 所示的范围内
4 级	图 22～图 23	>30～40	珠光体残余量大于图 22～图 23 所示的范围内
5 级	图 23	>40	珠光体残余量大于图 23 所示

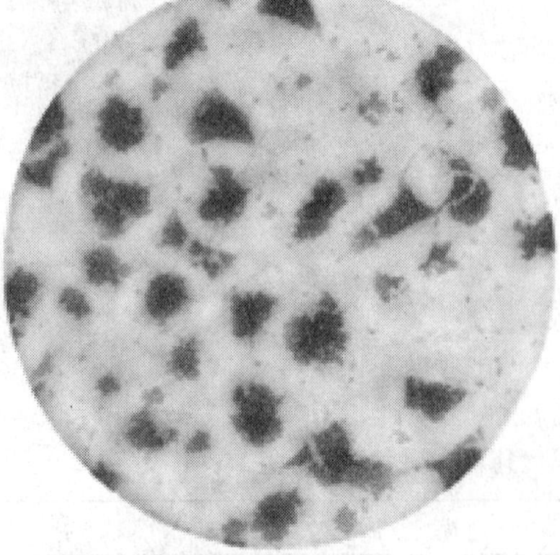

图 20　100×

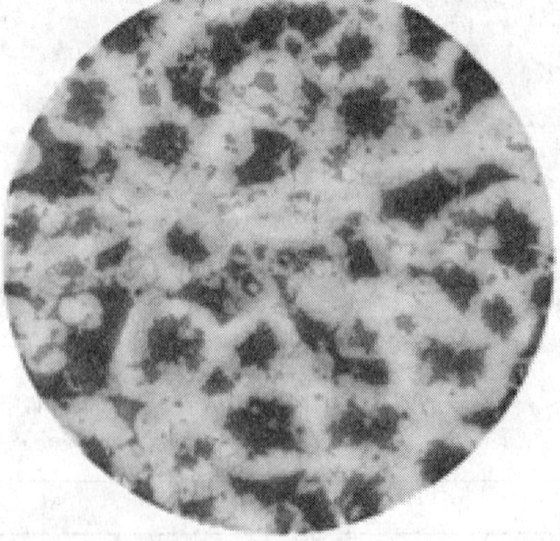

图 21　100×

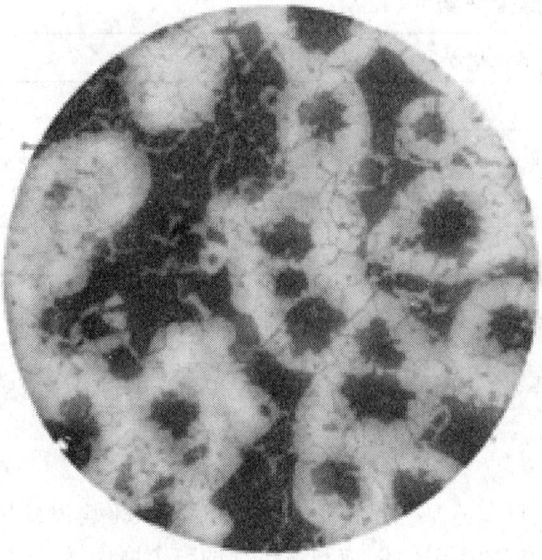

图 22　100×

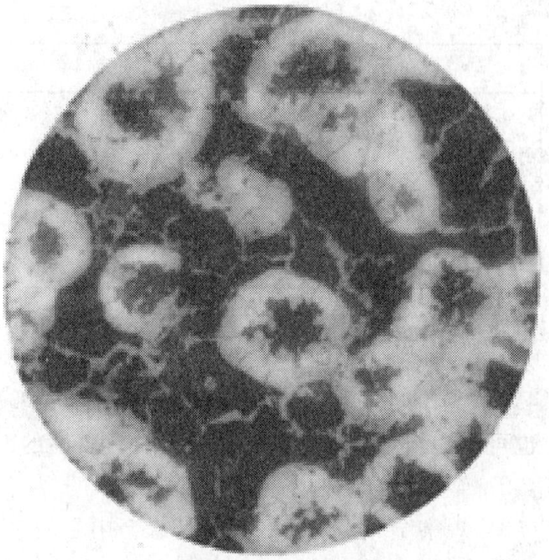

图 23　100×

3.7　渗碳体残余量分级

基体中渗碳体的残余量，分为二级。见表 7 及图 24、图 25。

对渗碳体残余量级别的评定，应在浸蚀后的金相试样上进行。放大倍数 100 倍。

表 7　渗碳体残余量分级

级别	图　号	渗碳体残余量/%	说　明
1 级	图 24	≤2	渗碳体残余量小于或等于图 24 所示
2 级	图 25	>2	渗碳体残余量大于图 25 所示

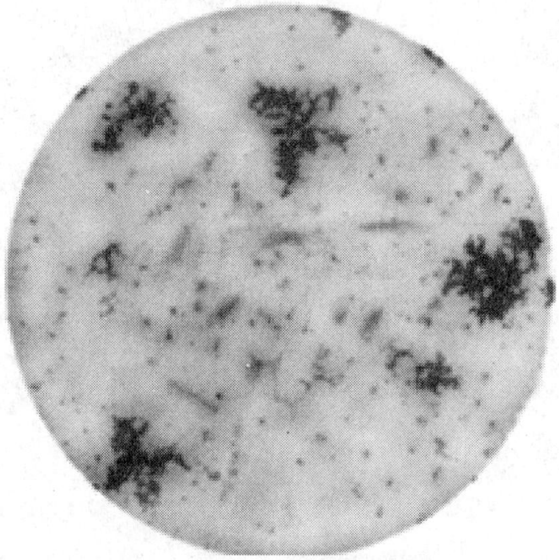

碱性苦味酸钠溶液热浸蚀　100×

图 24　小于或等于 2%(集中分布)

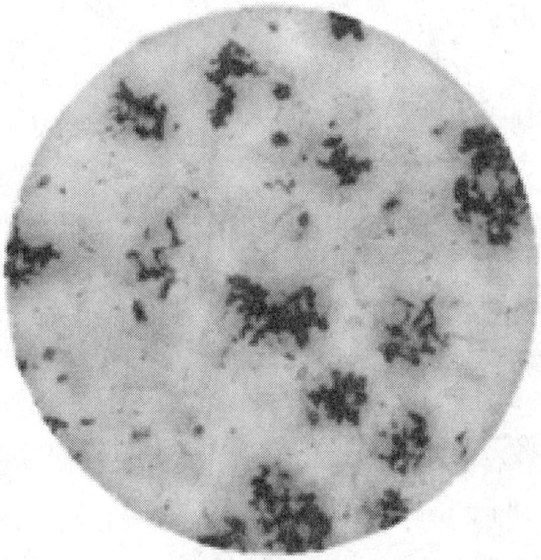

碱性苦味酸钠溶液热浸蚀　100×

图 25　大于 2%(分散分布)

3.8　表皮层厚度分级

从试样外缘至含有珠光体层结束处的厚度，称为表皮层(当表皮层不含有珠光体时，则至无石墨的全铁素体层结束处为止)，以 mm 计。

对表皮层厚度的测定，应在浸蚀后的金相试样上进行。实例见附录 A。

表皮层厚度可分为四级。见表 8。

表 8 表皮层厚度分级

级别	表皮层厚度/mm
1级	≤1.0
2级	>1.0～1.5
3级	>1.5～2.0
4级	>2.0

4 试验方法

4.1 金相试样一般应选自进行力学性能试验后的试样，检验面应离试样断裂处 20 mm 以上。必要时，也可以在与试样同炉次的铸件上有代表性的部位截取。

4.2 金相试样的制备按 GB/T 13298 的规定执行。

4.3 观察金相组织应在试样外缘至中心的二分之一处随机选取三个以上视场，然后取其平均值或其中有代表意义者作为最后的评定结果。但对枝晶状石墨和残余渗碳体，应观察试样的整个磨面。

4.4 检查石墨颗粒时，单个石墨颗粒等于或大于 0.01 mm 予以计数，未完全进入视场的石墨颗粒以 1/2 颗数计数。

4.5 评定石墨形状分级时，按不同类型石墨颗粒数占整个视场石墨颗粒数的百分数进行。

4.6 在珠光体残余量分级评定和渗碳体残余量分级评定时，按占视场面积的百分数进行。

4.7 测定表皮层时，试样不可倒角，并应检查试样的整个边缘，以其中的最大厚度作为测定的结果。

4.8 鉴别珠光体形状时，放大倍数可自行选定，以辨明为准。

4.9 试样浸蚀一般采用 2%～5%硝酸酒精溶液。

附　录　A
（资料性附录）
铁素体可锻铸铁表皮层金相组织实例

常见的8种铁素体可锻铸铁表皮层金相组织实例见图A.1～图A.8。

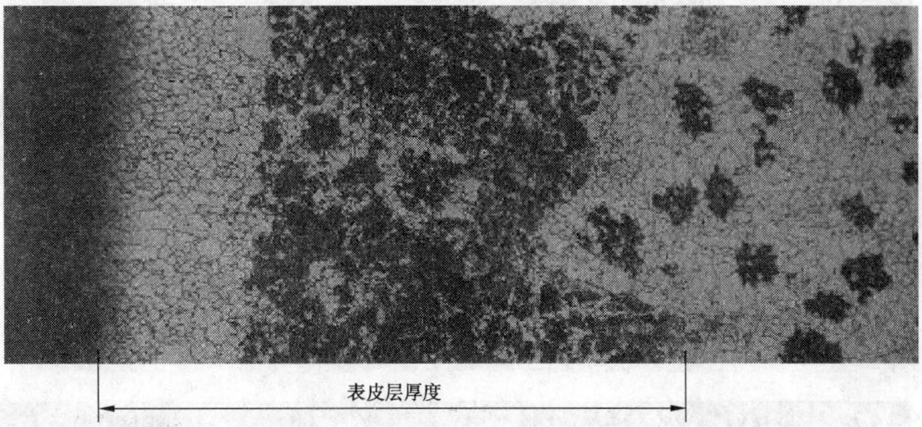

图 A.1　60×

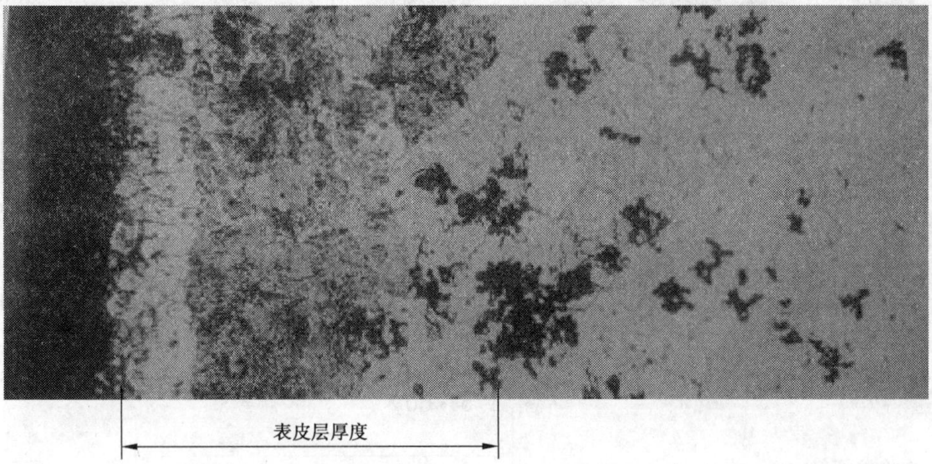

图 A.2　60×

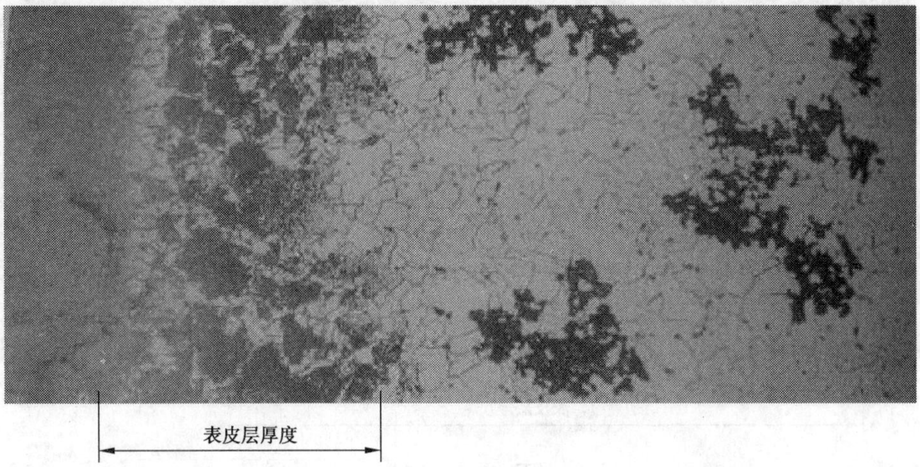

图 A.3　60×

图 A.4　60×

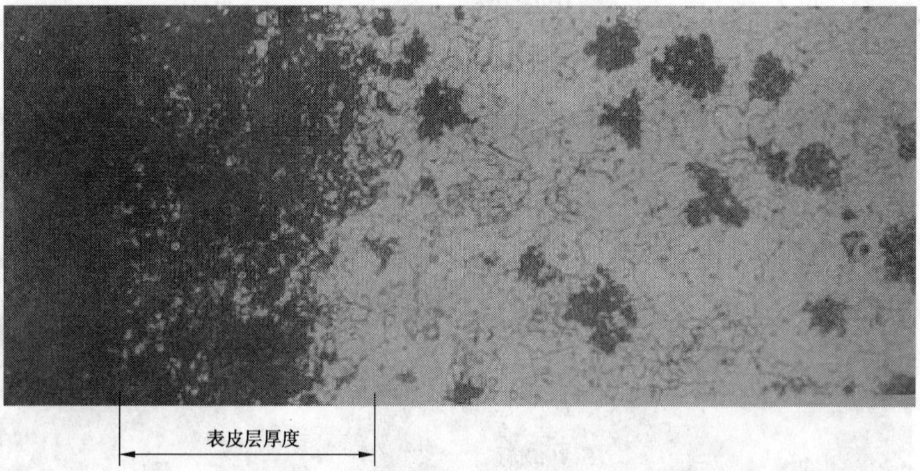

图 A.5　60×

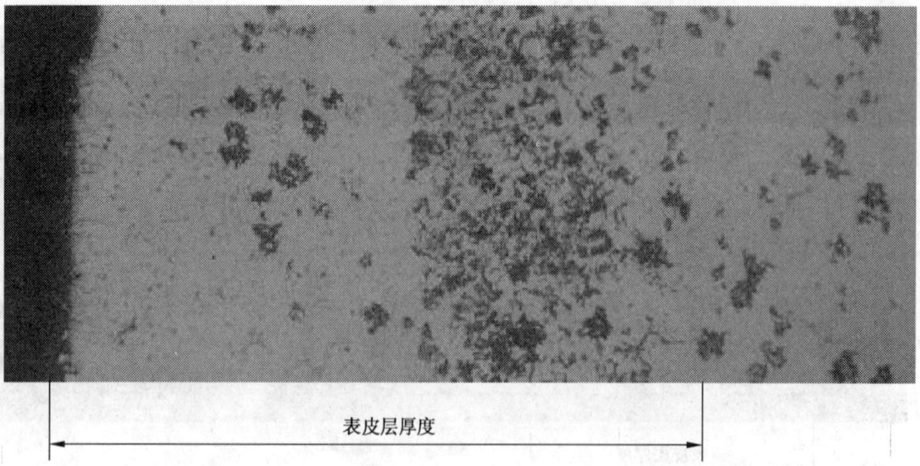

图 A.6　60×

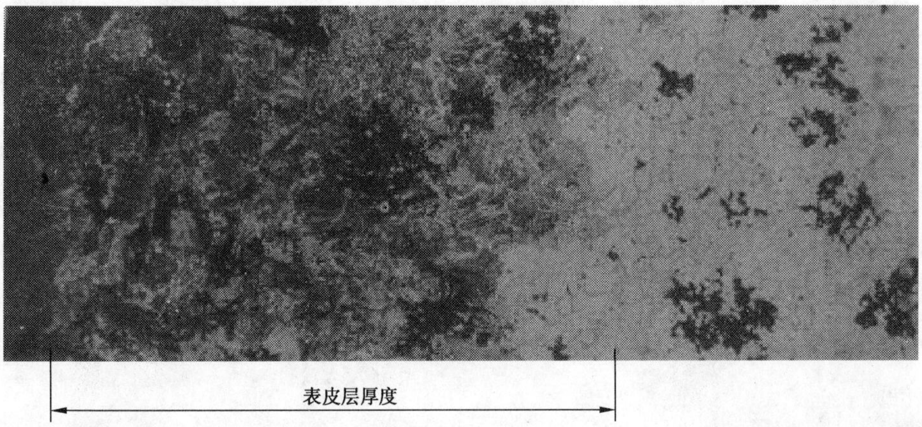

图 A.7　60×

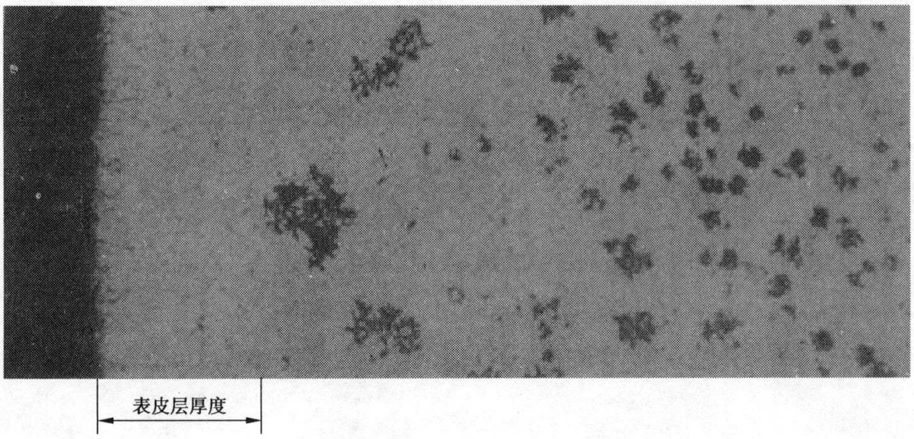

图 A.8　60×

ICS 77.120.20
J 31

中华人民共和国国家标准

GB/T 25747—2010

镁合金压铸件

Magnesium alloy die castings

2010-12-23 发布　　　　2011-06-01 实施

中华人民共和国国家质量监督检验检疫总局
中国国家标准化管理委员会　发布

前　言

本标准修改采用 ASTM B 94-07《镁合金压铸件》。

本标准和 ASTM B 94-07 相比，除在标准结构上做了较大的编辑性修改外，在主要技术内容上存在如下差异：

——未采用 ASTM B 94-07 的第 2 章引用文件，以我国的有关标准代替；

——本标准在 ASTM B 94-07 的 12 种材料牌号的基础上，增加了 YZMgAl4Si(S)、YZMgAl2Mn、YZMgAl8Zn1 等 3 种材料牌号及其相应的化学成分和力学性能要求；删除了 YZMgAl5Sr2 和 YZMgAl6Sr2 两种材料牌号。

本标准的附录 A、附录 B、附录 C、附录 D 和附录 E 均为资料性附录。

本标准由全国铸造标准化技术委员会(SAC/TC 54)提出并归口。

本标准负责起草单位：隆鑫工业有限公司。

本标准参加起草单位：沈阳铸造研究所、一汽铸造有限公司、东风(十堰)有色铸件有限公司。

本标准主要起草人：张映辉、曲学良、冯本贞、邓志勇、刘海峰、杨召岭。

镁合金压铸件

1 范围

本标准规定了镁合金压铸件的技术要求、质量保证、试验方法和检验规则、交付、包装、运输和贮存等要求。

本标准适用于镁合金压铸件。

2 规范性引用文件

下列文件中的条款通过本标准的引用而成为本标准的条款。凡是注日期的引用文件,其随后所有的修改单(不包括勘误的内容)或修订版均不适用于本标准,然而,鼓励根据本标准达成协议的各方研究是否可使用这些文件的最新版本。凡是不注日期的引用文件,其最新版本适用于本标准。

GB/T 228 金属材料 室温拉伸试验方法(GB/T 228—2002,eqv ISO 6892:1998)

GB/T 231.1 金属材料 布氏硬度试验 第1部分:试验方法(GB/T 231.1—2009,ISO 6506-1:2005,MOD)

GB/T 1182 产品几何技术规范(GPS) 几何公差 形状、方向、位置和跳动公差标注(GB/T 1182—2008,ISO 1101:2004,IDT)

GB/T 2828.1 计数抽样检验程序 第1部分:按接收质量限(AQL)检索的逐批检验抽样计划(GB/T 2828.1—2003,ISO 2859-1:1999,IDT)

GB/T 2829 周期检验计数抽样程序及表(适用于对过程稳定性的检验)

GB/T 6060.1 表面粗糙度比较样块 铸造表面(GB/T 6060.1—1997,eqv ISO 2632-3:1979)

GB/T 6060.3 表面粗糙度比较样块 第3部分:电火花、抛(喷)丸、喷砂、研磨、锉、抛光加工表面

GB/T 6414 铸件 尺寸公差与机械加工余量(GB/T 6414—1999,eqv ISO 8062:1994)

GB/T 13748.1 镁及镁合金化学分析方法 铝含量的测定(GB/T 13748.1—2005,ISO 791:1973,NEQ)

GB/T 13748.4 镁及镁合金化学分析方法 锰含量的测定 高碘酸盐分光光度法(GB/T 13748.4—2005,ISO 2353:1972,NEQ)

GB/T 13748.8 镁及镁合金化学分析方法 稀土含量的测定 重量法(GB/T 13748.8—2005,ISO 2355:1972,NEQ)

GB/T 13748.9 镁及镁合金化学分析方法 铁含量的测定 邻二氮杂菲分光光度法(GB/T 13748.9—2005,ISO 792:1973,NEQ)

GB/T 13748.10 镁及镁合金化学分析方法 硅含量的测定 钼蓝分光光度法(GB/T 13748.10—2005,ISO 1975:1973,NEQ)

GB/T 13748.12 镁及镁合金化学分析方法 铜含量的测定 新亚铜灵分光光度法

GB/T 13748.14 镁及镁合金化学分析方法 镍含量的测定 丁二酮肟分光光度法(GB/T 13748.14—2005,ISO 4058:1977,NEQ)

GB/T 13748.15 镁及镁合金化学分析方法 锌含量的测定(GB/T 13748.15—2005,ISO 4194:1981,ENQ)

GB/T 13748.20 镁及镁合金化学分析方法 第20部分:ICP-AES测定元素含量

GB/T 13748.21 镁及镁合金化学分析方法 第21部分:光电直读原子发射光谱分析方法测定元素含量

GB/T 13822　压铸有色合金试样

3　技术要求

3.1　化学成分

压铸件的化学成分应符合表1的规定。

表1　镁合金压铸件的化学成分

序号	合金牌号	合金代号	元素含量/%(质量分数)									
			Al	Zn	Mn	Si	Cu	Ni	Fe	RE	其他元素	Mg
1	YZMgAl2Si	YM102	1.8～2.5	≤0.20	0.18～0.70	0.70～1.20	≤0.01	≤0.001	≤0.005	—	≤0.01	余量
2	YZMgAl2Si(B)	YM103	1.8～2.5	≤0.25	0.05～0.15	0.70～1.20	≤0.008	≤0.001	≤0.003 5	0.06～0.25	≤0.01	余量
3	YZMgAl4Si(A)	YM104	3.5～5.0	≤0.12	0.20～0.50	0.50～1.50	≤0.06	≤0.030	—	—	—	余量
4	YZMgAl4Si(B)	YM105	3.5～5.0	≤0.12	0.35～0.70	0.50～1.50	≤0.02	≤0.002	≤0.003 5	—	≤0.02	余量
5	YZMgAl4Si(S)	YM106	3.5～5.0	≤0.20	0.18～0.70	0.50～1.50	≤0.01	≤0.002	≤0.004	—	≤0.02	余量
6	YZMgAl2Mn	YM202	1.6～2.5	≤0.20	0.33～0.70	≤0.08	≤0.008	≤0.001	≤0.004	—	≤0.01	余量
7	YZMgAl5Mn	YM203	4.4～5.4	≤0.22	0.26～0.60	≤0.10	≤0.01	≤0.002	≤0.004	—	≤0.02	余量
8	YZMgAl6Mn(A)	YM204	5.5～6.5	≤0.22	0.13～0.60	≤0.50	≤0.35	≤0.030	—	—	—	余量
9	YZMgAl6Mn	YM205	5.5～6.5	≤0.22	0.24～0.60	≤0.10	≤0.01	≤0.002	≤0.005	—	≤0.02	余量
10	YZMgAl8Zn1	YM302	7.0～8.1	0.4～1.0	0.13～0.35	≤0.30	≤0.10	≤0.010	—	—	≤0.30	余量
11	YZMgAl9Zn1(A)	YM303	8.3～9.7	0.35～1.00	0.13～0.50	≤0.50	≤0.10	≤0.030	—	—	—	余量
12	YZMgAl9Zn1(B)	YM304	8.3～9.7	0.35～1.00	0.13～0.50	≤0.50	≤0.35	≤0.030	—	—	—	余量
13	YZMgAl9Zn1(D)	YM305	8.3～9.7	0.35～1.00	0.15～0.50	≤0.10	≤0.03	≤0.002	≤0.005	—	≤0.02	余量
注：除有范围的元素和铁为必检元素外，其余元素有要求时抽检。												

3.2　力学性能

3.2.1　如果没有特殊规定，力学性能不作为验收依据。

3.2.2　附录 A 列出的力学性能是采用 GB/T 13822 规定的压铸单铸试棒确定的典型力学性能，其数值供参考。

3.2.3　当采用压铸件本体检验时，由供需双方商定技术要求。

3.3　压铸件尺寸

3.3.1　压铸件的几何形状和尺寸应符合铸件图样的规定。

3.3.2　压铸件的尺寸公差应按 GB/T 6414 的规定。受分型面和模具活动部分影响的尺寸公差还需要增加一个附加量，可参照附录 B、附录 C。有特殊规定和要求时，须在图样上注明。

3.3.3　压铸件的尺寸公差不包括铸造斜度。其不加工表面：包容面以小端为基准，被包容面以大端为基准；待加工表面：包容面以大端为基准，被包容面以小端为基准。有特殊规定和要求时，须在图样上注明。

3.3.4　压铸件有形位公差要求时，可参照附录 D。其标注方法应符合 GB/T 1182 的规定。

3.4　加工余量

压铸件的加工余量按 GB/T 6414 的规定。若有特殊规定和要求时，其加工余量须在图样上注明。

3.5　表面质量

3.5.1　压铸件表面粗糙度应符合图样或客户的要求。

3.5.2　压铸件不允许有裂纹、贯穿性欠铸等穿透性缺陷。

3.5.3　压铸件允许存在的擦伤、欠铸、凹陷、缺肉和网状毛刺等缺陷，其缺陷的程度和数量应与供需双方商定的标准相一致。

3.5.4　压铸件的浇口、飞边、溢流口、隔皮、顶杆痕迹等应进行清理，其允许留有的痕迹，由供需双方商定。

3.5.5　如图样无特别规定，有关压铸工艺的设置，如顶杆位置、分型线的位置、浇口和溢流口的位置等，由供方自行确定。

3.5.6　压铸件需要特殊加工的表面，如抛光、喷丸、抛丸、镀铬、涂覆、阳极氧化、化学氧化等应在图样上注明。

3.6　内部质量

3.6.1　压铸件如能满足其使用要求，则压铸件气孔、缩孔缺陷不作为报废的依据。

3.6.2　对压铸件的气压密封性、液压密封性、内部缺陷及本标准未列项目有要求时，应符合供需双方商定的验收标准。

3.6.3　在不影响压铸件使用的条件下，经需方同意，供方可以对压铸件进行浸渗、修补和变形校正处理。

4　质量保证

4.1　当供需双方在合同或协议中有规定时，供方应对合同中规定的所有试验和检验项目负责。合同或协议中无规定时，经需方同意，供方可以用自己适宜的手段执行本标准所规定的试验和要求。需方有权对标准中的任何试验和检验项目进行检验，其质量标准应根据供需双方之间的协议而定。

4.2　根据压铸生产特点，规定一个检验批量是指每台压铸设备在正常操作情况下，一个班次的生产量。设备、模具和操作连续性的任何重大变化都应视为一个新的批量的开始。

4.3　供方对每批压铸件都要随机或统计地抽样检验，确定是否符合全部技术要求或图样的规定。检验结果应予以记录。

5 试验方法和检验规则

5.1 化学成分

5.1.1 化学成分的试验方法分别按 GB/T 13748.1、GB/T 13748.4、GB/T 13748.8～13748.10、GB/T 13748.12、GB/T 13748.14 和 GB/T 13748.15 的规定。在保证分析精度的条件下，允许使用 GB/T 13748.20 和 GB/T 13748.21 的光谱分析等其他试验方法，其化学成分应符合表 1 中的规定。

为了防止争议的发生，分析方法需经供需双方商定。

5.1.2 化学成分的检验频率：每炉次或班次取样一组。如有特殊要求，由供需双方商定。

5.1.3 化学成分第一次检验不合格，允许重新取样，如仍不合格则该炉合金可判为不合格。

5.1.4 化学成分的试样也可取自压铸件，但检验结果应符合表 1 中的规定。

5.2 力学性能

5.2.1 力学性能的抗拉强度、伸长率试验方法按 GB/T 228 的规定执行，硬度试验方法按照 GB/T 231.1 的规定执行。

5.2.2 采用压铸试棒进行检验时，试样每组 3 根。如受检的 3 根试样中有 2 根力学性能不合格，则判定该批铸件性能不合格。允许用加倍的试样进行第二次检验，如果第二次检验中有 2 根试样不合格，但总的平均值合格时，可认为该批铸件性能合格。如不合格的试样多于 2 根，则认为该批铸件性能不合格。

5.2.3 压铸试棒的制取应符合 GB/T 13822 的规定。

5.2.4 采用压铸件本体检验时，取样部位、试样尺寸和力学性能由供需双方商定。

5.3 几何尺寸

压铸件几何尺寸的检验可按检验批量抽验或按 GB/T 2828.1、GB/T 2829 的规定进行抽验，抽检结果应符合 3.3 的规定。

5.4 表面质量

5.4.1 压铸件表面质量应逐件检查，检验结果应符合 3.5 的规定。

5.4.2 压铸件表面粗糙度测量方法按照 GB/T 6060.1 的规定执行。

5.4.3 压铸件需喷丸、抛丸、喷砂加工的表面粗糙度测量方法按照 GB/T 6060.3 的规定执行。

5.5 内部质量

5.5.1 压铸件内部质量的试验方法及检验规则由供需双方商定。可以包括无损检测、耐压试验、金相图片和压铸件解剖等，其检验结果应符合 3.6 的规定。

5.5.2 经浸渗和修补处理后的压铸件应做相应的质量检验。

6 交付、包装、运输和贮存

6.1 当在合同或协议中有要求时，供方应向需方提交检验报告，以证明每批压铸件的取样、试验和检验符合本标准的规定。

6.2 合格压铸件交付时，应附有检验合格证。

合格证上应写明产品名称、产品编号、数量、制造厂名、检验合格印记和交付时间。

有特殊检验项目时，应在检验合格证上注明检验的条件和结果。

6.3 压铸件的包装、运输和贮存，由供需双方商定。

附　录　A
（资料性附录）
压铸镁合金试样的力学性能

表 A.1　压铸镁合金试样的力学性能

序号	合金牌号	合金代号	拉伸性能			布氏硬度 HBW
			抗拉强度 R_m MPa	屈服强度 $R_{p0.2}$ MPa	伸长率 A/% (L_0=50)	
1	YZMgAl2Si	YM102	230	120	12	55
2	YZMgAl2Si(B)	YM103	231	122	13	55
3	YZMgAl4Si(A)	YM104	210	140	6	55
4	YZMgAl4Si(B)	YM105	210	140	6	55
5	YZMgAl4Si(S)	YM106	210	140	6	55
6	YZMgAl2Mn	YM202	200	110	10	58
7	YZMgAl5Mn	YM203	220	130	8	62
8	YZMgAl6Mn(A)	YM204	220	130	8	62
9	YZMgAl6Mn	YM205	220	130	8	62
10	YZMgAl8Zn1	YM302	230	160	3	63
11	YZMgAl9Zn1(A)	YM303	230	160	3	63
12	YZMgAl9Zn1(B)	YM304	230	160	3	63
13	YZMgAl9Zn1(D)	YM305	230	160	3	63
注：表中未特殊说明的数值均为最小值。						

附　录　B
（资料性附录）
线型尺寸受分型面影响时的附加量（增或减）

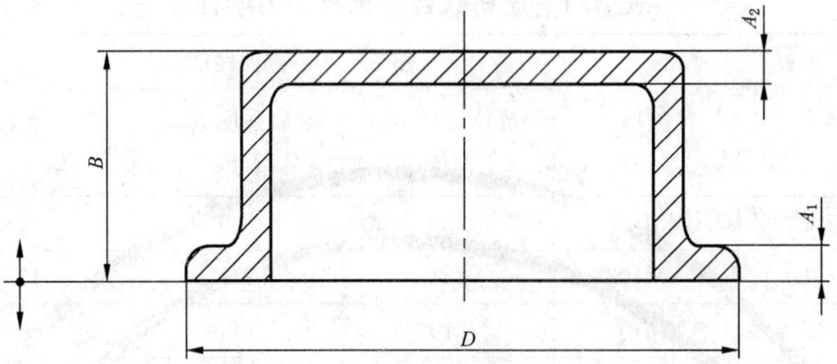

图 B.1

表 B.1　线型尺寸受分型面影响时的附加量（增或减）

铸件在分型面上的投影面积/cm²	A 处和 B 处的附加量/mm
≤150	0.10
＞150～300	0.15
＞300～600	0.20
＞600～1 200	0.30
＞1 200～1 800	0.40
注：铸件在分型面上的投影面积，包括浇注系统和排气系统在分型面上的投影面积。	

附　录　C
（资料性附录）
线型尺寸受模具活动部分影响时的附加量(增或减)

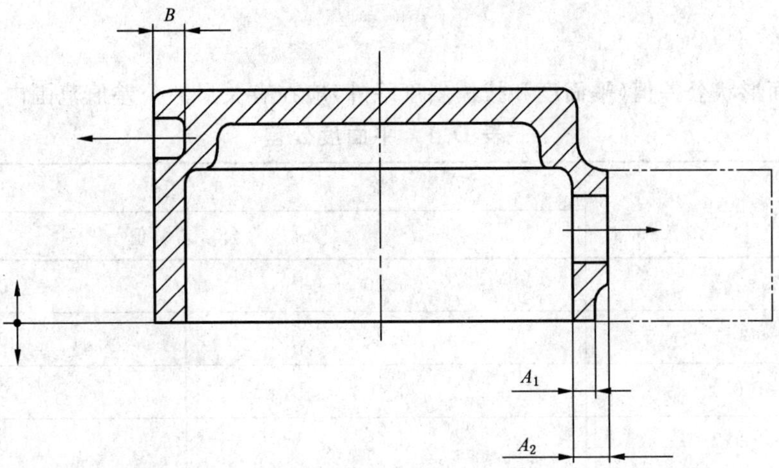

图 C.1

表 C.1　线型尺寸受模具活动部分影响时的附加量(增或减)

模具活动部分投影面积/cm²	A 处和 B 处的附加量/mm
≤50	0.10
>50～100	0.20
>100～300	0.30
>300～600	0.40
注：投影面积系指用模具活动部分形成的并与移动方向垂直的面上的投影面积。	

附 录 D
(资料性附录)
压铸件形状和位置公差

D.1 形状公差

压铸件的表面形状公差值(平面度和拔模斜度除外)应在有关尺寸公差值范围内。

表 D.1 平面度公差

单位为毫米

被测量部位尺寸	铸态	整形后
	公差值	
≤25	0.20	0.10
>25～63	0.30	0.15
>63～100	0.40	0.20
>100～160	0.55	0.25
>160～250	0.80	0.30
>250～400	1.10	0.40
>400～630	1.50	0.50
>630	2.00	0.70

D.2 位置公差

表 D.2 平行度、垂直度、端面跳动公差

单位为毫米

被测量部位在测量方向上的尺寸	被测部位和基准部位在同一半模内			被测部位和基准部位不在同一半模内		
	两个部位都不动的	两个部位中有一个动的	两个部位都动的	两个部位都不动的	两个部位中有一个动的	两个部位都动的
	公差值					
≤25	0.10	0.15	0.20	0.15	0.20	0.30
>25～63	0.15	0.20	0.30	0.20	0.30	0.40
>63～100	0.20	0.30	0.40	0.30	0.40	0.60
>100～160	0.30	0.40	0.60	0.40	0.60	0.80
>160～250	0.40	0.60	0.80	0.60	0.80	1.00
>250～400	0.60	0.80	1.00	0.80	1.00	1.20
>400～630	0.80	1.00	1.20	1.00	1.20	1.40
>630	1.00	—	—	1.20	—	—

表 D.3　同轴度、对称度公差

单位为毫米

被测量部位在测量方向上的尺寸	被测量部位和基准部位在同一半模内			被测量部位和基准部位不在同一半模内		
	两个部位都不动的	两个部位中有一个动的	两个部位都动的	两个部位都不动的	两个部位中有一个动的	两个部位都动的
	公差值					
≤30	0.15	0.30	0.35	0.30	0.35	0.50
>30～50	0.25	0.40	0.50	0.40	0.50	0.70
>50～120	0.35	0.55	0.70	0.55	0.70	0.85
>120～250	0.55	0.80	1.00	0.80	1.00	1.20
>250～500	0.80	1.20	1.40	1.20	1.40	1.60
>500～800	1.20	—	—	1.60	—	—

注：表 D.2、表 D.3 不包括压铸件与镶嵌件有关部位的位置公差。

附 录 E
（资料性附录）
国内外主要镁合金压铸件材料代号对照

表 E.1 国内外主要镁合金压铸件材料代号对照表

合金系列	GB/T 25747	ISO 16220:2005	ASTM B 94-07	JIS H 5303:2006	EN 1753-1997
MgAlSi	YM102	MgAl2Si	AS21A	MDC6	EN-MC21310
	YM103	MgAl2Si(B)	AS21B	—	—
	YM104	MgAl4Si(A)	AS41A	—	—
	YM105	MgAl4Si(B)	AS41B	MDC3B	EN-MC21320
	YM106	MgAl4Si(S)	—	—	—
MgAlMn	YM202	MgAl2Mn	—	MDC5	EN-MC21210
	YM203	MgAl5Mn	AM50A	MDC4	EN-MC21220
	YM204	MgAl6Mn(A)	AM60A	—	—
	YM205	MgAl6Mn	AM60B	MDC2B	EN-MC21230
MgAlZn	YM302	MgAl8Zn1	—	—	EN-MC21110
	YM303	MgAl9Zn1(A)	AZ91A	—	EN-MC21120
	YM304	MgAl9Zn1(B)	AZ91B	MDC1B	EN-MC21121
	YM305	MgAl9Zn1(D)	AZ91D	MDC1D	—

ICS 77.120.20
J 31

中华人民共和国国家标准

GB/T 25748—2010

压 铸 镁 合 金

Die casting magnesium alloys

2010-12-23 发布

2011-06-01 实施

中华人民共和国国家质量监督检验检疫总局
中国国家标准化管理委员会 发布

前　言

本标准修改采用ASTM B93/B93M-07《砂型铸造、金属型铸造和压铸用镁合金铸锭标准规范》。

本标准和ASTM B93/B93M-07相比，在主要技术内容上存在如下差异：

——未采用ASTM B93/B93M-07的引用文件，以我国的有关标准代替；

——本标准在ASTM B93/B93M-07材料牌号的基础上，增加了YZMgAl4Si(S)、YZMgAl2Mn、YZMgAl8Zn1等3种材料牌号及其相应的化学成分和力学性能要求；删除了YZMgAl5Sr2和YZMgAl6Sr2两种材料牌号。

本标准的附录A为资料性附录

本标准由全国铸造标准化技术委员会(SAC/TC 54)提出并归口。

本标准负责起草单位：沈阳铸造研究所。

本标准参加起草单位：一汽铸造有限公司、东风(十堰)有色铸件有限公司、重庆镁业科技股份有限公司。

本标准主要起草人：曲学良、刘海峰、杨召岭、廖亚川、尚守亮。

压 铸 镁 合 金

1 范围

本标准规定了压铸镁合金的牌号和代号,技术要求,检验方法和检验规则,包装、运输和贮存等要求。

本标准适用于压铸镁合金材料。

2 规范性引用文件

下列文件中的条款通过本标准的引用而成为本标准的条款。凡是注日期的引用文件,其随后所有的修改单(不包括勘误的内容)或修订版均不适用于本标准,然而,鼓励根据本标准达成协议的各方研究是否可使用这些文件的最新版本。凡是不注日期的引用文件,其最新版本适用于本标准。

GB/T 13748.1 镁及镁合金化学分析方法 铝含量的测定(GB/T 13748.1—2005,ISO 791:1973,NEQ)

GB/T 13748.4 镁及镁合金化学分析方法 锰含量的测定 高碘酸盐分光光度法(GB/T 13748.4—2005,ISO 2353:1972,NEQ)

GB/T 13748.8 镁及镁合金化学分析方法 稀土含量的测定 重量法(GB/T 13748.8—2005,ISO 2355:1972,NEQ)

GB/T 13748.9 镁及镁合金化学分析方法 铁含量的测定 邻二氮杂菲分光光度法(GB/T 13748.9—2005,ISO 792:1973,NEQ)

GB/T 13748.10 镁及镁合金化学分析方法 硅含量的测定 钼蓝分光光度法(GB/T 13748.10—2005,ISO 1975:1973,NEQ)

GB/T 13748.12 镁及镁合金化学分析方法 铜含量的测定 新亚铜灵分光光度法

GB/T 13748.14 镁及镁合金化学分析方法 镍含量的测定 丁二酮肟分光光度法(GB/T 13748.14—2005,ISO 4058:1977,NEQ)

GB/T 13748.15 镁及镁合金化学分析方法 锌含量的测定(GB/T 13748.15—2005,ISO 4194:1981,NEQ)

3 合金牌号和代号

3.1 合金牌号的表示方法

压铸镁合金牌号是由镁及主要合金元素的化学符号组成。主要合金元素后面跟有表示其名义质量分数的数字(名义质量分数为该元素平均质量分数的修约化整值)。

在合金牌号前面冠以字母“YZ”(“Y”及“Z”分别为“压”和“铸”两字汉语拼音的第一个字母)表示为压铸合金。

3.2 合金代号的表示方法

合金代号中,“YM”(“Y”及“M”分别为“压”和“镁”两字汉语拼音的第一个字母)表示压铸镁合金,YM 后第一个数字 1、2、3 表示 MgAlSi、MgAlMn、MgAlZn 系列合金,代表合金的代号。YM 后第二、三两个数字为顺序号。

4 技术要求

4.1 压铸镁合金的化学成分

压铸镁合金的化学成分应符合表 1 的规定。

表1 压铸镁合金的化学成分

序号	合金牌号	合金代号	化学成分(质量分数)/%									
			Al	Zn	Mn	Si	Cu	Ni	Fe	RE	其他杂质	Mg
1	YZMgAl2Si	YM102	1.9～2.5	≤0.20	0.20～0.60	0.70～1.20	≤0.008	≤0.001	≤0.004	—	≤0.01	余量
2	YZMgAl2Si(B)	YM103	1.9～2.5	≤0.25	0.05～0.15	0.70～1.20	≤0.008	≤0.001	≤0.004	0.06～0.25	≤0.01	余量
3	YZMgAl4Si(A)	YM104	3.7～4.8	≤0.10	0.22～0.48	0.60～1.40	≤0.040	≤0.010	—	—	—	余量
4	YZMgAl4Si(B)	YM105	3.7～4.8	≤0.10	0.35～0.60	0.60～1.40	≤0.015	≤0.001	≤0.004	—	≤0.01	余量
5	YZMgAl4Si(S)	YM106	3.5～5.0	≤0.20	0.18～0.70	0.5～1.5	≤0.01	≤0.002	≤0.004	—	≤0.02	余量
6	YZMgAl2Mn	YM202	1.6～2.5	≤0.20	0.33～0.70	≤0.08	≤0.008	≤0.001	≤0.004	—	≤0.01	余量
7	YZMgAl5Mn	YM203	4.5～5.3	≤0.20	0.28～0.50	≤0.08	≤0.008	≤0.001	≤0.004	—	≤0.01	余量
8	YZMgAl6Mn(A)	YM204	5.6～6.4	≤0.20	0.15～0.50	≤0.20	≤0.250	≤0.010	—	—	—	余量
9	YZMgAl6Mn	YM205	5.6～6.4	≤0.20	0.26～0.50	≤0.08	≤0.008	≤0.001	≤0.004	—	≤0.01	余量
10	YZMgAl8Zn1	YM302	7.0～8.1	0.40～1.00	0.13～0.35	≤0.30	≤0.10	≤0.010	—	—	≤0.30	余量
11	YZMgAl9Zn1(A)	YM303	8.5～9.5	0.45～0.90	0.15～0.40	≤0.20	≤0.080	≤0.010	—	—	—	余量
12	YZMgAl9Zn1(B)	YM304	8.5～9.5	0.45～0.90	0.15～0.40	≤0.20	≤0.250	≤0.010	—	—	—	余量
13	YZMgAl9Zn1(D)	YM305	8.5～9.5	0.45～0.90	0.17～0.40	≤0.08	≤0.025	≤0.001	≤0.004	—	≤0.01	余量
注:除有范围的元素和铁为必检元素外,其余元素有要求时抽检。												

5 检验方法和检验规则

5.1 化学成分的检验方法分别按 GB/T 13748.1、GB/T 13748.4、GB/T 13748.8、GB/T 13748.9、GB/T 13748.10、GB/T 13748.12、GB/T 13748.14 和 GB/T 13748.15 的规定执行。在保证分析精度的条件下,允许使用其他方法,其化学成分应符合表1中的规定。为了防止争议的发生,分析方法需经供需双方商定。

5.2 化学成分的检验频率,每炉次取样一组。如有特殊要求,由供需双方商定。

5.3 化学成分第一次检验不合格,允许重新取样,如仍不合格则该炉合金成分不合格。

6 包装、运输和贮存

6.1 包装应保证在运输和存放过程中防止潮湿。

6.2 包装的标志应有:名称、数量、合金代号、检验合格印记和生产日期。

6.3 运输方式由供需双方商定。

附 录 A
（资料性附录）
国内外主要压铸镁合金代号对照

表 A.1 国内外主要压铸镁合金代号对照表

合金系列	GB/T 25748	ISO 16220:2006	ASTM B93/B93M-07	JIS H 5303:2006	EN 1753—1997
MgAlSi	YM102	MgAl2Si	AS21A	MDC6	MB21310
	YM103	MgAl2Si(B)	AS21B	—	—
	YM104	MgAl4Si(A)	AS41A	—	—
	YM105	MgAl4Si	AS41B	MDC3B	MB21320
	YM106	MgAl4Si(S)	—	—	—
MgAlMn	YM202	MgAl2Mn	—	MDC5	MB21210
	YM203	MgAl5Mn	AM50A	MDC4	MB21220
	YM204	MgAl6Mn(A)	AM60A	—	—
	YM205	MgAl6Mn	AM60B	MDC2B	MB21230
MgAlZn	YM302	MgAl8Zn1	—	—	MB21110
	YM303	MgAl9Zn1(A)	AZ91A	—	MB21120
	YM304	MgAl9Zn1(B)	AZ91B	MDC1B	MB21121
	YM305	MgAl9Zn1(D)	AZ91D	MDC1D	—

ICS 13.110
J 09

中华人民共和国国家标准

GB/T 25749.1—2010/ISO 29042-1:2008

机械安全 空气传播的有害物质排放的评估 第1部分:试验方法的选择

**Safety of machinery—
Evaluation of the emission of airborne hazardous substances—
Part 1:Selection of test methods**

(ISO 29042-1:2008,IDT)

2010-12-23 发布　　　　2011-10-01 实施

中华人民共和国国家质量监督检验检疫总局
中国国家标准化管理委员会　发布

前　言

GB/T 25749《机械安全　空气传播的有害物质排放的评估》由以下9部分组成：

——第1部分：试验方法的选择

——第2部分：测量给定污染物排放率的示踪气体法

——第3部分：测量给定污染物排放率的试验台法

——第4部分：测量排气系统捕获效率的示踪法

——第5部分：测量不带导管出口的空气净化系统质量分离效率的试验台法

——第6部分：测量带导管出口的空气净化系统质量分离效率的试验台法

——第7部分：测量污染物浓度的试验台法

——第8部分：测量污染物浓度的室内法

——第9部分：净化指数

本部分是GB/T 25749的第1部分。

本部分等同采用ISO 29042-1:2008《机械安全　空气传播的有害物质排放的评估　第1部分：试验方法的选择》(英文版)。

本部分等同翻译ISO 29042-1:2008。为便于使用，本部分做了下列编辑性修改：

——删除了ISO前言，重新编写了前言；

——删除了引言中关于ISO/TC 199工作范围以及关于ISO 29042-1与EN 1903-1的关系的内容；

——将规范性引用文件的导语按GB/T 1.1—2009进行了修改，并将ISO 29042-1:2008引用的国际标准改为对应的国家标准；

——3.3的注1中的"捕获效率的百分比"改为"捕获效率"，并在等式(1)中的"100"后面增加"%"，其他类似情况做相同处理；

——ISO 29042-1:2008的5.2a)中的"m_k"有误，修改为"$\dot{m}_k$"。

本部分由全国机械安全标准化技术委员会(SAC/TC 208)提出并归口。

本部分起草单位：机械科学研究总院、广西柳工机械股份有限公司、深圳市华测检测技术股份有限公司、南京林业大学光机电仪工程研究所。

本部分主要起草人：付大为、李勤、宁燕、林建荣、居荣华、朱平、富锐、张晓飞、郭勇、汪希伟、宋小宁、黄中良、刘治永。

引　言

机械领域的安全标准结构如下：

——A类标准(基础安全标准)，给出适用于所有机械的基本概念、设计原则和一般特征。

——B类标准(通用安全标准)，涉及机械的一种安全特征或使用范围较宽的一类安全防护装置：

- B1类，特定的安全特征(如安全距离、表面温度、噪声)标准；
- B2类，安全装置(如双手操纵装置、联锁装置、压敏装置、防护装置)标准。

——C类标准(机器安全标准)，对一种特定的机器或一组机器规定出详细的安全要求的标准。

根据GB/T 15706.1，本部分属于B类标准。

本部分的条款可以由C类标准进行补充或修改。

对于按照C类标准设计和构造的机器，如果C类标准中的条款与A类或B类标准不一致时，优先采用C类标准。

由机器排放并经空气传播的有害物质，其浓度水平由以下因素确定：

——受检机器排放经空气传播的有害物质(“污染物”)的排放率(取决于加工类型和机器的生产率)；

——与机器相连的污染物控制系统的性能及空气再循环情况下分离系统的性能；

——可减小污染(有效的全面通风)或增加污染(扰动气流、交叉气流)的环境条件，特别是气流模式；

——工人相对于机器及其污染物控制系统的位置，并考虑工人的动作；

——维护水平(低水平的维护通常对污染物控制和分离系统产生不利影响)。

本标准涉及上面所列出的前两点，并且只是全面风险评价的一部分。本标准不适用于工作场所的风险评价。对本标准定义的参数进行评估就是对机器及其相关污染物控制系统的性能进行评估。

本标准可作为GB/T 18569.2中规定的验证程序的一部分。

机械安全
空气传播的有害物质排放的评估
第1部分:试验方法的选择

1 范围

GB/T 25749 的本部分规定了用于评价机器污染物排放或机器污染物控制系统性能的参数。本部分给出了根据不同应用领域和机器类型选择适当试验方法的指南,包含减少暴露于污染物中的措施的效果。试验方法在 GB/T 25749 的其他部分给出(见表 1)。

2 规范性引用文件

下列文件对于本文件的应用是必不可少的。凡是注日期的引用文件,仅注日期的版本适用于本文件。凡是不注日期的引用文件,其最新版本(包括所有的修改单)适用于本文件。

GB/T 15706.1—2007 机械安全 基本概念与设计原则 第1部分:基本术语和方法(ISO 12100-1:2003,IDT)

3 术语和定义

GB/T 15706.1—2007 界定的以及下列术语和定义适用于本文件。

3.1

给定污染物的非受控排放率 uncontrolled emission rate of a given pollutant

$\dot{m}_u$

单位时间内机器排放到周围空间的污染物的质量。

注:不宜采取任何减少机器周围空气污染的措施(例如:捕获装置、密封设备、加湿处理)。

3.2

给定污染物的受控排放率 controlled emission rate of a given pollutant

$\dot{m}_k$

采取减少空气污染措施的情况下,单位时间内机器排放到周围空间的污染物的质量。

注:宜采取减少机器周围空气污染的措施(例如:捕获装置、密封设备、加湿处理)。

3.3

捕获效率 capture efficiency

η_C

污染物控制系统直接收集的给定污染物的质量流量与机器排放的该污染物非受控质量流量的比值。

注1:捕获效率可由下式计算得出:

$$\eta_C = \frac{\dot{m}_u - \dot{m}_k}{\dot{m}_u} \times 100\% \quad \cdots\cdots(1)$$

仅当 $\dot{m}_u - \dot{m}_k$ 代表直接捕获的污染物质量流量时,该式才适用。当排放量受控制系统影响时,该参数不适用。

注 2：如果污染物控制系统是排气系统，且能够通过示踪技术模拟真实污染物的排放和流动模式，该式变为：

$$\eta_C = \frac{q_C}{q_E} \times 100\% \quad \cdots\cdots (2)$$

式中：

q_C——运行期间排气系统收集的示踪物的流量；

q_E——发射的示踪物流量(通过第1阶段直接向排气系统发射示踪物进行测量)。

注 3：更多的详细资料见 GB/T 25749.4—2010 的第5章。

3.4

质量分离效率　separation efficiency by mass

η_S

给定时间段内，空气净化系统过滤掉的污染物质量(m_3)与进入空气净化系统的污染物质量(m_1)的比值。

注 1：对于特别应用场合，测量纤维或颗粒的数量，而不测量质量。

注 2：空气净化系统的分离效率可以由下式计算：

$$\eta_S = \frac{m_3}{m_1} \times 100\% \quad \cdots\cdots (3)$$

注 3：某些情况下，可能只需要考虑对暴露人员有实际危害的那部分污染物(如：一定尺寸的颗粒)；例如：有害粉尘分离系统的分离效率用颗粒尺寸的函数来测量——否则，测量结果对健康与安全可能是不可靠的。

3.5

污染物浓度参数　pollutant concentration parameter

P_C

机器附近规定位置测量的给定污染物的浓度。

3.6

净化指数　decontamination index

I_A

在周围多个规定位置获取的，环境空气质量改善后的实际污染物浓度与污染物控制系统不工作时的实际污染物浓度之比的平均值。

注 1：考虑其他操作造成的空气污染(“本底浓度”)，有必要进行修正。

注 2：净化指数可以通过下面的公式计算获得：

$$I_A = \frac{1}{n}\sum_{i=1}^{n}\frac{C_{ai} - C_{mi}}{C_{ai} - C_{fi}} \quad \cdots\cdots (4)$$

式中：

C_{ai} ——在机器运行且污染物控制系统未运行的条件下，环境中规定位置测得的实际污染物浓度；

C_{mi}——在机器和污染物控制系统均运行的条件下，环境中规定位置测得的实际污染物浓度；

C_{fi} ——在机器和污染物控制系统均未运行的条件下(“本底浓度”)，环境中规定位置测得的实际污染物浓度；

n ——规定位置的数量。

注 3：当“本底浓度”可忽略时，则净化指数可简化为：

$$I_A = 1 - \frac{1}{n}\sum_{i=1}^{n}\frac{C_{mi}}{C_{ai}} \quad \cdots\cdots (5)$$

4　试验方法的类别

4.1　概述

确定颗粒尺寸分布和污染物浓度后，就可以确定各粒级的评价参数。对于每个确定的评价参数(见

第 3 章)，可考虑不同的试验方法。宜根据下列准则选择试验方法：

——所用污染物的类别；

——试验环境的类别。

ISO 3966、GB/T 2624.1、ISO 5168 适用于测量流体流量。

4.2 所用污染物的类别

应尽可能使用实际污染物做试验。但是，在某些情况下，采用示踪技术进行测试更方便。向实际污染物加入示踪物需要满足几个条件，特别是实际污染物和示踪物各自的排放和流动模式要存在可比性。

根据测试方法，应考虑两类污染物：

——气溶胶(固态或液态)或气态的实际污染物；

——模拟实际污染物的示踪物。

在不测量空气流量的情况下确定实际污染物的排放率时，需同时使用实际污染物和示踪物。

可通过以下方式进行浓度测量：

——在导管内连同空气流量一起测量；

——在受检机器周围的位置测量。

4.3 试验环境的类别

4.3.1 概述

可以考虑的环境试验条件主要有两类，在某些情况下，可能需要使用不同的试验方法。

4.3.2 实验室法

4.3.2.1 试验台法

在为这些试验或测量而专门设计的试验仓内进行试验，试验仓尺寸应受限且已知。

为避免其他机器影响受检机器周围的污染状况和干扰通过污染物控制系统的空气流量，试验仓仅放置一台机器。

宜通过规定的试验仓总体通风条件维持机器周围的空气流动模式。

注：在此类方法中，总体通风条件和机器运行条件是确定的，且在一定程度上是随机的。因此，多数情况，它们并不代表实际遇到的情况。

4.3.2.2 室内法

在位于实验室或工业装置现场且专门用于这些试验或测量的室内进行试验。

每次宜仅有一台机器运行。与现场法相比，本方法可更精确控制全面通风和局部通风。因为机器的位置不固定，所以为了确定交叉气流的影响，应检查机器周围的气流模式。

注：在此类方法中，全面通风条件和机器运行条件是确定的，且在一定程度上是随机的。因此，多数情况，它们并不代表实际遇到的情况。

4.3.3 现场法

许多机器由于太大而难于搬运或有安装或工艺的特殊要求，不能在试验仓(见 4.3.2.1)或室内(见 4.3.2.2)进行试验，则可以在机器的安装地点进行试验。

由于需要考虑实际情况下发生的各种干扰(如交叉气流)，因此在机器通常的工作环境中进行现场试验尤为重要。

试验前与试验期间宜注意确定受检机器及其污染物控制系统的运行条件，以及会产生污染影响试验结果的其他机械的运行条件。

注：采用合适的示踪方法可避免此影响。

应记录受检机器和其他设备的运行条件。

为评估包括空气交叉气流在内的全面通风的特征，还需进行额外的测量。例如，因开门造成的交叉气流可严重干扰机器周围的气流模式。

4.4 方法汇总

表1给出了GB/T 25749各部分对应的不同方法。

每种方法的详细描述在表1列出的GB/T 25749各部分中给出。更具体的试验条件的附加信息将在针对某类特定机械的C类标准中提供。

表1 方法汇总

<table>
<tr><th colspan="2" rowspan="2">评价参数</th><th rowspan="2">污染物的类别</th><th colspan="3">所选方法</th></tr>
<tr><th>试验台法</th><th>室内法</th><th>现场法</th></tr>
<tr><td rowspan="3">排放</td><td rowspan="2">排放率</td><td>示踪物和污染物</td><td>—</td><td colspan="2">GB/T 25749.2</td></tr>
<tr><td>污染物</td><td>GB/T 25749.3</td><td>—</td><td>—</td></tr>
<tr><td>污染物浓度</td><td>污染物</td><td>ISO 29042-7</td><td>ISO 29042-8</td><td>—</td></tr>
<tr><td rowspan="3">捕获</td><td rowspan="2">效率</td><td>示踪物</td><td colspan="3">GB/T 25749.4</td></tr>
<tr><td>污染物</td><td>—</td><td>—</td><td>—</td></tr>
<tr><td>净化指数</td><td>污染物</td><td>—</td><td colspan="2">ISO 29042-9</td></tr>
<tr><td>分离</td><td>效率</td><td>污染物</td><td>ISO 29042-5 和
ISO 29042-6</td><td>—</td><td>—</td></tr>
</table>

5 选择试验方法的依据

5.1 概述

在几种方法似乎均适用的场合，选择时宜考虑以下因素：

——机器之间和污染物控制系统之间可比较的评价参数的确定；

——可预见的机器工作地点与所选方法的相关性。

5.2 与评价参数相关的选择

选择最合适的参数取决于需求的信息，确定一个或多个评价参数可满足此需求。

a) 对特定机器及其污染物控制系统，此要求可以是对给定污染物的排放进行全面评估。

可由下面参数给出：

——给定污染物受控排放率（$\dot{m}_k$），

或由下面参数表示：

——污染物浓度参数（P_C）。

b) 对于捕获装置、分离设备或更常规的污染物控制系统，单个参数就足以评价以下性能：

——对于捕获装置，为捕获效率（η_C）；

——对于分离设备，为质量分离效率（η_S）；

——对于给定机器的污染物控制系统且无空气再循环，为净化指数(I_A)。

c) 同一需求的进一步分析可确定每个组件(机器本身、捕获装置、分离设备)的作用，这需要测量两个或三个参数：

——给定污染物的非受控排放率($\dot{m}_u$)；

——捕获效率(η_C)；

——质量分离效率(η_S)。

5.3 与试验环境相关的选择

根据5.2给出的准则，应考虑如下实际、明显的因素选择试验环境：

——机器尺寸；

——搬运机器的难易；

——安装的难易，包括机器污染物控制系统；

——操作的难易；

——污染物的性质：是否有毒以及浓度测量的复杂程度。

注：有些困难可通过示踪法克服。

如果采用试验仓，建议机器的最大横截面积不要超过试验仓横截面积的1/5。

5.4 与污染物类别相关的选择

根据定义，实际污染物对确定排放率、分离效率、污染物浓度参数和净化指数是必需的。

在某些情况下，由于以下原因，采用示踪技术对于确定某些参数更为方便：

——不存在因本底浓度造成的实验困难；

——专用试验设备(采样设备、分析仪器)。

6 统计评估

6.1 平均值计算

剔除可疑结果后，即可获得一个由 n 个测量值 $x_i(i=1,2,3,\cdots,n)$ 组成的数列，部分测量值可能相同。

下面的正态分布平均值 $\overline{x}$ 可通过 n 次结果的算术平均值计算得出：

$$\overline{x}=\frac{1}{n}\sum_{i=1}^{n}x_i \qquad \cdots\cdots(6)$$

6.2 平均值的置信区间

通过平均值和标准差可计算总体平均值的置信区间。

标准差的计算公式如下：

$$s=\sqrt{\frac{1}{n-1}\sum_{i=1}^{n}(x_i-\overline{x})^2} \qquad \cdots\cdots(7)$$

式中：

x_i ——第 i 次的测量值($i=1,2,3,\cdots,n$)；

n ——测量总次数；

$\overline{x}$ ——n 个测量值的算术平均值，按6.1计算。

参 考 文 献

[1] GB/T 2624.1 用安装在圆形截面管道中的差压装置测量满管流体流量 第1部分:一般原理和要求(GB/T 2624.1—2006,ISO 5167-1:2003,IDT)

[2] GB/T 25749.2—2010 机械安全 空气传播的有害物质排放的评估 第2部分:测量给定污染物排放率的示踪气体法(ISO 29042-2:2009,IDT)

[3] GB/T 25749.3—2010 机械安全 空气传播的有害物质排放的评估 第3部分:测量给定污染物排放率的试验台法(ISO 29042-3:2009,IDT)

[4] GB/T 25749.4—2010 机械安全 空气传播的有害物质排放的评估 第4部分:测量排气系统捕获效率的示踪法(ISO 29042-4:2009,IDT)

[5] ISO 3966,Measurement of fluid flow in closed conduits—Velocity area method using Pitot static tubes

[6] ISO 5168,Measurement of fluid flow—Procedures for the evaluation of uncertainties

[7] ISO 14123-2,Safety of machinery—Reduction of risks to health from hazardous substances emitted by machinery—Part 2:Methodology leading to verification procedures

ICS 13.110
J 09

中华人民共和国国家标准

GB/T 25749.2—2010/ISO 29042-2:2009

机械安全 空气传播的有害物质排放的评估 第2部分:测量给定污染物排放率的示踪气体法

Safety of machinery—Evaluation of the emission of airborne hazardous substances—Part 2: Tracer gas method for the measurement of the emission rate of a given pollutant

(ISO 29042-2:2009,IDT)

2010-12-23 发布 2011-10-01 实施

中华人民共和国国家质量监督检验检疫总局
中国国家标准化管理委员会 发布

前　　言

GB/T 25749《机械安全　空气传播的有害物质排放的评估》由以下9部分组成：

——第1部分：试验方法的选择

——第2部分：测量给定污染物排放率的示踪气体法

——第3部分：测量给定污染物排放率的试验台法

——第4部分：测量排气系统捕获效率的示踪法

——第5部分：测量不带导管出口的空气净化系统质量分离效率的试验台法

——第6部分：测量带导管出口的空气净化系统质量分离效率的试验台法

——第7部分：测量污染物浓度的试验台法

——第8部分：测量污染物浓度的室内法

——第9部分：净化指数

本部分是GB/T 25749的第2部分。

本部分等同采用ISO 29042-2:2009《机械安全　空气传播的有害物质排放的评估　第2部分：测量给定污染物排放率的示踪气体法》(英文版)。

本部分等同翻译ISO 29042-2:2009。为便于使用，本部分做了下列编辑性修改：

——删除了ISO前言，重新编写了前言；

——删除了国际标准引言中关于ISO/TC 199工作范围的内容；

——删除了国际标准引言中关于国际标准与欧洲标准的关系的内容；

——将规范性引用文件的导语按GB/T 1.1—2009进行了修改，并将ISO 29042-2:2009引用的国际标准改为对应的国家标准；

——6.6中的列项编号修改为“a)、b)、c)、d)、e)”。

本部分由全国机械安全标准化技术委员会(SAC/TC 208)提出并归口。

本部分起草单位：机械科学研究总院、深圳市华测检测技术股份有限公司、广西柳工机械股份有限公司、南京林业大学光机电仪工程研究所。

本部分主要起草人：付大为、李勤、宁燕、朱平、居荣华、林建荣、富锐、张晓飞、武广元、汪希伟、黄中良、宋小宁、刘治永。

引　言

机械领域安全标准的结构如下：

——A类标准(基础安全标准)，给出适用于所有机械的基本概念、设计原则和一般特征。

——B类标准(通用安全标准)，涉及机械的一种安全特征或使用范围较宽的一类安全防护装置：

- B1类，特定的安全特征(如安全距离、表面温度、噪声)标准；
- B2类，安全装置(如双手操纵装置、联锁装置、压敏装置、防护装置)标准。

——C类标准(机器安全标准)，对一种特定的机器或一组机器规定出详细的安全要求的标准。

根据GB/T 15706.1，本部分属于B类标准。

本部分的条款可以由C类标准进行补充或修改。

对于按照C类标准设计和构造的机器，如果C类标准中的条款与A类或B类标准不一致时，优先采用C类标准。

机械安全　空气传播的有害物质排放的评估　第2部分:测量给定污染物排放率的示踪气体法

1　范围

GB/T 25749 的本部分规定了一种使用示踪气体技术测量处于操作可控状态的单台机器气态物质排放率的方法。

本部分不适用于其发布之前制造的机械。

2　规范性引用文件

下列文件对于本文件的应用是必不可少的。凡是注日期的引用文件,仅注日期的版本适用于本文件。凡是不注日期的引用文件,其最新版本(包括所有的修改单)适用于本文件。

GB/T 15706.1—2007　机械安全　基本概念与设计通则　第1部分:基本术语和方法(ISO 12100-1:2003,IDT)

GB/T 25749.1—2010　机械安全　空气传播的有害物质排放的评估　第1部分:试验方法的选择(ISO 29042-1:2008,IDT)

3　术语和定义

GB/T 15706.1—2007 和 GB/T 25749.1 界定的以及下列术语和定义适用于本文件。

3.1

示踪气体技术　tracer gas technique

使用空气动力学特性与所考虑的气态有害物质相似且其浓度能可靠测量的气态物质的技术。

4　原理

本原理基于采用一种以已知的恒定排放率产生的示踪气体作为污染源的最佳代表物。示踪气体和污染物的平均浓度在排放源附近测量。假定污染物的空气动力学特性与示踪气体相同,则可以确定污染物的排放率。

5　机器的位置

5.1　概述

本方法预定用于位于实验室或现场的机器。

5.2　室内法

实验室内的总体气流模式特征宜能实现更精确的控制总体和局部通风。机器宜放置在实验室中央。

5.3 现场法

由于许多机器过于庞大而难以搬运或有特殊的安装或工艺要求，所以无法在实验室内进行试验。可在安装机器的场所(即工作场所)对机器进行试验。为此，应保证室内的其他排放源排放的污染物不会影响受检的机器所排放的特定污染物浓度的测量。

6 设备与材料

6.1 示踪气体发射器，能以污染物排放相同的方式释放示踪气体。

发射器的形状宜与真实污染源相似。污染源通常划分为：

——点污染源(例如：焊接作业，衬垫及法兰的局部泄漏，局部喷射如喷漆)；

——面污染源(例如：盛放液体或容易蒸发或升华的熔融固体的敞口容器或槽罐，如镀锌槽、电镀槽)；

——体污染源(例如：分布有泄漏孔的封闭机器、橡胶机、印刷机、去油机、干洗机、扩散喷雾机，如农业用作物护理产品)。

点污染源宜采用能够产生可变空气动力学特性射流的开口管或者能够以较低的初始速度扩散示踪气体的烧结材料模拟。面污染源和体污染源宜采用适当分布的一系列点污染源或多孔管模拟。

6.2 示踪气体流量测量装置，能测量一定范围的示踪气体流量。

注：示踪气体流量取决于示踪气体分析仪的灵敏度。对于大多数应用，可采用量程在 1 L/min～10 L/min 范围以内的流速校准的装置。

6.3 示踪气体流量调节装置，如阀门。

6.4 气体分析仪，最好是直读式。

测量污染物浓度的另一种方法是用蒸汽吸收管收集气体，然后在实验室用气体分析仪进行分析。

所选用的气体分析仪宜避免受到受检机器所在实验室或工作场所存在的污染物和示踪气体以外的其他任何化学物质的干扰。应按照相关的国家标准进行校验。

气体分析仪的选择取决于示踪气体及待测的污染物。适用的分析仪包括红外分析仪、电子捕获分析仪，火焰离子检测分析仪(FID 分析仪)或质谱仪。宜在使用前检查分析仪的性能。所使用的分析仪宜不受温度和相对湿度等环境条件变化的影响。

6.5 连接管，用来将采用的示踪气体和污染气体连接到分析仪。

管的长度宜尽可能短，所选材料应能限制管壁吸附，如 PTFE(聚四氟乙烯)。如果机器处于粉尘车间环境中，宜安装空气粒子过滤器。对于蒸汽吸附管，上游管的长度宜较短。

6.6 示踪气体，应根据下列准则选择：

a) 无毒或低毒；

b) 预定处理温度下具有化学稳定性；

c) 低浓度时易于测量；

d) 与室内存在的污染物无干涉；

e) 本底浓度低。

所选择的示踪气体的相对密度宜接近 1。示踪气体可与适当的气体混合。

注：示踪气体及相关的分析仪的选择主要取决于期望的精度、测量范围及成本。通常使用的气体为氦、六氟硫磺及一氧化二氮。

7 测量点

宜在机器周围至少设三个测量点(见图 1)。这些点宜靠近机器,如在 1 m～3 m 之间,高度为产生污染物的位置。在每个测量点同时测量示踪气体和污染物的浓度。宜通过预测试来确保测量点位于排放可测区域内。

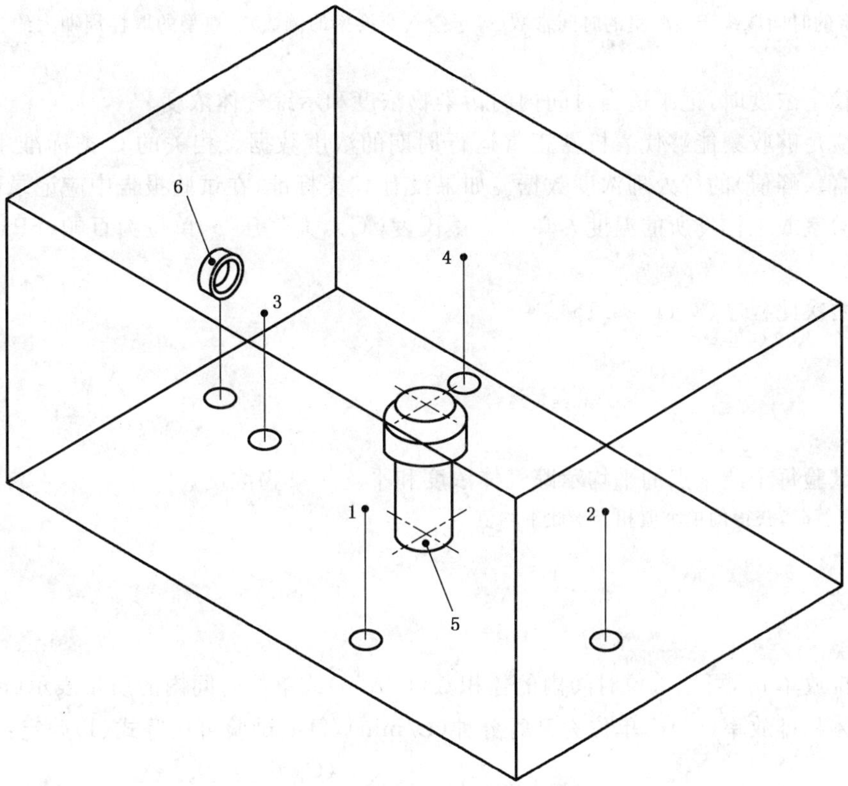

说明:

1～4——测量点;

5——污染源;

6——混合风扇。

图 1 实验室四个测量点位置示例

8 程序

8.1 根据制造商说明书准备机器。

8.2 示踪气体发射器的位置尽可能靠近机器的污染源,从而使示踪气体排入大气之前与污染物混合。

8.3 确保实验室排放的空气不会回流。

8.4 打开气体分析仪,并按照说明书要求使其稳定下来。

8.5 将示踪气体气瓶连接至流量计、调节装置和示踪气体发射器。

8.6 设置示踪气体和污染物测量点。确保每个测量点的示踪气体和污染物取样器尽可能互相靠近。如果在粉尘环境下进行测量,则在示踪气体与污染物取样管路上安装粒子过滤器。

8.7 在试验前和试验后测量污染物和示踪气体的本底浓度。

8.8 打开机器和示踪气体。宜进行预试验以确保污染物和示踪气体的浓度在分析仪的校准范围内。

如果没达到，则改变测量点位置直至其在校准范围内，或者调整污染气体分析仪的测量范围。对于示踪气体，则调节其流量直至其处于示踪气体分析仪的校准范围以内。

8.9 关闭机器和示踪气体，并使示踪气体浓度回到稳定水平（零或本底浓度）。

8.10 记录示踪气体和污染物浓度。

8.11 接通机器和示踪气体。

8.12 记录示踪气体流量。

8.13 记录各测量点示踪气体浓度的增加，直至其浓度稳定。

注：达到稳定的时间取决于实验室的时间常数（等于空气交换率的倒数）。典型的取样周期大约为实验室时间常数的三倍。

8.14 当达到稳定浓度时，记录适当时间内的污染物浓度和示踪气体浓度。

测量时间应足够收集能够代表机器正常运行周期的浓度数据。相关的C类标准中规定了用于确定排放率（平均值、峰值）的待处理浓度数据。如果没有C类标准，在试验报告中应记录试验条件。

8.15 记录实验室或工作场所的温度 t，单位为摄氏度（℃），大气压 p，单位为百帕（hPa），相对湿度，以百分比计（%）。

8.16 再重复两次此程序（8.11～8.15）。

9 数据分析

计算每次试验每个测量点的平均示踪气体浓度和平均污染物浓度。

注：使用吸附管时，获得的单个值相当于此平均值。

10 结果的表达

10.1 污染物排放率 q_P，可用单位时间内的体积数（L/min）或单位时间内的质量表示（mg/s）。

10.2 污染物体积排放率 $(q_P)_V$，单位为升每分钟（L/min），每次试验可用等式(1)确定：

$$(q_P)_V = (q_T)_V \cdot \frac{\sum_i \frac{(\bar{C}_{P_i})_V}{(\bar{C}_{T_i})_V}}{n} \qquad (1)$$

式中：

$(q_P)_V$ ——示踪气体的体积流量，单位为升每每种（L/min）；

$(\bar{C}_{P_i})_V$——测量点 i 的平均污染物浓度（体积分数）；

$(\bar{C}_{T_i})_V$——测量点 i 的示踪气体浓度（体积分数）；

n ——测量点的数量。

最终结果是每次试验的污染物体积排放率的平均值。

10.3 污染物质量排放率 $(q_P)_m$，单位为毫克每秒（mg/s），每次试验可通过类似于等式(1)的等式(2)来确定：

$$(q_P)_m = (q_T)_m \cdot \frac{\sum_i \frac{(\bar{C}_{P_i})_m}{(\bar{C}_{T_i})_m}}{n} \qquad (2)$$

这里，$(q_P)_m$ 是示踪气体的质量流量，单位为毫克每秒（mg/s），按等式(3)计算得出：

$$(q_P)_m = (q_T)_m \cdot \frac{M_T \cdot 1\,000}{V_{m(t,p)} \cdot 60} \qquad (3)$$

式中：

M_T ——示踪气体的摩尔质量，单位为克每摩尔（g/mol）；

$V_{m(t,p)}$——实验温度 t 及压力 p 条件下气体的摩尔体积，单位为升每摩尔(L/mol)；

$(\overline{C}_{P_i})_m$——测量点 i 的污染物平均质量浓度，单位为毫克每立方米(mg/m^3)；

$(\overline{C}_{T_i})_m$——测量点 i 的示踪气体平均质量浓度，单位为毫克每立方米(mg/m^3)；

n ——测量点的数量。

使用直读式分析仪测量这两个浓度的体积分数。然后通过等式(4)和(5)换算成质量浓度(mg/m^3)。

$$(\overline{C}_{P_i})_m = (\overline{C}_{P_i})_V \cdot \frac{M_P}{V_{m(t,p)}} \qquad \cdots\cdots(4)$$

$$(\overline{C}_{T_i})_m = (\overline{C}_{T_i})_V \cdot \frac{M_T}{V_{m(t,p)}} \qquad \cdots\cdots(5)$$

这里，M_P 为污染物的摩尔质量，单位为克每摩尔(g/mol)。

试验报告中，污染物质量排放率可通过等式(6)直接计算得出：

$$(q_P)_m = (q_T)_V \cdot \frac{M_P}{V_{m(t,p)}} \cdot \frac{1\,000}{60} \frac{\sum_i \frac{(\overline{C}_{P_i})_V}{(\overline{C}_{T_i})_V}}{n} \qquad \cdots\cdots(6)$$

最终结果是每次试验的污染物质量排放率的平均值。

11 试验报告

试验报告应至少包含以下信息：

a) 引用 GB/T 25749 的本部分(即 GB/T 25749.2—2010)以及相应的 C 类标准；

b) 受检机器的描述(机器本身以及每个附加设备的制造商、样式、类型、种类、设计、尺寸、制造年份、序列号等)；

c) 试验期间的运行数据(如：机器的运行参数、机器的设置)，包括机器使用的工具和机器所加工的材料；

d) 污染控制系统(如果有)的描述(类型、设计、运行数据等)；

e) 机器排放的污染物的识别；

f) 所使用的示踪气体；

g) 示踪气体的体积流量，单位为升每分钟(L/min)；

h) 测量点的数量和位置；

i) 示踪气体的平均质量浓度(mg/m^3)和测量时间(min)；

j) 污染物的平均质量浓度(mg/m^3)和测量时间(min)；

k) 试验时实验室或工作场所的大气压力(hPa)、温度(℃)和相对湿度(%RH)；

l) 实验室或工作场所的描述，标明机器尺寸和位置的示意图；

m) 计算得出的污染物排放率，单位为升每分钟(L/min)或毫克/秒(mg/s)；

n) 试验负责人的姓名；

o) 试验日期；

p) 偏离任何有关标准的说明；

q) 其他必要的说明。

ICS 13.110
J 09

中华人民共和国国家标准

GB/T 25749.3—2010/ISO 29042-3:2009

机械安全　空气传播的有害物质排放的评估　第3部分:测量给定污染物排放率的试验台法

Safety of machinery—Evaluation of the emission of airborne hazardous substances—Part 3:Test bench method for the measurement of the emission rate of a given pollutant

(ISO 29042-3:2009,IDT)

2010-12-23 发布　　2011-10-01 实施

中华人民共和国国家质量监督检验检疫总局
中国国家标准化管理委员会　发布

前 言

GB/T 25749《机械安全 空气传播的有害物质排放的评估》由以下9部分组成：

——第1部分：试验方法的选择

——第2部分：测量给定污染物排放率的示踪气体法

——第3部分：测量给定污染物排放率的试验台法

——第4部分：测量排气系统捕获效率的示踪法

——第5部分：测量不带导管出口的空气净化系统质量分离效率的试验台法

——第6部分：测量带导管出口的空气净化系统质量分离效率的试验台法

——第7部分：测量污染物浓度的试验台法

——第8部分：测量污染物浓度的室内法

——第9部分：净化指数

本部分是GB/T 25749的第3部分。

本部分等同采用ISO 29042-3:2009《机械安全 空气传播的有害物质排放的评估 第3部分：测量给定污染物排放率的试验台法》(英文版)。

本部分等同翻译ISO 29042-3:2009。为便于使用，本部分做了下列编辑性修改：

——删除了ISO前言，重新编写了前言；

——删除了国际标准引言中关于ISO/TC 199工作范围的内容；

——删除了国际标准引言中关于国际标准与欧洲标准的关系的内容；

——第1章中的列项编号修改为"a)、b)、c)、d)、e)"；

——用表示根号的符号"$\sqrt{\ }$"代替国际标准中的"√"；

——将规范性引用文件的导语按GB/T 1.1—2009进行了修改，并将ISO 29042-3:2009引用的国际标准改为对应的国家标准。

本部分由全国机械安全标准化技术委员会(SAC/TC 208)提出并归口。

本部分起草单位：机械科学研究总院、深圳市华测检测技术股份有限公司、广西柳工机械股份有限公司、南京林业大学光机电仪工程研究所。

本部分主要起草人：张晓飞、李勤、宁燕、居荣华、林建荣、朱平、富锐、付大为、武广元、汪希伟、宋小宁、黄中良、刘治永。

引　言

机械领域安全标准的结构如下：

——A 类标准(基础安全标准)，给出适用于所有机械的基本概念、设计原则和一般特征。

——B 类标准(通用安全标准)，涉及机械的一种安全特征或使用范围较宽的一类安全装置：

- B1 类，特定的安全特征(如安全距离、表面温度、噪声)标准；
- B2 类，安全装置(如双手操纵装置、联锁装置、压敏装置、防护装置)标准。

——C 类标准(机器安全标准)，对一种特定的机器或一组机器规定出详细的安全要求的标准。

根据 GB/T 15706.1，本部分属于 B 类标准。

C 类标准可补充或修改本部分中的条款。

对于按照 C 类标准设计和构造的机器，如果 C 类标准中的条款与 A 类或 B 类标准不一致时，优先采用 C 类标准。

机械安全　空气传播的有害物质排放的评估　第3部分:测量给定污染物排放率的试验台法

1　范围

GB/T 25749的本部分规定了机器在规定操作条件下,测量空气传播的来自机器的有害物质排放率的试验台法。

测量机器排放的给定污染物排放率可用于:

a)　机器排放系统性能的评估;

b)　机器污染物排放减小的评估;

c)　机器组内具有相同预定用途的机器之间的比较(机器组由功能和所加工的材料来定义);

d)　按照排放率对同一机器组的机器进行归类;

e)　按照排放率确定机器的技术水平。

本部分不适用于其发布之前制造的机械。

2　规范性引用文件

下列文件对于本文件的应用是必不可少的。凡是注日期的引用文件,仅注日期的版本适用于本文件。凡是不注日期的引用文件,其最新版本(包括所有的修改单)适用于本文件。

GB/T 15706.1—2007　机械安全　基本概念与设计通则　第1部分:基本术语和方法(ISO 12100-1:2003,IDT)

3　术语和定义

GB/T 15706.1—2007界定的以及下列术语和定义适用于本文件。

3.1

给定污染物的非受控排放率　uncontrolled emission rate of a given pollutant

$\dot{m}_u$

单位时间内机器排放到周围空间的污染物的质量。

注:不宜采取任何减少机器周围空气污染的措施(例如:捕获装置、密封设备、加湿处理)。

[GB/T 25749.1—2010,定义3.1]

3.2

给定污染物的受控排放率　controlled emission rate of a given pollutant

$\dot{m}_k$

采取减少空气污染措施的情况下,单位时间内机器排放到周围空间的污染物的质量。

注:宜采取减少机器周围空气污染的措施(例如:捕获装置、密封设备、加湿处理)。

[GB/T 25749.1—2010,定义3.2]

4 原理

测量方法的原理是在试验台中气流均匀时操作受控条件下的机器，并且在该气流中收集空气传播的有代表性的排放物。

5 试验台的描述

试验台一般包括一个带有通风管和测量管的矩形或圆形横截面的仓体，其后还带有一个风扇。C类标准的标准化技术委员会负责在图1给出的范围中选择参数。

由风扇产生试验仓中从入口流向排气管的气流。试验仓宜配备有入口，以保证进入试验仓的气流匀速经过试验仓的截面。这可通过多种方法实现，包括大孔过滤材料、多孔塑料薄片或塑料板或与实验室内稳态气流模式相关联的入口外形。

在试验仓中排放源与通风管之间，所选气流的平均速度 $\overline{U}$(见图1)由测量管中的空气体积流量 Q 确定。系统中需要有控制装置来保证试验过程中流量保持恒定。该空气流量不包括试验过程中由于操作受检机器上的捕获装置(如果有)引起的空气流量。

根据试验对象的尺寸选择试验仓的横截面(形状和尺寸)。试验对象的最大横截面积不应超过试验仓横截面积 A_C 的 1/5。

为了保证在测量管中采样的污染物更准确，在通风管中安装一个轴向小风扇，以混合机器排放的污染物。假如其他混合装置能在采样平面处提供类似均匀程度的浓度，则也可使用这些混合装置，例如：压缩空气喷嘴。

试验仓应有足够的长度，以给机器和操作人员提供尽可能靠近图1规定位置的排放源。

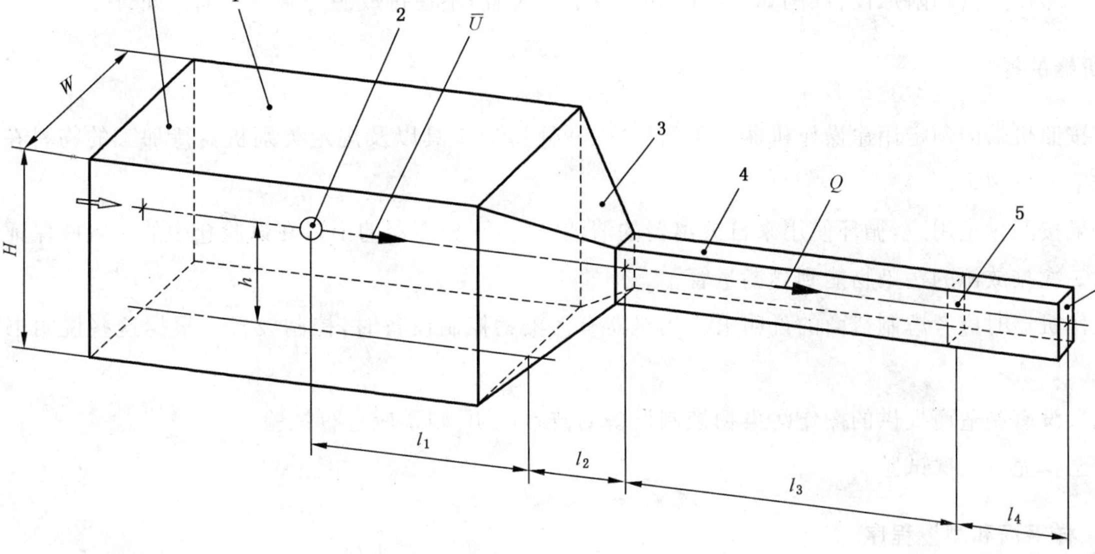

$W/H \geqslant 0.66$	$l_3 \geqslant 5\sqrt{A_t}$
$\leqslant 1.5$	$\leqslant 10\sqrt{A_t}$
$h \leqslant 0.66H$	$l_4 \geqslant 10\sqrt{A_t}$
$l_1 \leqslant 2.0$ m	$A_t \leqslant 0.1A_t$
$\leqslant 2H$	$\geqslant 5A_{mi}$
$l_2 \geqslant 0.5\sqrt{A_c}$	对于符合 ISO 7708 的气体和可吸入颗粒物，$\overline{U}=0.1$ m/s
$\leqslant \sqrt{A_c}$	对于符合 ISO 7708 的可吸入颗粒物，$\overline{U}=0.5$ m/s

说明：

A_c ——试验仓的横截面积(入口)；
A_t ——测量管的横截面积；
H ——试验仓的高度；
h ——排放源的高度；
$\overline{U}$ ——试验仓中的气流平均速度；
Q ——测得的空气流量；
W ——试验仓的宽度；
mi ——表示测量仪器的下标。

1——试验仓；
2——排放源[a]；
3——通风管；
4——测量管
5——采样平面。

所选的气流平均速度 $\overline{U}$ 应能使排放的污染物从机器传送到采样平面。对于气体和颗粒(例如：可吸入颗粒物、焊接烟尘)，气流平均速度为 0.1 m/s 就已足够，而对于可吸入范围内的较大颗粒物，气流平均速度需要达到 0.5 m/s(参见参考文献[1])。如果还进行了可靠的表面沉积测量，则可采用更小的速度。

[a] 一般情况下，不能认为排放源是一个点，而是包括几个排放源的区域。

图 1 试验台(示意图)

6 试验方法

6.1 机器的位置

为尽可能保证所有污染物都传送到采样平面，机器在试验仓中的位置宜使得：

——机器排放的有害物质的排放源在距离通风管初始端为 l_1 的试验仓纵轴的横截面内；

——操作人员和附加设备(例如:排气、分离或加湿装置)不在排放源与采样平面之间。

6.2 机器的操作

应按照机器的预定用途操作机器。工作程序、所使用的工具以及规定类别机器待加工的物料在C类标准中予以规定。

如果按照预定用途,循环使用来自分离器的清洁空气,则分离器的出口在试验仓中的位置应保证来自这个二次排放源的污染物能到达测量管。

操作机器时应考虑制造商的说明书。当机器有污染物控制设备时,控制设备应根据这些说明书进行调整。

如果没有制造商提供的操作污染物控制设备的技术说明,则不应进行试验。

应至少完成三次试验。

6.3 采样平面和测量程序

试验期间,在通风管的采样平面(见图1)上测量空气传播的污染物浓度。浓度和流量的测量程序应符合相关标准的要求。为保证经过采样平面的污染物平均浓度的测量具有代表性,需要有效混合污染物且至少有四个采样器。

注:最好是有五个采样器,参见参考文献[1]。

即使是气体污染物,通常也有必要使用第5章中提到的混合装置。

测量颗粒时应考虑待测颗粒物的尺寸,并等动力采样。当预期排放率较低时,需要有非常长的操作时间来收集足够重量的粉尘。为了减少操作时间,宜使用适当的直读式仪器。这些仪器更适宜直接测量质量,或针对机器排放的特定粉尘对仪器进行校准。

应有足够的测量时间来收集机器正常操作周期内典型浓度数据。相关的C类标准中规定了用于确定排放率(平均值、峰值)的待处理浓度数据。如果没有C类标准,则应在试验报告中记录试验条件。

不再产生污染物之后,还应持续测量足够的时间,以允许保留在空气中的污染物能通过采样平面。

7 结果的表示

排放率由以下公式来计算:

$$\dot{m}_{\mathrm{u}}=\frac{1}{t_2-t_1}Q\int_{t_1}^{t_3}C_{\mathrm{u}}\,\mathrm{d}t \qquad \cdots\cdots(1)$$

$$\dot{m}_{\mathrm{k}}=\frac{1}{t_2-t_1}Q\int_{t_1}^{t_3}C_{\mathrm{k}}\,\mathrm{d}t \qquad \cdots\cdots(2)$$

式中:

C_{u} ——没有使用或取消污染控制设备时,测量管气流中测得的污染浓度;

C_{k} ——使用或启用污染控制设备时,测量管气流中测得的污染浓度;

Q ——测量管中测得的空气体积流量;

t_1 ——试验开始时刻;

t_2 ——产生污染的终止时刻；

t_3 ——采样终止时刻。

排放率是几次试验结果的平均值。

注：测得的排放率只适用于空气传播的污染物。对于颗粒物，尤其是大颗粒，在到达采样平面之前，有一定的颗粒沉积在试验仓内表面上。测得的沉积量可加上空气中的排放率得出粉尘排放的总质量，也可表示工作场所内颗粒的沉积量。

8 试验报告

试验报告应至少包括以下信息：

a) 引用 GB/T 25749 的本部分(GB/T 25749.3—2010)以及任何相关的 C 类标准；

b) 受检机器的描述(机器本身以及每个附加设备的制造商、样式、类型、改型、设计、尺寸、制造年份、序列号等)；

c) 试验期间的运行数据，包括机器所使用的工具以及机器所加工的物料；

d) 污染控制系统(如果有)的描述(类型、设计、运行数据等)；

e) 测量程序以及测得的污染物的描述；

f) 所使用的测量仪器以及最近一次的校准时间；

g) 试验结果；

h) 实验室；

i) 完成试验的次数；

j) 环境数据(温度、湿度、大气压力)；

k) 浓度和流量测量所用程序(例如：标准列表)的描述；

l) 试验责任人的姓名；

m) 试验日期；

n) 任何偏离相关标准的说明；

o) 其他必要的说明。

参 考 文 献

[1] GB/T 25749.1—2010 机械安全 空气传播的有害物质排放的评估 第1部分:试验方法的选择(ISO 29042-1:2008,IDT)

[2] MARK,D. et al.(2003),PROJECT:SMT4-CT97-2166,Pilot Studies of CEN Protocols for Evaluating the Emission of Airborne Hazardous Substances from Machines,Final Report(unpublished)

[3] ISO 7708,Air quality—Particle size fraction definitions for health-related sampling

[4] ISO 29042-1:2008,Safety of machinery—Evaluation of the emission of airborne hazardous substances—Part 1:Selection of test methods

ICS 13.110
J 09

中华人民共和国国家标准

GB/T 25749.4—2010/ISO 29042-4:2009

机械安全　空气传播的有害物质排放的评估　第4部分：测量排气系统捕获效率的示踪法

Safety of machinery—Evaluation of the emission of airborne hazardous substances—Part 4: Tracer method for the measurement of the capture efficiency of an exhaust system

(ISO 29042-4:2009,IDT)

2010-12-23 发布　　　　2011-10-01 实施

中华人民共和国国家质量监督检验检疫总局
中国国家标准化管理委员会　发布

前　言

GB/T 25749《机械安全　空气传播的有害物质排放的评估》由以下9部分组成：

——第1部分：试验方法的选择

——第2部分：测量给定污染物排放率的示踪气体法

——第3部分：测量给定污染物排放率的试验台法

——第4部分：测量排气系统捕获效率的示踪法

——第5部分：测量不带导管出口的空气净化系统质量分离效率的试验台法

——第6部分：测量带导管出口的空气净化系统质量分离效率的试验台法

——第7部分：测量污染物浓度的试验台法

——第8部分：测量污染物浓度的室内法

——第9部分：净化指数

本部分是GB/T 25749的第4部分。

本部分等同采用ISO 29042-4:2009《机械安全　空气传播的有害物质排放的评估　第4部分：测量排气系统捕获效率的示踪法》(英文版)。

本部分等同翻译ISO 29042-4:2009。为便于使用，本部分做了下列编辑性修改：

——删除了ISO前言，重新编写了前言；

——删除了引言中关于ISO/TC 199工作范围的内容；

——第1章中的列项从a)开始编排；

——将规范性引用文件的导语按GB/T 1.1—2009进行了修改，并将ISO 29042-4:2009引用的国际标准改为对应的国家标准。

本部分由全国机械安全标准化技术委员会(SAC/TC 208)提出并归口。

本部分起草单位：机械科学研究总院、上海华测品标检测技术有限公司、广西柳工机械股份有限公司、南京林业大学光机电仪工程研究所。

本部分主要起草人：张晓飞、李勤、宁燕、朱平、林建荣、居荣华、富锐、付大为、郭勇、汪希伟、宋小宁、黄中良、刘治永。

引　言

机械领域安全标准的结构如下：

——A类标准（基础安全标准），给出适用于所有机械的基本概念、设计原则和一般特征。

——B类标准（通用安全标准），涉及在机械的一种安全特征或使用范围较宽的一类安全装置：

- B1类，特定的安全特征（如安全距离、表面温度、噪声）标准；
- B2类，安全装置（如双手操纵装置、联锁装置、压敏装置、防护装置）标准。

——C类标准（机器安全标准），对一种特定的机器或一组机器规定出详细的安全要求的标准。

根据GB/T 15706.1，本部分属于B类标准。

C类标准可补充或修改本部分中的条款。

对于按照C类标准设计和构造的机器，如果C类标准中的条款与A类或B类标准不一致时，优先采用C类标准。

机械安全　空气传播的有害物质排放的评估　第4部分：测量排气系统捕获效率的示踪法

1　范围

GB/T 25749的本部分规定了测量安装在机器上的排气系统捕获效率的方法。该方法基于示踪技术，并且能在所有类型的试验环境（试验台、室内和室外，见GB/T 25749.1）中操作。

本技术只有在示踪气体的空气动力学特性与真实污染物具有可比性的情况下才适用（见7.1.1）。

测量排气系统捕获效率可用于：

a）机器排气系统性能的评估；

b）排气系统改进的评估；

c）比较类似的机器排气系统的设计；

d）按照捕获效率将排气系统分级；

e）确定排气系统实现给定捕获效率水平所要求的空气流量；

f）根据捕获效率确定机器排气系统的技术水平。

2　规范性引用文件

下列文件对于本文件的应用是必不可少的。凡是注日期的引用文件，仅注日期的版本适用于本文件。凡是不注日期的引用文件，其最新版本（包括所有的修改单）适用于本文件。

GB/T 15706.1—2007　机械安全　基本概念与设计通则　第1部分：基本术语和方法（ISO 12100-1:2003，IDT）

3　术语和定义

GB/T 15706.1—2007界定的以及下列术语和定义适用于本文件。

3.1

捕获效率　capture efficiency

η_C

〈排气系统〉排气系统直接收集的给定污染物的质量流量与机器排放的这种污染物的非受控质量流量之间的比率。

3.2

示踪技术　tracer technique

使用空气动力学特性与所考虑的有害物质相似且其浓度能可靠测量的气态物质的技术。

4　原理

测量方法的原理包括：

a) 发射模拟真实污染物空气动力学性能的示踪物，示踪物流量为 q_E；

b) 测量排气系统收集到的示踪物的流量 q_C。

5 捕获效率的简化表达

捕获效率可由等式(1)表示：

$$\eta_C = \frac{q_C}{q_E} \times 100\% \qquad (1)$$

将示踪物以恒定流量直接发射至排气管，然后在排气管横截面处测量示踪物平均浓度来确定示踪物的流量 q_E：

$$q_E = Q(C_2 - C_1) \qquad (2)$$

式中：

Q ——测量 q_E 期间排气管中的平均空气流量；

C_1 ——测量之前示踪物的平均环境浓度(本底浓度)；

C_2 ——排气管中示踪物的平均浓度(发射到排气管中的示踪物)。

在真实污染物排放的特征点或特征区(例如：排放区内距离排气系统最远的位置)，以恒定流量 q_E 发射示踪物，并在排气管相同位置测量示踪物平均浓度来确定示踪物流量 q_C：

$$q_C = Q'(C_3 - C'_1) \qquad (3)$$

式中：

Q' ——测量 q_C 期间排气管中的平均空气流量；

C'_1 ——本底浓度稳定后示踪物的平均环境浓度；

C_3 ——排气管中示踪物的平均浓度(在所选位置的排放)。

捕获效率可由等式(4)表示：

$$\eta_C = \frac{q_C}{q_E} \times 100\% = \frac{Q'(C_3 - C'_1)}{Q(C_2 - C_1)} \times 100\% \qquad (4)$$

如果可认为排放流量是恒定的，即 $Q=Q'$，则上述等式可简化为：

$$\eta_C = \frac{C_3 - C'_1}{C_2 - C_1} \times 100\% \qquad (5)$$

此时，只需测量排气管中的浓度来确定捕获效率。

6 试验方法

6.1 通用程序

图 1 给出了测量程序，图 2 则给出了一种典型的试验方法。

为了能够通过采样排气管中的空气来测量浓度，可假定示踪物已与空气很好的混合。

注：为了减小混合长度，可给排气管增加其他装置。

至少应完成三次试验。

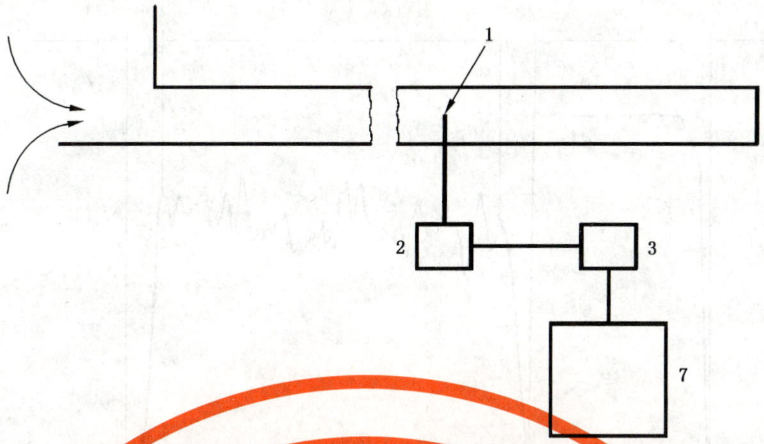

第 1 阶段和第 4 阶段：无示踪物发射时的测量

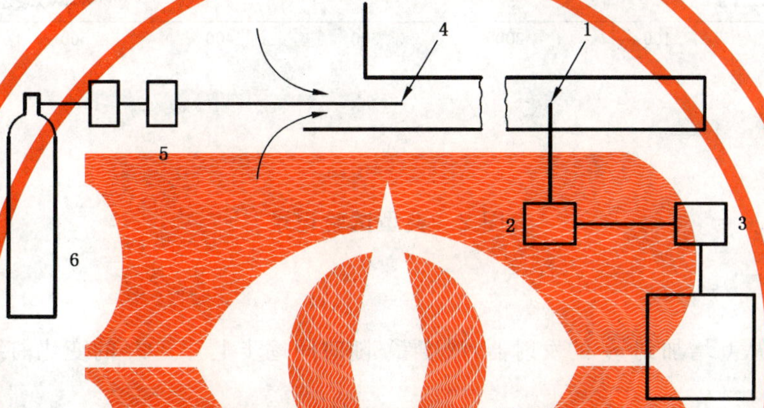

第 2 阶段：排气管中有示踪物发射时的测量

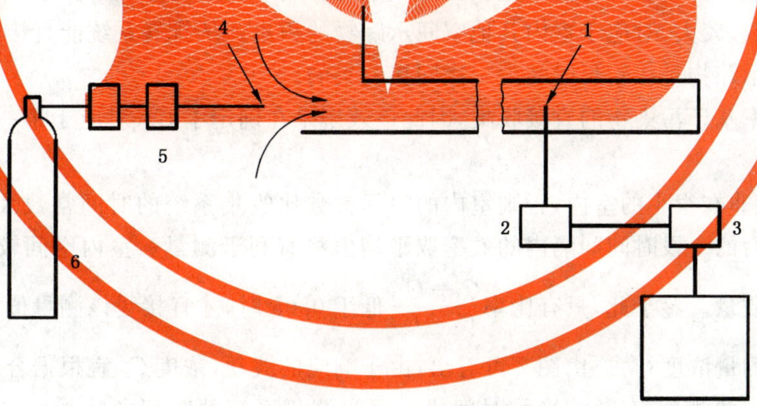

第 3 阶段：有模拟真实污染物的示踪物发射时的测量

说明：

1——采样；

2——泵；

3——分析器；

4——注入；

5——示踪气体流量计；

6——示踪气体气瓶（纯净或稀释的示踪气体）；

7——环境浓度 C_1 或 C'_1；

8——浓度 C_2；

9——浓度 C_3。

图 1　使用示踪气体对简单排气系统的测量程序

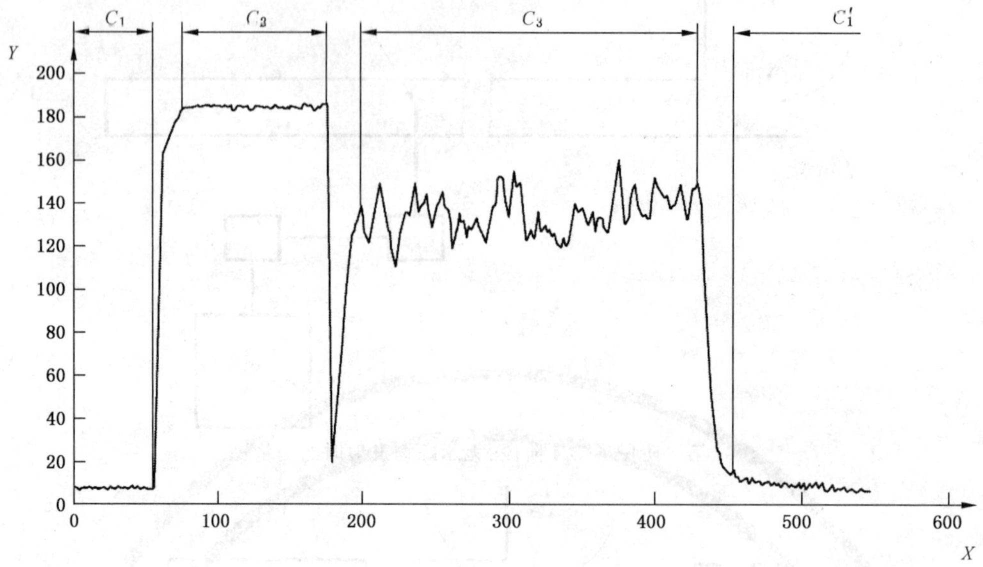

说明：

X——时间，s；

Y——示踪物浓度。

图 2　典型试验记录

6.2　浓度 C_3 的测量

考虑流量突然从 0 增加到 q_E 的发射器，浓度 C_3 随时间逐步上升。C_3 的变化曲线大致给出两个时间常数：

——第一个常数，相对较小，对应于直接受排气系统影响的空间内示踪物积累。

——第二个常数，较大，对应于室内其他空间示踪物的积累。从排气系统能直接影响到的区域漏出的那部分示踪物是在较长时间内二次间接收集的。

由于系统的效率基于污染物的直接收集，因此该效率是在确定了 C_3(对应于第一时间常数)的基础上来规定的。

实际应用中，除非在很小的室内，否则室内的时间常数比收集系统的时间常数大的多。因此，对首次达到准平衡状态后的一段时间间隔内的效率取平均值将有利于测量。室内空间较小时，环境浓度的增加会削弱测量的质量。鉴于此，只有比率 $\frac{C_1-C'_1}{C_2-C_1}$ 低于 0.05 时，才宜接受该测量值。宜在停止定量发射示踪物 1 分钟后测量浓度 C'_1。由图 2 可看出，由于响应的波动，浓度 C_3 宜根据合理时间段内的平均值来确定。对于给定的测量，有效的平均时间段可通过测量系统的时间常数乘以采样数目计算得出。为了允许对信号进行统计分析，得出最小捕获效率或相对标准差等结果，测量系统的时间常数宜调整至规定值。这种调整可通过使用采样管路上的缓冲容积或使用数字滤波器来实现。时间常数宜调整至 10 s。连续采样之间的时间间隔宜大于或等于所用测量系统的时间常数。

对信号 C_3 的统计分析可确定 $C_3(95\%)$浓度。$C_3(95\%)$是指规定测量时间 95%以上 C_3 的平均值。由该值可计算出最小捕获效率，计算公式为：

$$\eta_C(95\%)=\frac{C_3(95\%)-C'_1}{C_2-C_1} \qquad (6)$$

如果 C_3 为高斯分布，则 $C_3(95\%)$可由 C_3 的平均值和标准差通过等式(7)计算得出：

$$C_3(95\%)=C_3-1.64\times\sigma(C_3) \qquad (7)$$

给出测量结果的同时，应给出测量结果的不确定度。不确定度可根据附录 A 计算得出。

也可能通过相对标准差来描述排气系统的性能，相对标准差可由 C_3 的标准差估计值与 C_3 的平均值之间的比率计算得出。

6.3 特定机器组中的应用

根据 GB/T 25749 的本部分起草且涉及给定机器组的每项新的 C 类标准，应提供更详细的试验条件附加信息，尤其是关于示踪产生和采样的条件、试验持续时间、机器的操作条件的附加信息。

7 控制参数与影响因素

7.1 总则

本章涉及到可调整用于准确模拟实际污染物排放的控制参数，以及测量期间影响测量和表征状态的参数。

7.2 控制参数

7.2.1 示踪物的类型

a) 气体污染物

由于在试验场所测得的气体湍流扩散系数远大于分子扩散系数，因此，从总质量转移角度来看，可认为所有气体的总体特性几乎是相同的。在这种条件下，应按照以下准则选择示踪气体：

1) 无毒或毒性非常低；
2) 在预定处理温度中具有化学稳定性；
3) 与室内的污染物不产生干涉；
4) 本底浓度较低。

由于捕获效率可能取决于示踪物的密度，因此宜检查排放条件是否与真实条件接近。

注：某些情况下，在排放之前要稀释示踪气体。示踪气体以及相关的分析器的选择主要取决于期望的准确度、测量范围和成本。通常使用的示踪气体是氦、六氟化硫、一氧化二氮。

——气溶胶污染物

基于扩散系数的相同考虑，可考虑由示踪气体模拟细小气溶胶，特别是对工业卫生具有重要影响的细小气溶胶。颗粒直径超过 3 μm～4 μm 时，传输过程中观测到的差异可能随颗粒尺寸逐渐增加；然而，如果颗粒直径在 10 μm 以下，则这种差异始终低于由于测量的不确定度引起的差异。

b) 气溶胶污染物

同样基于扩散系数的考虑，可考虑由示踪气体模拟细微气溶胶，特别是对工业卫生具有重要影响的细微气溶胶。颗粒直径超过 3 μm～4 μm 时，传输过程中观测到的差异可能随颗粒尺寸逐渐增加。然而，如果颗粒直径达到 10 μm，这种差异仍然低于由其他测量的不确定度引起的差异，则可采用气溶胶示踪技术。

7.2.2 发射器的形状和位置

发射器的形状应尽可能与真实污染源的形状类似。通常划分为：

——点污染源；
——面污染源；
——体污染源。

点污染源可由能产生可变空气动力特性射流的开口管来模拟，或者由能以较低初始速度扩散示踪物的烧结材料来模拟。

注：典型的发射器可由最大尺寸为 20 mm×20 mm×20 mm 的烧结青铜构成。

面污染源和体污染源可由网状点污染源或适当分布的穿孔管模拟。如果此方法不可行，则由对应于污染物排放特征点的发射器位置确定几种效率，尤其是距离捕获系统最远的位置。

如果存在很多污染源和捕获装置，则应折衷考虑受检机器的主要排放点。

7.2.3 示踪物发射的空气动力学特性

示踪物发射的空气动力特性(速度、流量)应能模拟污染源的这些特性。

应监测示踪物的发射强度(初始速度、流量)和方向。定向污染源和热污染源可由规定排放速度的射流来模拟。

捕获效率不受以下相关因素的影响：

——示踪物发射方向的微小改变；

——示踪物发射流量的微小改变。

应限制排放的时间，以避免环境中示踪物浓度显著增长，因为这既不利于测量质量，也不符合职业暴露限值的规定。

7.3 影响捕获效率的因素

排气系统的性能受到周围环境的影响。在测量过程中，应尽可能测量或评估以下因素：

——交叉气流的方向和速度；

——进气口和整个排气系统的特性(例如：流量、射流速度、各系统的位置和各加热系统的特性)。

另外，在现场试验过程中，其他机器及其相关的排气系统的一些因素可能对受检排气系统的空气流量产生重大影响。因此，这些参数宜尽可能保持恒定并做记录。

8 试验报告

a) 引用GB/T 25749的本部分(即GB/T 25749.4—2010)以及相应的C类标准；

b) 受检机器或排气系统的描述(机器本身以及每个附加设备的制造商、样式、类型、改型、设计、尺寸、制造年份、序列号等)——机器本身以及每件附加设备；

c) 试验期间的运行数据，包括机器所使用的工具和机器所加工的物料；

d) 受检排气系统的描述(制造商、样式、类型、改型、设计、尺寸、制造年份、序列号、操作数据)以及普通通风系统的描述；

e) 测量程序的描述，尤其是：

——示踪物的类型、流量、方向和发射速度，以及选择该示踪物的理由；

——发射器的几何特征；

——发射和采样点的位置；

——测量持续时间；

f) 所使用的测量仪器以及最近一次的校准时间；

g) 三种决定因素：平均值、最低效率和变化系数的试验结果；

h) 实验室；

i) 试验的次数；

j) 环境数据(温度、湿度、大气压力)；

k) 浓度和流量测量所用的程序(例如：标准列表)的描述；

l) 试验负责人的姓名；

m) 试验的日期；

n) 偏离任何有关标准的说明；

o) 其他必要的说明。

附 录 A
（资料性附录）
C_3(95%)不确定度随机分量的简化计算

最小捕获效率 η_C(95%)的不确定度取决于很多参数，包括 C_3(95%)不确定度的随机分量。

该随机分量依次取决于测量 C_3 过程中得到的无关联结果的数量。再次假设浓度 C_3 为高斯分布，则可对随机分量进行估算。

总体(C_3,σ)分位点呈渐进正态分布：

$$\left[C_3 - t\sigma, \frac{\sqrt{2\pi q(1-q)}}{e^{-\frac{t^2}{2}}} \times \frac{\sigma}{\sqrt{n}}\right]$$

式中：

q ——所考虑的分位点；

t ——标准正态分布表中查得的值，例如：$\{x<t\}$的概率等于 q。

示例：$q=0.95$，则 $t=1.64$，分位点为 95%，正分布为 $\left(C_3 - 1.64\sigma, 2.11\frac{\sigma}{\sqrt{n}}\right)$

参 考 文 献

[1] ISO 4053-1 Measurement of gas flow in conduits—Tracer methods—Part 1:General

[2] ISO 29042-1 Safety of machinery—Evaluation of the emission of airborne hazardous substances—Part 1:Selection of test methods

ICS 21.160
J 26

GB

中华人民共和国国家标准

GB/T 25750—2010

可锁定气弹簧技术条件

Lockable gas spring technical specification

2010-12-23 发布　　2011-10-01 实施

中华人民共和国国家质量监督检验检疫总局
中国国家标准化管理委员会　发布

前　言

本标准由中国机械工业联合会提出。

本标准由全国弹簧标准化技术委员会(SAC/TC 235)归口。

本标准负责起草单位:常州气弹簧有限公司、昆山金发液压机械有限公司、中机生产力促进中心。

本标准参加起草单位:兰溪市双冠汽车部件制造有限公司、奉化市仁龙机械有限公司、磊焱氮气弹簧技术与设备研究所、江都精达气动件制造有限公司。

本标准主要起草人:施与秋、姜膺、宁成、施与效、周正明、窦智、吴小雁、董喜刚、赵永东。

可锁定气弹簧技术条件

1 范围

本标准规定了可锁定气弹簧(以下简称气弹簧)的术语和定义、标记、技术要求、试验方法、检验规则及标识、包装、运输、贮存要求等。

本标准适用于以氮气或其他惰性气体为储能工作介质的角调可锁定气弹簧和除座椅升降可锁定气弹簧以外的其他形式可锁定气弹簧。

座椅升降可锁定气弹簧不适用于本标准。

2 规范性引用文件

下列文件中的条款通过本标准的引用而成为本标准的条款。凡是注日期的引用文件,其随后所有的修改单(不包括勘误的内容)或修订版均不适用于本标准,然而,鼓励根据本标准达成协议的各方研究是否可使用这些文件的最新版本。凡是不注日期的引用文件,其最新版本适用于本标准。

GB/T 1771 色漆和清漆 耐中性盐雾性能的测定(GB/T 1771—2007,ISO 7253:1996,IDT)

GB/T 1800.1 产品几何技术规范(GPS) 极限与配合 第1部分:公差、偏差和配合的基础(GB/T 1800.1—2009,ISO 286-1:1988,MOD)

GB/T 1805 弹簧术语

GB/T 2348 液压气动系统及元件 缸内径及活塞杆外径(GB/T 2348—1993,neq ISO 3320:1987)

GB/T 2349 液压气动系统及元件 缸活塞行程系列

GB/T 2828.1 计数抽样检验程序 第1部分:按接收质量限(AQL)检索的逐批检验抽样计划(GB/T 2828.1—2003,ISO 2859-1:1999,IDT)

GB/T 2829 周期检验计数抽样程序及表(适用于对过程稳定性的检验)

GB/T 10125 人造气氛腐蚀试验 盐雾试验(GB/T 10125—1997,eqv ISO 9227:1990)

QC/T 484 汽车油漆涂层

QC/T 625 汽车用涂镀层和化学处理层

3 术语、定义、符号及说明

GB/T 1805 和表1确立的术语、定义、符号及说明适用于本标准。

表1

术 语	定义或说明	符号	单位
气弹簧 gas spring	由一个密闭缸筒和可以在缸筒内滑动的活塞及活塞杆组件组成的以氮气或其他惰性气体为储能介质的弹性元件 注:改写 GB/T 1805—2001,定义 2.9		
可锁定气弹簧 lockable gas spring	在运动行程内,可在任意位置锁定或开启的气弹簧		
活塞杆直径 piston rod diameter	气弹簧活塞杆直径 [GB/T 1805—2001,定义 3.111]	d	mm
缸筒内径 cylinder inner diameter	气弹簧缸筒内径	D_1	mm
缸筒外径 cylinder outer diameter	气弹簧缸筒外径 [GB/T 1805—2001,定义 3.110]	D_2	mm

表 1（续）

术　　语	定义或说明	符号	单位
行程 stroke	活塞杆从全伸展状态到压缩至最小尺寸时的轴向位移	S	mm
伸展长度 extended length	全伸展状态下气弹簧的有效长度	L	mm
开启力 unlocking force	为解除气弹簧的锁定状态，打开阀门所需的力	F_k	N
启动力 start-up force	气弹簧在伸展状态保持一定时间，打开阀门后，压动活塞杆所需的初始力 [GB/T 1805—2001，定义 3.116]	F_0	N
一个循环 one cycle	活塞杆按规定的行程压缩和伸展各一次		
伸展速度 extend speed	活塞杆从规定的行程的末端到初始位置自由伸展的平均速度	$\bar{v}$	mm/s
标称力 specified force	供需双方确认的图样及产品上标注的力（F_1、F_a、F_3……）	$F_\times$	N
最小伸展力 minimum extension force	在伸展过程中，离工作行程起点处规定采力点 C 处测得的力 注：改写 GB/T 1805—2001，定义 3.119	F_1	N
最大伸展力 maximum extension force	在伸展过程中，离工作行程终点处规定采力点 C 处测得的力 注：改写 GB/T 1805—2001，定义 3.120	F_2	N
最小压缩力 minimum compress force	在压缩过程中，离工作行程起点处规定采力点 C 处测得的力 注：改写 GB/T 1805—2001，定义 3.121	F_3	N
最大压缩力 maximum compress force	在压缩过程中，离工作行程终点处规定采力点 C 处测得的力 注：改写 GB/T 1805—2001，定义 3.122	F_4	N
公称力 a nominal force	最大伸展力和最小压缩力的平均值，即：$F_a=(F_1+F_3)/2$，公称力 a 是气弹簧综合特性的指标之一 注：改写 GB/T 1805—2001，定义 3.123	F_a	N
公称力 b nominal force	最小伸展力和最大压缩力的平均值，即：$F_b=(F_2+F_4)/2$，公称力 b 一般用于弹力比率计算	F_b	N
动态摩擦力 dynamic friction force	最小压缩力和最小伸展力之差的平均值，即：$F_r=(F_3-F_1)/2$ 注：改写 GB/T 1805—2001，定义 3.124	F_r	N
弹力比率 force ratio	公称力 b 和公称力 a 的比值，即：$\alpha=F_b/F_a$ 注：改写 GB/T 1805—2001，定义 3.125	α	
刚性锁定 rigid locking 弹性锁定 Elasticity locking	在锁定状态，气弹簧在轴向压缩力和拉伸力的作用下活塞杆产生位移，其力位移特性曲线如下。 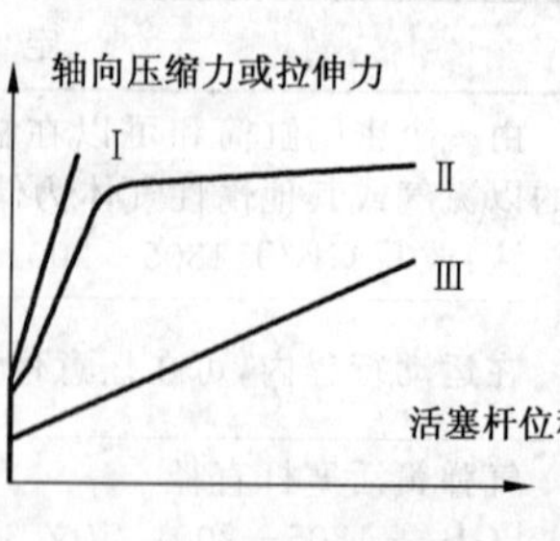 在锁定状态，气弹簧在压缩力或拉伸力的作用下，活塞杆产生位移量不大于 2mm 时，能达到商定锁定力（见曲线Ⅰ与Ⅱ）的锁定。 在锁定状态，气弹簧在压缩力或拉伸力作用下，活塞杆产生较大位移量（见曲线Ⅲ）的锁定		

表 1 (续)

术　语	定义或说明	符号	单位
锁定力 locking force	气弹簧在锁定状态,使活塞杆产生一定位移时所需轴向压缩力或拉伸力	F_s	N
采力点 measuring point	动态或静态检测时力值的采集点 S≤80mm,C=5mm;S>80mm,C=10mm	C	mm

4 型式

4.1 气弹簧的外形及力-位移曲线见图 1。

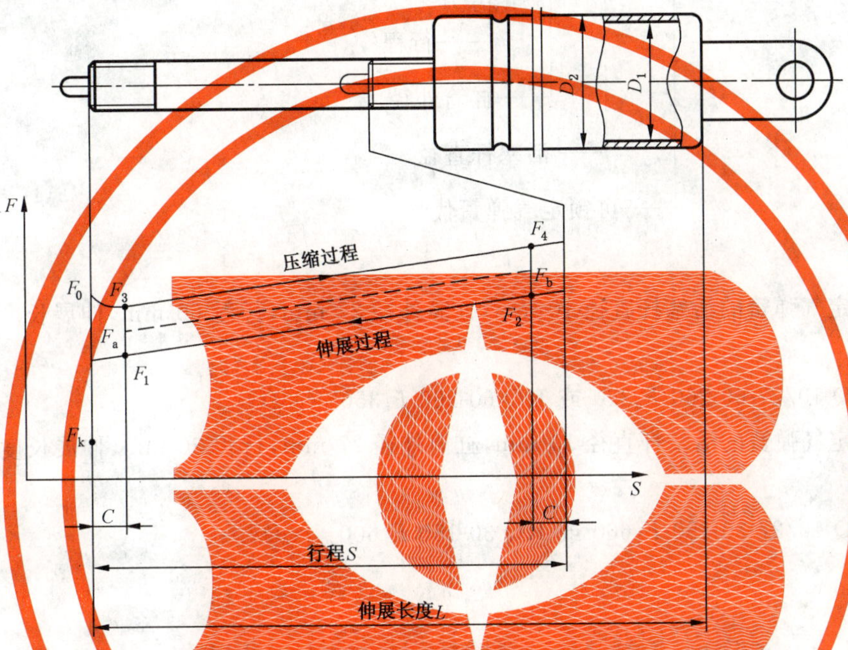

图 1

4.2 气弹簧连接件的型式及代号见图 2,其他连接型式由供需双方商定。

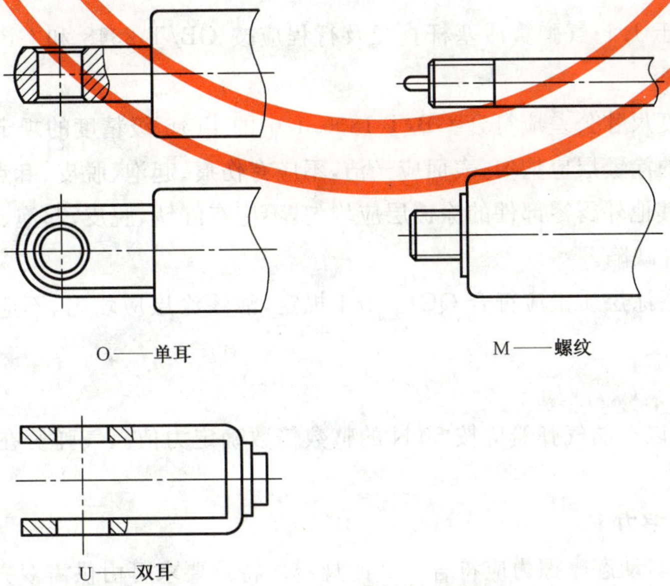

图 2

5 标记

5.1 标记方法

气弹簧的标记由代号、活塞杆直径(可不标出)、缸筒外径(可不标出)、行程、伸展长度和标称力值组成。规定如下：

```
KQ  ××/××-×××-×××  F×××
│   │  │   │   │    └──标称力值
│   │  │   │   └──伸展长度
│   │  │   └──行程
│   │  └──缸筒外径
│   └──活塞杆直径
└──可锁定气弹簧代号
```

5.2 标记示例

例1：可锁定气弹簧的活塞杆直径10 mm，缸筒外径27 mm，行程60 mm，伸展长度260 mm，公称力为350 N。

标记为：KQ 10/27-60-260 F_a350 或 KQ 60-260 F_a350

例2：可锁定气弹簧的活塞杆直径10 mm，缸筒外径27 mm，行程30 mm，伸展长度150 mm，最小伸展力600 N。

标记为：KQ 10/27-30-150 $F_1$600 或 KQ 30-150 $F_1$600

6 技术要求

产品应符合本标准的要求，并按供需双方确认的产品图样及技术文件制造。产品制造选用的材料与涂镀层应符合应用区域的安全和环境保护法规。

6.1 尺寸及外观质量

6.1.1 D_2/D_1 应不小于1.1；气弹簧活塞杆直径及行程应按GB/T 2348和GB/T 2349选用，特殊要求由供需双方商定。

6.1.2 气弹簧伸展长度尺寸公差应符合GB/T 1800.1中的IT16级精度的规定。

6.1.3 气弹簧活塞杆的涂镀层应均匀，表面应光洁，不应有伤痕、起泡、脱皮、麻点、针孔、结瘤等缺陷。

6.1.4 除活塞杆外的其他外露零部件的涂镀层应均匀，不应有红锈、脱皮、起泡、粗糙和漏镀(工艺孔与小于1 mm孔内除外)等缺陷。

6.1.5 气弹簧缸筒油漆涂层质量应符合QC/T 484规定，油漆涂层应均匀，不应有露底、明显麻点、严重流挂，可有轻度的“桔皮”。

6.2 力特性

标称力大于100 N以上的气弹簧应按50 N的整数倍数确定力值。气弹簧在压缩和伸展过程中不应有卡阻现象。

6.2.1 标称力 $F_\times$ 和摩擦力 F_r

标称力值极限偏差与动态摩擦力应符合表2的规定。特殊要求可由供需双方商定。

表 2

单位为牛

标称力值	标称力值极限偏差	最大动态摩擦力 F_r
≤200	+20 −10	50
201～400	+30 −15	75
401～600	+40 −20	90
601～800	+50 −25	110
801～1 000	+60 −30	130
>1 000	+70 −35	150

6.2.2 开启力 F_k

气弹簧的开启力根据客户要求由供需双方商定。

6.2.3 启动力 F_0

气弹簧的启动力应小于 $1.5F_3$。

6.2.4 弹力比率 α

气弹簧的弹力比率根据使用情况由供需双方商定。

6.2.5 锁定力 F_s

刚性锁定气弹簧在活塞杆产生不大于 2 mm 位移时，其压缩锁定力应大于 $F_a \cdot \frac{D_1^2}{d^2}$，弹性锁定气弹簧的锁定力、刚性锁定气弹簧的拉伸锁定力和特殊需要由供需双方商定。

6.3 伸展速度 $\bar{v}$

气弹簧的伸展速度 $\bar{v}$ 应在 40 mm/s～200 mm/s 之间。特殊需要由供需双方商定。

6.4 密封性能

气弹簧锁定在任意位置，经 24 h 常温储存后，其行程不应有变化。

6.5 耐高低温性能

气弹簧经 −30 ℃和 60 ℃高低温储存后，其公称力 F_a 和锁定力 F_s 衰减量应不大于 5%。

6.6 循环寿命

经高低温性能试验后的气弹簧，再经 40 000 次循环寿命（行程≤50 mm 时，按实际行程；行程>50 mm 时，按 50 mm 行程）试验后，其公称力 F_a 和锁定力 F_s 的总衰减量应分别不大于 13%，动态摩擦力应符合表 2 的规定，油液带出量应小于 0.5 g。活塞杆行程的变化量由供需双方商定。

6.7 抗拉性能

气弹簧产品的抗拉性能应符合表 3 的规定。

表 3

单位为牛

受拉部件最小截面尺寸/mm	拉力	
	气弹簧力特性不变	允许气弹簧失效，但不得断裂与肢解
ϕ8	3 000	6 000
ϕ10	4 000	8 000
ϕ12	5 000	10 000
注：连接件的抗拉性能根据采用的型式和材料，由供需双方商定。		

6.8 耐腐蚀性能

6.8.1 气弹簧经72 h中性盐雾试验后，不应有起泡、脱皮和腐蚀缺陷；杆端、管端螺纹与孔口不应起泡、脱皮。

6.8.2 镀硬铬活塞杆经48 h中性盐雾试验后，其杆身不应有起泡、脱皮和腐蚀缺陷；杆端螺纹与孔口不应起泡、脱皮。

6.8.3 其他外露零件的耐腐蚀性能应符合QC/T 625中相应涂镀层的规定。

特殊需要时，供需双方商定。

7 试验方法

7.1 尺寸及外观

7.1.1 尺寸用分度值不大于0.5 mm的专用或通用量具检验。

7.1.2 外观质量采用目测检查。

7.2 力特性

7.2.1 试验条件

检测在20 ℃±2 ℃环境中进行。检测前气弹簧保持在伸展状态，不得压动活塞杆，并将样品放置在20 ℃±2 ℃环境中2 h以上。试验的测量速度为400 mm/min，测力精度不低于1%。

7.2.2 试验方法

力特性试验方法分动态试验和静态试验，应尽量采用动态试验方法。

7.2.2.1 动态检测

将气弹簧活塞杆向上垂直装夹于试验机上，开机第一个循环记录开启力和启动力，第二个(当气弹簧长期存放后循环次数可增加到三至五个)循环记录采力点C处伸展力和压缩力F_1、F_2、F_3、F_4，并计算公称力、动态摩擦力和弹力比率，绘出力-位移曲线。同时观察气弹簧活塞杆有无卡阻现象。

7.2.2.2 静态检测

将气弹簧活塞杆向上垂直装夹于试验机上，开机第一个循环记录开启力和启动力；第二个(当气弹簧长期存放后循环次数可增加到三至五个)循环记录采力点C处的伸展力和压缩力F_1、F_2、F_3、F_4，并计算公称力和弹力比率，绘出力-位移曲线。静态测试采力点C处停留时间为3 s，同时观察气弹簧活塞杆有无卡阻现象。

7.2.2.3 锁定力的检测

a) 刚性压缩锁定力：将锁定在全伸展状态的气弹簧活塞杆向下垂直装夹于试验机上，以2 mm/min的速度压缩气弹簧使活塞杆产生2 mm位移，记录下压缩锁定力值(适应曲线Ⅱ的锁定)。或将锁定在全伸展状态的气弹簧活塞杆向下垂直装夹于试验机上，开启试验机，以2 mm/min的速度压缩气弹簧，当其锁定力值达到商定值，记录下活塞杆的位移量(适应曲线Ⅰ的锁定)。

b) 刚性拉伸锁定力：将锁定在全压缩状态的气弹簧活塞杆向下垂直装夹于试验机上，以2 mm/min的速度拉伸气弹簧使活塞杆产生2 mm位移，记录下拉伸锁定力值(适应曲线Ⅱ的锁定)。或将锁定在全压缩状态的气弹簧活塞杆向下垂直装夹于试验机上，开启试验机，以2 mm/min的速度拉伸气弹簧，当其锁定力值达到商定值，记录下活塞杆的位移量(适应曲线Ⅰ的锁定)。

c) 弹性锁定力：由供需双方商定。

7.3 伸展速度

7.3.1 试验条件

检测在20 ℃±2 ℃环境中进行，检测前应将样品放置在20 ℃±2 ℃环境中2 h以上，计时器的分度值不大于1/100 s。

7.3.2 **试验方法**

将气弹簧活塞杆向下垂直装夹于试验机上，开启试验机，将气弹簧锁定在完全压缩位置，随后迅速打开控制阀门使活塞杆自由伸展，测定伸展时间 t 和伸出行程 S，按下式计算伸展速度(平均速度) $\bar{v}$。

$$\bar{v} = S/t$$

式中：

$\bar{v}$——伸展速度，单位为毫米每秒(mm/s)；

S——行程，单位为毫米(mm)；

t——伸展时间，单位为秒(s)。

7.4 密封性能

将气弹簧锁定在压缩状态，测量活塞杆伸出长度，常温储存 24 h 后再测量活塞杆伸出长度。

7.5 耐高低温性能

将气弹簧放入−30 ℃±2 ℃低温试验箱内保持 48 h，取出后再放置在 60 ℃±5 ℃的高温试验箱内保持 48 h，取出气弹簧按 7.2 检测力特性，并计算公称力 F_a 和锁定力 F_s 衰减量。

7.6 循环寿命

经过高低温试验的气弹簧活塞杆向下装夹于带有集油装置的试验机上，以 6 次/min～12 次/min 的频率进行循环寿命试验，整个试验过程气弹簧缸筒温度不应大于 50 ℃。循环 40 000 次后按 7.2 检测力特性和锁定力 F_s，并计算公称力 F_a、动态摩擦力 F_r、锁定力 F_s 的衰减量。按 7.1.1 检测活塞杆的行程，并计算其变化量。在精度不低于 0.01 g 的电子秤上称量油液带出量。

7.7 抗拉性能

将伸展状态的气弹簧固定在试验机上，以 1 mm/min～2 mm/min 速度按表 3 规定值加载，保持 3 min，卸载后按 7.2 检测力特性或观察。

7.8 耐腐蚀性能试验

气弹簧的耐腐蚀试验按 GB/T 1771 或 GB/T 10125 规定进行。

8 检验规则

8.1 缺陷

气弹簧不符合产品技术标准、图样所规定的技术要求，即构成缺陷。按照缺陷的严重程度分为：

a) A——关键缺陷；

b) B——主要缺陷；

c) C——次要缺陷。

缺陷项目见表 4。

表 4

A 关键缺陷项目	B 主要缺陷项目	C 次要缺陷项目
耐高低温性能 6.5 循环寿命 6.6 抗拉性能 6.7	尺寸 6.1.2 力特性 6.2 密封性能 6.4 耐腐蚀性能 6.8	外观质量 6.1.3、6.1.4、6.1.5 安全标识 9.1

8.2 抽样方法

8.2.1 检验批

a) 检验批必须是合格的气弹簧产品，280 件气弹簧为一检验批。若产品数量大于 280 件，则由检验人员任意划分若干个以280件为一批的检验批，然后随机商定一检验批为抽验对象。

b） 如果产品数量小于280件，则不宜作为检验批进行抽样，应另外选取库存产品进行抽样，或按实际数量在GB/T 2828.1的表1中查找相应字码和选取样本。

8.2.2 样本选取

8.2.2.1 非破坏性检验项目共用一个样本，如果产品数量大于150件，按GB/T 2828.1中规定的一般检验水平Ⅰ，样本大小字码E，按正常检验一次抽样方案，抽取13支气弹簧；如果产品数量不大于150件，则按8.2.1的b)选取样本。

8.2.2.2 耐高低温性能、循环寿命、抗拉性能、耐腐蚀性能试验是破坏性试验，属型式试验项目，检验时按GB/T 2828.1中规定的特殊检验水平S-1，样本大小字码B，正常检验一次抽样方案，力特性、耐高低温性能、循环寿命、抗拉性能试验共用一组样品，耐腐蚀性能试验用一组样品，各抽取3件气弹簧。

8.2.3 接收质量限AQL与接收数Ac

A缺陷项目、B缺陷项目的接收质量限为4.0，接收数为0。

C缺陷项目接收质量限为6.5。字码E时，接收数为2；字码D时，接收数为1。

8.2.4 根据产品质量的稳定程度，可按GB/T 2828.1转移规则，在正常检验、放宽检验、加严检验之间进行转移。当放宽检验时，一般检验水平Ⅰ，样本大小字码E，按放宽检验一次抽样方案，抽取5支气弹簧样本；样本大小字码D、B时，则分别抽取3支、2支气弹簧；当加严检验时，抽样数同8.2.2。

8.3 检验分类

产品检验分为出厂检验和型式检验。

8.3.1 出厂检验

所有产品交付前必须作最终检验，检验项目见表5。

表5

检验项目	检验类别	检验方法和要求
标称力值	必检	符合表2的规定
外观	必检	按7.1.2进行，符合6.1.3～6.1.5和9.1的规定
伸展长度	按8.2抽检	按7.1.1进行，符合6.1.2的规定
力特性曲线	按8.2抽检	按7.2进行，符合6.2的规定

8.3.2 型式检验

有下列情况之一时，一般应进行型式检验：

a） 新产品或老产品转产定型鉴定时；

b） 产品的设计、结构、材料、工艺有较大变动时；

c） 关键工序设备、人员有较大变动时；

d） 正常生产的系列产品一定时期后；

e） 产品出现重大质量问题时；

f） 产品停产一年以上再投产时；

g） 出厂检验结果与上次型式检验有较大差异时；

h） 国家质量监督机构提出进行型式检验的要求时。

d)和h)的型式试验按8.2进行。其他的型式检验按GB/T 2829规定进行，抽取6支气弹簧，分3组，每组各2支，按表6进行检验。

表 6

组别	1	2	3
检验项目	力特性 6.2 耐高低温性能 6.5 循环寿命 6.6 抗拉性能 6.7	耐腐蚀性能 6.8	尺寸 6.1.2 外观质量 6.1.3、6.1.4、6.1.5 密封性能 6.4 安全标识 9.1
样件数	2	2	2
判别水平	I		
判定数组	[0,1]		
不合格质量水平 RQL	40		

9 标识、包装、运输、贮存

9.1 安全标识

每支气弹簧产品必须在明显位置标注安全标识。

9.2 产品标识

每支气弹簧产品应在明显位置标明供需双方商定的下列内容：

a) 需方或供方商标；

b) 产品代号、型号或件号；

c) 供方名称、代码或需方名称；

d) 交付日期或生产批号。

9.3 包装箱标识

气弹簧包装箱上应有供需双方商定的下列内容：

a) 产品名称、型号、件号、订单号或条形码；

b) 供需方名称、代码或地址；

c) 产品数量；

d) 外形尺寸、毛重、净重；

e) 生产日期；

f) 标注"谨防高温"、"小心轻放"等。

9.4 包装

9.4.1 包装箱内每支气弹簧应有柔性材料保护。

9.4.2 每箱毛重不应大于 30 kg。

9.4.3 包装箱内应附有质量部门盖章的合格证书。

9.4.4 包装箱的材料由供需双方商定。

9.5 运输

按供需双方商定的运输方式发运。

9.6 贮存

气弹簧产品应贮存在干燥、通风的库房内，周围无酸、碱或其他腐蚀性气体。在正常保管情况下，1 年内不应有镀层锈蚀、油漆剥落等情况发生，公称力衰减量不得大于 5%。

ICS 21.160
J 26

GB

中华人民共和国国家标准

GB 25751—2010

压缩气弹簧技术条件

Compression gas spring technical specification

2010-12-23 发布　　2011-10-01 实施

中华人民共和国国家质量监督检验检疫总局
中国国家标准化管理委员会　发布

前言

本标准由中国机械工业联合会提出。

本标准由全国弹簧标准化技术委员会归口。

本标准负责起草单位:北京第三纺织机械有限公司、常州气弹簧有限公司、中机生产力促进中心。

本标准参加起草单位:北京吉信气弹簧制品有限公司、昆山金发液压机械有限公司、兰溪市双冠汽车部件制造有限公司、上海震飞汽车零部件有限公司、宁波经济技术开发区一力阻尼器有限公司、南京中强气弹簧制造有限公司、奉化市仁龙机械有限公司、磊焱氮气弹簧技术与设备研究所、贵州龙飞气弹簧有限责任公司。

本标准主要起草人:魏有财、施与秋、姜膺、施与效、梁一民、宁成、周正明、窦智、吴小雁、俞愉、应端忠、罗明来、董喜刚、尹俊岗。

压缩气弹簧技术条件

1 范围

本标准规定了压缩气弹簧(以下简称气弹簧)的术语和定义、标记、技术要求、试验方法、检验规则及标识、包装、运输、贮存要求等。

本标准适用于以氮气或其他惰性气体为储能工作介质的气弹簧。

2 规范性引用文件

下列文件中的条款通过本标准的引用而成为本标准的条款。凡是注日期的引用文件，其随后所有的修改单(不包括勘误的内容)或修订版均不适用于本标准。然而，鼓励根据本标准达成协议的各方研究是否可使用这些文件的最新版本。凡是不注日期的引用文件，其最新版本适用于本标准。

GB/T 1771 色漆和清漆 耐中性盐雾性能的测定(GB/T 1771—2007,ISO 7253:1996,IDT)

GB/T 1800.1 产品几何技术规范(GPS) 极限与配合 第1部分:公差、偏差和配合的基础(GB/T 1800.1—2009,ISO 286-1:1988,MOD)

GB/T 1805 弹簧术语

GB/T 2348 液压气动系统及元件 缸内径及活塞杆外径(GB/T 2348—1993,neq ISO 3320:1987)

GB/T 2349 液压气动系统及元件 缸活塞行程系列

GB/T 2828.1 计数抽样检验程序 第1部分:按接收质量限(AQL)检索的逐批检验抽样计划(GB/T 2828.1—2003,ISO 2859-1:1999,IDT)

GB/T 2829 周期检验计数抽样程序及表(适用于对过程稳定性的检验)

GB/T 10125 人造气氛腐蚀试验 盐雾试验(GB/T 10125—1997,eqv ISO 9227:1990)

QC/T 484 汽车油漆涂层

QC/T 625 汽车用涂镀层和化学处理层

3 术语、定义、符号及说明

GB/T 1805 和表1确立的术语、定义、符号及说明适用于本标准。

表1

术语	定义或说明	符号	单位
气弹簧 gas spring	由一个密闭缸筒和可以在缸筒内滑动的活塞及活塞杆组件组成的以氮气或其他惰性气体为储能介质的弹性元件		
压缩气弹簧 compression gas spring	无外力作用下活塞杆呈自由伸展状态，并承受压力的气弹簧		
活塞杆直径 piston rod diameter	气弹簧活塞杆直径	d	mm
缸筒内径 cylinder inner diameter	气弹簧缸筒内径	D_1	mm
缸筒外径 cylinder outer diameter	气弹簧缸筒外径	D_2	mm

表 1（续）

术语	定义或说明	符号	单位
行程 stroke	活塞杆从全伸展状态到压缩至最小尺寸时的轴向位移	S	mm
伸展长度 extended length	全伸展状态下气弹簧的有效长度	L	mm
启动力 start-up force	气弹簧在伸展状态保持一定时间后压动活塞杆所需的初始力	F_0	N
一个循环 one cycle	活塞杆按规定的行程压缩和伸展各一次		
标称力 specified force	供需双方确认的图样及产品上标注的力（F_1、F_a、F_3……）	$F_\times$	N
最小伸展力 minimum extension force	在伸展过程中，离工作行程起点处规定采力点 C 处测得的力	F_1	N
最大伸展力 maximum extension force	在伸展过程中，离工作行程终点处规定采力点 C 处测得的力	F_2	N
最小压缩力 minimum compress force	在压缩过程中，离工作行程起点处规定采力点 C 处测得的力	F_3	N
最大压缩力 maximum compress force	在压缩过程中，离工作行程终点处规定采力点 C 处测得的力	F_4	N
公称力 a nominal force	$F_a=(F_1+F_3)/2$，公称力 a 是气弹簧综合特性的指标之一	F_a	N
公称力 b nominal force	$F_b=(F_2+F_4)/2$ ，公称力 b 一般用于弹力比率计算	F_b	N
动态摩擦力 dynamic friction force	$F_r=(F_3-F_1)/2$	F_r	N
伸展速度 extend speed	活塞杆从规定的行程的末端到初始位置自由伸展的平均速度	$\bar{v}$	mm/s
气体阻尼段 gas damper part	活塞杆伸展过程中，活塞运动受气体阻尼作用的区域		mm
液体阻尼段 liquid damper part	活塞杆伸展过程中，活塞运动受液体阻尼作用的区域		mm
采力点 measuring point	动态或静态检测时力值的采集点 $S\leqslant 80$ mm，$C=5$ mm；$S>80$ mm，$C=10$ mm	C	mm
弹力比率 force ratio	$\alpha=F_b/F_a$	α	

4 型式

4.1 气弹簧的外形及力-位移曲线见图 1。

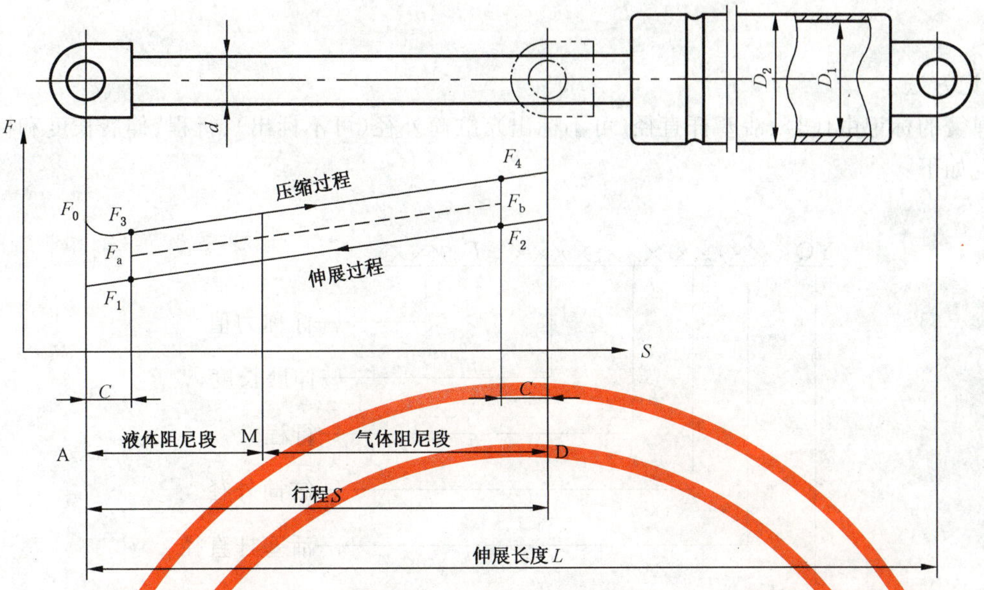

图 1

4.2 气弹簧连接件的型式及代号见图 2，其他连接型式由供需双方商定。

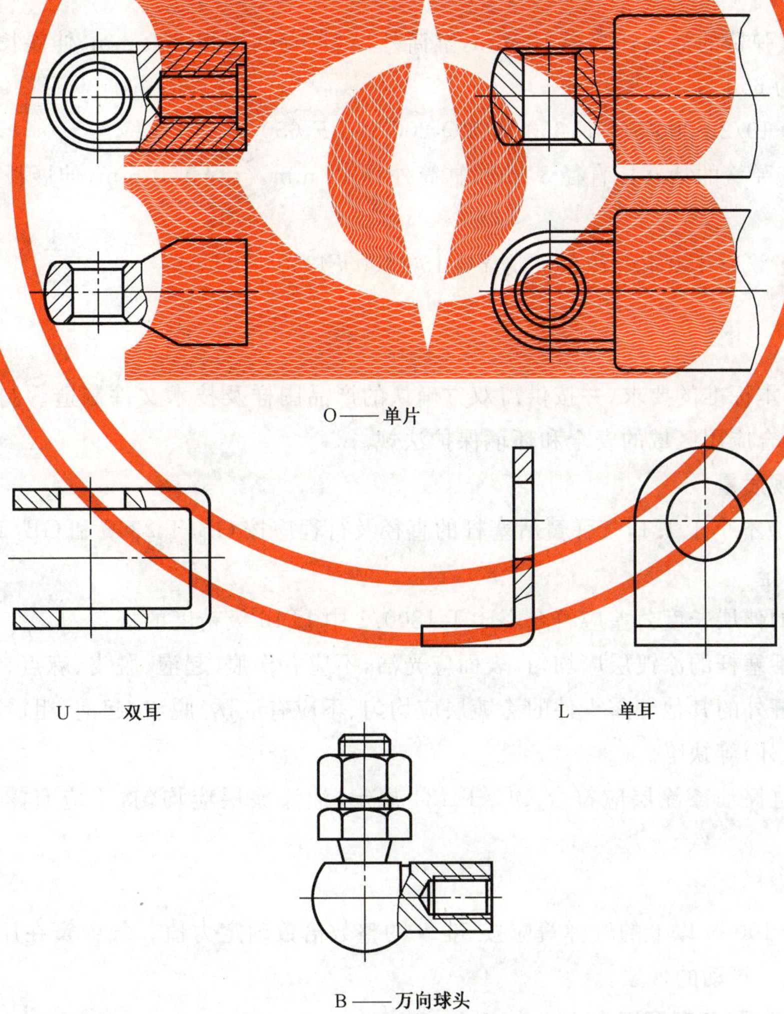

图 2

5 标记

5.1 标记方法

气弹簧的标记由代号、活塞杆直径(可不标出)、缸筒外径(可不标出)、行程、伸展长度和标称力值组成。规定如下：

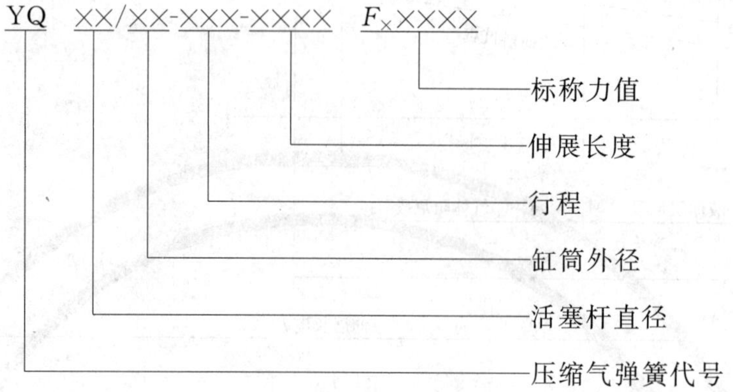

5.2 标记示例

例 1：压缩气弹簧的活塞杆直径 10 mm，缸筒外径 22 mm，行程 200 mm，伸展长度 500 mm，最小伸展力 F_1(举力)为 650 N。

标记为：YQ 10/22-200-500 $F_1$650 或 YQ 200-500 $F_1$650

例 2：压缩气弹簧的活塞杆直径 8 mm，缸筒外径 18 mm，行程 150 mm，伸展长度 400 mm，公称力 F_a 为 350 N。

标记为：YQ 8/18-150-400 F_a350 或 YQ 150-400 F_a350

6 技术要求

产品应符合本标准的要求，并按供需双方确认的产品图样及技术文件制造。制造产品所选用的材料与涂镀层应符合应用区域的安全和环境保护法规。

6.1 尺寸及外观质量

6.1.1 D_2/D_1 应不小于 1.1，气弹簧活塞杆的直径及行程应按 GB/T 2348 和 GB/T 2349 选用，特殊要求由供需双方商定。

6.1.2 气弹簧的伸展长度公差应符合 GB/T 1800.1 中 IT16 级精度的规定。

6.1.3 气弹簧活塞杆的涂镀层应均匀，表面应光洁，不应有伤痕、起泡、脱皮、麻点、针孔、结瘤等缺陷。

6.1.4 除活塞杆外的其他外露零件的涂镀层应均匀、不应有红锈、脱皮、起泡、粗糙和漏镀(工艺孔与小于 1 mm 孔内除外)等缺陷。

6.1.5 气弹簧缸筒油漆涂层应符合 QC/T 484 规定，油漆涂层应均匀，不应有露底、明显麻点、严重流挂。

6.2 力特性

标称力大于 100 N 以上的气弹簧应按 50 N 的整数倍数确定力值。气弹簧在压缩和伸展过程中不应有卡阻和明显的抖动的现象。

6.2.1 标称力 $F_\times$ 和动态摩擦力 F_r

标称力值极限偏差与动态摩擦力应符合表 2 的规定。特殊需要时，由供需双方商定。

表 2

单位为牛

标称力值	标称力值的极限偏差	最大动态摩擦力 F_r
≤100	$^{+15}_{-5}$	25
101～200	$^{+20}_{-10}$	30
201～400	$^{+30}_{-15}$	40
401～600	$^{+40}_{-20}$	60
601～800	$^{+50}_{-25}$	80
801～1 000	$^{+60}_{-30}$	100
1 001～1 200	$^{+70}_{-35}$	130
＞1 200	$^{+80}_{-40}$	150

6.2.2 启动力 F_0

气弹簧启动力应小于 $1.5F_3$。

6.2.3 弹力比率 α

气弹簧弹力比率根据使用情况由供需双方商定。

6.2.4 液体阻尼段

气弹簧液体阻尼段长度根据载荷情况由供需双方商定。

6.3 伸展速度 $\bar{v}$

气弹簧伸展速度 $\bar{v}$ 应在 50 mm/s～350 mm/s 之间。特殊需要时，由供需双方商定。

6.4 耐高低温性能

气弹簧经 110 ℃的高温储存后，再经－40 ℃和 80 ℃ 2 次高低温循环试验后，不应产生失效，其公称力 F_a 的衰减量应不大于 5%。

6.5 循环寿命

6.5.1 常温循环寿命

经高低温试验后的气弹簧，再经 25 000 次循环寿命（行程≤200 mm 时，按实际行程；行程＞200 mm时，按 200 mm 行程）试验后，其公称力 F_a 的总衰减量应不大于 13%，动态摩擦力应符合表 2 的规定，油液带出量应小于 0.5 g。

6.5.2 环境循环寿命

使用环境恶劣的气弹簧经－40 ℃ 1 000 次和 80 ℃ 1 000 次高低温动态循环寿命试验后，其公称力 F_a 的衰减量应不大于 5%。经高低温动态循环寿命试验的气弹簧，再经常温 18 000 次循环寿命（行程≤200 mm 时，按实际行程；行程＞200 mm 时，按 200 mm 行程）试验后，其公称力 F_a 的总衰减量应不大于 13%，其动态摩擦力应符合表 2 的规定，油液带出量应小于 0.5 g。

注 1：6.5.1 和 6.5.2 不同时要求。

注 2：要求 6.5.2 时不应要求 6.4。

6.6 抗拉性能

气弹簧产品的抗拉性能应符合表 3 的规定。

表 3

单位为牛

受拉部位最小截面尺寸/mm	拉力	
	气弹簧力特性不变	允许气弹簧失效,但不得断裂与肢解
$\phi 5$	1 000	2 000
$\phi 6$	1 500	3 000
$\phi 8$	3 000	6 000
$\phi 10$	4 000	8 000
$\phi 12$	5 000	10 000
注 1:非金属连接件,由供需双方商定。 注 2:受拉部位最小截面积尺寸大于 $\phi 12$ 由供需双方商定。		

6.7 耐腐蚀性能

6.7.1 气弹簧经 96 h 中性盐雾试验后,不应有起泡、脱皮和腐蚀缺陷;杆端、管端螺纹与孔口不应起泡、脱皮。

6.7.2 镀硬铬活塞杆经 48 h 中性盐雾试验后,其杆身不应有起泡、脱皮和腐蚀缺陷;杆端螺纹与孔口不应起泡、脱皮。

6.7.3 其他外露零件的耐腐蚀性能应符合 QC/T 625 中相应涂镀层的规定。特殊需要时,由供需双方商定。

7 试验方法

7.1 尺寸及外观

7.1.1 尺寸用分度值不大于 0.5 mm 的专用或通用量具检验。

7.1.2 外观质量采用目测检验。

7.2 力特性

7.2.1 试验条件

检测在 20 ℃±2 ℃ 环境中进行。检测前气弹簧始终在伸展状态,不得压动活塞杆。并将样品放置在 20 ℃±2 ℃ 环境中 2 h 以上。试验测量速度为 400 mm/min,测力精度不低于 1%。

注:变阻尼气弹簧、压阻尼气弹簧测试速度为 100 mm/min~300 mm/min。

7.2.2 试验方法

力特性试验方法分动态试验和静态试验,应尽量采用动态试验方法。

7.2.2.1 动态试验

将气弹簧活塞杆向上垂直装夹于试验机上,开机第一个循环记录启动力;第二个循环记录采力点 C 处伸展力和压缩力 F_1、F_2、F_3、F_4,并计算公称力、动态摩擦力和弹力比率,绘出力-位移曲线。同时观察气弹簧活塞杆有无卡阻和明显的抖动现象。

7.2.2.2 静态试验

将气弹簧活塞杆向上垂直装夹于试验机上,开机第一个循环记录启动力;第二个循环记录采力点 C 处的伸展力和压缩力 F_1、F_2、F_3、F_4,并计算公称力和弹力比率,绘出力-位移曲线。静态测试采力点 C 处停留时间为 3 s,同时观察气弹簧活塞杆有无卡阻和明显的抖动现象。

7.3 伸展速度

7.3.1 试验条件

检测在 20 ℃±2 ℃环境中进行,检测前应将样品放置在 20 ℃±2 ℃ 环境中 2 h 以上,计时器的分度值不大于 1/100 s。

7.3.2 试验方法

将气弹簧活塞杆垂直向下装夹于试验机上，开启试验机，按规定的行程压入活塞杆，然后撤除外力使活塞杆自由伸展，测定伸展时间 t 和伸出行程 S，按下式计算伸展速度（平均速度）$\bar{v}$。

$$\bar{v}=S/t$$

式中：

$\bar{v}$——伸展速度，单位为毫米每秒（mm/s）；

S——行程，单位为毫米（mm）；

t——伸展时间，单位为秒（s）。

7.4 耐高低温性能

将气弹簧放置在 110 ℃±5 ℃高温试验箱中保温 1 h，取出后在常温环境下放置 2 h。再将气弹簧置于－40 ℃±2 ℃环境中 4 h，然后将气弹簧置于 80 ℃±5 ℃环境中 4 h，以上为一个高低温循环试验。将经过高低温试验的气弹簧按 7.2 检测力特性，并计算公称力 F_a 的衰减量。

7.5 循环寿命

7.5.1 常温循环寿命

经过高低温试验的气弹簧活塞杆向下装夹于带有集油装置的试验机上，以 4 次/min～6 次/min（变阻尼气弹簧、压阻尼气弹簧为 3 次/min～5 次/min）的频率进行循环寿命试验，试验时活塞杆应自由伸展，循环 25 000 次后按 7.2 检测力特性，并计算公称力 F_a 的衰减量，然后在精度不低于 0.01 g 的电子秤上称量油液带出量。试验过程中气弹簧缸筒温度不应大于 50 ℃。

7.5.2 环境循环寿命

将气弹簧活塞杆向下装夹于带有集油装置的高低温动态循环试验机上，试验环境温度降至－40 ℃，以 2 次/min～4 次/min 的频率进行 1 000 次循环寿命试验，取出后按 7.2 检测力特性，并计算公称力 F_a 的衰减量。再将气弹簧装夹于试验机上，将试验环境温度调升至 80 ℃±5 ℃，以 4 次/min～6 次/min（变阻尼气弹簧、压阻尼气弹簧为 2 次/min～5 次/min）的频率进行 1 000 次循环寿命试验，取出后按 7.2 检测力特性，并计算公称力 F_a 的衰减量；然后在精度不低于 0.01 g 的电子秤上称量油液带出量。经高低温动态循环试验后的气弹簧再进行 18 000 次常温循环寿命试验，按 7.2 检测力特性，并计算公称力 F_a 的衰减量，然后在精度不低于 0.01 g 的电子秤上称量油液带出量。

7.6 抗拉性能

将伸展状态的气弹簧固定在试验机上，以 1 mm/min～2 mm/min 速度按表 3 的规定值加载，保持 3 min，卸载后按 7.2 检测力特性或观察。

7.7 耐腐蚀性能

气弹簧的耐腐蚀试验按 GB/T 1771 或 GB/T 10125 规定进行。

8 检验规则

8.1 缺陷

气弹簧不符合产品技术标准、图样所规定的技术要求，即构成缺陷。按照缺陷的严重程度分为：

a) A——关键缺陷；

b) B——主要缺陷；

c) C——次要缺陷。

缺陷项目见表 4。

表 4

A 关键缺陷项目	B 主要缺陷项目	C 次要缺陷项目
耐高低温性能 6.4 循环寿命 6.5 抗拉性能 6.6	尺寸 6.1.2 力特性 6.2 耐腐蚀性能 6.7	外观质量 6.1.3、6.1.4、6.1.5 安全标识 9.1

8.2 抽样方法

8.2.1 检验批

a) 检验批必须是合格的气弹簧产品,280 件气弹簧为一检验批。若产品数量大于 280 件,则由检验人员任意划分若干个以 280 件为一批的检验批,然后随机确定一检验批为抽验对象。

b) 如果产品数量小于 280 件,则不宜作为检验批进行抽样,应另外选取库存产品进行抽样,或按实际批量在 GB/T 2828.1 的表 1 中查找相应字码和选取样本。

8.2.2 样本选取

8.2.2.1 非破坏性检验项目共用一个样本,如果产品数量大于 150 件,按 GB/T 2828.1 中规定的一般检验水平Ⅰ,样本大小字码 E,按正常检验一次抽样方案,抽取 13 支气弹簧;如果产品数量不大于 150 件,则按 8.2.1 的 b)选取样本。

8.2.2.2 耐高低温性能、循环寿命、抗拉性能、耐腐蚀试验是破坏性试验,属型式试验项目,检验时按 GB/T 2828.1 中规定的特殊检验水平 S-1,样本大小字码 B,正常检验一次抽样方案,力特性、耐高低温性能、循环寿命、抗拉性能试验共用一组样品,耐腐蚀性能试验用一组样品,各抽取 3 件气弹簧。

8.2.3 接收质量限 AQL 与接收数 Ac

A 缺陷项目、B 缺陷项目的接收质量限为 4.0,接收数为 0。

C 缺陷项目接收质量限为 6.5,字码 E 时,接收数为 2;字码 D 时,接收数为 1。

8.2.4 根据产品质量的稳定程度,可按 GB/T 2828.1 转移规则,在正常检验、放宽检验、加严检验之间进行转移。当放宽检验时,一般检验水平Ⅰ,样本大小字码 E,按放宽检验一次抽样方案,抽取 5 支气弹簧样本;样本大小字码 D、B 时,则分别抽取 3 支、2 支气弹簧;当加严检验时,抽样数同 8.2.2。

8.3 检验分类

产品检验分为出厂检验和型式检验。

8.3.1 出厂检验

所有产品交付前必须作最终检验,检验项目见表 5。

表 5

检验项目	检验类别	检验方法和要求
标称力值	必检	符合表 2 的规定
外观	必检	按 7.1.2 进行,符合 6.1.3~6.1.5 和 9.1 的规定
伸展长度	按 8.2 抽检	按 7.1.1 进行,符合 6.1.2 的规定
力特性曲线	按 8.2 抽检	按 7.2 进行,符合 6.2 的规定

8.3.2 型式检验

有下列情况之一时,一般应进行型式检验:

a) 新产品或老产品转产定型鉴定时;

b) 产品的设计、结构、材料、工艺有较大变动时;

c) 关键工序设备、人员有较大变动时;

d) 正常生产的系列产品一定时期后；

e) 产品出现重大质量问题时；

f) 产品停产一年以上再投产时；

g) 出厂检验结果与上次型式检验有较大差异时；

h) 国家质量监督机构提出进行型式检验的要求时。

d)和 h)的型式试验按 8.2 进行。其他的型式检验按 GB/T 2829 规定进行，抽取 6 支气弹簧，分 3 组，每组各 2 支，按表 6 进行检验。

表 6

组　别	1	2	3
检验项目	力特性 6.2 耐高低温性能 6.4 循环寿命 6.5 抗拉性能 6.6	耐腐蚀性能 6.7	尺寸 6.1.2 外观质量 6.1.3、6.1.4、6.1.5 安全标识 9.1
样件数	2	2	2
判别水平	Ⅰ		
判定数组	[0,1]		
不合格质量水平 RQL	40		

9 标识、包装、运输、贮存

9.1 安全标识

每支气弹簧产品必须在明显位置标注安全标识。

9.2 产品标识

每支气弹簧产品应在明显位置标明由供需双方商定的下列内容：

a) 需方或供方商标；

b) 产品代号、型号或件号；

c) 供方名称、代码或需方名称；

d) 交付日期或生产批号。

9.3 包装箱标识

气弹簧包装箱上应有由供需双方商定的下列内容：

a) 产品名称、型号、件号、订单号或条形码；

b) 供需方名称、代码或地址；

c) 产品数量；

d) 外形尺寸、毛重、净重；

e) 生产日期；

f) 标注“谨防高温”、“小心轻放”等。

9.4 包装

9.4.1 包装箱内每支气弹簧之间应有柔性材料保护。

9.4.2 每箱毛重不应大于 30 kg。

9.4.3 包装箱内应附有质量部门盖章的合格证书。

9.4.4 包装箱的材料由供需双方商定。

9.5　运输

按供需双方商定的运输方式发运。

9.6　贮存

气弹簧产品应贮存在干燥、通风的库房内，周围无酸、碱或其他腐蚀性气体。在正常保管情况下，1年内不应有镀层锈蚀、油漆剥落等情况发生，力的标称值衰减量不得大于5%。

ICS 23.160
J 78

中华人民共和国国家标准

GB/T 25752—2010

差压式气密检漏仪

Differential pressure air leak tester

2010-12-23 发布　　2011-10-01 实施

中华人民共和国国家质量监督检验检疫总局
中国国家标准化管理委员会　发布

前　言

本标准由中国机械工业联合会提出。

本标准由全国真空技术标准化技术委员会归口。

本标准负责起草单位:博益(天津)气动技术研究所有限公司。

本标准参加起草单位:浙江三花通产实业有限公司、沈阳金科精密仪器设备有限公司、合肥皖仪科技有限公司、安徽中科智能高技术有限责任公司、北京拓奇星自动化技术有限公司、沈阳真空技术研究所。

本标准主要起草人:陈乃克、艾子蔚、张伟明、王勇、李赫峰、黄文平、伍先达、万莅新、彭光正、王学智。

差压式气密检漏仪

1 范围

本标准规定了差压式气密检漏仪的术语和定义、分类、结构与基本参数、试验条件、试验方法、检验规则、标志、包装、运输和贮存。

本标准适用于以差压传感器为感压元件检测被测物和基准物之间压力差来确定被测物是否存在泄漏和漏率大小的各类差压式气密检漏仪(以下简称检漏仪)。

2 规范性引用文件

下列文件中的条款通过本标准的引用而成为本标准的条款。凡是注日期的引用文件,其随后所有的修改单(不包括勘误的内容)或修订版均不适用于本标准,然而,鼓励根据本标准达成协议的各方研究是否可使用这些文件的最新版本。凡是不注日期的引用文件,其最新版本适用于本标准。

GB/T 191 包装储运图示标志(GB/T 191—2008,ISO 780:1997,MOD)

GB/T 15479—1995 工业自动化仪表绝缘电阻、绝缘强度技术要求和试验方法

3 术语和定义

下列术语和定义适用于本标准。

3.1

差压式气密检漏仪 differential pressure air leak tester

以差压传感器为感压元件检测被测物和基准物之间压力差来确定被测物是否存在泄漏和漏率大小的仪器或装置。

3.2

基准物 master

和被测物的形状、材质及容积相同且其漏率和被测物相比可以忽略的参照物体。

3.3

容积校正器 internal volume calibrator

通过精确、微小的容积变化量,使检漏仪产生不同压力差的装置。

4 分类、结构与基本参数

4.1 分类

检漏仪按测试压力分为:

a) 真空检漏仪,测试压力低于 1×10^{5} Pa(表压压力范围为 −100 kPa~0 kPa);

b) 微压检漏仪,测试压力范围为 1×10^{5} Pa~1.5×10^{5} Pa(表压压力范围为 0 kPa~50 kPa);

c) 低压检漏仪,测试压力范围为 1.5×10^{5} Pa~3×10^{5} Pa(表压压力范围为 50 kPa~200 kPa);

d) 中压检漏仪,测试压力范围为 3×10^{5} Pa~8×10^{5} Pa(表压压力范围为 200 kPa~700 kPa);

e) 高压检漏仪,测试压力高于 8×10^{5} Pa(表压压力高于 700 kPa)。

4.2 结构

检测带有充气口的被测物的一般检漏仪(结构示意图见图 1)。检测没有充气口的密封元器件的检漏仪(结构示意图见图 2)。

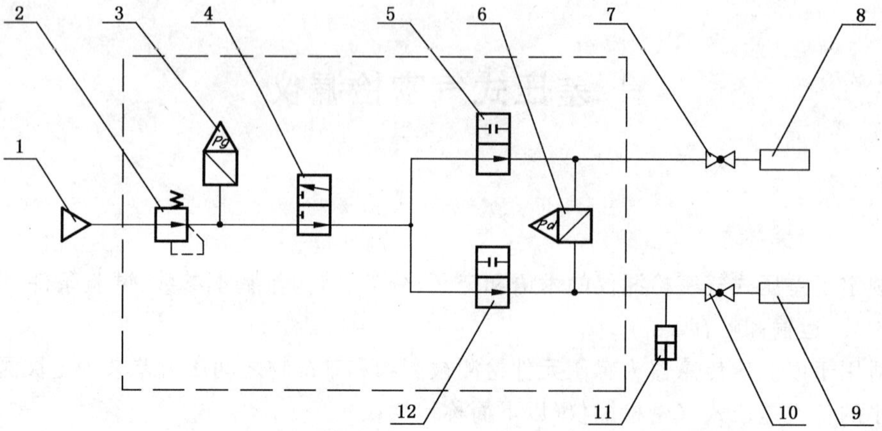

1——气源；
2——减压阀；
3——测试压力传感器；
4——加压排气阀；
5——平衡阀；
6——差压传感器；
7——球阀；
8——基准物；
9——被测物；
10——球阀；
11——容积校正器；
12——平衡阀。

注：虚线内为一般检漏仪标准气路。

图1 一般检漏仪结构示意图

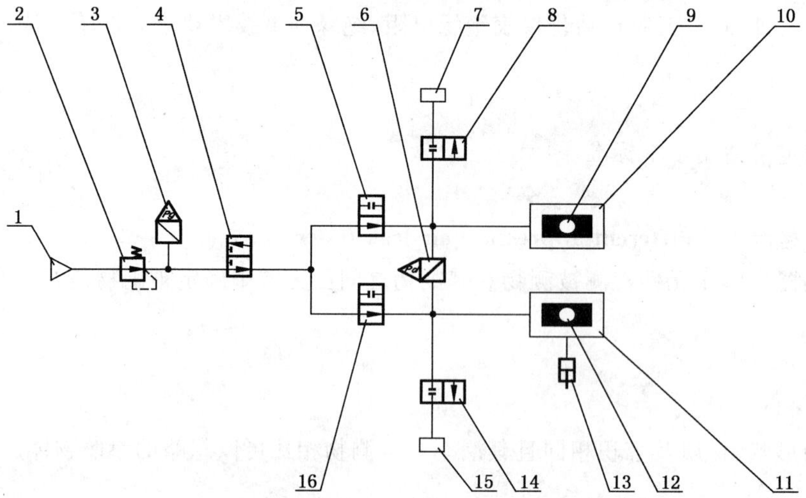

1——气源；
2——减压阀；
3——测试压力传感器；
4——加压排气阀；
5——平衡阀；
6——差压传感器；
7——配容容器；
8——大泄漏检测阀；
9——基准物；
10——密封容器；
11——密封容器；
12——被测物；
13——容积校正器；
14——大泄漏检测阀；
15——配容容器；
16——平衡阀。

图2 密封元器件检漏仪结构示意图

4.3 基本参数

基本参数按表1规定。

表1 基本参数

项目	最大允许误差	稳定性	测试压力传感器误差	差压传感器误差
基本参数	≤±5%	≤±2%	≤±2%(相对于满量程)	≤±1%(相对于满量程)

4.4 技术要求

4.4.1 正常工作条件

a) 温度：(5～40)℃；

b) 相对湿度：不大于85%；

c) 气源：洁净、干燥且不含腐蚀性气体，露点温度不大于－25 ℃；

d) 交流电源电压：(100～240)V；

e) 电源频率：50 Hz 或 60 Hz；

f) 环境中无紊乱气流、紊乱热流、剧烈振动、强电场、强磁场。

4.4.2 **零点漂移**

检漏仪开机后，差压传感器的零点显示值应不超过满量程的±1%，其漂移量应不超过满量程的±1%。

4.4.3 **气密性**

检漏仪气密性应符合表 2 的规定。

表 2 检漏仪气密性

测试压力范围	泄漏产生的压力差
真空：低于 1×10^5 Pa(－100 kPa～0 kPa) 微压：1×10^5 Pa～1.5×10^5 Pa(0 kPa～50 kPa) 低压：1.5×10^5 Pa～3×10^5 Pa(50 kPa～200 kPa) 中压：3×10^5 Pa～8×10^5 Pa(200 kPa～700 kPa)	±5 Pa
高压：高于 8×10^5 Pa(700 kPa)	±20 Pa
注：括号中为表压压力。	

4.4.4 **气源压力变化影响**

检漏仪在检测过程中，由于气源压力发生变化而引起的显示变化值应符合表 2 的规定。

4.4.5 **绝缘电阻**

检漏仪绝缘电阻应符合 GB/T 15479—1995 中 4.1 的规定。

4.4.6 **泄漏电流**

在开机状态时，外壳与地之间泄漏电流应不大于 2 mA。

4.4.7 **绝缘强度**

检漏仪绝缘强度应符合 GB/T 15479—1995 中 4.2 的规定。

4.4.8 **外观和附件**

a) 检漏仪的显示装置应无影响读数的划痕，应有良好的表面处理，不应有镀层脱落、锈蚀、划伤、玷污等痕迹。面板的标志、文字应鲜明、清晰。

b) 检漏仪应标有产品名称、型号、测试压力范围、工作电压、制造厂名、出厂编号、制造年月等标识，并清晰可辩。检漏仪附件包括减压阀、过滤器、电源线应齐全。

4.4.9 **正常工作性能**

a) 开机后，检漏仪的自检功能、加压保持动作、减压阀的调节性能、报警功能应保持良好。

b) 检漏仪上的开关、旋钮、功能键及连接件、接插件不应有松动现象，应能正常工作。

4.4.10 **温度适应性**

在环境温度为 5 ℃、20 ℃及 40 ℃时，在每一温度上其最大允许误差、稳定性应符合 4.3 的要求。

4.4.11 **抗运输环境性能**

检漏仪在包装条件下做连续冲击试验和跌落试验，试验后包装件无损坏，其最大允许误差、稳定性应符合 4.3 的要求。

5 试验条件

5.1 主要试验设备

5.1.1 流量计：最大允许误差应不大于±1%。

5.1.2 压力计:最大允许误差应不大于±1%。

5.1.3 差压计:最大允许误差应不大于±0.5%。

5.1.4 校准漏孔:最大允许误差应不大于±5%。

5.1.5 容积校正器:最大允许误差应不大于±1%。

5.2 附属设备

5.2.1 温度计:最大允许误差为±1 ℃。

5.2.2 湿度计:最大允许误差为±5%。

5.2.3 气压计:最大允许误差为±100 Pa。

5.3 环境要求

5.3.1 温度:15 ℃～30 ℃。

5.3.2 相对湿度:不大于85%。

5.3.3 大气压力:以当地试验室气压为准。

5.3.4 介质为洁净、干燥空气,露点温度不大于－25 ℃。

5.3.5 环境中无紊乱气流、紊乱热流、剧烈振动、强电场、强磁场。

6 试验方法

6.1 最大允许误差试验

6.1.1 一般检漏仪最大允许误差试验

6.1.1.1 试验方法

首先将检漏仪放置在检验场所至少1 h,预热180 s后,将校准漏孔连接至被测物侧,并保证基准物侧外接气路的容积与被测物侧的容积大小相同。然后调整测试压力至校准漏孔的标称压力,并按表3要求设置检漏仪的各时间参数后,启动检漏仪进行测试,记录检漏仪漏率测量值。测试共进行三次,每次测试需间隔一定时间,以确保气路恢复到原始温度及形变状态。然后在同样的测试压力和环境条件下用流量计对校准漏孔检测。

表3 时间设定要求

测试压力范围	加压时间/s	平衡时间/s	检测时间/s
真空:低于1×10^5 Pa(－100 kPa～0 kPa) 微压:1×10^5 Pa～1.5×10^5 Pa(0 kPa～50 kPa) 低压:1.5×10^5 Pa～3×10^5 Pa(50 kPa～200 kPa) 中压:3×10^5 Pa～8×10^5 Pa(200 kPa～700 kPa) 高压:高于8×10^5 Pa(700 kPa)	10	5	10
注:括号中为表压压力。			

6.1.1.2 检漏仪漏率测量值

按照公式(1)计算检漏仪漏率平均测量值。

$$\overline{Q}=\frac{Q_1+Q_2+Q_3}{3} \qquad \cdots\cdots(1)$$

式中:

$\overline{Q}$——检漏仪漏率平均测量值,单位为帕立方米每秒(Pa·m^3/s)或标准大气压立方厘米每分钟(atm.cm^3/min);

Q_1——检漏仪漏率第1次测量值,单位为帕立方米每秒(Pa·m^3/s)或标准大气压立方厘米每分钟(atm.cm^3/min);

Q_2——检漏仪漏率第2次测量值,单位为帕立方米每秒(Pa·m^3/s)或标准大气压立方厘米每分钟

(atm. cm^3/min)；

Q_3——检漏仪漏率第3次测量值,单位为帕立方米每秒(Pa · m^3/s)或标准大气压立方厘米每分钟(atm. cm^3/min)。

6.1.1.3 **最大允许误差**

按照公式(2)计算最大允许误差。最大允许误差应符合4.3的要求。

$$\delta = \frac{\bar{Q} - Q_{SN}}{Q_{SN}} \times 100\% \qquad \cdots\cdots(2)$$

式中：

δ——最大允许误差；

$\bar{Q}$——检漏仪漏率平均测量值,单位为帕立方米每秒(Pa · m^3/s)或标准大气压立方厘米每分钟(atm. cm^3/min)；

Q_{SN}——流量计测量值,单位为帕立方米每秒(Pa · m^3/s)或标准大气压立方厘米每分钟(atm. cm^3/min)。

6.1.2 **密封元器件检漏仪最大允许误差试验**

6.1.2.1 **试验方法**

首先将检漏仪放置在检验场所至少1 h,预热180 s后,根据要求调整测试压力。操作检漏仪将二个平衡阀和二个大泄漏检测阀关闭。首先调节容积校正器给出一个变化量ΔV,读出检漏仪产生的压力差测量值ΔP,然后调节容积校正器恢复至原始位置,且重复三次,记录在同一个容积变化量ΔV下产生的压力差测量值ΔP。

6.1.2.2 **由检漏仪压力差测量值计算容积变化量**

由压力差测量值按照公式(3)计算每次容积变化量。

$$\Delta V_i = \frac{\Delta P_i \times V}{P + P_0 - \Delta P_i} \quad (i=1,2,3) \cdots\cdots(3)$$

式中：

ΔV_i——第i次容积变化量计算值,单位为立方米(m^3)；

V——容积校正器调节前,检漏仪被测物侧密封容器及连接气路的容积,单位为立方米(m^3)；

P_0——大气压力,单位为帕(1×10^5 Pa)；

P——测试压力(表压压力),单位为帕(Pa)；

ΔP_i——检漏仪第i次压力差测量值,单位为帕(Pa)。

按照公式(4)计算容积变化量平均值。

$$\overline{\Delta V} = \frac{\Delta V_1 + \Delta V_2 + \Delta V_3}{3} \qquad \cdots\cdots(4)$$

式中：

$\overline{\Delta V}$——容积变化量平均值,单位为立方米(m^3)；

ΔV_1——第1次容积变化量计算值,单位为立方米(m^3)；

ΔV_2——第2次容积变化量计算值,单位为立方米(m^3)；

ΔV_3——第3次容积变化量计算值,单位为立方米(m^3)。

6.1.2.3 **最大允许误差**

按照公式(5)计算最大允许误差。最大允许误差应符合4.3的要求。

$$\delta = \frac{\overline{\Delta V} - \Delta V}{\Delta V} \times 100\% \qquad \cdots\cdots(5)$$

式中：

δ——最大允许误差；

$\overline{\Delta V}$——平均容积变化量,单位为立方米(m^3)；

ΔV——容积校正器变化量,单位为立方米(m^3)。

6.2 稳定性试验

6.2.1 一般检漏仪稳定性试验

对 6.1.1 试验所得数据,按照公式(6)计算稳定性。稳定性应符合 4.3 的要求。

$$\delta_r = \frac{Q_{max} - Q_{min}}{Q_{SN}} \times 100\% \qquad \cdots\cdots(6)$$

式中:

δ_r——稳定性;

Q_{max}——Q_1、Q_2、Q_3 中最大值,单位为帕立方米每秒($Pa \cdot m^3/s$)或标准大气压立方厘米每分钟($atm.cm^3/min$);

Q_{min}——Q_1、Q_2、Q_3 中最小值,单位为帕立方米每秒($Pa \cdot m^3/s$)或标准大气压立方厘米每分钟($atm.cm^3/min$);

Q_{SN}——流量计测量值,单位为帕立方米每秒($Pa \cdot m^3/s$)或标准大气压立方厘米每分钟($atm.cm^3/min$)。

6.2.2 密封元器件检漏仪稳定性试验

对 6.1.2 试验所得数据,按照公式(7)计算稳定性。稳定性应符合 4.3 的要求。

$$\delta_r = \frac{\Delta V_{max} - \Delta V_{min}}{\Delta V} \times 100\% \qquad \cdots\cdots(7)$$

式中:

δ_r——稳定性;

ΔV_{max}——ΔV_1、ΔV_2、ΔV_3 中最大值,单位为立方米(m^3);

ΔV_{min}——ΔV_1、ΔV_2、ΔV_3 中最小值,单位为立方米(m^3);

ΔV——容积校正器变化量,单位为立方米(m^3)。

6.3 测试压力传感器误差试验

6.3.1 试验方法

将压力计与检漏仪气源连接,按照测试压力传感器量程选择四个试验点:P_{max}、$0.75P_{max}$、$0.5P_{max}$、$0.25P_{max}$,分别调整气源压力到各试验点,每点试验一次。

6.3.2 各试验点误差

各试验点误差按照公式(8)计算。

$$\delta_{gi} = \frac{P_i - P_{SN}}{P_{FS}} \times 100\% \quad (i=1,2,3,4) \qquad \cdots\cdots(8)$$

式中:

δ_{gi}——测试压力传感器各试验点误差;

P_i——检漏仪第 i 个压力显示值,单位为千帕(kPa);

P_{SN}——压力计显示值,单位为千帕(kPa);

P_{FS}——测试压力传感器满量程,单位为千帕(kPa)。

6.3.3 测试压力传感器误差

按照公式(9)计算测试压力传感器误差。其误差应符合 4.3 的要求。

$$\delta_g = \pm |\delta_{gi}|_{max} \quad (i=1,2,3,4) \qquad \cdots\cdots(9)$$

式中:

δ_g——测试压力传感器误差;

δ_{gi}——测试压力传感器各试验点误差。

6.4 差压传感器误差试验

6.4.1 试验方法

将差压计、容积校正器与检漏仪差压传感器一侧连接,操作检漏仪将两个平衡阀关闭。按照差压传感器量程选择四个试验点：ΔP_{max}、$0.75\Delta P_{max}$、$0.5\Delta P_{max}$、$0.25\Delta P_{max}$，使用容积校正器分别调整差压到各试验点，每点试验一次。再将差压计、容积校正器与检漏仪差压传感器另一侧连接，使用容积校正器分别调整差压到各试验点，每点试验一次。

6.4.2 各试验点误差

各试验点误差按照下面公式计算。

$$\delta_{di}=\frac{\Delta P_i-\Delta P_{SN}}{\Delta P_{FS}}\times 100\% \quad (i=1,\cdots,8) \qquad \cdots\cdots(10)$$

式中：

δ_{di}——差压传感器各试验点误差；

ΔP_i——检漏仪第 i 个差压显示值，单位为帕(Pa)；

ΔP_{SN}——差压计显示值，单位为帕(Pa)；

ΔP_{FS}——差压传感器满量程，单位为帕(Pa)。

6.4.3 差压传感器误差

按照公式(11)计算差压传感器误差。差压传感器误差应符合 4.3 的要求。

$$\delta_d=\pm|\delta_{di}|_{max} \quad (i=1,\cdots,8) \qquad \cdots\cdots(11)$$

式中：

δ_d——差压传感器误差；

δ_{di}——差压传感器各试验点误差。

6.5 零点漂移试验

将检漏仪被测物和基准物侧气路对大气开放。读出检漏仪差压传感器零点输出值。在 30 min 内，观察差压传感器零点的变化量，其结果应符合 4.4.2 的要求。

6.6 气密性试验

对于一般检漏仪，将二个球阀关闭。对于密封元器件检漏仪，将二个密封容器关闭，将二个大泄漏检测阀打开。按表 3 的要求设定加压时间、平衡时间和检测时间。将气源调至检漏仪允许的最大测试压力，启动检测。观察检漏仪显示值，泄漏产生的压力差应符合 4.4.3 的要求。

6.7 气源压力变化影响试验

对于一般检漏仪，将二个球阀关闭。对于密封元器件检漏仪，将二个密封容器和二个大泄漏检测阀关闭。按表 3 要求设置检漏仪的各时间参数，调整测试压力至检漏仪允许的最大测试压力，启动检测。在检测环节将测试压力减小 50 kPa(最大测试压力低于 50 kPa 时，测试压力调至为零)，观察检漏仪显示值。检测结束后，再次启动检测。在检测环节将测试压力调至最大测试压力，观察检漏仪显示值，显示值应符合 4.4.4。

6.8 绝缘电阻试验

按 GB/T 15479—1995 中 5.3 规定进行。绝缘电阻应符合 4.4.5 的要求。

6.9 泄漏电流试验

在开机状态时，用泄漏电流检测装置测量检漏仪外壳对地之间泄漏电流，应符合 4.4.6 的要求。

6.10 绝缘强度试验

按 GB/T 15479—1995 中 5.4 规定进行。试验结果应符合 4.4.7 的要求。

6.11 外观和附件试验

目视检查，应符合 4.4.8 的要求。

6.12 正常工作性能试验

手动检查，应符合 4.4.9 的要求。

6.13 温度适应性试验

在环境温度为 5 ℃、20 ℃及 40 ℃时，各保持至少 1 h。在每一温度上其最大允许误差、稳定性应符合 4.4.10 的要求。

6.14 抗运输环境性能试验

6.14.1 试验要求

将包装完好的检漏仪在专用的实验设备上进行连续冲击试验和跌落试验，其结果应符合 4.4.11 的要求。

6.14.2 连续冲击试验

连续冲击试验参数：

a) 加速度：100 m/s^2；

b) 脉冲持续时间：11 ms±2 ms；

c) 脉冲重复频率：60 次/分～100 次/分；

d) 连续冲击：1 000 次±10 次；

e) 振动波形近似半正弦波。

6.14.3 跌落试验

以自由落体的方式从高度 250 mm 处跌落，跌落次数为 4 次。

7 检验规则

7.1 出厂检验

7.1.1 产品应逐台检验，检验合格方可出厂。

7.1.2 按照第 6 章规定的方法对下列项目进行出厂检验。

a) 最大允许误差；

b) 稳定性；

c) 测试压力传感器误差；

d) 差压传感器误差；

e) 零点漂移；

f) 气密性；

g) 气源压力变化影响；

h) 绝缘电阻；

i) 泄漏电流；

j) 绝缘强度；

k) 外观和附件；

l) 正常工作性能。

7.1.3 按出厂检验项目对检漏仪进行逐台检验。出厂检验项目全部合格的检漏仪，被判定为合格品。如有不合格项应退回生产部门进行检查，并更换有故障的零件，对不合格项及相关项进行复验，以复验结果为准。如有不合格项，应判定为不合格。

7.2 型式检验

检漏仪的型式检验应按第 6 章规定的全部项目进行检验。检验样品为三台。正常生产时，每年进行一次。

有下列情况之一时亦应进行型式检验：

——新研制的产品；

——当设计、工艺、材料及元器件等有重大变更时；

——停止生产的产品再次恢复生产时；

——国家法定管理机构提出进行型式检验的要求时。

8 标志、包装、运输和贮存

8.1 标志

检漏仪应有铭牌，铭牌上应标明下列内容：

a) 制造厂名称及商标；

b) 产品名称及型号；

c) 主要特征参数；

d) 出厂序号。

8.2 包装

8.2.1 外包装图示标志符合 GB/T 191 的要求；

8.2.2 外包装的标志应清晰，运输和贮存后不应模糊不清，其内容包括如下：

a) 制造厂名称、厂址；

b) 产品名称、型号；

c) 产品标准编号；

d) 包装箱的尺寸“长×宽×高”及毛重；

e) 收货单位名称和地址。

8.2.3 包装箱内附有装箱单、合格证、保修单及使用说明书。说明书应注明检漏仪的型号、产品标准编号、测试压力范围、试验环境条件、使用标准仪器的名称、型号、使用方法、常见故障分析及易损件更换方法。

8.3 运输和贮存

产品的运输、贮存条件：

——温度，−5 ℃～45 ℃；

——相对湿度不大于 85%；

——避免雨淋、剧烈振动。

ICS 23.160
J 78

中华人民共和国国家标准

GB/T 25753.1—2010

真空技术　罗茨真空泵性能测量方法 第1部分：最大允许压差的测量

Vacuum technology—Roots vacuum pump—Measurement of performance characteristics—Part 1: Measurement of maximum tolerable differential pressure

2010-12-23 发布　　2011-10-01 实施

中华人民共和国国家质量监督检验检疫总局
中国国家标准化管理委员会　发布

前　言

GB/T 25753《真空技术　罗茨真空泵性能测量方法》分为三个部分：

——第1部分　最大允许压差的测量；

——第2部分　零流量压缩比的测量；

——第3部分　溢流阀压差的测量。

本部分为GB/T 25753的第1部分。

本部分由中国机械工业联合会提出。

本部分由全国真空技术标准化技术委员会归口。

本部分负责起草单位：浙江真空设备集团有限公司。

本部分参加起草单位：成都南光机器有限公司、中科院沈阳科学仪器研制中心、山东淄博真空设备厂有限公司、合肥皖仪科技有限公司、沈阳真空技术研究所。

本部分主要起草人：王晓虎、王西龙、范林东、王光玉、徐法俭、黄文平、王玲玲、王学智。

引　言

随着基础工业的发展及设计理念的不断创新，罗茨真空泵的结构设计与工作性能均取得了长足的进步，早期的罗茨真空泵必须依赖前级真空泵运行，而如今发展出了能够直接排大气运行的气冷式罗茨真空泵和湿式罗茨真空泵，另外单台罗茨真空泵的级数也由单级发展成为单级、双级、多级，转子型线也由双叶发展成为双叶、三叶、多叶。

现有的罗茨真空泵性能测量标准仅仅包涵了单级双叶罗茨真空泵，对其他种类基本未有涉及，并且未对溢流阀压差的测量方法作出规范，为切实提高罗茨真空泵性能测量标准的兼容性与适用性，为实际检验测量提供必要的操作指南，在广泛借鉴国内外相关指标、标准的基础上，结合实际情况，制定《真空技术　罗茨真空泵性能测量方法》标准，并分为三个部分。极限压力及抽气速率是罗茨真空泵机组的性能测量项目，不是本标准的内容。今后将依据技术发展的状况进行必要的修改与扩充。

真空技术　罗茨真空泵性能测量方法
第1部分:最大允许压差的测量

1　范围

GB/T 25753 的本部分规定了罗茨真空泵最大允许压差的测量方法。

本部分适用于抽速为 30 L/s～20 000 L/s 的罗茨真空泵(以下简称泵)。

2　术语和定义

下列术语和定义适用于 GB/T 25753 的本部分。

2.1

最大允许压差　maximum tolerable differential pressure

最大允许压差是指泵连续运转 1 h,不发生异常所允许的出口压力与入口压力差值的最大值。对于中真空罗茨真空泵,测量时的入口压力应等于或略低于 1×10^3 Pa。

注:对于其他类型的罗茨真空泵,无入口压力数值要求,但应当适合泵的结构或遵循制造商的建议。

2.2

测试罩　test dome

具有精确规定形状和尺寸的专用真空容器,被测量的气体通过它进入泵内,其上装有压力测量装置。

3　装置

3.1　测试罩

如图 1 所示,形状为圆柱体。罩的轴向尺寸为 1.5D,D 是罩的内径。试验气体入口位于罩的轴线上,并与连接法兰的距离为 D,进气口的排列应使气体自背离泵口的方向进入测试罩。测量入口压力的真空计在距离连接法兰 0.5D 处,其轴线垂直于罩的轴线。测试罩的轴线应垂直于泵入口法兰平面。除了进气管路外,法兰和测试罩之间的连接管路不应穿出测试罩的内壁。

测试罩的容积 V_D 至少应是泵一个压缩周期扫过容积 V_P 的 5 倍。在泵入口应连接一个异径接头,其长度不应超过 0.5D(见图 1)。不同规格的泵适用的测试罩由表 1 给出。

表 1　测试罩的参数

V_P/L	V_D/L	D/mm
0～0.26	1.3	100
0.26～1.0	5.4	160
1.1～4.2	21	250
4.2～17	84	400
17～65	325	630
65～260	1 300	1 000
260～1 060	5 300	1 600
1 060～4 060	20 300	2 500

3.2 压力计

对于压力高于或等于 1 Pa 时，其校准精度为±5%，对于更低压力，其校准精度为±10%。

3.3 前级管路及前级管路上的测试罩

被测的罗茨真空泵出口与前级泵之间的管路为前级管路，应按图 2 设计制作。前级管路上的测试罩按图 1 设计制作。

前级管路上的测试罩直径应不小于前级管路的直径 D_1，如不一致时应加接异径接头，异径接头按图 1 设计制作。

单位为毫米

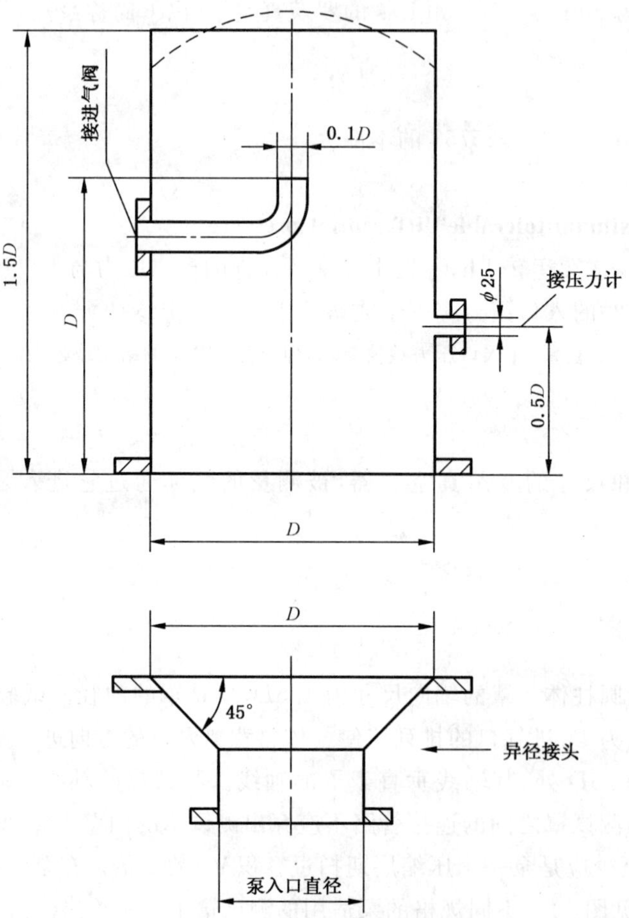

图 1 测试罩及异径接头

3.4 测量装置

泵的测量装置如图 3 所示。

3.5 试验条件

3.5.1 泵的转速及配用电机应符合产品设计规定，泵的实际转速与规定转速相差不得超过±3%。

3.5.2 泵采用水冷时，冷却水流量、进水温度应符合产品设计规定，但泵不应当设置排气冷却器。

3.5.3 测量时环境温度应为 18 ℃～25 ℃，测量期间温度波动不大于±1.5 ℃，相对湿度不大于 75%。

3.5.4 试验气体为干燥气体，一般为空气。

3.5.5 测量时泵腔内应当保持干燥，除试验气体外，不得引入任何介质。

3.5.6 前级泵应当是能够满足测量所需的出口压力范围要求并能够在整个测量周期内正常工作的油封式机械泵或者干式真空泵。

单位为毫米

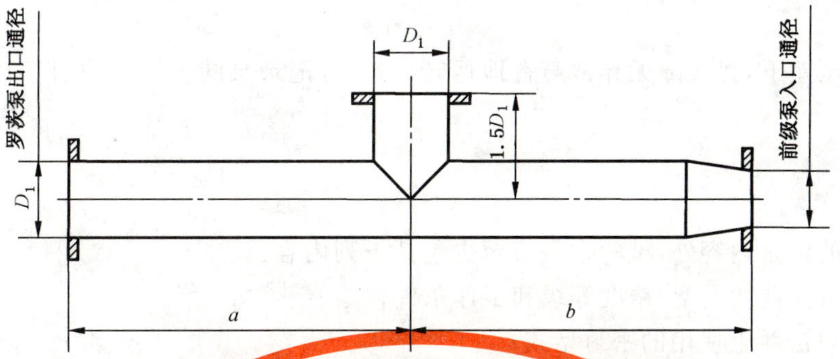

$a=b=5D_1$,如果使用弯管，则当量长度应当等于$5D_1$。

图2　前级管路

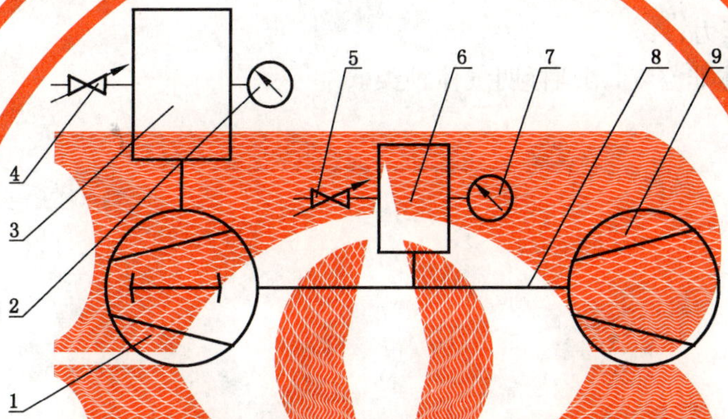

1——罗茨真空泵；
2——压力计 A；
3——测试罩 A；
4——进气阀 A；
5——进气阀 B；
6——测试罩 B；
7——压力计 B；
8——前级管路；
9——前级泵。

图3　测量装置

4　试验方法

4.1　原理

泵对测试罩 A 引入气体同时调节前级泵的抽速，或者通过测试罩 A 及测试罩 B 引入气体，连续运转 1 h，不发生故障所允许的泵出口压力与入口压力差值的最大值即为最大允许压差。

调节出口压力时，允许采用调节前级泵的抽速并辅以通过测试罩 B 充气的方法对出口压力进行调节。

4.2　程序

对于中真空罗茨真空泵，首先按图 3 连接测试罩、压力计、进气阀、前级管路及前级泵，关闭进气阀 A 及进气阀 B，在泵达到极限压力之后，调节进气阀 A 引入干燥气体，使泵入口压力等于或者略低于 1×10^3 Pa，相应调节前级管路测试罩上的进气阀 B，或调节前级泵的抽速，使泵出口侧和入口侧之间产生一系列的压差，泵无故障无异常声音地运转 1 h 的最大压差即为最大允许压差。

对于直接排大气测量的罗茨真空泵，首先按图 3 连接测试罩 A、压力计 A、进气阀 A，不接前级泵、前级管路及测试罩 B、压力计 B、进气阀 B。关闭进气阀 A，在泵达到极限压力之后，调节进气阀 A，在泵入口侧引入干燥气体，使泵出口侧和入口侧之间产生一系列的压差，泵无故障无异常声音地运转 1 h 的最大压差即为最大允许压差。

如果罗茨真空泵配带有溢流阀，则测量时需要把溢流阀锁死以保证溢流阀不起跳。

气冷式罗茨真空泵直接排大气测量时需要打开返冷气口,返冷气口直接通大气。

5 试验结果

在最大允许压差下,无故障无异常声音地运转 1 h 后,记录泵的入口压力、出口压力及泵的排气气流温度。

6 试验报告

除试验结果的记录内容外,试验报告应至少包括下列内容:

a) 所用测量仪器的类型、精度等级和工作条件;

b) 在泵入口法兰上使用的密封型式;

c) 测试罩尺寸和法兰种类;

d) 冷却水温度及流量;

e) 泵的转速及在试验时的变化范围;

f) 环境温度和压力;

g) 如果试验气体非空气,则须标明气体种类。

ICS 23.160
J 78

中华人民共和国国家标准

GB/T 25753.2—2010

真空技术　罗茨真空泵性能测量方法　第2部分：零流量压缩比的测量

Vacuum technology—Roots vacuum pump—
Measurement of performance characteristics—
Part 2: Measurement of compression ratio of the zero throughput

2010-12-23 发布　　2011-10-01 实施

中华人民共和国国家质量监督检验检疫总局
中国国家标准化管理委员会　发布

前　　言

GB/T 25753《真空技术　罗茨真空泵性能测量方法》分为三个部分：

——第1部分　最大允许压差的测量；

——第2部分　零流量压缩比的测量；

——第3部分　溢流阀压差的测量。

本部分为GB/T 25753的第2部分。

本部分由中国机械工业联合会提出。

本部分由全国真空技术标准化技术委员会归口。

本部分负责起草单位：浙江真空设备集团有限公司。

本部分参加起草单位：成都南光机器有限公司、中科院沈阳科学仪器研制中心、山东淄博真空设备厂有限公司、合肥皖仪科技有限公司、沈阳真空技术研究所。

本部分主要起草人：王晓虎、许涛、范林东、王光玉、徐法俭、黄文平、王玲玲、王学智。

引　言

随着基础工业的发展及设计理念的不断创新，罗茨真空泵的结构设计与工作性能均取得了长足的进步，早期的罗茨真空泵必须依赖前级真空泵运行，而如今发展出了能够直接排大气运行的气冷式罗茨真空泵和湿式罗茨真空泵，另外单台罗茨真空泵的级数也由单级发展成为单级、双级、多级，转子型线也由双叶发展成为双叶、三叶、多叶。

现有的罗茨真空泵性能测量标准仅仅包涵了单级双叶罗茨真空泵，对其他种类基本未有涉及，并且未对溢流阀压差的测量方法作出规范，为切实提高罗茨真空泵性能测量标准的兼容性与适用性，为实际检验测量提供必要的操作指南，在广泛借鉴国内外相关指标、标准的基础上，结合实际情况，制定《真空技术　罗茨真空泵性能测量方法》标准，并分为三个部分。极限压力及抽气速率是罗茨真空泵机组的性能测量项目，不是本标准的内容。今后将依据技术发展的状况进行必要的修改与扩充。

真空技术　罗茨真空泵性能测量方法　第2部分:零流量压缩比的测量

1　范围

GB/T 25753的本部分规定了罗茨真空泵零流量压缩比的测量方法。

本部分适用于抽速为30 L/s～20 000 L/s的罗茨真空泵(以下简称泵)。

2　规范性引用文件

下列文件中的条款通过GB/T 25753的本部分的引用而成为本部分的条款。凡是注日期的引用文件,其随后所有的修改单(不包括勘误的内容)或修订版均不适用于本部分,然而,鼓励根据本部分达成协议的各方研究是否可使用这些文件的最新版本。凡是不注日期的引用文件,其最新版本适用于本部分。

GB/T 25753.1—2010　真空技术　罗茨真空泵性能测量方法　第1部分　最大允许压差的测量

3　术语和定义

下列术语和定义适用于GB/T 25753的本部分。

3.1

零流量压缩比　compression ratio of the zero throughput

零流量压缩比 K_0 就是关闭罗茨真空泵的进气阀,气体流量为零时,泵的出口压力与入口压力之比。该压缩比的最大值称为零流量最大压缩比,用 $K_{0,max}$ 表示。

3.2

测试罩　test dome

具有精确规定形状和尺寸的专用真空容器,被测量的气体通过它进入泵内,其上装有压力测量装置。

4　装置

见GB/T 25753.1—2010第3章。

5　试验方法

5.1　原理

关闭罗茨真空泵的进气阀,然后在前级真空侧用合适的方式(如充气)调节不同的压力。

在测量时允许采用充气并辅以调节前级泵的抽速的方法对出口压力进行调节。

5.2　程序

首先按GB/T 25753.1—2010中图3连接测试罩、压力计、进气阀、前级管路及前级泵,关闭进气阀A及进气阀B,在泵达到极限压力并且温度达到平衡之后,通过调节前级管路测试罩上的进气阀B引入干燥气体,放入不同的气体量,测试罩B内就形成不同的压力。在压力达到平衡之后,分别用压力计测量测试罩A和测试罩B内的压力,即可得到一系列零流量压缩比 K_0 值,该系列压缩比的最大值即为零流量最大压缩比。

当在 15 min 内两次连续测量压力读数的变化不大于 5%时，测量才有效。

测量时需要保证泵出口与入口的压力差不超过泵的最大允许压差。

对于带溢流阀的罗茨真空泵，测量时不需要把溢流阀锁死。

对于气冷式罗茨真空泵，测量时需要把返冷气口关闭。

6 试验结果

出口压力和零流量压缩比之间的关系应用曲线图表示。用对数横坐标表示出口压力，其范围从极限压力到大气压力或适合泵结构的其他压力范围，线性纵坐标表示零流量压缩比。

7 试验报告

除试验结果的记录内容外，试验报告应至少包括下列内容：

a) 所用测量仪器的类型、精度等级和工作条件；

b) 在泵入口法兰上使用的密封型式；

c) 测试罩尺寸和法兰种类；

d) 冷却水温度及流量；

e) 泵的转速及在试验时的变化范围；

f) 环境温度和压力；

g) 如果试验气体非空气，则须标明气体种类。

ICS 23.160
J 78

中华人民共和国国家标准

GB/T 25754—2010/ISO 21358:2007

真空技术　直角阀 尺寸和气动装置的接口

Vacuum technology—Right-angle valve—Dimensions and interfaces for pneumatic actuator

(ISO 21358:2007,IDT)

2010-12-23 发布　　　　2011-10-01 实施

中华人民共和国国家质量监督检验检疫总局
中国国家标准化管理委员会　发布

前　言

本标准等同采用 ISO 21358:2007《真空技术　直角阀　尺寸和气动装置的接口》(英文版)。

本标准等同翻译 ISO 21358:2007《真空技术　直角阀　尺寸和气动装置的接口》(英文版)。

为了便于使用,本标准做了下列编辑性修改:

a)　用"本标准"代替"本国际标准";

b)　用小数点符号"."代替作为小数点的逗号",";

c)　删除了国际标准的前言和引言,增加了本标准的引言。

本标准规范性引用文件 GB/T 6070—2007《真空技术　法兰尺寸》的引用部分与 ISO 1609《真空技术　法兰尺寸》的内容完全一致。

本标准由中国机械工业联合会提出。

本标准由全国真空技术标准化技术委员会(SAC/TC 18)归口。

本标准负责起草单位:上海阀门二厂有限公司。

本标准参加起草单位:沈阳真空技术研究所、兰州真空设备有限责任公司、北京巨友行科技发展有限公司、合肥皖仪科技有限公司。

本标准主要起草人:王玲玲、王正华、温发兰、郑荣禧、鲜伟、罗明生。

引　言

在实际使用中，直角阀做为管路配件的一部分经常用在真空系统中，先前并没有直角阀的国际标准和国家标准。

本标准是依据 GB/T 16709.1—2010/ISO 9803-1:2007《真空技术　管路配件的装配尺寸　第1部分：无刀口法兰型》和 GB/T 16709.2—2010/ISO 9803-2:2007《真空技术　管路配件的装配尺寸　第2部分：刀口法兰型》制定，上述标准已对管路配件的装配尺寸进行了标准化，气动装置的接口因此也标准化了。

本标准中由于引用了 ISO 3669，为了避免模糊混乱，有助于标准使用者理解该标准的引用情况，我们提供一些相关信息作以说明。

ISO 3669 包括两部分：

——ISO 3669:1986《真空技术　可烘烤法兰　尺寸》；

——ISO/TS 3669-2:2007《真空技术　可烘烤法兰　第2部分：刀口法兰尺寸》。

本标准引用 ISO 3669 指的是 ISO 3669:1986《真空技术　可烘烤法兰　尺寸》。也是因为 ISO 21358:2007 先于 ISO/TS 3669-2:2007 出版。

ISO/TS 3669-2:2007 与 ISO 3669:1986 相比，做了重要的技术改变，ISO 3669:1986 规定了两个系列的烘烤法兰：

——首选系列，其主要尺寸要确保与已标准化的非烘烤法兰的兼容性(见 ISO 1609)；

——次选系列，对应于常用法兰。

ISO/TS 3669-2:2007 仅规定了一个系列，并且不再取决于"首选"系列的数值。事实上，ISO 3669:1986 的"首选"系列已经过时或作废，因此提升了"次选"系列成为一个并且是唯一的一套规定尺寸。另外，这套"次选"系列的若干尺寸，也针对法兰的一般使用进行了修改，直到刀口密封剖面的详细尺寸被纳入。

ISO/TS 3669-2:2007 在三年之后将会由 ISO/TC 112 进行复审，以便决定是否在接下来的三年内得到批准，经过修订成为国际标准，或是撤消。如果通过批准，它将在接下来的三年之后再次进行修订，在这段时间内，它必须或是转为国际标准，或是被撤消。

ISO/TS 3669-2:2007 已被 GB/Z 25756—2010《真空技术　可烘烤法兰　刀口法兰尺寸》等同采用。

对 ISO 3669 的上述说明在于它与 GB/T 16709.1—2010/ISO 9803-1:2007、GB/T 16709.2—2010/ISO 9803-2:2007 和 GB/T 25754—2010/ISO 21358:2007 的密切关系，它们在标准中互相引用。

真空技术　直角阀
尺寸和气动装置的接口

1　范围

本标准规定了直角型阀门的尺寸，以使其能与 GB/T 16709.1 和 GB/T 16709.2 中规定的弯管安装尺寸相匹配。

本标准包括的直角型阀门都带有 GB/T 16709.1、GB/T 16709.2 和 ISO 3669 中规定的法兰。

ISO 3669 列出的两个法兰系列：

——首选系列；

——次选系列。

本标准仅涵盖带有次选系列法兰的阀门。

2　规范性引用文件

下列文件中的条款通过本标准的引用而成为本标准的条款。凡是注日期的引用文件，其随后所有的修改单(不包括勘误的内容)或修订版均不适用于本标准，然而，鼓励根据本标准达成协议的各方研究是否可使用这些文件的最新版本。凡是不注日期的引用文件，其最新版本适用于本标准。

GB/T 4982　真空技术　快卸连接器　尺寸　第1部分：夹紧型(GB/T 4982—2003，ISO 2861-1：1974，IDT)

GB/T 6070—2007　真空技术　法兰尺寸(GB/T 6070—2007，ISO 1609：1986，MOD)

ISO 3669　真空技术　可烘烤法兰　尺寸

3　术语和定义

GB/T 4982 和 GB/T 6070 中确立的术语和定义适用于本标准。

4　要求

4.1　真空管路配件的装配尺寸应与表1、表2中规定的一样。见图1。

4.2　法兰尺寸应与 GB/T 4982、GB/T 6070 和 ISO 3669 中规定的一样。一个或多个法兰最好是活套形式。

5　气动装置的接口

气动装置的入口/出口和该装置的螺纹管要求如下：

a)　最小气动压力(用于阀的开启和关闭)：0.4 MPa；

b)　最大气动压力(用于防止毁坏)：0.7 MPa；

c)　气动传动装置的入口和出口的螺纹尺寸和单位(例如："mm"，"英寸")，应在使用中和/或阀体上注明(例如："G⅜"，"Rc¼"，"⅛NPT")；

d)　最好标明用于显示开启/闭合状态触点的电器规格(或容量)(例如："DC24 V/2 A，AC250 V/20 mA/60 Hz")。

单位为毫米

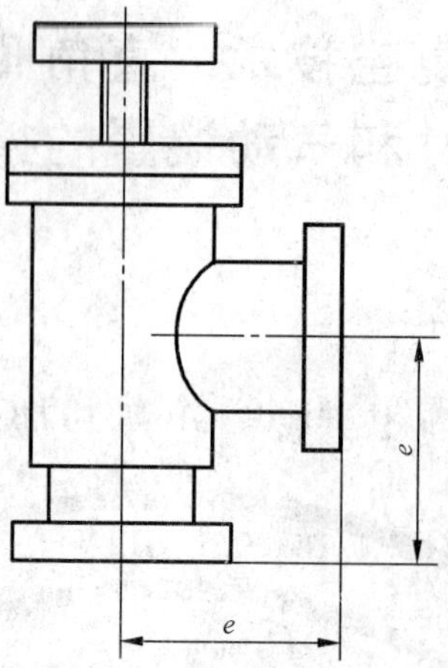

e——尺寸

图 1　直角型阀门

表 1　带有不可烘烤法兰的阀尺寸

单位为毫米

公称通径	尺寸 *e*		下列标准中规定的法兰		两个法兰面的垂直公差	
	尺寸	公差	GB/T 4982	GB/T 6070	GB/T 4982	GB/T 6070
10	30	±1.5	可用	不可用	±2°	不可用
16	40					
25	50					
40	65			可用		±0°30′
63	88	±4[a]	不可用[c]		不可用[c]	
100	108					
160	138	±4[b]				
200	178					
250	208					

[a] ±1.5 更好。

[b] ±2 更好。

[c] 公称孔通径超过 63，GB/T 4982 没有对应的法兰。

表 2　带有可烘烤法兰的阀尺寸

单位为毫米

公称通径	尺寸 *e*		两个法兰面的垂直公差
	尺寸	公差	
16	38	±1.5	±1°
40	63		
63	105		±0°30′
100	135		
160	167	±2	
200	203		

参 考 文 献

[1] GB/T 321—2005 优先数和优先数系(ISO 3:1973,IDT).

[2] GB/T 16709.1—2010 真空技术 管路配件的装配尺寸 第1部分:非刀口法兰型(ISO 9803-1:2007,IDT).

[3] GB/T 16709.2—2010 真空技术 管路配件的装配尺寸 第2部分:刀口法兰型(ISO 9803-2:2007,IDT).

ICS 23.160
J 78

中华人民共和国国家标准

GB/T 25755—2010

真空技术 溅射离子泵 性能参数的测量

Vacuum technology—Sputter-ion pumps—Measurement of performance characteristics

2010-12-23 发布 2011-10-01 实施

中华人民共和国国家质量监督检验检疫总局
中国国家标准化管理委员会 发布

前　言

本标准由中国机械工业联合会提出。

本标准由全国真空技术标准化技术委员会(SAC/TC 18)归口。

本标准起草单位:北京中科科仪技术发展有限责任公司、沈阳真空技术研究所。

本标准主要起草人:邹蒙、张勤德、朱国精、马殿理、李春影。

真空技术　溅射离子泵　性能参数的测量

1　范围

本标准规定了溅射离子泵(以下简称离子泵)性能参数的测量方法。

本标准适用于名义体积流率大于 10 L/s 的离子泵。

本标准测量体积流率的压力范围从 1.5×10^{-3} Pa 到 1×10^{-7} Pa。

注：本标准保证了离子泵性能参数的测量在相同的条件下按相同的方法进行。由此做到由各制造厂家或各实验室所作的测量与制造厂家在样本中给定的资料是可比的。

2　规范性引用文件

下列文件中的条款通过本标准的引用而成为本标准的条款。凡是注日期的引用文件，其随后所有的修改单(不包括勘误的内容)或修订版均不适用于本标准，然而，鼓励根据本标准达成协议的各方研究是否可使用这些文件的最新版本。凡是不注日期的引用文件，其最新版本适用于本标准。

GB/T 3163　真空技术　术语(GB/T 3163—2007，ISO 3529:1981，MOD)。

3　术语和定义

GB/T 3163 确立的以及下列术语和定义适用于本标准。

3.1

极限压力　ultimate pressure

测试罩中逐渐趋近的压力值。

注 1：它是泵能获得的最低压力。

注 2：建议制造厂的说明书不要给出极限压力值。本标准中不给出极限压力的测量程序。但如果制造厂列出极限压力，则应当说明完成测量的工作条件。

3.2

最低工作压力　minimum operational pressure

p_0

泵在关闭进气阀、烘烤过程结束后 48 h 内在测试罩中逐渐接近的最低压力。

体积流率　volume flow rate

q_V

在理想条件下，单位时间从测试罩流过离子泵入口的气体体积。

注 1：出于实际测量的原因，离子泵对给定气体的体积流率通常约定为等于该气体的流量与给定点的平衡压力之商，体积流率采用的单位为立方米每秒(m^3/s)或升每秒(L/s)。

注 2：有时用术语“抽速”和符号“s”来代替体积流率。

3.3

名义抽速　nominal pumping speed

S_n

对饱和的离子泵所测得的体积流率的最大值称作名义抽速。

注 1：应给出在测此名义抽速时所测得的压力 p。

注 2：如果用名义抽速作为离子泵的标志，则一般不得超过实际测量值的 10%。

3.4

启动压力 maximum starting pressure

p_S

启动压力是指在关闭前级真空泵之后接通离子泵并开始有效地抽气的最大压力。

4 符号和缩略语

符号	名称	单位
C	流导	立方米/秒(m^3/s)
D	测试罩名义直径	米(m)
d	隔板小孔直径	米(m)
e	隔板孔缘直径	米(m)
M	气体克分子质量	千克/摩尔(kg/mol)
p_S	启动压力	帕(Pa)
q_V	体积流率	立方米/秒(m^3/s)
R	理想气体常数	牛·米/摩尔·开[N·m/(mol·K)]
S_n	名义抽速	立方米/秒(m^3/s)
T	热力学温度	开(K)

5 最低工作压力的测量

5.1 测量条件

5.1.1 气体种类

作为测量用气体,一般可以用氮气或氩气,不过其他气体如氢气和氦气也可以用来做测量气体。最低工作压力通常是以氮气等效压力给出的,其他气体的最低工作压力用各自测量用气体的等效压力给出。

5.1.2 密封性

包括离子泵在内的测量装置漏率不得大于 1×10^{-9} Pa·m^3/s。

5.1.3 真空泵

所测量的离子泵按制造厂家的规定条件进行驱动。建议使用离子泵制造厂家的配套电源。前级泵不能用被有机气体污染过的,且应能够达到离子泵的启动压力。

5.2 测量仪器

5.2.1 真空计

测量用电离真空计应经过校准,配合测试罩2(见图2)测体积流率的真空计(含电离规管)在所测量的压力范围内,压力读数误差不能超过±10%。配合测试罩1(见图1)测最低工作压力、体积流率的真空计(含电离规管),误差不得超过±20%。

5.2.2 测试罩及其使用条件

5.2.2.1 测试罩

测试罩具有圆形的断面,其名义直径为 D。对于入口法兰直径大于或等于名义直径DN100的离子泵,D 与离子泵入口法兰名义直径相同;对于入口法兰名义直径小于DN100的离子泵,D 与DN100名义直径相同,而不考虑离子泵的大小,到离子泵入口法兰用连接件(见图3)连接。测试罩顶部为平的、圆弧形或斜面,但距法兰平面应具有相同的平均高度。测试罩与离子泵之间连接法兰的密封圈由制造厂推荐,测试罩应能承受400 ℃真空烘烤。测试罩上设有能均匀地加热到300 ℃的加热装置。

单位为毫米

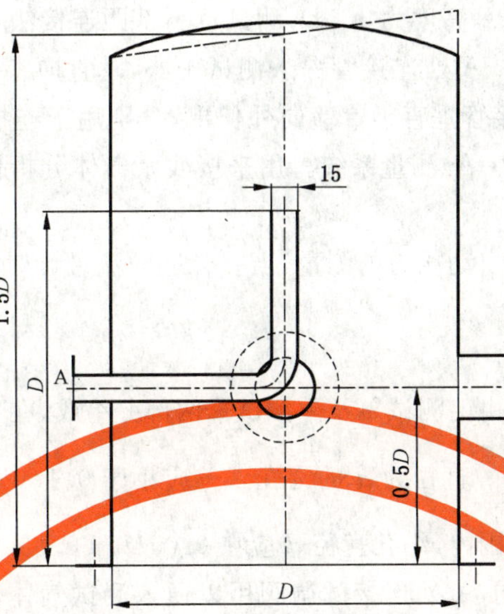

图 1 测试罩 1

单位为毫米

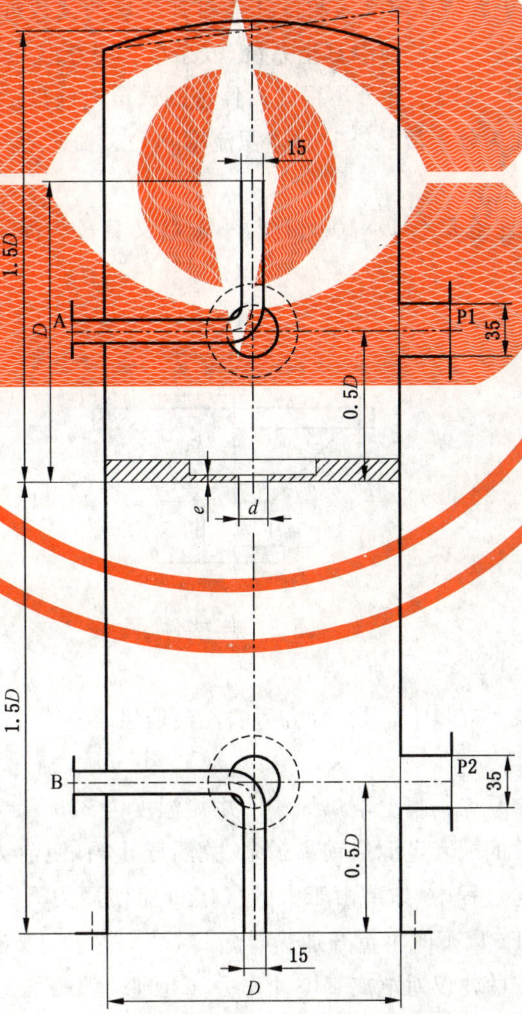

图 2 测试罩 2

5.2.2.2 **测试罩 1**

测试罩 1 如图 1 所示：测试罩总高度为 1.5D，测试罩下部距连接法兰 0.5D 的平面上装有四根均匀分布在圆周上的连接管。图示中 A 处连接管深入测试中心，垂直向上弯曲高度为 D，用以连接微调阀以充入测试气体。其余三根连接管垂直于罩壁向外伸出，分别用于连接规管 P1、带可烘烤截止阀的前级真空系统、残余气体分析仪（RGA）测量系统。用来接残余气体分析仪（RGA）测量系统时，其测量部分不得向内伸进测试罩内壁。

该测试罩用于最低工作压力、启动压力的测量，当有合适的流量计时，用于体积流率和名义抽速的测量。

5.2.2.3 **测试罩 2**

测试罩 2 如图 2 所示：测试罩由上测试罩及下测试罩两部分组成，在上下测试罩连接法兰处设有一块厚度为 e 的金属薄板，板中央有一直径为 d 的圆孔。$\frac{e}{d}$ 应小于 0.1。为了使测试罩上下两部分规管的测量压力之比介于 5 和 50 的范围内，小孔直径 d 应在 0.05D 和 0.1D 之间。

上测试罩规格与测试罩 1 相同，A 处连接微调阀用以通入测试气体，其余端口可用于连接真空规管 P1。

下测试罩具有四个垂直罩壁向外伸出的圆管，距离罩底部法兰为 0.5D，其中 B 处用于连接微调阀，以便在测试前或测试完毕后向罩内充入测试气体对真空规的读数进行校正。其余连接管分别用以连接真空规管 P2、带可烘烤截止阀的前级真空系统、残余气体分析仪（RGA）测量系统。用来接残余气体分析仪（RGA）测量系统时，其测量部分不得向内伸进测试罩内壁。

该测试罩用于保持小孔为分子流状态时对体积流率和名义抽速的测试。

5.2.2.4 **连接件**

如图 3 所示，大端名义直径 D 与 DN100 相同，小端名义直径与离子泵的入口法兰名义直径相等，中间采用 45°过渡。

单位为毫米

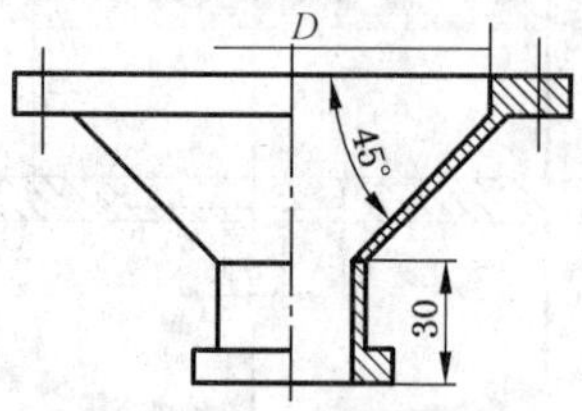

图 3 连接件

5.3 **烘烤和测量方法**

把测试罩 1 装在离子泵入气口上，用一台合适的无油前级真空泵抽至低于制造商推荐的启动压力，执行下述再生烘烤程序。

泵和测试罩在前级真空泵工作情况下烘烤 4 h，烘烤温度为 300 ℃或制造厂家推荐的不超过 300 ℃的烘烤温度。然后用离子泵的配套电源启动离子泵，关闭截止阀，使前级泵与测试罩隔离，在同样的温度下继续烘烤 10 h。在烘烤过程中，如果由于大的气体负荷使压力升高超过 5×10^{-2} Pa，需切断加热器，等压力降到 1.0×10^{-3} Pa 以下时再重开加热器。

根据测量仪器制造厂家的建议对电离真空计作去气处理。该去气过程在烘烤过程中和烘烤结束都要进行。

停止烘烤后，离子泵继续工作。等待测试罩冷却到（15～25）℃之间。在随后的 48 h 内要保证温度变化不超过±3 ℃,最后一次去气在测量前至少 5 h 进行,如果测量压力无显著变化,就作为离子泵的最低工作压力。

离子泵的供电电压、电流与对应的压力同时记录,也要记录试验过程中环境的最高、最低温度。

6 体积流率的测量

6.1 测量仪器

6.1.1 电离真空计

测试罩 1:安装一个校准好的电离真空计。

测试罩 2:安装两个按 5.2.1 校准过的电离真空计,对于散射磁场应进行屏蔽,使磁场对测量结果影响不大于±3%。

6.1.2 测试罩

按 5.2.2 规定。

6.1.3 气体流量计

选择一个流量合适的气体流量计,其精度不低于±2.5%。

6.2 测量方法

6.2.1 流量法测量方法

把测试罩 1 装在离子泵上,测试罩连接微调阀和流量计,用一台合适的无油前级真空泵抽至低于制造商推荐的启动压力。进行与最低工作压力测量相同的再生烘烤程序。停止烘烤后,离子泵继续工作。待冷却到(15～25) ℃之后,调节进气控制阀,放入 $4S_n$ Pa・L 的试验气体;使泵达到饱和,如果要测量几种气体的体积流率,惰性气体的测试应放在最后,特别是氩气,否则其会影响其他气体的瞬时体积流率。对于其他气体,应该把体积流率降低到生产商给出的该种气体对应的百分比。

将此试验气体抽除之后,泵不经烘烤应重新达到最低工作压力。此时,如果 P1 的指示值为 p_{min},则 p_{min} 可视为系统的本底压力。此压力不得高于 1×10^{-7} Pa。

调节微调阀,放入测量气体,使 P1 的指示值 p 由最低值开始逐步增加,每个数量级三个测量点,并保证压力 p 处于 1×10^{-7} Pa～1×10^{-3} Pa 的范围内。压力小于 1×10^{-5} Pa 时每点上稳定 30 min,在更高压力下每点应等待 15min。记录下每点的流量 q_{pv} 和压力 p,用公式(1)计算出体积流率 q_V。

在以上规定的方法下测得的 p、q_{pv} 稳定值应当记录下来,并代入下式计算体积流率 q_V:

$$q_V = \frac{q_{pv}}{p - p_{min}} \qquad \cdots\cdots(1)$$

式中:

q_V——体积流率,单位为立方米每秒(m^3/s);

q_{pv}——气体流量,单位为帕・立方米每秒($Pa\cdot m^3/s$);

p——压力,单位为帕(Pa);

p_{min}——本底压力,单位为帕(Pa)。

6.2.2 小孔法测量方法

把测试罩 2(见图 2)装在离子泵上,测试罩上部分连接微调阀,用一台合适的无油前级真空泵抽至低于制造商推荐的启动压力。进行与最低工作压力测量相同的再生烘烤程序。

停止烘烤后,离子泵继续工作。待冷却到(15～25) ℃之后,然后放入 $4S_n$ Pa・L 的试验气体;使泵达到饱和,如果要测量几种气体的体积流率,惰性气体的测试应放在最后,特别是氩气,否则其会影响其他气体的瞬时体积流率。对于其他气体,应该把体积流率降低到生产商给出的该种气体对应的百分比。

将此试验气体抽除之后,泵不经烘烤应重新达到最低工作压力。此时,如果 P1 的指示值为 p_{Amin},则 p_{Amin} 可视为系统上部的本底压力,同时记录 P2 指示值为 p_{Bmin},作为系统下部的本底压力。本底压力

不得高于 1×10^{-7} Pa。

然后先确定电离真空计之间是否匹配。做法是：通过测量罩的底部 B 口(图 2)放入测试气体，让气压达到 1×10^{-5} Pa。气压稳定后，真空计在 P1 和 P2 处应该显示同样的压力读数。如果不是，就要确定一个相应的修正系数。然后关闭放气阀等到压力又恢复到它以前的值。调节微调阀，放入测量气体，压力 P1 指示值 p_A 将一级一级地升高(每个数量级三个测量点)。在这个期间，为了保证 P2 的指示值 p_B 在 1×10^{-7} Pa～1×10^{-3} Pa 范围内每点压力的稳定，在压力小于 1×10^{-5} Pa 时每点平衡 30 min，在大于该压力下，每点等待 15 min。记录下压力 p_A 和对应的 p_B，并用公式(3)计算出体积流率 q_V。注意为了保证小孔板小孔流导为分子流，测试罩 2 在小孔板以上的压力 p_A 不得超过 p_{Amax}。

为了保证从上部分经小孔进入下部分的气体为分子流，测量体积流率时 P1 的指示值 p_A 不能大于 p_{Amax}：

$$p_{Amax}=\frac{5\times10^{-1}}{d} \qquad \cdots\cdots(2)$$

式中：

d——隔板小孔直径，单位为毫米(mm)；

p_{Amax}——P1 测出的最大压力，单位为帕(Pa)。

$$q_V=C\left(\frac{p_A-p_{Amin}}{p_B-p_{Bmin}}-1\right) \qquad \cdots\cdots(3)$$

式中：

q_V——体积流率，单位为立方米每秒(m^3/s)；

C——流导，单位为立方米每秒(m^3/s)；

p_A——测试罩上部压力，单位为帕(Pa)；

p_B——测试罩下部压力，单位为帕(Pa)；

p_{Amin}——系统上部的本底压力，单位为帕(Pa)；

p_{Bmin}——系统下部的本底压力，单位为帕(Pa)。

式中 C 为小孔的流导，按下面的公式计算：

$$C=\sqrt{\frac{R\times T\times\pi}{32\times M}}\cdot\frac{1}{1+\frac{e}{d}}\cdot d^2 \qquad \cdots\cdots(4)$$

式中：

R——普适气体常数，$R=8.314$ J/(mol·K)$=8.314$ kg m^2/(s^2·mol·K)；

T——热力学温度，单位为 K；

M——摩尔质量，单位为千克每摩尔(kg/mol)；

e——隔板小孔的厚度，单位为米(m)；

d——隔板小孔的直径，单位为米(m)；

C——流导，单位为立方米每秒(m^3/s)。

由此得出 20 ℃时氮气($M=28.014\times10^{-3}$ kg/mol)流导为：

$$C_{氮气}=92.4\times\frac{d^2}{1+\frac{e}{d}}\ (m^3/s) \qquad \cdots\cdots(5)$$

在体积流率测量之后，经再生烘烤再重新测量极限压力。测量结果不得超过第一次测量值的三倍。典型体积流率曲线示例见图 4。

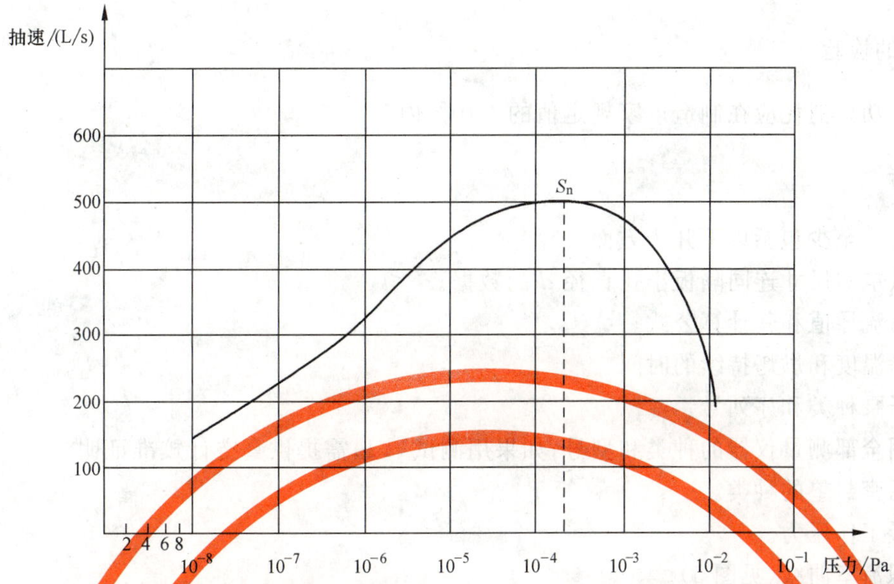

图 4 典型体积流率曲线示例

7 启动压力的测试

测量之前按 5.3 进行烘烤并抽到最低工作压力，然后打开放气阀，放入氮气或干燥空气直到大气压，等待 30 min。接着用前级真空泵对系统抽气，一直抽到标称的启动压力为止。达到此压力时关闭截止阀，启动离子泵，30 min 后，记录 P1 的指示值 p。该值不得超过启动压力的 1%。

8 散射磁场的测试

8.1 测量点

如图 5 所示，在与法兰平面间距为 $2D$、与法兰轴线间距 $4D$ 的平面上间距为 D 的所有网格点。

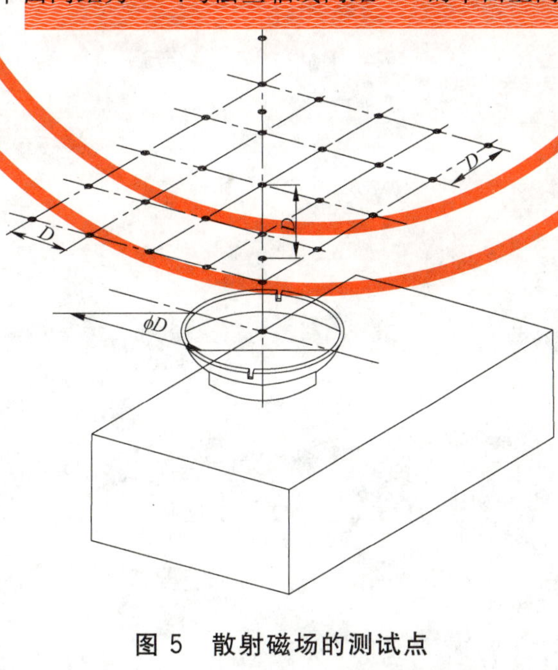

图 5 散射磁场的测试点

8.2 测量要求

在(20±5) ℃室温下，离子泵正常运行时进行测量离子泵散射磁场的特性参数，测量点应包括规定的所有测量点。每次测量均不得受到除被测试离子泵以外的磁场的影响。

9 功率消耗的检验

离子泵的功率消耗应在制造厂家规定值的±10%内。

10 测量报告

测量报告应至少包括以下几个方面：

a) 测试罩的尺寸连同隔板小孔直径 d 的数据。

b) 小孔流导值和其计算公式。

c) 烘烤温度和烘烤持续的时间。

d) 离子泵种类和序列号。

e) 所用全部测量仪器的种类和型号；如果用测试罩 1，需提供真空计校准证明。

f) 所用密封垫的种类。

g) 最低工作压力。

h) 体积流率曲线（见图 5）。

i) 名义抽速和测定名义抽速的压力。

j) 启动压力。

k) 散射磁场（如果作了测量）；离子泵的示意图，包括测量散射磁场的平面和规定的对应数值。

l) 最大消耗功率。

参 考 文 献

[1] ISO 21360:2007《真空技术 真空泵性能测量标准方法 概述》(英文版).

[2] DIN 28429:2003《真空技术 溅射离子泵的验收规则》(德文版).

ICS 23.160
J 78

中华人民共和国国家标准化指导性技术文件

GB/Z 25756—2010/ISO/TS 3669-2:2007

真空技术　可烘烤法兰
刀口法兰尺寸

Vacuum technology—Bakable flanges—Dimensions of knife-edge flanges

(ISO/TS 3669-2:2007,IDT)

2010-12-23 发布　　2011-10-01 实施

中华人民共和国国家质量监督检验检疫总局
中国国家标准化管理委员会　发布

前言

GB/Z 25756 等同采用 ISO/TS 3669-2:2007《真空技术　可烘烤法兰　第 2 部分:刀口法兰尺寸》(英文版)。

为了便于使用,本指导性技术文件做了下列编辑性修改:

——删除了国际标准的前言和引言,增加了本指导性技术文件的引言;

——用小数点符号"."代替作为小数点的逗号",";

——在"图 2 刀口详图"中增加了刀口的局部放大图,使图示更清晰、直观;

——用我国标准系列的尺寸范围标注方法"2°～40°"代替"图 2 刀口详图"中的$^{40°}_{2°}$刀口角度尺寸;"1.5～4.0"代替"图 4 检漏槽的推荐尺寸"中的$^{4.0}_{1.5}$槽宽尺寸;

——表 1 中的单位"mm(in)"统一写在表的右上角为"单位为毫米(英寸)";

——表 2 中的单位"mm"统一写在表的右上角为"单位为毫米"。

本指导性技术文件由中国机械工业联合会提出。

本指导性技术文件由全国真空技术标准化技术委员会(SAC/TC 18)归口。

本指导性技术文件负责起草单位:北京北仪创新真空技术有限责任公司。

本指导性技术文件参加起草单位:中科院沈阳科学仪器研制中心有限公司、北京巨友行科技发展有限责任公司、沈阳真空技术研究所。

本指导性技术文件主要起草人:杨静、陈月增、范立群、郭东民、郑秦禧、鲜伟、王学智。

引 言

在实际使用中,可烘烤法兰刀口法兰已成为真空系统中零件的重要组成部分。长期以来 ISO/TC 112 一直试图制定《真空技术 可烘烤法兰 刀口法兰尺寸》标准。经过各成员国努力,ISO/TS 3669-2:2007《真空技术 可烘烤法兰 第 2 部分:刀口法兰尺寸》终于出版了。

为了避免模糊混乱,有助于标准使用者理解该标准情况,我们提供一些相关信息作以说明。

ISO 3669 包括两部分:

——ISO 3669:1986《真空技术 可烘烤法兰 尺寸》;

——ISO/TS 3669-2:2007《真空技术 可烘烤法兰 第 2 部分:刀口法兰尺寸》。

ISO/TS 3669-2:2007 与 ISO 3669:1986 相比,做了重要的技术改变,ISO 3669:1986 规定了两个系列的烘烤法兰:

——首选系列,其主要尺寸要确保与已标准化的非烘烤法兰的兼容性(见 ISO 1609);

——次选系列,对应于常用法兰。

ISO/TS 3669-2:2007 仅规定了一个系列,并且不再取决于"首选"系列的数值。事实上,ISO 3669:1986 的"首选"系列已经过时或作废,因此提升了"次选"系列成为一个并且是唯一的一套规定尺寸。另外,这套"次选"系列的若干尺寸,也针对法兰的一般使用进行了修改,直到刀口密封剖面的详细尺寸被纳入。

ISO/TS 3669-2:2007 在三年之后将会由 ISO/TC 112 进行复审,以便决定是否在接下来的三年内得到批准,经过修订成为国际标准,或是撤消。如果通过批准,它将在接下来的三年之后再次进行修订,在这段时间内,它必须或是转为国际标准,或是被撤消。

对 ISO 3669 的上述说明在于他与 GB/T 16709.1—2010/ISO 9803-1:2007《真空技术 管路配件的装配尺寸 第 1 部分:非刀口法兰型》、GB/T 16709.2—2010/ISO 9803-2:2007《真空技术 管路配件的装配尺寸 第 2 部分:刀口法兰型》和 GB/T 25754—2010/ISO 21358:2007《真空技术 直角阀 尺寸和气动装置的接口》的密切关系,他们在标准中互相引用。

真空技术　可烘烤法兰
刀口法兰尺寸

1　范围

本指导性技术文件规定了压力范围从大气压低至 10^{-13} Pa 的真空系统中所使用的、固定或可旋转的、以螺栓连接和刀口型式的烘烤法兰尺寸。

2　术语和定义

下列术语和定义适用于本指导性技术文件。

2.1

刀口型式法兰　knife-edge style flange

金属密封法兰，应用于高真空和超高真空领域。

注 1：在两个刀口法兰之间插入一个金属垫圈，用螺栓将法兰紧密连接和固定，当法兰的圆锥形刀口切入金属垫圈的平面时，形成密封。

注 2：最初的发展成为 CF(Conflat)[1] 法兰。刀口法兰被广泛和持续的使用，已使其成为一个事实上的国际标准，现由本部分将其汇集成册。

2.2

公称通径　nominal bore

用于标记法兰并规定法兰所能容纳管路的最大实际尺寸。

注：见表 1，其中延续了用法兰外径标记原法兰这一惯例(过去采用英寸)。

2.3

检漏槽　leak check groove

在法兰的密封侧经机械加工而成的凹槽，便于检漏气体从法兰外周快速、通畅地到达金属垫圈附近的密封区域。

3　符号

符号	名称	单位
l_1	法兰公称外径	mm(in)
l_2	最大连接管径	mm(in)
l_3	螺栓孔径	mm(in)
l_4	螺栓孔中心圈径	mm(in)
φ	螺栓孔中心位置公差	mm
l_5	密封凹槽直径	mm(in)
l_6	刀口直径	mm(in)
l_7	内环厚度	mm(in)
l_8	旋转连接深度	mm(in)
l_9	法兰厚度	mm(in)
l_{11}	金属垫圈外径	mm(in)

1)　conflat®是 Varian 公司提供的产品商标。给出此信息是为了方便使用者对本标准的理解和应用，并不构成 ISO 对产品名称的某种认可。如果同等产品形式可生成相同的结果，也可以使用。

4 要求

4.1 内容

4.1.1 法兰

选择法兰的材料要与其要求相匹配。需要考虑工作温度、密封性、耐腐蚀性、导磁性、所用密封垫圈的类型和尺寸。

注：通常使用奥氏体不锈钢，但是不作为本部分的具体规定和限制的材料。

4.1.2 螺栓孔

螺栓孔可以是间隙形或螺纹形孔。

注：由于目前应用中的法兰大部分源自于美国，所以螺纹形法兰通常配有英式螺纹。随着日益广泛的使用，法兰也采用了公制螺纹。二者都涵盖在本部分内(见表1)。

4.1.3 凹槽

检漏时应该使用检漏槽。凹槽应等距置于螺栓孔中间。

4.1.4 密封垫

一般情况下，密封垫圈最好比法兰软一些，以避免法兰刀口变钝。

注：通常使用无氧高导电性铜(OFHC)，但是不作为本部分的具体规定和限制的材料。

4.2 尺寸

图1～图3和表1、表2给出了法兰尺寸。图4给出了检漏槽的推荐尺寸。

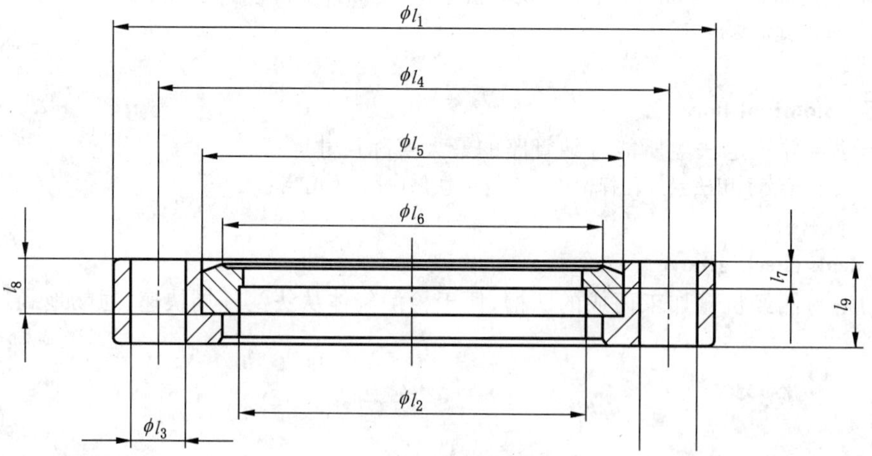

a) 可旋转法兰

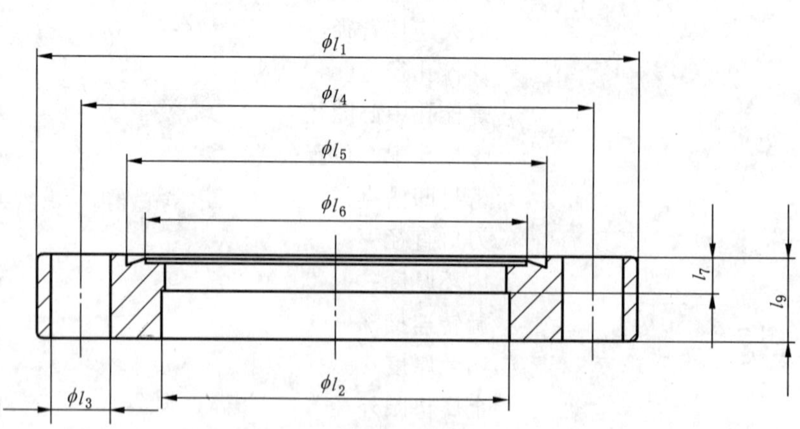

b) 固定法兰

图1 法兰基本尺寸

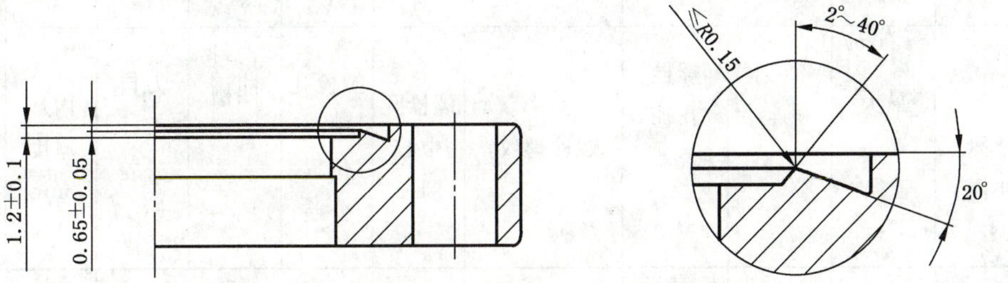

图 2　刀口详图

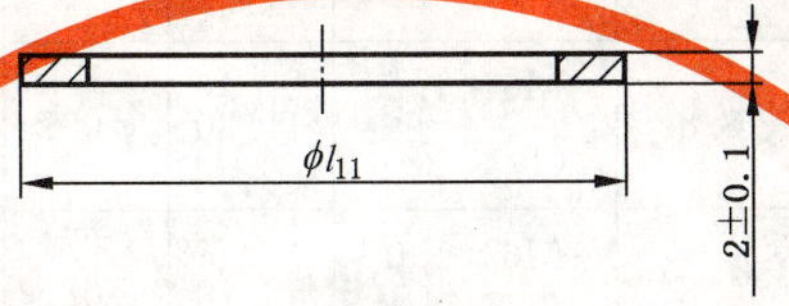

图 3　金属垫圈

a 建议：检漏槽应等距排列在螺栓孔中间(±0.15 mm)。

b 固定法兰。

c 可旋转法兰。

图 4　检漏槽的推荐尺寸

表1 法兰尺寸

单位为毫米(英寸)

	l_1	l_2		l_3		l_4	φ	l_5	l_6	l_7	l_8	l_9
公称通径	法兰公称外径	最大连接管径[a]	螺栓数量[b]	螺栓孔径公差 $^{+0.2}_{0}$	螺栓螺纹[c]	螺栓孔中心圈径	螺栓孔中心位置公差	密封凹槽直径公差 $^{+0.2}_{0}$	刀口直径公差 ±0.1	内环厚度 min	旋转连接深度公差 ±0.1	法兰厚度 min
10CF	25.0 (1.0)	12.0	6	3.3	M3×0.5	17.50	φ0.1	13.50	10.50	3.00	—	6.0
16CF	33.8 (1.33)	19.4	6	4.4	M4×0.7 (#8-32)	27.00	φ0.1	21.40	18.30	3.30	5.90	7.0
25CF	54.0 (2.12)	25.8	4	6.8	M6×1.0 (1/4″-28)	41.30	φ0.2	33.00	27.70	4.30	6.00	11.5
40CF	69.9 (2.75)	40.0	6	6.8	M6×1.0 (1/4″-28)	58.70	φ0.2	48.30	41.90	4.30	7.70	12.5
50CF	85.7 (3.38)	51.0	8	8.4	M8×1.25 (5/16″-24)	72.40	φ0.2	61.80	55.90	4.90	9.70	16.0
63CF	114.3 (4.50)	70.0	8	8.4	M8×1.25 (5/16″-24)	92.20	φ0.2	82.50	77.20	6.40	12.70	17.0
75CF	117.4 (4.62)	76.2	10	8.4	M8×1.25 (5/16″-24)	102.30	φ0.2	91.60	85.20	6.50	13.00	17.5
100CF	152.4 (6.00)	108.0	16	8.4	M8×1.25 (5/16″-24)	130.30	φ0.2	120.60	115.30	7.20	14.30	19.5
125CF	171.5 (6.75)	127.0	18	8.4	M8×1.25 (5/16″-24)	151.60	φ0.2	141.80	136.30	7.20	14.30	21.0
160CF	203.2 (8.00)	159.0	20	8.4	M8×1.25 (5/16″-24)	181.00	φ0.2	171.40	166.10	8.00	15.90	21.0
200CF	254.0 (10.00)	205.0	24	8.4	M8×1.25 (5/16″-24)	231.80	φ0.2	222.20	216.90	8.60	17.20	24.0
250CF	304.8 (12.00)	256.0	32	8.4	M8×1.25 (5/16″-24)	284.00	φ0.2	273.10	267.50	9.00	18.00	24.0
275CF	336.6 (13.25)	273.4	30	10.8	M10×1.5 (3/8″-24)	306.30	φ0.2	294.40	288.20	9.90	19.80	28.0
300CF	368.3 (14.5)	306.0	32	10.8	M10×1.5 (3/8″-24)	338.10	φ0.2	326.40	320.00	9.90	19.80	28.0
350CF	419.1 (16.5)	356.0	36	10.8	M10×1.5 (3/8″-24)	388.90	φ0.4	376.70	373.00	10.40	20.70	28.0
400CF	469.9 (16.5)	406.0	40	10.8	M10×1.5 (3/8″-24)	437.90	φ0.4	424.40	419.00	10.40	20.70	28.0

[a] 此值作为指导选用,对应于常用的奥氏体不锈钢法兰。

[b] 均布于螺栓孔中心圆周上的螺栓数量。

[c] 公制螺纹(英制螺纹)。遵照 ISO 965-1。

表 2　金属垫圈尺寸

单位为毫米

公称通径	金属垫圈外径 l_{11}	公　差
10	13.3	$^{0}_{-0.2}$
16	21.3	
25	32.9	
40	48.2	
50	61.7	
63	82.4	
75	91.5	
100	120.5	$^{0}_{-0.3}$
125	141.7	
160	171.3	
200	222.1	
250	272.9	$^{0}_{-0.5}$
275	294.3	
300	326.2	
350	376.5	
400	423.9	

参 考 文 献

[1] GB/T 321—2005 优先数和优先数系(ISO 3:1973,IDT).

[2] ISO 286 ISO 极限与配合制.

[3] ISO 965-1 ISO 普通米制螺纹 公差 第1部分:原则和基本数据.

[4] ISO 1609 真空技术 法兰尺寸.

[5] WHEELER,W. 和 CARLSON,M. Varian Associates,Palo Alto,CA,USA. 1961. 超高真空法兰. 论文集. 8th Nat. Vac. Symp. ,美国真空学会,pp 1309-1318.

[6] WHEELER,W. , Varian Associates,Palo Alto,CA,USA. 1963. 金属密封垫圈的理论和应用. 论文集. 10th Nat. Vac. Symp. ,美国真空学会,pp 159-65.

[7] EDWARDS, D. Jr. ,McCAFFERTY,D. 和 RIOS,L. 布鲁克汉恩国家实验室. Upton, NY, USA. 1980. 高温真空烘烤后刀口法兰的密封. J. Vac. Sci. Technol. 16(6),Nov/Dec,pp 2114-15.

[8] UNTERLERCHNER,W. CERN,1211 Geneva 23,Switzerland. 1987. 有关大型超高真空系统里 ConFla 的接合和它们可信限度的一些技术改造. J. Vac. Sci. Technol. A 5 (4), Jul/Aug,pp 2540-2543.

[9] WIKBERG,T. 和 DODELIN,E. CERN, 1211 Geneva 23, Switzerland. 1990. LEP 的超高真空全金属可拆连接的 FEM 计算. Vacuum 41, num 7-9,pp 2082-2085.

[10] KITAMURA,K. ,ITOH,K. ,UCHIDA,T. 和 KONDOH,M. 重装置工程实验室,Toshiba Corporation, 2-4,Suehiro-cho,Tsurumi-ku, Yokohama,230,Japan.

[11] OBARA,K,NAKAMURA,K. 和 MURAKAMI,Y. Naka Fusion 研究机构,日本原子能研究院,801-1,Mukouyama,Nakamachi,Naka-gun,Ibaraki-ken,311-02 Japan. 有关熔融真空密封用刀口型金属密封法兰机械性能的实验分析研究. J. Vac. Sci. Technol. A 12(6),Nov/Dec 1994, pp 3217-3223.

ICS 19.100
J 04

中华人民共和国国家标准

GB/T 25757—2010

无损检测 钢管自动漏磁检测系统综合性能测试方法

Non-destructive testing—Test methods of performance characteristics of automatic magnetic flux leakage testing systems for steel tubes

2010-12-23 发布　　2011-10-01 实施

中华人民共和国国家质量监督检验检疫总局
中国国家标准化管理委员会 发布

前　言

本标准由全国无损检测标准化技术委员会(SAC/TC 56)提出并归口。

本标准起草单位:中国特种设备检测研究院、合肥齐美检测设备有限公司、合肥工业大学、上海泰司检测科技有限公司、合肥中大检测技术有限公司。

本标准主要起草人:何辅云、丁克勤、陈彬、林树青、何箭。

无损检测 钢管自动漏磁检测系统综合性能测试方法

1 范围

本标准规定了铁磁性无缝钢管和焊缝钢管(埋弧焊除外)的自动漏磁检测系统综合性能的测试内容和测试方法。

本标准适用于在检测现场条件下使用本标准中规定的对比试样来测试钢管自动漏磁检测系统的综合性能。

本标准也适用于对端头加厚的或带接箍的钢管、石油用管的自动漏磁检测系统综合性能测试。

铁磁性钢棒自动漏磁检测系统综合性能的测试也可参考本标准。

2 规范性引用文件

下列文件中的条款通过本标准的引用而成为本标准的条款。凡是注日期的引用文件,其随后所有的修改单(不包括勘误的内容)或修订版均不适用于本标准,然而,鼓励根据本标准达成协议的各方研究是否可使用这些文件的最新版本。凡是不注日期的引用文件,其最新版本适用于本标准。

GB/T 12606 钢管漏磁探伤方法(GB/T 12606—1999,eqv ISO 9402:1989,ISO 9598:1989)

3 术语和定义

下列术语和定义适用于本标准。

3.1

钢管自动漏磁检测系统 automatic magnetic flux leakage testing systems for steel tubes

漏磁检测是指铁磁材料被磁化后,因材料内外表面或内部存在缺陷而在其表面形成缺陷漏磁场,通过检测缺陷漏磁场来发现缺陷的一种无损检测方法。

钢管自动漏磁检测系统分周向(横向)检测装置或轴向(纵向)检测装置,普遍采用周向与轴向两种装置的组合,以达到检测结果更全面、更准确的目的。

3.2

消磁 demagnetize

铁磁性钢管在自动漏磁检测系统中受到轴向磁场磁化,离开检测系统后在管体上存在剩余磁场,将钢管的剩余磁场消除的操作称消磁。

钢管自动漏磁横向检测系统通常配置有消磁装置。

4 测试条件

4.1 对检测线的要求

钢管自开始进入直至完全通过自动漏磁检测系统期间,其轴线宜在一条直线上。

4.2 检测系统的工作速度

所测试的钢管自动漏磁检测系统应在正常工作速度下进行,工作速度变化不能超过 10%,测试时要记录保存磁化电流、检测速度、信号增益、可疑信号和报警判废电平等参数。

4.3 其他测试条件

其他测试条件应符合 GB/T 12606 的规定。

5 对比试样

5.1 对比试样的规格

测试钢管自动漏磁检测系统所使用的对比试样要与被检钢管规格一致、材质相同，长度满足正常通过设备要求，弯曲度不大于1.5 mm/m。

5.2 对比试样的表面处理

对比试样内、外表面不应有干扰检测的异物。如果内、外表面有影响检测的毛刺或氧化皮，则应予清除，以保证测试正常进行。

5.3 对比试样的信噪比

对比试样上的人工缺陷形成的信号与非人工缺陷形成的噪声之比称信噪比，宜大于8 dB。

5.4 对比试样上的人工缺陷

对比试样上的人工缺陷类型、几何尺寸、内外表面槽深、孔与槽的对应关系、加工方法应符合GB/T 12606的规定。推荐的刻槽对比试样见图1，推荐的钻孔对比试样见图2。采用刻槽人工缺陷试样还是采用通孔人工缺陷试样由供需双方协商确定。L 表示离钢管端头最近缺陷的距离，是测试自动漏磁检测系统对钢管两端头不可探测区间的重要指标。L 不宜大于300 mm。

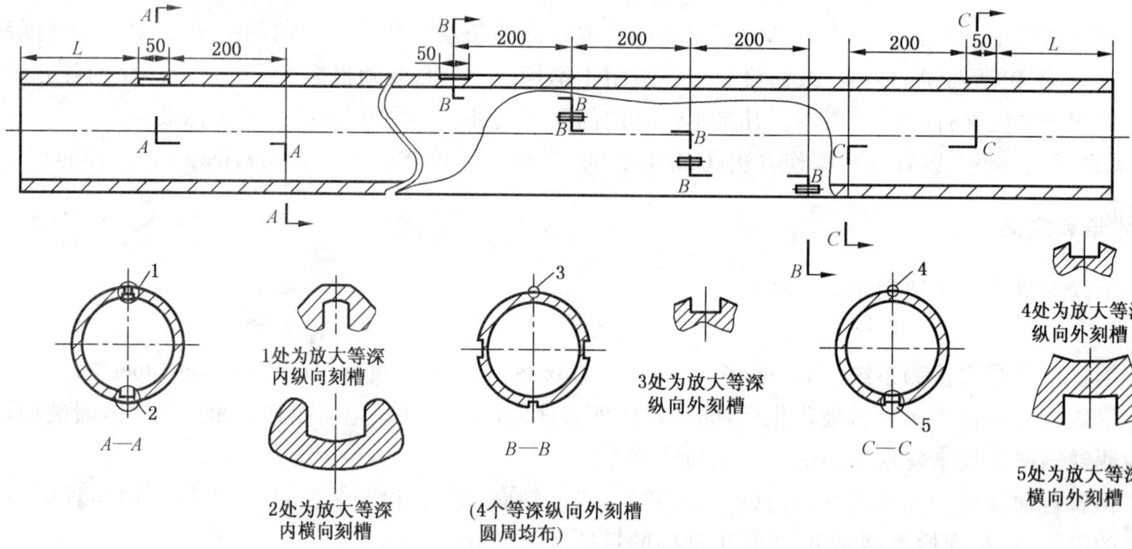

图1 推荐的刻槽对比试样参考图

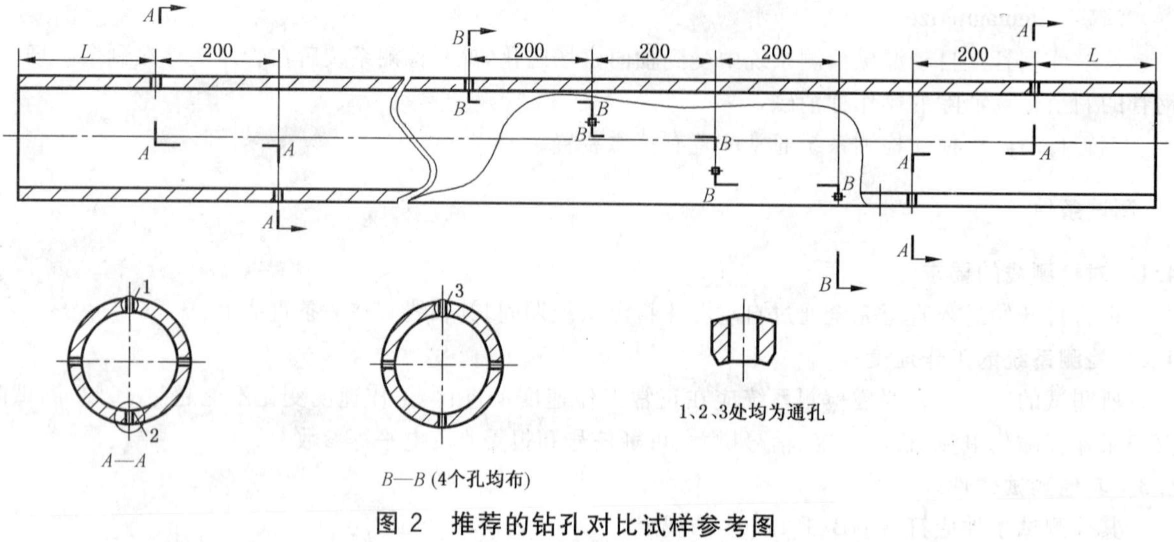

图2 推荐的钻孔对比试样参考图

6 测试内容与方法

6.1 概述

按设备使用说明书要求启动设备并预运行到正常工作状态。

6.2 周向灵敏度差的测试

将图1或图2所示的对比试样重复通过钢管自动漏磁检测系统，调节仪器增益，使试样中部4个人工缺陷刚刚达到报警线，记录此时的增益dB值；调节仪器增益，使4个人工缺陷都达不到报警线的dB值，它们之间的差值为周向灵敏度差。连续测试3次，3次结果如果不同，取最大差值。周向灵敏度差见表1。

6.3 信噪比的测试

6.3.1 灵敏度的测试

将对比试样重复通过检测系统，调节仪器增益，使试样中所有人工缺陷信号刚刚达到报警线，记录此时的dB值，此dB值为检测系统的灵敏度。连续测试3次，3次结果如果不同，取最大dB值表示检测灵敏度。

6.3.2 信噪比的测试

在6.3.1灵敏度的测试基础上，将对比试样重复通过检测系统，调节仪器增益，使试样中的噪声电平刚刚达到报警线，记录此时的dB值，此值与灵敏度之差即为检测系统的信噪比。连续测试3次，3次结果如果不同，取最小值。钢管自动漏磁检测系统的信噪比见表1。

6.4 内、外壁缺陷检测灵敏度差的测试

在6.3.1灵敏度的测试基础上，将对比试样重复通过检测系统，调节仪器增益，使所有内壁人工缺陷都达不到报警线，记录此时的dB值，此值与灵敏度之差的绝对值即为检测系统的内、外壁缺陷检测灵敏度差。连续测试3次，3次结果如果不同，取最大值。内、外壁缺陷检测灵敏度差见表1。

6.5 漏报、误报率的测试

在对比试样上所有人工缺陷刚刚达到报警线的基础上，再提高3dB增益值，待测钢管试样以正常检测速度穿过检测系统25次，分别记下对比试样上人工缺陷的漏报、误报次数。检测系统在规定的人工缺陷处不达报警线，称漏报，每次检测出现1个人工缺陷漏报记1次；检测系统在无人工缺陷处达报警线，称误报，每次检测出现1次误报记1次；若在25次检测中出现漏报、误报次数较多，可以将测试次数增加到50次。

漏报率的计算：

$$\text{漏报率}=\frac{\text{漏报人工缺陷次数}}{\text{对比试样的人工缺陷个数}\times\text{测试次数}}\times 100\%$$

误报率的计算：

$$\text{误报率}=\frac{\text{误报人工缺陷次数}}{\text{对比试样的人工缺陷个数}\times\text{测试次数}}\times 100\%$$

钢管自动漏磁检测系统的漏报、误报率见表1。

6.6 检测系统稳定性的测试

6.6.1 周向灵敏度差稳定性的测试

在6.2测试基础上，使整套检测系统连续工作2h后，重新测试其周向灵敏度差，与2h前比较，其波动不得超过表1给定的值。

6.6.2 灵敏度稳定性的测试

在6.3.1灵敏度的测试基础上，使整套检测系统连续工作2h后，重新测试其灵敏度，与2h前比较，其波动不得超过表1给定的值。

6.6.3 信号噪声比稳定性的测试

在6.3.2信噪比的测试基础上，使整套检测系统连续工作2h后，重新测试其信噪比，与2h前比较，

其波动不得超过表1给定的值。

6.6.4 系统稳定性的测试的规格

系统稳定性的测试只选择某一种规格对比试样进行。

6.7 最大剩余磁场测试

钢管自动漏磁检测系统中如果包括横向检测机构,应对附设的消磁器性能进行测试。让对比试样重复通过钢管自动漏磁检测系统,在6.3.1灵敏度的测试基础上,采用高斯仪对试样两端头圆周方向的剩余磁场进行测试。消磁后对比试样两端头圆周方向的最大剩余磁场见表1。

表1 钢管自动漏磁检测系统综合性能指标的推荐值

测试内容	推荐值
周向灵敏度差	3 dB
信噪比	8 dB
内外缺陷灵敏度差	4 dB
漏报率	1%
误报率	4%
周向灵敏度差稳定性	3 dB
灵敏度稳定性	3 dB
信号噪声比稳定性	3 dB
最大剩余磁场	30 GS

ICS 19.100
J 04

中华人民共和国国家标准

GB/T 25758.1—2010

无损检测　工业X射线系统焦点特性
第1部分:扫描方法

Non-destructive testing—Characteristics of focal spots in industrial X-ray systems for use in non-destructive testing—Part 1:Scanning method

2010-12-23 发布　　2011-10-01 实施

中华人民共和国国家质量监督检验检疫总局
中国国家标准化管理委员会　发布

前 言

GB/T 25758《无损检测 工业X射线系统焦点特性》分为五个部分：

——第1部分：扫描方法；

——第2部分：针孔照相机射线照相方法；

——第3部分：狭缝照相机射线照相方法；

——第4部分：边缘方法；

——第5部分：小焦点和微焦点X射线管的有效焦点尺寸的测量方法。

本部分为GB/T 25758的第1部分。

本部分等同采用EN 12543-1:1999《无损检测 工业X射线系统焦点特性 第1部分：扫描方法》（英文版）。

本部分等同翻译EN 12543-1:1999。

为便于使用，本部分作了下列编辑性修改：

——“本欧洲标准”一词改为“本部分”；

——删除EN标准的前言；

——用小数点“.”代替作为小数点的逗号“,”。

本部分的附录A为资料性附录。

本部分由全国无损检测标准化技术委员会(SAC/TC 56)提出并归口。

本部分起草单位：上海泰司检测科技有限公司、上海英华无损检测技术有限公司、上海材料研究所、上海诚友实业有限公司、上海威诚邦达检测技术有限公司、通用电气传感检测科技(上海)有限公司、丹东奥龙射线仪器有限公司、山东轻工业学院。

本部分主要起草人：孔凡琴、李博、章怡明、金宇飞、赵成、丁鸣华、李文彬、孙宝江。

引　言

为了满足焦点尺寸测量的不同需求，在GB/T 25758.1～25758.5中，描述了五种不同的方法。

扫描方法(GB/T 25758.1)适用于强度分布和焦点尺寸恒定的场合，例如用于校准及图像处理过程。

射线照相方法(GB/T 25758.2与GB/T 25758.3)是传统的技术，以验证为主要目的，适用于最高至200 kV的场合。

当针孔和狭缝照相机无法使用时，边缘方法(GB/T 25758.4)或许是有效的，这种方法适用于简易的场合。

为了兼顾到微焦点系统，GB/T 25758.5提出了一种特殊的方法。

无损检测　工业X射线系统焦点特性
第1部分:扫描方法

1　范围

GB/T 25758的本部分规定了管电压最高至500 kV的工业X射线系统的焦点尺寸的测量方法。本部分描述了采用严格准直的接收器对大于0.1 mm的焦点进行直接机械扫描的方法。

X射线图像的像质和分辨力很大程度上取决于焦点的特性,尤其是尺寸和二维强度分布。

商用X射线管类型(例如在广告或贸易中)的特性,宜首先考虑附录A所给出的最大值。

2　术语和定义

下列术语和定义适用于GB/T 25758的本部分。

2.1

焦点　focal spot

从测量装置中看到的X射线管阳极上的X射线发射区域。

3　测试方法

3.1　原理和设备

本章介绍了为获得焦点的辐射强度分布与尺寸而进行焦点扫描的过程。经粗略预准直的X射线管中央射线束通过一个双狭缝准直器,利用闪烁计数器来测量射线束。准直器形成一个$h \times h$大小的孔。宽度h取决于焦点尺寸d的大小,应根据表1选择相应的值。

表1　准直器孔尺寸h和焦点大小d的关系

d/mm	h
0.1～0.2	≤10 μm
0.2～0.3	≤15 μm
0.3～1.0	≤20 μm
>1.0	≤0.025d

预准直器、双狭缝准直器以及射线探测器应作为一个整体安装在x-y扫描工作台上。探测器的输出信号应输入到数据采集装置中去(如图1、图2)。数据采集应能很好地与x-y扫描工作台同步工作。数据采集通过以一定的步长进行线扫描来完成(如图3)。步长取决于分辨力要求,但不应超过0.1 mm。

预准直器应用铅来制作,包含一个大约5 mm直径的孔。厚度取决于最大的X射线电压,其应至少与一个百分之一值层相当。

测量准直器由两条垂直的狭缝制成,见图4。每一个狭缝用两个厚度为L的金属块面对面放置而形成,在金属块的边缘用隔板保持宽度为h的间距。厚度L满足:

$$L > 20 \times (a/d) \times h \quad \cdots\cdots(1)$$

式中,a是焦点与准直器表面(源边)的距离,d是要测量的焦点尺寸。因为准直器材料的穿透性,准直器的最小厚度应这样来确定:测量得到的穿过小孔的信号强度至少应大于背景噪声100倍。狭缝表面的粗糙度Ra应小于2 μm,平整度和平行度小于h/5。金属块的材料应选择钨或者其他类似的具有吸收性能的材料。

射线探测器工作的 X 射线电压范围，应在 10 kV 至所测射线管的标称电压之间。在焦点光强分布的最亮处，输出信号的信噪比至少应达到 40 dB，并且输出信号应与放射强度呈线性变化。在整个测量时间内，数据采集和数据处理应稳定在 ±1% 内。x-y 扫描工作台应能解析和重现至少 $h/2$ 的距离。

3.2 对准

x-y 扫描工作台其中一轴应与射线管组件的轴线保持平行，误差在 ±3°内。x-y 扫描工作台的工作平面应与射线管组件的主 X 射线束保持垂直，误差在 ±3°内。焦点和准直器之间的间距应尽可能小。当与图 1 有偏差时，应说明主 X 射线束的方向。

注：如果射线管的轴线没有确定，可用电子轨迹方向来代替。

3.3 绘图软件

绘图软件应能绘制等剂线图(图 6)。图 3 和图 5 给出了有关射线强度分布的附加信息，在计算机层析成像(CT)及其图像处理中是有用的。

4 焦点尺寸的测量和确定

4.1 测量

焦点的尺寸应从等剂线图上最大光强的 10% 处确定(见图 6)。

4.2 焦点尺寸大小的确定

采用射线管轴线方向上的长度 l 和垂直于 X 射线管轴线方向的宽度 w 来确定焦点尺寸。

X 射线管的运行参数应做记录。

所有尺寸(l 或 w)中的较大值应作为焦点尺寸 d。

X 射线管焦点尺寸 d 的规格应参考 GB/T 25758 的本部分。

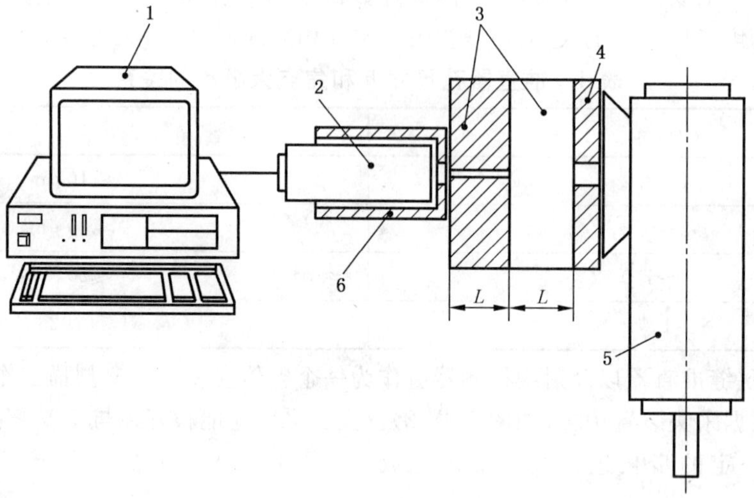

1——个人计算机和数据采集单元；

2——闪烁计数器；

3——双狭缝准直器($h \times h \times 2L$)；

4——预准直器；

5——X 射线管；

6——防辐射装置。

图 1 确定射线焦点尺寸的测量装置(方案)

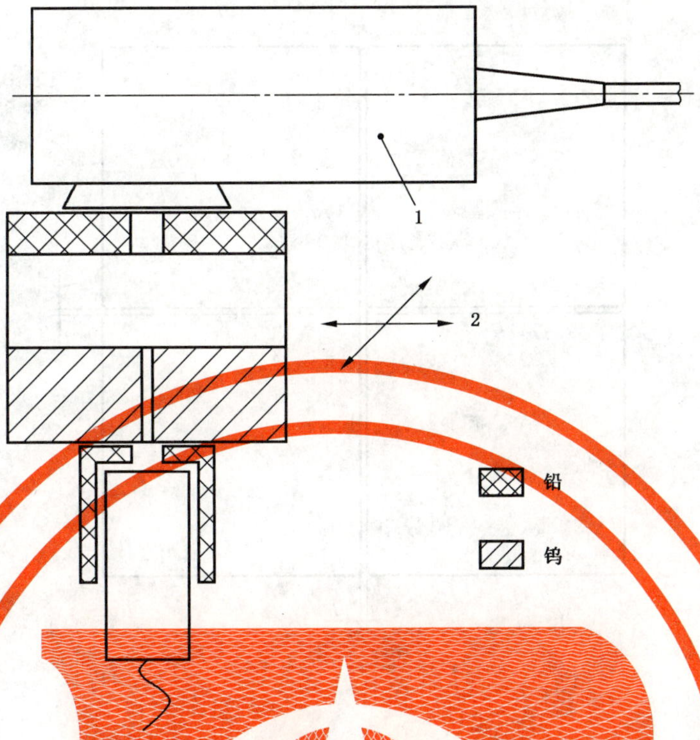

1——X射线管；
2——扫描方向。

图2 确定射线焦点尺寸的测量装置(示例)

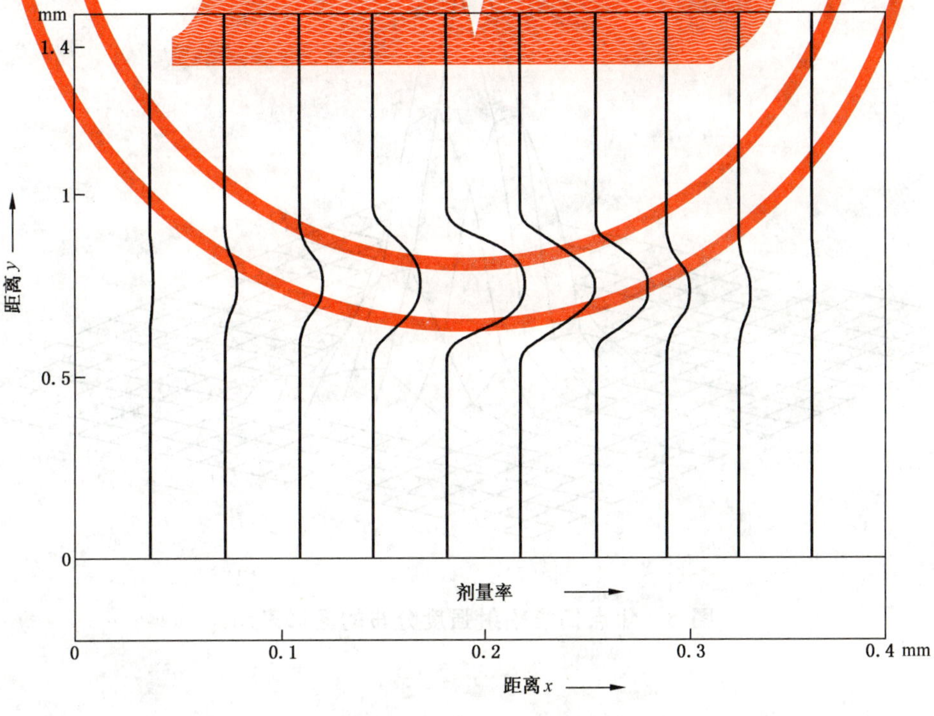

图3 焦点的线扫描

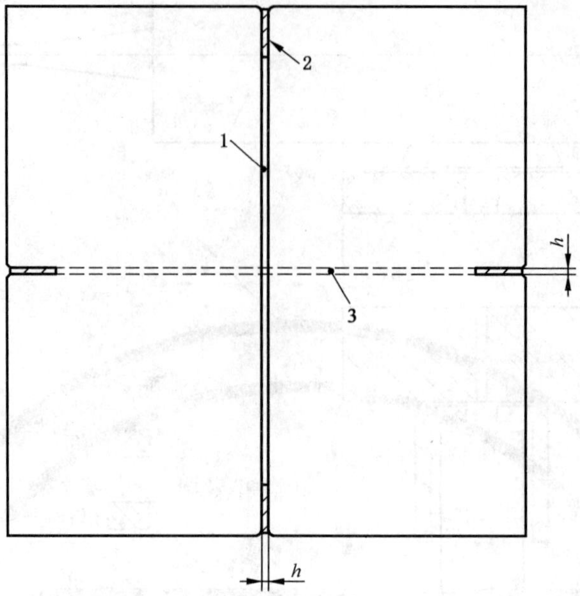

1——狭缝；

2——箔(钢)；

3——隐藏的狭缝。

图 4 双狭缝准直器(从上向下看)

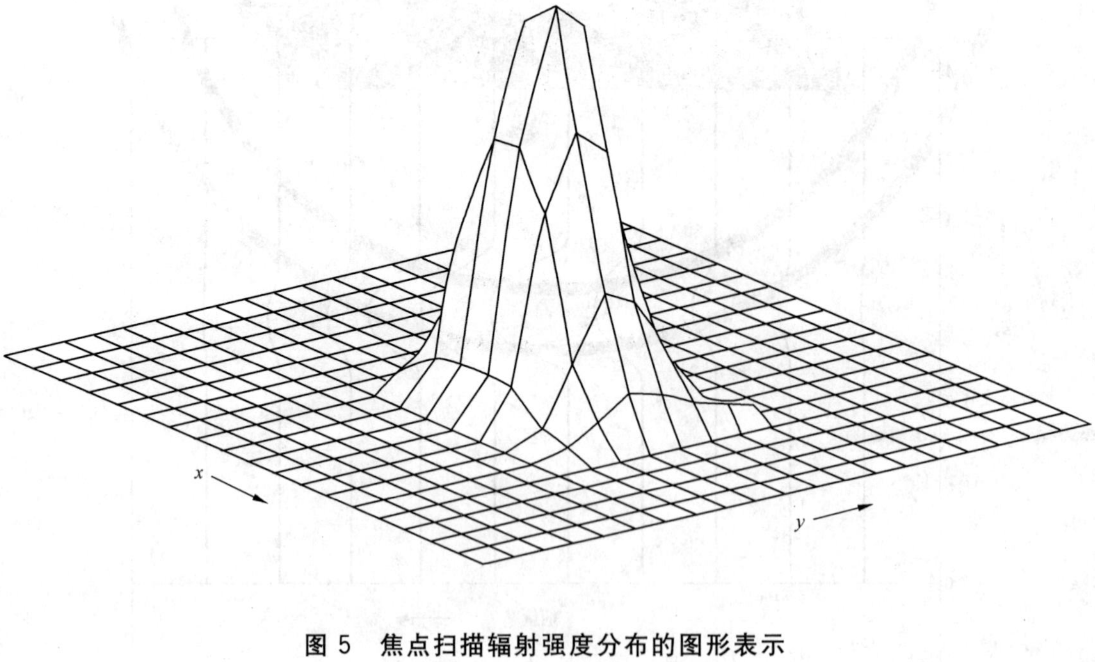

图 5 焦点扫描辐射强度分布的图形表示

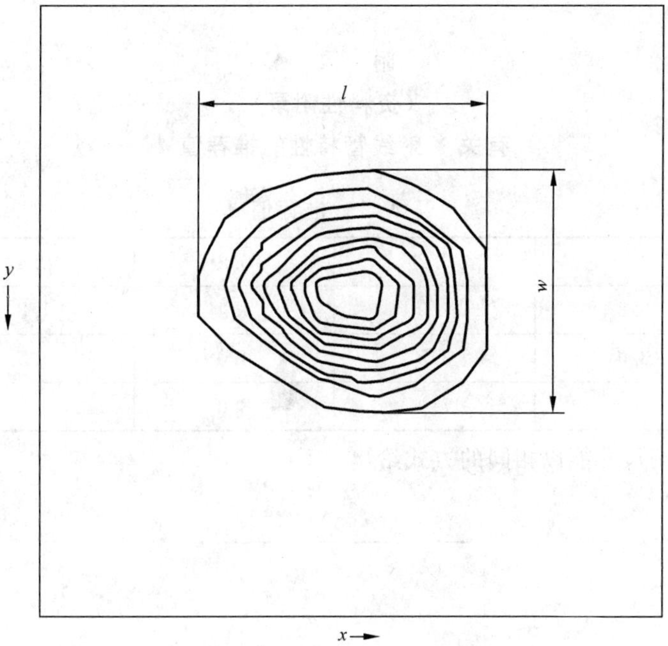

图 6　射线强度等剂线图

附　录　A
（资料性附录）
有关 X 射线管特性的推荐值 d

表 A.1　推荐值 d

单位为毫米

0.1	0.15	0.2	0.3	0.4	0.5
0.6	0.8	1.0	1.4	1.8	2.2
2.6	3.0	3.5	4.0	4.5	5.0
5.5	6.0	7.0	8.0	9.0	10.0

与 d 类似，l 和 w 的尺寸能以相同的方式给出。

ICS 19.100
J 04

中华人民共和国国家标准

GB/T 25758.2—2010

无损检测 工业X射线系统焦点特性
第2部分：针孔照相机射线照相方法

Non-destructive testing—Characteristics of focal spots in industrial X-ray systems for use in non-destructive testing—Part 2: Pinhole camera radiographic method

2010-12-23 发布　　2011-10-01 实施

中华人民共和国国家质量监督检验检疫总局
中国国家标准化管理委员会　发布

前 言

GB/T 25758《无损检测 工业X射线系统焦点特性》分为五个部分：

——第1部分：扫描方法；

——第2部分：针孔照相机射线照相方法；

——第3部分：狭缝照相机射线照相方法；

——第4部分：边缘方法；

——第5部分：小焦点和微焦点X射线管的有效焦点尺寸的测量方法。

本部分为GB/T 25758的第2部分。

本部分等同采用EN 12543-2:1999《无损检测 工业X射线系统焦点特性 第2部分：针孔照相机射线照相方法》(英文版)。

本部分等同翻译EN 12543-2:1999。

为便于使用，本部分作了下列编辑性修改：

——"本欧洲标准"一词改为"本部分"；

——删除EN标准的前言；

——用小数点"."代替作为小数点的逗号"，"；

——用GB/T 1.1—2000规定的引导语代替EN标准中的引导语。

本部分的附录A为资料性附录。

本部分由全国无损检测标准化技术委员会(SAC/TC 56)提出并归口。

本部分起草单位：上海泰司检测科技有限公司、上海英华无损检测技术有限公司、上海材料研究所、上海诚友实业有限公司、上海威诚邦达检测技术有限公司、通用电气传感检测科技(上海)有限公司、丹东奥龙射线仪器有限公司、山东轻工业学院。

本部分主要起草人：孔凡琴、李博、章怡明、金宇飞、赵成、丁鸣华、李义彬、孙宝江。

引　言

为了满足焦点尺寸测量的不同需求，在 GB/T 25758.1～25758.5 中，描述了五种不同的方法。

扫描方法(GB/T 25758.1)适用于强度分布和焦点尺寸恒定的场合，例如用于校准及图像处理过程。

射线照相方法(GB/T 25758.2 与 GB/T 25758.3)是传统的技术，以验证为主要目的，适用于最高至 200 kV 的场合。

当针孔和狭缝照相机无法使用时，边缘方法(GB/T 25758.4)或许是有效的，这种方法适用于简易的场合。

为了兼顾到微焦点系统，GB/T 25758.5 提出了一种特殊的方法。

无损检测　工业 X 射线系统焦点特性
第 2 部分：针孔照相机射线照相方法

1　范围

GB/T 25758 的本部分规定了采用针孔照相机射线照相方法，来测量管电压最高至 500 kV 的工业 X 射线系统的大于 0.2 mm 焦点尺寸的方法。本部分中测量所用的电压限于 200 kV。

X 射线图像的像质和分辨力很大程度上取决于焦点的特性，尤其是尺寸和二维强度分布。

商用 X 射线管类型(例如在广告或贸易中)的特性，宜首先考虑附录 A 所给出的最大值。

2　规范性引用文件

下列文件中的条款通过 GB/T 25758 的本部分的引用而成为本部分的条款。凡是注日期的引用文件，其随后所有的修改单(不包括勘误的内容)或修订版均不适用于本部分，然而，鼓励根据本部分达成协议的各方研究是否可使用这些文件的最新版本。凡是不注日期的引用文件，其最新版本适用于本部分。

GB/T 19348.1　无损检测　工业射线照相胶片　第 1 部分：工业射线照相胶片系统的分类[1)] (GB/T 19348.1—2003，ISO 11699-1：1998，IDT)

GB/T 25758.1　无损检测　工业 X 射线系统焦点特性　第 1 部分：扫描方法(GB/T 25758.1—2010，EN 12543-1：1999，IDT)

3　术语和定义

下列术语和定义适用于 GB/T 25758 的本部分。

3.1

焦点　focal spot

从测量装置中看到的 X 射线管阳极上的 X 射线发射区域。

[GB/T 25758.1]

4　测试设备

4.1　针孔照相机的基本特性

针孔照相机应由一个针孔光圈组成，针孔的尺寸与实际的焦点尺寸有关，其关系见表 1。

表 1　针孔尺寸

焦点尺寸/mm	直径 P/μm	高度 H/μm
0.2～1.0	30±5	75±10
＞1.0	100±5	500±10

图 1 给出了直径 P 和高度 H。

针孔光圈应采用钨或类似的具有吸收性能的材料来制作。

4.2　针孔照相机的对准和位置

射线束方向与针孔轴线的夹角(见图 2)应小于 3°。当与图 2 有偏差时，应指明主射线束的方向。

1)　该标准将在修订 GB/T 19348.1—2003 的基础上发布(等同采用 ISO 11699-1：2008，与 EN 584-1：1994 等效)。

针孔光圈的入射面应与焦点保持距离 m，以确保实际焦点范围在射线束方向上的放大倍率变化不超过±5%。任何情况下，距离都不应小于 100 mm。

4.3 射线照相胶片的位置

射线照相胶片应与射线束方向垂直放置，与针孔光圈入射面的距离 n 取决于由图 3 和表 2 确定的合适的放大倍率。

单位为毫米

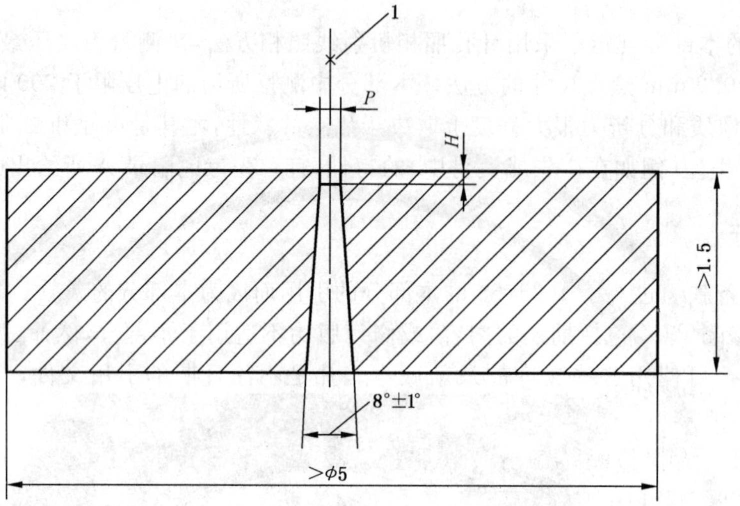

1——焦点。

图 1 针孔照相机光圈的基本尺寸

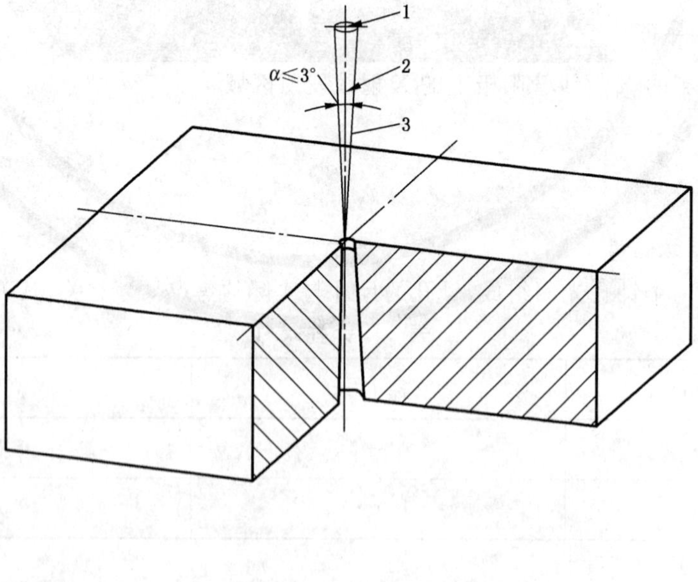

1——焦点；

2——射线束方向；

3——针孔轴线的最大偏移。

图 2 针孔照相机的对准

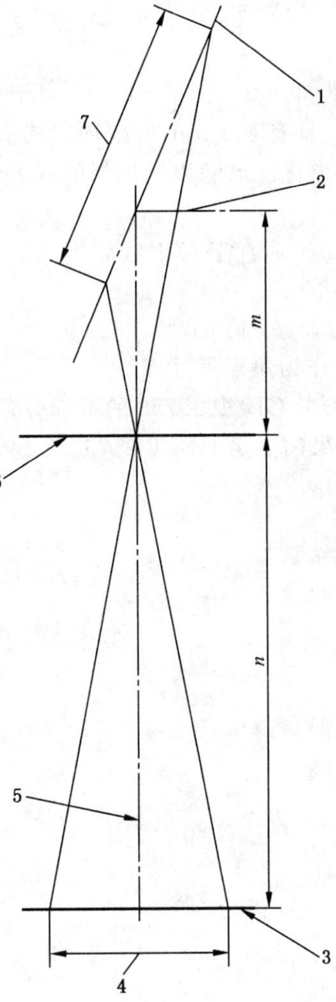

1——阳极面;
2——参考平面;
3——射线照相胶片;
4——焦点的长度;
5——射线束方向;
6——光圈的入射面;
7——实际焦点的长度。

图3 射线束方向、尺寸和平面

表2 焦点针孔射线照相底片放大倍率

焦点尺寸 d/mm	最小放大倍率 n/m
0.2～2.0	3∶1
>2.0	1∶1

4.4 胶片类型和底片密度

胶片应满足GB/T 19348.1的C6级胶片系统的要求,或者更好,并在使用时不用增感屏。曝光后的底片光学密度应在1.5～2.5之间。

4.5 负载

X射线管电压应为标称管电压的75%,但不高于200 kV。

X射线管电流应为所选定系统的最大可用管电流。

5 焦点尺寸的测量和确定

5.1 测量

射线照相底片应在均匀亮度级为 2 000 cd/m^2～3 000 cd/m^2 的观片灯上进行评定。目视观察时，应采用放大倍率在 5～10 倍之间并且具有 0.1 mm 间隔内置式格线的放大镜来观察。

测定焦点尺寸的方法为:可见的黑化区域除以所选择的放大倍数。

5.2 焦点尺寸的确定

采用射线管轴线方向上的长度 l 和垂直于 X 射线管轴线方向的宽度 w 来确定焦点尺寸。X 射线管的运行参数应做记录。

注：如果未定义射线管轴线，可用电子轨迹方向来代替。

所有尺寸(l 或 w)中的较大值应作为焦点尺寸 d。

X 射线管焦点尺寸 d 的规格应参考 GB/T 25758 的本部分。

如果需要鉴定焦点尺寸，测量结果须满足 GB/T 25758.1 规定的值，不确定度在±10%以内。

附 录 A
（资料性附录）
有关 X 射线管特性的推荐值 d

表 A.1 推荐值 d

单位为毫米

0.1	0.15	0.2	0.3	0.4	0.5
0.6	0.8	1.0	1.4	1.8	2.2
2.6	3.0	3.5	4.0	4.5	5.0
5.5	6.0	7.0	8.0	9.0	10.0

与 d 类似，l 和 w 的尺寸能以相同的方式给出。

ICS 19.100
J 04

中华人民共和国国家标准

GB/T 25758.3—2010

无损检测　工业X射线系统焦点特性 第3部分：狭缝照相机射线照相方法

Non-destructive testing—Characteristics of focal spots in industrial X-ray systems for use in non-destructive testing—
Part 3: Slit camera radiographic method

2010-12-23 发布　　2011-10-01 实施

中华人民共和国国家质量监督检验检疫总局
中国国家标准化管理委员会　发布

前　言

GB/T 25758《无损检测　工业X射线系统焦点特性》分为五个部分：

——第1部分：扫描方法；

——第2部分：针孔照相机射线照相方法；

——第3部分：狭缝照相机射线照相方法；

——第4部分：边缘方法；

——第5部分：小焦点和微焦点X射线管的有效焦点尺寸的测量方法。

本部分为GB/T 25758的第3部分。

本部分等同采用EN 12543-3:1999《无损检测　工业X射线系统焦点特性　第3部分：狭缝照相机射线照相方法》(英文版)。

本部分等同翻译EN 12543-3:1999。

为便于使用，本部分作了下列编辑性修改：

——"本欧洲标准"一词改为"本部分"；

——删除EN标准的前言；

——用小数点"."代替作为小数点的逗号","；

——用GB/T 1.1—2000规定的引导语代替EN标准中的引导语。

本部分的附录A为资料性附录。

本部分由全国无损检测标准化技术委员会(SAC/TC 56)提出并归口。

本部分起草单位：上海泰司检测科技有限公司、上海英华无损检测技术有限公司、上海材料研究所、上海诚友实业有限公司、上海威诚邦达检测技术有限公司、通用电气传感检测科技(上海)有限公司、丹东奥龙射线仪器有限公司、山东轻工业学院。

本部分主要起草人：孔凡琴、李博、章怡明、金宇飞、赵成、丁鸣华、李义彬、孙宝江。

引　言

为了满足焦点尺寸测量的不同需求，在GB/T 25758.1～25758.5中，描述了五种不同的方法。

扫描方法(GB/T 25758.1)适用于强度分布和焦点尺寸恒定的场合，例如用于校准及图像处理过程。

射线照相方法(GB/T 25758.2与GB/T 25758.3)是传统的技术，以验证为主要目的，适用于最高至200 kV的场合。

当针孔和狭缝照相机无法使用时，边缘方法(GB/T 25758.4)或许是有效的，这种方法适用于简易的场合。

为了兼顾到微焦点系统，GB/T 25758.5提出了一种特殊的方法。

无损检测　工业X射线系统焦点特性
第3部分：狭缝照相机射线照相方法

1　范围

GB/T 25758的本部分规定了采用狭缝照相机射线照相方法，来测量管电压最高至500 kV的工业X射线系统的大于0.1 mm焦点尺寸的方法。本部分中测量所用的电压限于200 kV。

X射线图像的像质和分辨力很大程度上取决于焦点的特性，尤其是尺寸和二维强度分布。

商用X射线管类型(例如在广告或贸易中)的特性，宜首先考虑附录A所给出的最大值。

2　规范性引用文件

下列文件中的条款通过GB/T 25758的本部分的引用而成为本部分的条款。凡是注日期的引用文件，其随后所有的修改单(不包括勘误的内容)或修订版均不适用于本部分，然而，鼓励根据本部分达成协议的各方研究是否可使用这些文件的最新版本。凡是不注日期的引用文件，其最新版本适用于本部分。

GB/T 19348.1　无损检测　工业射线照相胶片　第1部分：工业射线照相胶片系统的分类[1)] (GB/T 19348.1—2003，ISO 11699-1：2008，IDT)

GB/T 25758.1　无损检测　工业X射线系统焦点特性　第1部分：扫描方法(GB/T 25758.1—2010，EN 12543-1：1999，IDT)

3　术语和定义

下列术语和定义适用于GB/T 25758的本部分。

3.1

焦点　focal spot

从测量装置中看到的X射线管阳极上的X射线发射区域。

[GB/T 25758.1]

4　测试设备

4.1　狭缝照相机

狭缝照相机应由一块狭缝试块组成，试块尺寸见图1。

狭缝试块应采用钨或类似的具有吸收性能的材料来制作。

4.2　狭缝照相机的对准和位置

射线束方向与狭缝对称轴的夹角(见图2)应小于3°。当与图2有偏差时，应指明主射线束的方向。

狭缝的入射面应与焦点保持距离m，以确保实际焦点范围在射线束方向上的放大倍率变化不超过±5%，见图3，相关公式如下：

$$n/m = E$$

$$n/(m+k) \geqslant 0.95\,E$$

$$n/(m-p) \leqslant 1.05\,E$$

式中：

E——放大倍率；

n、m、k、p——由图3给出。

1)　该标准将在修订GB/T 19348.1—2003的基础上发布(等同采用ISO 11699-1：2008，与EN 584-1：1994等效)。

为了形成一对焦点狭缝射线照片，狭缝试块应定向放置，以确保狭缝的长度方向与评定的两个方向中的任意一个垂直，误差在±5°内。

为了测量焦点长度，评定方向应与 X 射线管组件的纵轴保持平行。为了测量焦点宽度，评定方向应与长度评定方向垂直。

单位为毫米

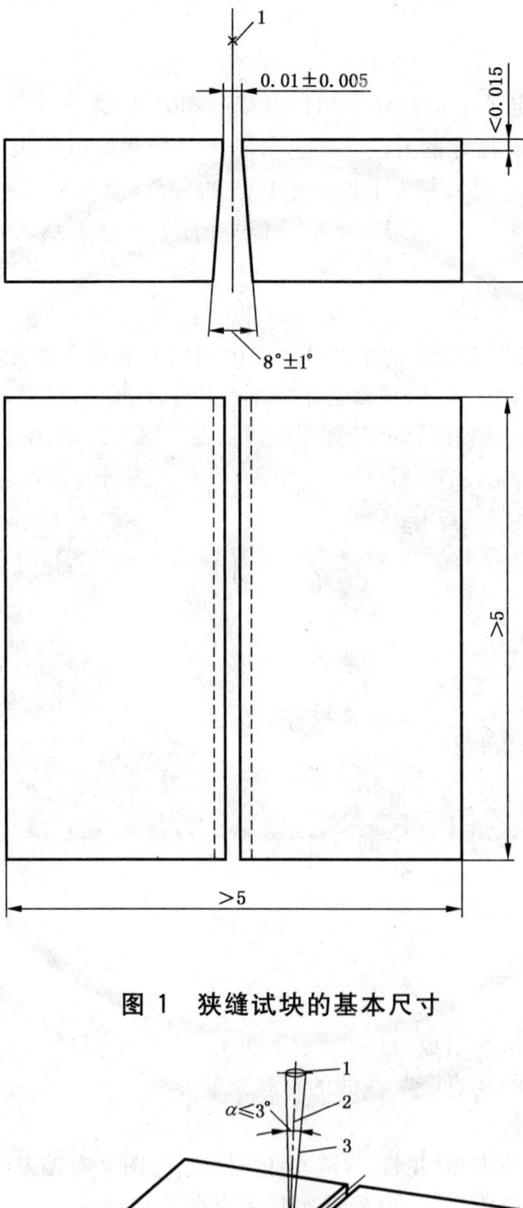

1——对称轴。

图 1　狭缝试块的基本尺寸

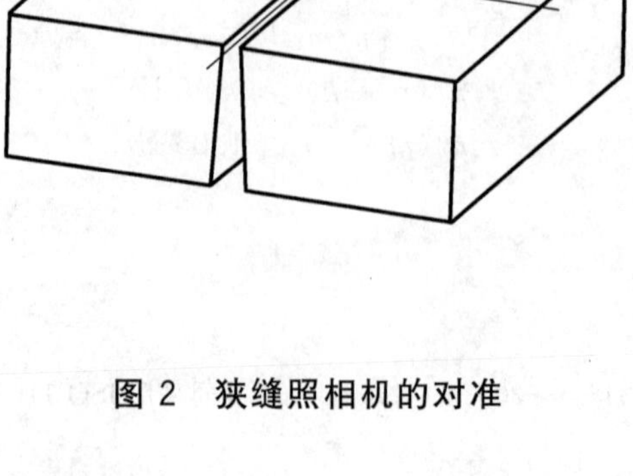

1——焦点；

2——射线束方向；

3——狭缝对称轴的最大偏移。

图 2　狭缝照相机的对准

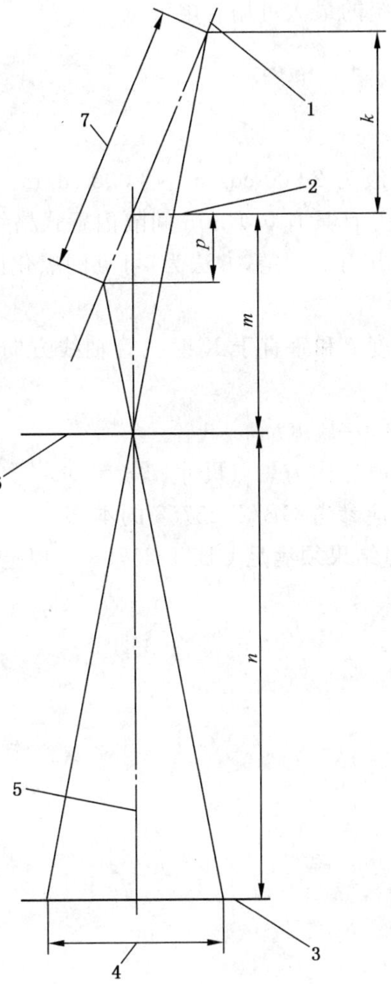

1——阳极面；
2——参考平面；
3——射线照相胶片；
4——焦点的长度；
5——射线束方向；
6——狭缝试块的入射面；
7——实际焦点的长度。

图 3 射线束方向、尺寸和平面

4.3 射线照相胶片的位置

射线照相胶片应与射线束方向垂直放置，与狭缝光圈入射面的距离 n 取决于由表 1 确定的合适的放大倍率。

表 1 焦点狭缝射线照相底片放大倍率

焦点尺寸 d/ mm	最小放大倍率 n/m
0.1～2.0	3∶1
＞2.0	1∶1

4.4 胶片类型和底片密度

胶片应满足 GB/T 19348.1 的 C6 级胶片系统的要求，或者更好，并在使用时不用增感屏。曝光后的底片光学密度应在 1.5～2.5 之间。

4.5 负载

X 射线管电压应为标称管电压的 75％，但不高于 200 kV。

X 射线管电流应为所选定系统的最大可用管电流。

5 焦点尺寸的测量和确定

5.1 测量

射线照相底片应在均匀亮度级为 2 000 cd/m^2～3 000 cd/m^2 的观片灯上进行评定。目视观察时，应采用放大倍率在 5～10 倍之间并且具有 0.1 mm 间隔内置式格线的放大镜来观察。

焦点尺寸分别从长度和宽度方向上测定，方法为：可见的黑化区域除以所选择的放大倍数。

5.2 焦点尺寸的确定

采用射线管轴线方向上的长度 l 和垂直于 X 射线管轴线方向的宽度 w 来确定焦点尺寸。X 射线管的运行参数应做记录。

注：如果未定义射线管轴线，可用电子轨迹方向来代替。

所有尺寸(l 或 w)中的较大值应作为焦点尺寸 d。

X 射线管焦点尺寸 d 的规格应参考 GB/T 25758 的本部分。

如果需要鉴定焦点尺寸，测量结果须满足 GB/T 25758.1 规定的值，不确定度在±10%以内。

附 录 A
（资料性附录）
有关 X 射线管特性的推荐值 d

表 A.1 推荐值 d

单位为毫米

0.1	0.15	0.2	0.3	0.4	0.5
0.6	0.8	1.0	1.4	1.8	2.2
2.6	3.0	3.5	4.0	4.5	5.0
5.5	6.0	7.0	8.0	9.0	10.0

与 d 类似，l 和 w 的尺寸能以相同的方式给出。

ICS 19.100
J 04

中华人民共和国国家标准

GB/T 25758.4—2010

无损检测 工业X射线系统焦点特性 第4部分：边缘方法

Non-destructive testing—Characteristics of focal spots in industrial X-ray systems for use in non-destructive testing—Part 4: Edge method

2010-12-23 发布

2011-10-01 实施

中华人民共和国国家质量监督检验检疫总局
中国国家标准化管理委员会 发布

前　言

GB/T 25758《无损检测　工业 X 射线系统焦点特性》分为五个部分：

——第 1 部分：扫描方法；

——第 2 部分：针孔照相机射线照相方法；

——第 3 部分：狭缝照相机射线照相方法；

——第 4 部分：边缘方法；

——第 5 部分：小焦点和微焦点 X 射线管的有效焦点尺寸的测量方法。

本部分为 GB/T 25758 的第 4 部分。

本部分等同采用 EN 12543-4:1999《无损检测　工业 X 射线系统焦点特性　第 4 部分：边缘方法》(英文版)。

本部分等同翻译 EN 12543-4:1999。

为便于使用，本部分作了下列编辑性修改：

——"本欧洲标准"一词改为"本部分"；

——删除 EN 标准的前言；

——用小数点"."代替作为小数点的逗号"，"；

——用 GB/T 1.1—2000 规定的引导语代替 EN 标准中的引导语。

本部分的附录 A 为资料性附录。

本部分由全国无损检测标准化技术委员会(SAC/TC 56)提出并归口。

本部分起草单位：上海泰司检测科技有限公司、上海英华无损检测技术有限公司、上海材料研究所、上海诚友实业有限公司、上海威诚邦达检测技术有限公司、通用电气传感检测科技(上海)有限公司、丹东奥龙射线仪器有限公司、山东轻工业学院。

本部分主要起草人：孔凡琴、李博、章怡明、金宇飞、赵成、丁鸣华、李义彬、孙宝江。

引　言

为了满足焦点尺寸测量的不同需求，在GB/T 25758.1～25758.5中，描述了五种不同的方法。

扫描方法(GB/T 25758.1)适用于强度分布和焦点尺寸恒定的场合，例如用于校准及图像处理过程。

射线照相方法(GB/T 25758.2与GB/T 25758.3)是传统的技术，以验证为主要目的，适用于最高至200 kV的场合。

当针孔和狭缝照相机无法使用时，边缘方法(GB/T 25758.4)或许是有效的，这种方法适用于简易的场合。

为了兼顾到微焦点系统，GB/T 25758.5提出了一种特殊的方法。

无损检测　工业 X 射线系统焦点特性
第 4 部分：边缘方法

1　范围

GB/T 25758 的本部分规定了采用清晰边缘的射线照相底片，来校验管电压最高至 500 kV 的工业 X 射线系统的大于 0.5 mm 焦点尺寸的方法。

X 射线图像的像质和分辨力很大程度上取决于焦点的特性。焦点成像质量基于目标平面的二维强度分布。

边缘方法对于在现场条件下校验焦点是特别有效，以发现焦点的变化。本方法不能用于焦点尺寸的绝对测量。焦点尺寸的绝对测量方法见附录 A。

2　规范性引用文件

下列文件中的条款通过 GB/T 25758 的本部分的引用而成为本部分的条款。凡是注日期的引用文件，其随后所有的修改单(不包括勘误的内容)或修订版均不适用于本部分，然而，鼓励根据本部分达成协议的各方研究是否可使用这些文件的最新版本。凡是不注日期的引用文件，其最新版本适用于本部分。

GB/T 19348.1　无损检测　工业射线照相胶片　第 1 部分：工业射线照相胶片系统的分类[1)](GB/T 19348.1—2003，ISO 11699-1:1998，IDT)

GB/T 19802　无损检测　工业射线照相观片灯　最低要求(GB/T 19802—2005，ISO 5580:1985，IDT)

GB/T 25758.1　无损检测　工业 X 射线系统焦点特性　第 1 部分：扫描方法(GB/T 25758.1—2010，EN 12543-1:1999，IDT)

3　术语和定义

下列术语和定义适用于 GB/T 25758 的本部分。

3.1

焦点　focal spot

从测量装置中看到的 X 射线管阳极上的 X 射线发射区域。

[GB/T 25758.1]

4　测试方法

4.1　原理和设备

本方法是通过测量几何不清晰度来得到焦点尺寸的间接测量方法。为此，采用相对较高的几何放大倍率将清晰边缘映像到胶片上。

测量中需要以下设备：

——最小长度 24 cm 的无增感屏的胶片；

——由薄塑料或铝制成的胶片暗盒；

——铅字 L 和 W；

1)　该标准将在修订 GB/T 19348.1—2003 的基础上发布(等同采用 ISO 11699-1:2008，与 EN 584-1:1994 等效)。

——射线管窗口前加装与胶片尺寸相匹配的准直光圈；
——直径 50 mm～100 mm、长约 100 mm 的钢制圆管或厚壁管；
——支撑钢制圆管的三角架；
——外形尺寸大约为 200 mm×100 mm、厚 1 mm 或略厚些的铅板；
——胶片处理装置；
——符合 GB/T 19802 的具有均匀恒定亮度的观片灯；
——可读取密度 $D \geqslant 3.0$ 的光学密度计，密度计的测量误差应为 $\Delta D = 0.01$，输入光圈 d_i 应为 2 mm或更小。

圆柱形表面放置在射线束方向上形成边缘(图 1)。使用直径 50 mm～100 mm、长约 100 mm 的常规钢制圆管或厚壁管，将厚度 1 mm 或更厚的铅板围绕在圆管表面。

尽量避免散射。在射线管窗口前加装尺寸与胶片配合的准直光圈。

尽量不要使用额外的 X 射线预滤波。

焦点尺寸应在两个互相垂直的方向上测量。两个方向的测量如下进行：

1) 第一次测量：射线管轴线应垂直于圆管边缘，将铅字 L 放在胶片上；

2) 第二次测量：射线管轴线应平行于圆管边缘，将铅字 W 放在胶片上。

铅字的图像应位于底片的黑色部分。

胶片放置时应确保其长边始终垂直于圆管轴线，以便使边缘的不清晰图像在两种情况下都能横穿胶片。

单位为毫米

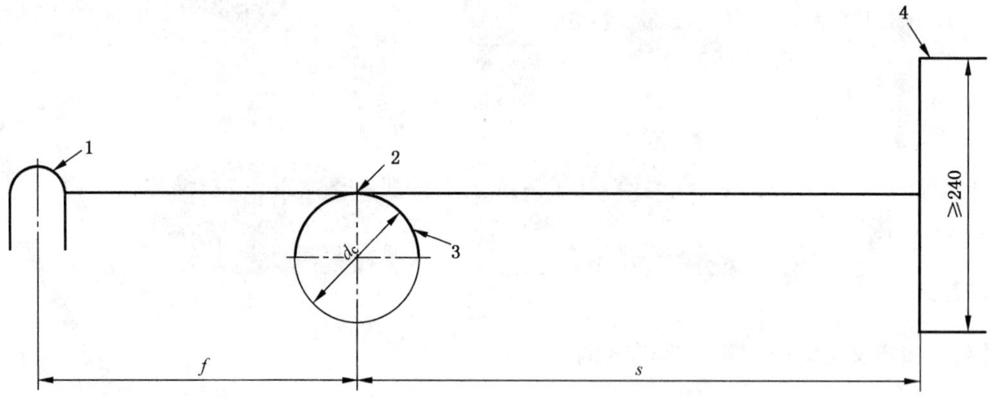

1——射线源/焦点；
2——边缘；
3——1 mm 铅板；
4——胶片。

图 1 测量焦点尺寸的布置

4.2 距离和曝光时间的选择

根据图 1，距离 f 和 s 分别代表射线源到边缘和边缘到胶片的距离，d_c 代表包裹了铅板的钢制圆管的直径。f 和 s 之间的关系可由给定的标称焦点尺寸推导。s/f 的值应大于或等于密度计输入光圈直径 d_i 与焦点尺寸 d_n(由制造商提供)比值的 10 倍(见公式 1)：

$$s/f \geqslant 10 \times d_i/d_n \qquad (1)$$

注：如果距离 s 过大，密度计输入光圈直径 d_i 宜降至 1 mm 或更小。

比值 f/d_c 应大于 5。

例如，胶片到焦点距离($f+s$)大约为 2 m 时适于使用 300 kV/5 mA 的 X 射线管。

如果焦点尺寸的标称值未知，s 和 f 之间的关系需要以实验的方法获得：可采用边缘方法预先求出焦点尺寸。

完全曝光的底片光学密度应达到 $D=2.5\pm0.3$。曝光时间应超过 30 s。

5 焦点尺寸的测量和确定

5.1 测量

可通过评估已处理底片上的密度分布图(图 2)来测量 u_g。

如果把底片分成不同密度的三个区域,分别为亮区、过渡区和暗区,则亮区和暗区的密度分布应尽可能均匀,也就是没有明显的波动。如果在任一区域沿长度方向(沿底片的长度方向)的密度变化超过总对比度的 2%,则有必要检查散射防护装置并进行重新曝光。

几何不清晰度 u_g 可通过底片上最暗区域和最亮区域密度的对比来获得。如果使用手持密度计,则密度应在观片灯的固定点上测量,此固定点为密度计的调零点。此时,应滑动底片而不是移动密度计。

在测量前后都应检查密度计的调零。防止出现偏移而需要重新测量。

首先应测量暗区和明区的总对比度,然后将总对比度的 5%和 95%的两点标记在底片上。两点间的距离就是几何不清晰度 u_g。

为了说明 u_g 的测量过程,图 2 显示了一个密度分布曲线,总对比度的 5%和 95%两点被标记在横坐标上。标记点对应的长度是 u_{gl} 还是 u_{gw},取决于 X 射线管轴线的方向。

焦点尺寸根据下式计算:

$$l=u_{gl}f/s \quad\quad (2)$$

$$w=u_{gw}f/s \quad\quad (3)$$

式中:

l——焦点长度;

w——焦点宽度;

f——焦点和边缘的距离(见图 1);

s——边缘到胶片的距离。

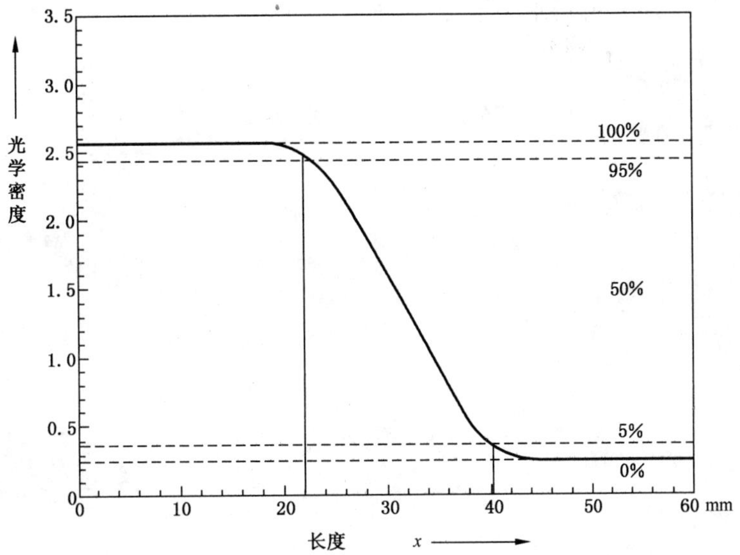

图 2 底片密度分布及其评估示例

5.2 **确定**

采用射线管轴线方向上的长度 l 和垂直于 X 射线管轴线方向的宽度 w 来确定焦点尺寸。

所有尺寸中的较大值应作为焦点尺寸 d。

如果尺寸 l 或 w 中的较大值超过射线管规范中给出的值 d_n，在使用射线管之前可采用另一种更精确的焦点尺寸测量方法(示例见附录 A)。

如果需要鉴定焦点尺寸，测量结果须满足 GB/T 25758.1 规定的值，不确定度在±10%以内。

附　录　A
（资料性附录）
数据分析

射线照相底片可用于更加精确的焦点尺寸测量。如果需要这种测量宜采取如下步骤：

——使用显微光密度计扫描胶片密度分布。

——依据公式(A.1)计算一阶导数：

$$D' = |[D(x) - D(x - d_S)]/d_S| \qquad \text{(A.1)}$$

式中：

d_S——显微光密度计的步长。

——利用公式(A.2)，根据 D'曲线与10%线的交点(A,B)计算几何不清晰度 u_g，如图 A.1 所示：

$$u_g = \overline{EF} \qquad \text{(A.2)}$$

——利用公式(2)和公式(3)计算焦点尺寸的长度 l 和宽度 w。

注 1：这种方法只有在知道 s 和 f 的确切值时方可使用。

注 2：这种方法需要较高的信噪比。因此，采用 GB/T 19348.1 规定的 C4 或者更高等级的胶片系统，并且对于沿边缘投影方向的几次扫描需取平均值。

注 3：在计算射线管电压高于 200 kV 的焦点尺寸时，圆柱直径宜大于等于 100 mm 且满足 $f/d_e > 5$。胶片系统等级宜至少为 C4。

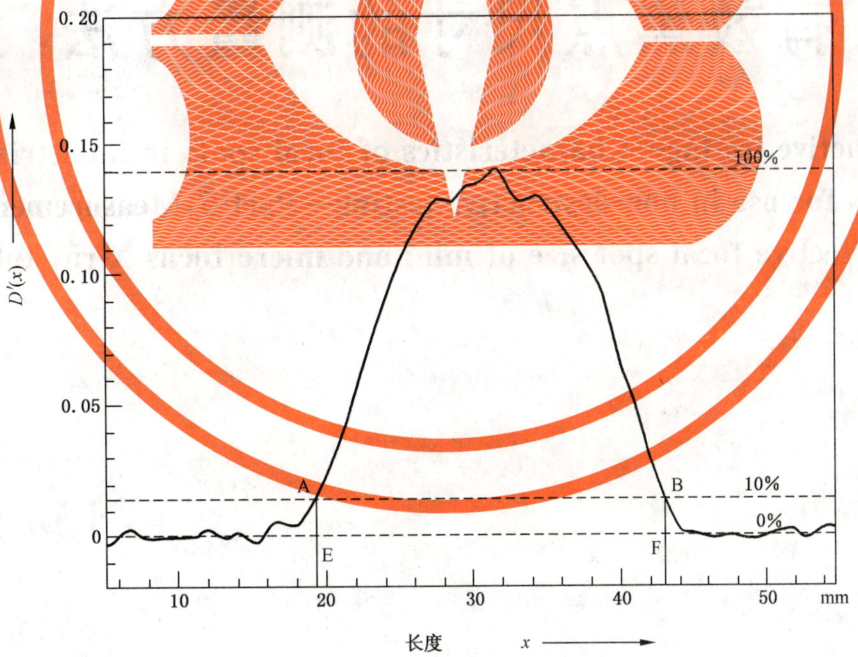

图 A.1　密度分布的一阶导数

ICS 19.100
J 04

中华人民共和国国家标准

GB/T 25758.5—2010

无损检测 工业X射线系统焦点特性 第5部分：小焦点和微焦点X射线管的有效焦点尺寸的测量方法

Non-destructive testing—Characteristics of focal spots in industrial X-ray systems for use in non-destructive testing—Part 5: Measurement of the effective focal spot size of mini and micro focus X-ray tubes

2010-12-23 发布 2011-10-01 实施

中华人民共和国国家质量监督检验检疫总局
中国国家标准化管理委员会 发布

前　言

GB/T 25758《无损检测　工业 X 射线系统焦点特性》分为五个部分：

——第 1 部分：扫描方法；

——第 2 部分：针孔照相机射线照相方法；

——第 3 部分：狭缝照相机射线照相方法；

——第 4 部分：边缘方法；

——第 5 部分：小焦点和微焦点 X 射线管的有效焦点尺寸的测量方法。

本部分为 GB/T 25758 的第 5 部分。

本部分等同采用 EN 12543-5：1999《无损检测　工业 X 射线系统焦点特性　第 5 部分：小焦点和微焦点 X 射线管的有效焦点尺寸的测量方法》(英文版)。

本部分等同翻译 EN 12543-5：1999。

为便于使用，本部分作了下列编辑性修改：

——"本欧洲标准"一词改为"本部分"；

——删除 EN 标准的前言；

——用小数点"."代替作为小数点的逗号","；

——用 GB/T 1.1—2000 规定的引导语代替 EN 标准中的引导语。

本部分由全国无损检测标准化技术委员会(SAC/TC 56)提出并归口。

本部分起草单位：上海泰司检测科技有限公司、上海英华无损检测技术有限公司、上海材料研究所、上海诚友实业有限公司、上海威诚邦达检测技术有限公司、通用电气传感检测科技(上海)有限公司、丹东奥龙射线仪器有限公司、山东轻工业学院。

本部分主要起草人：孔凡琴、李博、章怡明、金宇飞、赵成、丁鸣华、李义彬、孙宝江。

引　言

为了满足焦点尺寸测量的不同需求，在 GB/T 25758.1～25758.5 中，描述了五种不同的方法。

扫描方法(GB/T 25758.1)适用于强度分布和焦点尺寸恒定的场合，例如用于校准及图像处理过程。

射线照相方法(GB/T 25758.2 与 GB/T 25758.3)是传统的技术，以验证为主要目的，适用于最高至 200 kV 的场合。

当针孔和狭缝照相机无法使用时，边缘方法(GB/T 25758.4)或许是有效的，这种方法适用于简易的场合。

为了兼顾到微焦点系统，GB/T 25758.5 提出了一种特殊的方法。

无损检测　工业 X 射线系统焦点特性 第 5 部分:小焦点和微焦点 X 射线管的有效焦点尺寸的测量方法

1　范围

GB/T 25758 的本部分规定了通过清晰边缘的 X 射线照片测量焦点尺寸的方法。本方法要求焦点尺寸在 5 μm～300 μm 之间,X 射线管的管电压最高可达 225 kV。

X 射线图像的质量以及分辨力很大程度上取决于焦点的特性。焦点成像质量基于目标平面的二维辐射强度分布。

为了鉴定的目的,采用 X 射线照相技术。

注:若得到允许,本测量方法可用于更高的千伏电压系统,但测量精度可能会降低。

2　规范性引用文件

下列文件中的条款通过 GB/T 25758 的本部分的引用而成为本部分的条款。凡是注日期的引用文件,其随后所有的修改单(不包括勘误的内容)或修订版均不适用于本部分,然而,鼓励根据本部分达成协议的各方研究是否可使用这些文件的最新版本。凡是不注日期的引用文件,其最新版本适用于本部分。

GB/T 19348.1　无损检测　工业射线照相胶片　第 1 部分:工业射线照相胶片系统的分类[1)] (GB/T 19348.1—2003,ISO 11699-1:1998,IDT)

GB/T 25758.1　无损检测　工业 X 射线系统焦点特性　第 1 部分:扫描方法(GB/T 25758.1—2010,EN 12543-1:1999,IDT)

3　术语和定义

下列术语和定义适用于 GB/T 25758 的本部分。

3.1

焦点　focal spot

从测量装置中看到的 X 射线管阳极上的 X 射线发射区域。

[GB/T 25758.1]

4　测试方法

4.1　原理和设备

本方法是通过测量几何不清晰度来得到焦点尺寸的间接测量方法。为此,采用相对较高的几何放大倍率将清晰边缘映像到胶片上或射线透视装置上。

如果使用胶片,测量中需要以下设备:

——如后文所述的测试对象;

——最小尺寸 10 cm×10 cm 的无增感屏的胶片;

——低吸收率材料制成的胶片暗盒(例如聚乙烯);

——胶片夹头;

---

1)　该标准将在修订 GB/T 19348.1—2003 的基础上发布(等同采用 ISO 11699-1:2008,与 EN 584-1:1994 等效)。

——胶片处理装置；

——可读取密度 $D \geqslant 3.0$ 的显微光学密度计，其输入光圈 d_i 应为 10 μm 或更小。

如果使用射线透视装置，测量中需要以下设备：

——如后文所述的测试对象；

——射线透视装置，例如带电视设备的图像增强器；

——图像处理装置，具有在射线透视图像的两个互相垂直的方向上生成线性辐射强度分布的能力，以及测量距离的能力。

测试对象是由高吸收率材料(例如钨、钨合金或铂金)制成的十字交叉线或球体，球体直径应在 0.9 mm～1.1 mm 之间，准确度为 0.01 mm。

当使用交叉线作测试对象时，应保证交叉的角度为 90°±3°。线应横跨在稳定框架的孔径内。此种安装方法使得线的交叉点位于孔径的中心。

当使用球体作测试对象时，应将其安装在薄聚乙烯支架上或将其置于薄聚乙烯封袋中。

安装框架的尺寸应确保测试对象能放置在非常接近 X 射线管窗口的地方。

应尽可能避免散射。

应避免使用附加的 X 射线预滤波。

当使用胶片系统时应确保：胶片系统应满足 GB/T 19348.1 中规定的 C2 等级，并置于无增感屏的低吸收率聚乙烯暗盒中。

4.2 距离和曝光时间的选择

测试对象与探测器间的距离应允许 20 倍～100 倍的投影放大(见图 1)。在给定的范围内，焦点越小需要的放大倍率越大。

焦点与测试对象间的最小距离应为交叉线或球体直径的 5 倍。

当使用交叉线时，交叉线平面与射线管轴线及探测器平面间的平行度误差应在±3°内。

当使用胶片时，曝光时间应使 X 射线底片的背景光学密度达到 $D=2.5\pm0.3$。若未使用快门，曝光时间应大于 30 s。

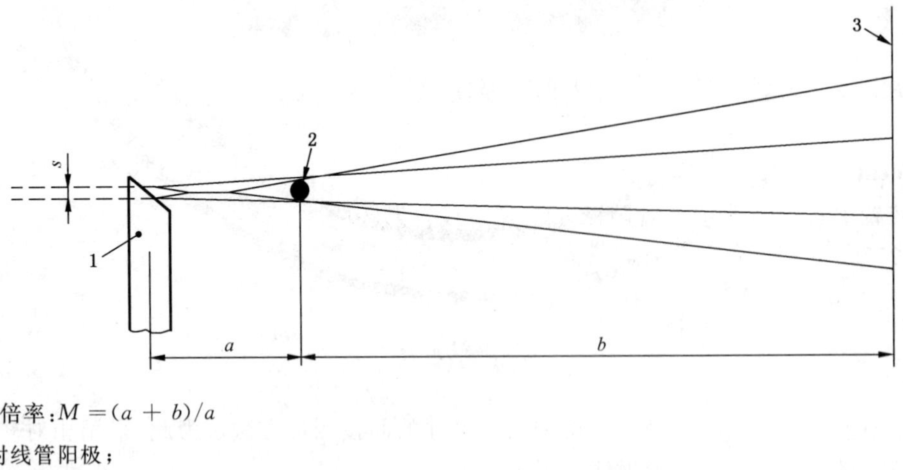

投影放大倍率：$M=(a+b)/a$

1——X 射线管阳极；

2——测试对象；

3——胶片平面。

图 1 测试对象的位置

5 焦点尺寸的测量和确定

5.1 测量

线扫描应在图像的长度和宽度两个方向进行。

若使用射线照相，应配以光圈约为 10 μm 的显微密度计。

若使用射线透视，应采用图像处理器进行测量。

通过扫描，应在总图像对比度 50%处(B 点和 C 点)，测量测试对象在长度和宽度方向的直径 D_l 和 D_w，见图 2。

几何放大倍率公式如下：

$$M_{l,w} = D_{l,w}/D_{real} \tag{1}$$

式中：

D_{real}——实际直径。

当使用交叉线作为测试对象时，由于两条线有不同的放大倍率，所以都需要测量。

由图 2 可见，A、D 两点的对比度达到 90%。根据投影，焦点尺寸 l 和 w 可以由公式(2)和公式(3)求得：

$$l = (\overline{EF} + \overline{GH})/M_l \tag{2}$$

$$w = (\overline{EF} + \overline{GH})/M_w \tag{3}$$

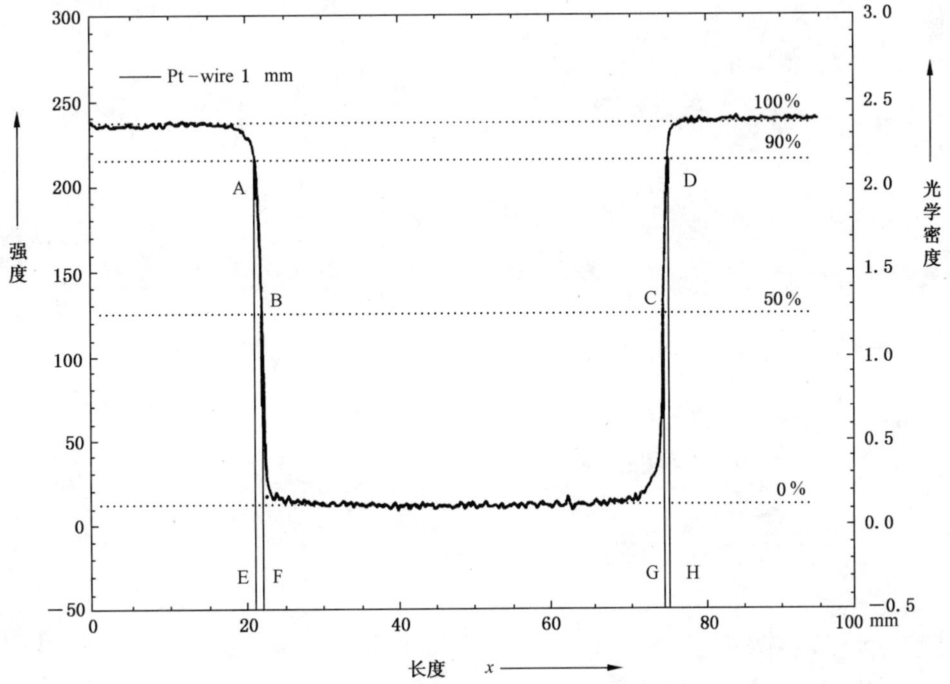

图 2 测试对象图像对比度分布图(测试对象：铂线 1 mm)

5.2 确定

采用射线管轴线方向上的长度 l 和垂直于 X 射线管轴线方向的宽度 w 来确定焦点尺寸。

如果未定义射线管轴线，可用电子轨迹方向来代替。

所有尺寸中的较大值应作为焦点尺寸 d。此参数只有与测量中使用且记录下来的运行参数相联系时才有效。

ICS 19.100
J 04

中华人民共和国国家标准

GB/T 25759—2010

无损检测 数字化超声检测数据的计算机传输数据段指南

Non-destructive testing—Guide for data fields for computerized transfer of digital ultrasonic examination data

2010-12-23 发布 2011-10-01 实施

中华人民共和国国家质量监督检验检疫总局
中国国家标准化管理委员会 发布

前　言

本标准修改采用 ASTM E1454-02《无损检测　数字化超声检测数据的计算机传输数据段指南》(英文版)。

本标准根据 ASTM E1454-02 重新起草。

考虑到我国国情，在采用 ASTM E1454-02 时，本标准作了一些修改。有关技术性差异如下：

——将规范性引用文件改为相应的我国标准。

为便于使用，本标准还作了下列编辑性修改：

——删除 ASTM 标准的前言；

——部分条号按 GB/T 1.1—2000 的规定作修改。

本标准由全国无损检测标准化技术委员会(SAC/TC 56)提出并归口。

本标准起草单位：硕德(北京)科技有限公司、常州超声电子有限公司、上海英华检测科技有限公司、上海泰司检测科技有限公司、通用电气检测科技有限公司、上海艾因蒂克实业有限公司、上海材料研究所、上海诚友实业有限公司、上海威诚邦达检测技术有限公司、上海竹阳自动化设备有限公司、上海宝钢工业检测公司、上海上材电磁设备有限公司。

本标准主要起草人：香勇、彭波、潘振新、李博、孔凡琴、张瑞、章怡明、金宇飞、赵成、张颖、罗云东、严仍春。

无损检测　数字化超声检测数据的计算机传输数据段指南

1　范围

1.1　本标准提供了在数字化超声检测中推荐使用数据段的列表及其描述，以方便数据的传输。本标准专门用于从超声扫描系统中获取数字图像数据。本标准列表中包括所有应列入数据库的数据段（如表1中的脚注[c]所示）；被标注的数据段，是数据传输解读过程中的必要信息。另外，其他可选数据段也作为备选信息列在了本标准中，这些数据段可能有助于进一步理解数据，或者适用于少数应用。

1.2　有些机构组织已有合适的内部数据格式用来存储和获取超声检测数据，这是允许的。本标准不限制这类格式的使用，因为所必需的数据段很有可能已经包含在此类数据库中，或者只有少数数据段需要补充。本标准中列表中的数据段号只是为了方便使用，没有特定的意义，不是数据文件的一部分。

1.3　本标准所提到的超声检测系统类型在GB/T 23908和GB/T 23912中有描述，所使用的术语在GB/T 12604.1中有界定，所使用的探头参数遵循GB/T 18852。

2　规范性引用文件

下列文件中的条款通过本标准的引用而成为本标准的条款。凡是注日期的引用文件，其随后所有的修改单（不包括勘误的内容）或修订版均不适用于本标准，然而，鼓励根据本标准达成协议的各方研究是否可使用这些文件的最新版本。凡是不注日期的引用文件，其最新版本适用于本标准。

GB/T 12604.1　无损检测　术语　超声检测(GB/T 12604.1—2005,ISO 5577:2000,IDT)

GB/T 18852　无损检测　超声检验　测量接触探头声束特性的参考试块和方法(GB/T 18852—2002,ISO 12715:1999,IDT)

GB/T 23908　无损检测　接触式超声脉冲回波直射检测方法(GB/T 23908—2009,ASTM E114-95,MOD)

GB/T 23912　无损检测　液浸式超声纵波脉冲反射检测方法(GB/T 23912—2009,ASTM E214-01,MOD)

3　意义和使用

3.1　本标准最主要的作用就是为数据文件提供一个规范的途径，用于两个使用不同超声系统用户间的数字化超声数据传输。本标准内容包括必需项和可选项，这些数据格式是源于进行数据采集的超声系统，并将转换为接收系统或分析系统的数据格式。其中将包含数据传输中需要的特殊项目，例如：所使用的语言、存储要求和数据的规范（包括详细的数据格式和结构）。本标准也将适用于超声数据的存档与检索，即作为数据格式说明或者数据单元的指示。

3.2　尽管推荐的数据段列表包含120多个项目，但只有约1/3的项目是必要的，并在表1中用脚注[c]标注出来，这些标注出来的数据段应在数据库中注明。其余推荐的数据段将提供更多的信息以帮助用户理解超声检测结果。大多数情况下，这些数据段仅仅占超声检测文件中很小的一部分。生成图像的实际超声数据流构成了数据库的最大组成部分。既然超声图像文件一般比较大，通常情况下会考虑数据压缩概念。压缩数据需用压缩方法标注出来，如数据段122所述。

3.3　本标准为单次扫描中采集的全部超声信息描述了数据文件结构。某些系统可以成倍记录单次扫描的检测结果。例如：传播衰减数据和脉冲回波厚度数据可以同时记录。这些数据被存储在单独的数据帧中，见数据段102。在另外一些系统中，每个检测点都可以记录完整的数字化波形。完整的检测记录可能包含几个文件，例如：在被检工件不同区域、进行或不进行图像处理、采用不同的检测方法（透射法、脉冲回波法、射线、红外线等），以及同一方法但参数不同（频率变化等）。对于被检工件可能已有的其他图像/检测记录信息要在合适的数据段中进行记录。一个数据帧可能是由多种检测方法结果叠加或处理而成的。对于这类图像，备注部分应清晰表明这个文件的图像是如何产生的。

表1 数据段列表

数据段号[a]	数据段名和描述	数据类型/单位[b]
数据文件头		
1[c]	文件名	字符串[d]
2[c]	格式编码	字符串
3[c]	日期格式编码	yyyy/mm/dd[d]
4[c]	源文件名	字符串
5	检测文件描述备注	字符串
6[c]	检测公司和地址	字符串[d]
7[c]	检测日期	yyyy/mm/dd
8[c]	检测时间	hh:mm:ss
9[c]	检测类型	字符串[d]
10[c]	其他已实施过的检测	字符串[d]
11	检测人员姓名	字符串
12[c]	检测人员识别码	字符串
13[c]	采用的标准规范	字符串
14	标准日期	yyyy/mm/dd
15[c]	验收规范	字符串
16[c]	单位制	字符串[d]
17	备注	字符串
检测系统		
18	检测系统生产商	字符串[d]
19[c]	检测系统型号	字符串
20	检测系统序列号	字符串
脉冲发生器		
21	脉冲发生器生产商	字符串
22	脉冲发生器型号	字符串
23	脉冲发生器类型	字符串[d]
24	脉冲重复频率	实数(kHz)
25	脉冲高度	字符串[d]
26	脉冲宽度	实数(ns)
27	最后校准日期	yyyy/mm/dd
28	备注	字符串

表 1（续）

数据段号[a]	数据段名和描述	数据类型/单位[b]
脉冲接收器		
29	脉冲接收器生产商	字符串
30	脉冲接收器型号	字符串
31	脉冲接收器中心频率	实数(MHz)[d]
32	脉冲接收器接收带宽	实数(MHz)[d]
33	固定接收增益	实数(dB)
34	用户选择的脉冲接收器增益	实数(dB)
35	最后校准日期	yyyy/mm/dd
36	备注	字符串
闸门		
37	闸门数量	整数
38	闸门类型	字符串[d]
39	闸门同步	字符串
40	闸门起始	字符串
41	闸门宽度	字符串
42	闸门阈值水平	字符串
43	备注	字符串
探头		
44	发射探头生产商	字符串
45	发射探头型号	字符串
46	发射探头序列号	字符串
47	发射探头直径	实数
48	发射探头在检测表面处波束直径	实数
49	发射探头声束直径的测量位置	字符串[d]
50	发射探头焦距	实数
51	发射探头标称频率	实数(MHz)
52	发射探头响应中心频率	实数(MHz)
53	发射探头响应带宽	实数(MHz)
54	发射探头线类型	字符串
55	发射探头线长度	实数
56	发射探头数字化波形数据长度	整数[d]
57	发射探头波形值	实数
58	发射探头波形备注	字符串
59	发射探头耦合方式和介质	字符串
60	接收探头生产商	字符串

表 1（续）

数据段号[a]	数据段名和描述	数据类型/单位[b]
61	接收探头型号	字符串
62	接收探头序列号	字符串
63	接收探头晶片直径	实数
64	接收探头在检测表面处波束直径	实数
65	接收探头声束直径的测量位置	字符串[d]
66	接收探头焦距	实数[d]
67	接收探头标称频率	实数(MHz)
68	接收探头响应中心频率	实数(MHz)
69	接收探头响应带宽	实数(MHz)
70	接收探头线缆类型	字符串
71	接收探头线缆长度	实数
72	接收探头数字化波形数据长度	整数[d]
73	接收探头波形值	实数
74	接收探头波形备注	字符串
75	接收探头耦合方式和介质	字符串
工件及试块		
76[c]	工件标识	字符串
77[c]	工件名称	字符串
78	工件描述	字符串
79[c]	工件材料	字符串
80	工件备注(历史、使用等)	字符串[d]
81[c]	工件扫描片段数	整数
82	参考试块标识	字符串
83	参考试块描述	字符串
84	参考试块文件名称/位置	字符串
85	参考试块注释(使用等)	字符串[d]
坐标系和扫查描述		
机械扫查系统坐标系		
86	机械扫查系统扫查轴	字符串[d]
87	机械扫查系统步进轴	字符串
88	机械扫查系统第三轴	字符串
89	机械扫查系统参考点	字符串
工件坐标系		
90	第一轴	字符串[d]
91	第二轴	字符串

表 1(续)

数据段号[a]	数据段名和描述	数据类型/单位[b]
92	第三轴	字符串
93	工件坐标系参考点	字符串
目标对象点		
94[c]	目标点编号	整数
95[c]	目标点描述	字符串
96[c]	第一工件轴上目标点坐标	实数
97[c]	第二工件轴上目标点坐标	实数
98	第三工件轴上目标点坐标	实数
数据投影平面		
99	对数据投影平面的描述	字符串
100	坐标系备注	字符串
检测参数		
101[c]	坐标位置编号	整数
102[c]	每个坐标对应数据类型的个数	整数[d]
103[c]	检测数据的最小值	整数[d]
104[c]	检测数据的最大值	整数[d]
105[c]	最小有效值单位	字符串[d]
106[c]	最大有效值单位	字符串[d]
107[c]	原始数据数字化的位数	整数
108[c]	数据比例类型	字符串[d]
109[c]	数据步长的大小	实数[d]
110[c]	数据记录格式	字符串[d]
111[c]	使用的颜色或灰度数	整数
112[c]	色阶	字符串
检测结果		
113[c]	扫描段编号	整数[d]
114[c]	扫描段描述	字符串
115	扫描段在工件上的位置	字符串
116	扫描段方向	字符串
117[c]	扫描模式描述	字符串
118	备注	字符串[d]
119[c]	数据采样点间的距离	实数
120[c]	步进方向数据间距	实数
121	数据间隔的备注	字符串
122	数据格式备注(包括使用的压缩技术)	字符串

表 1（续）

数据段号[a]	数据段名和描述	数据类型/单位[b]
123[c]	数据点数	整数[d]
124[c]	超声数据流	实数[d]

[a] 数据段号仅用于检索参考，无需以特定的顺序包含在数据库中。

[b] 单位首选公制，然后考虑英制。

[c] 检测数据中应有的数据段。

[d] 参阅第 5 章的解释。

4 数据段列表描述

4.1 表 1 是超声检测数据在计算机传输时推荐使用的数据段格式，包括三部分信息，如 4.1.1～4.1.3 中所述。

4.1.1 数据段编号：在本标准数据段使用时，为方便而提供的参考号码。此号码不具有永久价值，也不会成为数据库的一部分。

4.1.2 数据段名和描述：数据段的完整名称及相关信息的描述。

4.1.3 数据类型/单位：数据段的信息类型或数值单位，或两者都有。

4.2 超声检测信息分为如下 10 个部分：

a) 数据文件头；
b) 检测系统；
c) 脉冲发生器；
d) 脉冲接收器；
e) 闸门；
f) 探头描述；
g) 工件及试块；
h) 坐标系和扫描；
i) 检测参数；
j) 检测结果。

5 数据段解释

5.1 数据段号、数据段名和描述

5.1.1 数据段 1：文件名——包含所有信息数据库的文件名称。

5.1.2 数据段 3：日期格式编码——所创建数据库文件的日期格式编码。表示方法：年(yyyy 四位数)，月(mm 两位数)，日(dd 两位数)。

5.1.3 数据段 6：检测公司和地址——实施超声检测的公司注册名称和地址。

5.1.4 数据段 9：检测类型——例如，可能会用到以下检测类型之一：穿透法、脉冲回波幅度、脉冲回波声时、全数字波形、多值的数据等。

5.1.5 数据段 10：其他已实施的检测——确认其他已在工件上实施过的无损检测，例如：X 射线(基于胶片)、X 透视(录像记录)、红外检测等。

5.1.6 数据段 16：单位制——明确检测系统采用公制还是英制单位进行测量。

5.1.7 数据段 18：检测系统生产商——给出超声系统生产商的名称。如果有多个供货商参与，需给出各子系统生产商的名称，同时也给出各子系统的型号和序列号。

5.1.8 数据段 23:脉冲发生器类型——例如:尖脉冲、方波、脉冲簇方式等。

5.1.9 数据段 25:脉冲高度——电脉冲幅度[单位:伏特(V)]及其测量条件(峰峰值、检波方式等)。

5.1.10 数据段 31～32:脉冲接收器频率和带宽——给出生产商的标称值。

5.1.11 数据段 38:闸门类型——例如:缺陷闸门、回波闸门、幅度闸门等。

5.1.12 数据段 49:声束直径测量的位置——对于水浸检测可依照 GB/T 23912 进行测量;对于喷水检测可通过工作距离上水柱进行测量;对于接触检测就采用有效晶片直径。

5.1.13 数据段 50:探头的焦距——输入探头的焦距。对于平面扫查,输入值 0.0。

5.1.14 数据段 56～58:发射探头波形——记录探头发射信号在某一平面反射后的数字化波形。波形用于代表系统发射探头特征,包含数字化方式的描述。

5.1.15 数据段 65:声束直径测量的位置——见数据段 49 的备注。

5.1.16 数据段 66:探头的焦距——见数据段 50 的备注。

5.1.17 数据段 72～74:接收探头波形——见数据段 56～58 的备注。

5.1.18 数据段 80:工件备注——工件的使用情况说明,包括在役小时、特殊事故(例如碰撞、冲击、冰雹、火灾等等)。

5.1.19 数据段 85:参考试块备注——描述超声检测中试块在灵敏度和验收设置的使用等等。

5.1.20 数据段 86～89:机械扫查系统坐标系——描述在最初检测设备中使用的坐标系。以接收探头为例:扫描轴即 x 轴,向右为正方向;步进轴即 y 轴,向下为正方向;z 轴,远离为正方向。

5.1.21 数据段 90～93:工件坐标系——描述了扫描中工件坐标系,并定义了以机械扫查系统坐标系为参考的原点和单位矢量。

5.1.22 数据段 102:每个坐标对应数据类型的个数——在包含有多数值扫描或者数字化波形的地方,说明其记录的数值及其意义。数据段 103～112 需要对每个数据类型重复定义。

5.1.23 数据段 103:检测数据的最小值——像素值的最低限。

5.1.24 数据段 104:检测数据的最大值——像素值的最高限,例如:127 或者 255。

5.1.25 数据段 105:最小有效值单位——数据段 103 数值的意义。数据段 105～106 使用同样的单位(分贝、电压等)。

5.1.26 数据段 106:最大有效值单位。

5.1.27 数据段 108:数据比例类型——例如:线性、对数等。

5.1.28 数据段 109:数据步长——例如:1.0 dB、0.1 mm(0.004 in.)等。

5.1.29 数据段 110:数据记录格式——例如:ASCII、数值、字符、二进制,两个 8 bit 的字等。

5.1.30 数据段 113:扫描段编号——顺序输入扫描数据的段号。如果工件所有部分采用相同模式扫描,并且数据存储在单一文件,则此工件只有一个扫描段。

5.1.31 数据段 118:注释——文件中的所有注释。注释应以工件坐标为参考。

5.1.32 数据段 123:数据数量——图像中像素数量。可以按行和列给出,如 256×256。

5.1.33 数据段 124:超声数据流——遵照一定限值、意义和给定格式的实际数据流。

ICS 21.100.20
J 11

中华人民共和国国家标准

GB/T 25760—2010

滚动轴承 滚针和推力球组合轴承 外形尺寸

Rolling bearings—
Combined needle roller bearings with thrust ball bearings—
Boundary dimensions

2010-12-23 发布　　2011-06-01 实施

中华人民共和国国家质量监督检验检疫总局
中国国家标准化管理委员会　发布

前 言

本标准的附录 A 为规范性附录。

本标准由中国机械工业联合会提出。

本标准由全国滚动轴承标准化技术委员会(SAC/TC 98)归口。

本标准起草单位:镇江飞亚轴承有限责任公司、洛阳轴承研究所有限公司。

本标准主要起草人:宋晓梅、徐振宇、辛厚谊。

滚动轴承
滚针和推力球组合轴承
外形尺寸

1 范围

本标准规定了滚针和推力球组合轴承(以下简称组合轴承)的外形尺寸。

本标准适用于组合轴承的设计和选型。

2 规范性引用文件

下列文件中的条款通过本标准的引用而成为本标准的条款。凡是注日期的引用文件,其随后所有的修改单(不包括勘误的内容)或修订版均不适用于本标准,然而,鼓励根据本标准达成协议的各方研究是否可使用这些文件的最新版本。凡是不注日期的引用文件,其最新版本适用于本标准。

GB/T 274—2000 滚动轴承 倒角尺寸最大值(idt ISO 582:1995)

GB/T 6930—2002 滚动轴承 词汇(ISO 5593:1997,IDT)

3 术语和定义

GB/T 6930—2002 确立的术语和定义适用于本标准。

4 符号(见图1~图8、图 A.1)

下列符号适用于本标准。

除另有说明外,图中所示符号和表中所示数值均表示公称尺寸。

a:止动槽至推力球轴承轴圈端面的距离

B:内圈宽度

b:止动槽宽度

C:组合轴承宽度

C_1:油孔距座圈基准面的距离;油孔距滚针轴承外圈端面的距离

D:滚针轴承外径

D_1:推力球轴承轴圈外径

D_{1smax}:推力球轴承轴圈的最大单一外径

D_2:推力球轴承座圈外径

D_3:推力球轴承外罩外径

D_{3smax}:推力球轴承外罩的最大单一外径

D_4:止动槽底直径

d:内圈内径

d_1:推力球轴承轴圈内径

F:内圈滚道直径

F_w:滚针组内径

r:内圈倒角尺寸

r_1:推力球轴承轴圈、滚针轴承外圈的倒角尺寸

r_{smin}:r 的最小单一倒角尺寸

r_{1smin}:r_1 的最小单一倒角尺寸

T:推力球轴承高度

5 结构型式

5.1 带外罩的滚针和满装推力球组合轴承的结构型式见图1～图4。

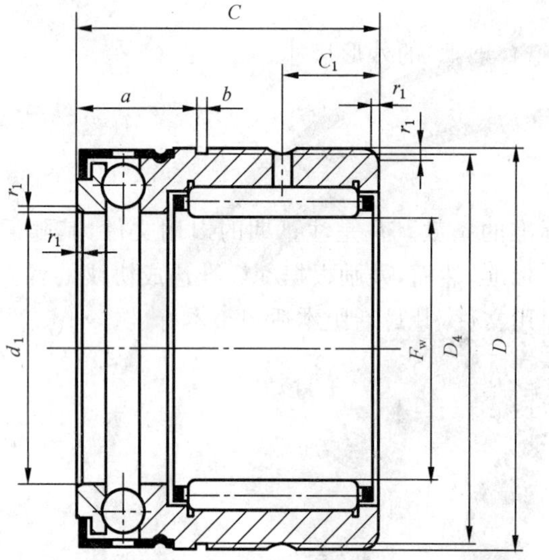

图1 NX 00型(油润滑)

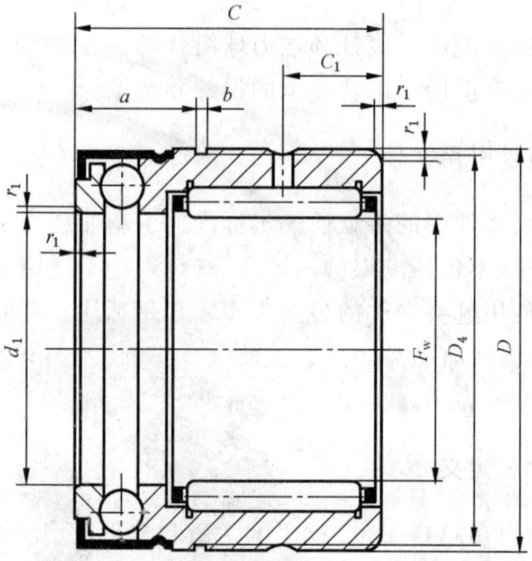

图2 NX 00 Z型(脂润滑)

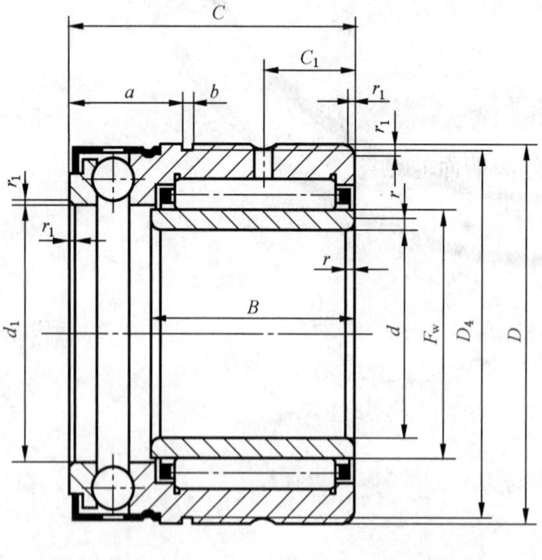

图3 NX 00+IR型(有内圈、油润滑)

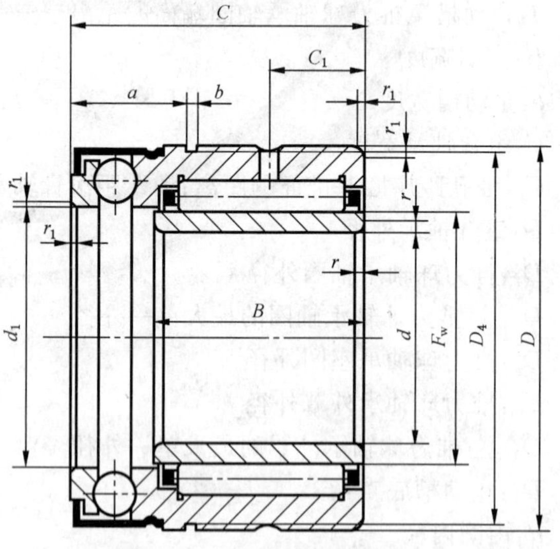

图4 NX 00 Z+IR型(有内圈、脂润滑)

5.2 滚针和推力球组合轴承的结构型式见图5～图8。

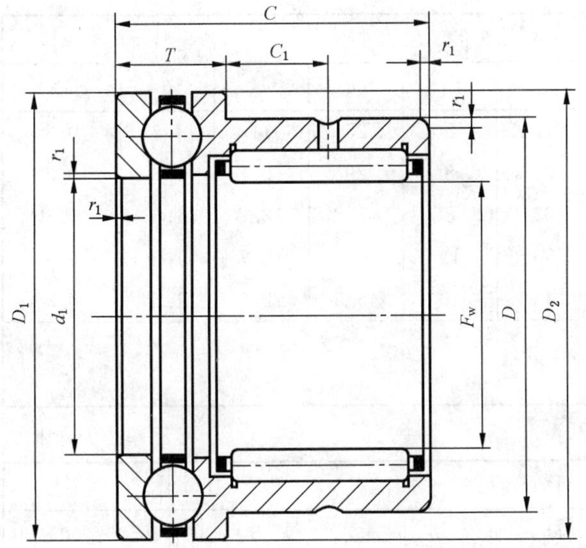

图 5　**NKX** 00 型

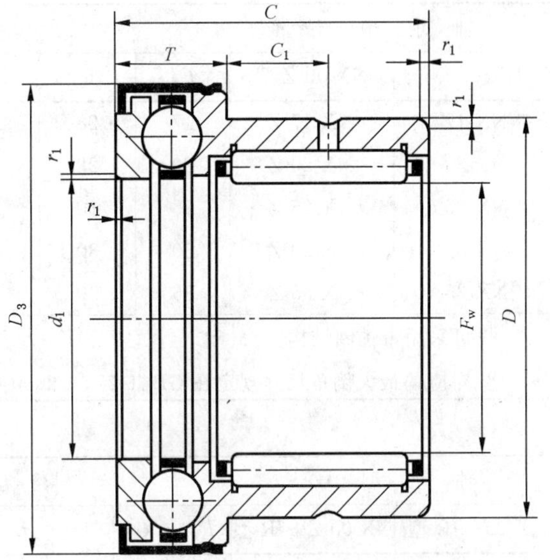

图 6　**NKX** 00 **Z** 型(带外罩)

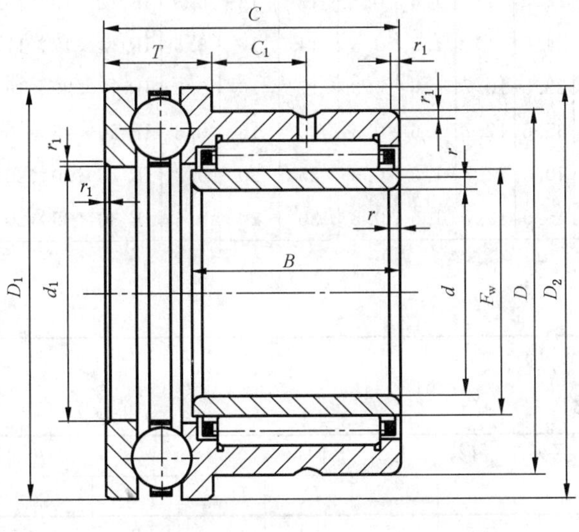

图 7　**NKX** 00＋**IR** 型(有内圈)

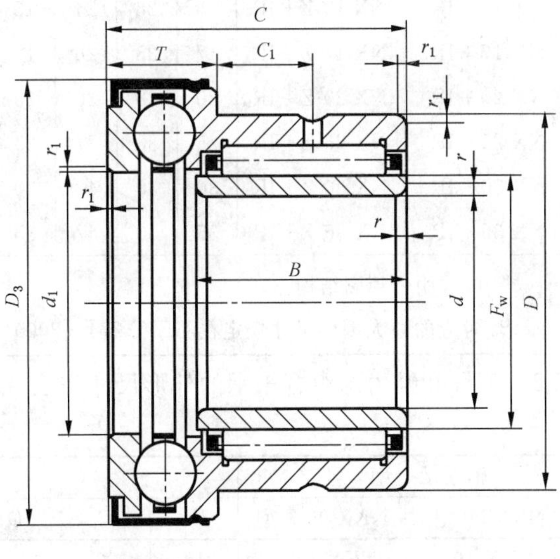

图 8　**NKX** 00 **Z**＋**IR** 型(带外罩、有内圈)

6　外形尺寸

6.1　带外罩的滚针和满装推力球组合轴承的外形尺寸按表 1、表 2 的规定。

表 1

单位为毫米

轴承型号		外形尺寸								
NX 00 型	NX 00 Z 型	F_w	C	D	d_1	C_1	D_4	a	b	$r_{1s\min}$[b]
NX 7 TN[a]	NX 7 Z TN[a]	7	18	14	7	4.7	13.5	8.8	1.3	0.3
NX 10[a]	NX 10 Z[a]	10	18	19	10	4.7	18.4	8.8	1.3	0.3
NX 12	NX 12 Z	12	18	21	12	4.7	20.2	8.8	1.3	0.3
NX 15	NX 15 Z	15	28	24	15	8	23	11	1.3	0.3

表 1（续）

单位为毫米

轴承型号		外形尺寸								
NX 00 型	NX 00 Z 型	F_w	C	D	d_1	C_1	D_4	a	b	r_{1smin} [b]
NX 17	NX 17 Z	17	28	26	17	8	25	11	1.3	0.3
NX 20	NX 20 Z	20	28	30	20	8	29	10.7	1.6	0.3
NX 25	NX 25 Z	25	30	37	25	8	35.8	12.7	1.6	0.3
NX 30	NX 30 Z	30	30	42	30	10	40.5	12.7	1.6	0.3
NX 35	NX 35 Z	35	30	47	35	10	45.5	12.7	1.6	0.3

[a] 可采用带锁圈结构。

[b] 对应的最大倒角尺寸规定在 GB/T 274—2000 中。

表 2

单位为毫米

轴承型号		外形尺寸												内圈型号
NX 00+IR 型	NX 00 Z+IR 型	F_w	C	D	d_1	C_1	D_4	a	b	r_{1smin} [b]	d	B	r_{smin} [b]	IR 00×00×00
NX 10+IR[a]	NX 10 Z+IR[a]	10	18	19	10	4.7	17.5	8.8	1.3	0.3	6	10	0.3	IR 6×10×10
NX 12+IR	NX 12 Z+IR	12	18	21	12	4.7	19.5	8.8	1.3	0.3	8	10	0.3	IR 8×12×10
NX 15+IR	NX 15 Z+IR	15	28	24	15	8	22.5	11	1.3	0.3	12	16	0.3	IR 12×15×16
NX 17+IR	NX 17 Z+IR	17	28	26	17	8	24.5	11	1.3	0.3	14	17	0.3	IR 14×17×17
NX 20+IR	NX 20 Z+IR	20	28	30	20	8	28.5	10.7	1.6	0.3	17	16	0.3	IR 17×20×16
NX 25+IR	NX 25 Z+IR	25	30	37	25	8	35.5	12.7	1.6	0.3	20	16	0.3	IR 20×25×16
NX 30+IR	NX 30 Z+IR	30	30	42	30	10	40.5	12.7	1.6	0.3	25	20	0.3	IR 25×30×20
NX 35+IR	NX 35 Z+IR	35	30	47	35	10	45.5	12.7	1.6	0.3	30	20	0.3	IR 30×35×20

[a] 可采用带锁圈结构。

[b] 对应的最大倒角尺寸规定在 GB/T 274—2000 中。

6.2　滚针和推力球组合轴承的外形尺寸按表 3、表 4 的规定。

表 3

单位为毫米

轴承型号		外形尺寸									
NKX 00 型	NKX 00 Z 型	F_w	C	D	d_1	C_1	D_{1smax}	D_2	D_{3smax}	T	r_{1smin} [b]
NKX 10[a]	NKX 10 Z[a]	10	23	19	10	6.5	24	24	25.2	9	0.3
NKX 12[a]	NKX 12 Z[a]	12	23	21	12	6.5	26	26	27.2	9	0.3
NKX 15	NKX 15 Z	15	23	24	15	6.5	28	28	29.2	9	0.3
NKX 17	NKX 17 Z	17	25	26	17	8	30	30	31.2	9	0.3
NKX 20	NKX 20 Z	20	30	30	20	10.5	35	35	36.2	10	0.3
NKX 25	NKX 25 Z	25	30	37	25	9.5	42	42	43.2	11	0.6
NKX 30	NKX 30 Z	30	30	42	30	9.5	47	47	48.2	11	0.6
NKX 35	NKX 35 Z	35	30	47	35	9	52	52	53.2	12	0.6
NKX 40	NKX 40 Z	40	32	52	40	10	60	60	61.2	13	0.6
NKX 45	NKX 45 Z	45	32	58	45	9	65	65	66.5	14	0.6
NKX 50	NKX 50 Z	50	35	62	50	10	70	70	71.5	14	0.6
NKX 60	NKX 60 Z	60	40	72	60	12	85	85	86.5	17	1
NKX 70	NKX 70 Z	70	40	85	70	11	95	95	96.5	18	1

[a] 可采用带锁圈结构。

[b] 对应的最大倒角尺寸规定在 GB/T 274—2000 中。

表 4

单位为毫米

轴承型号		外形尺寸													内圈型号
NKX 00+IR 型	NKX 00 Z+IR 型	F_w	C	D	d_1	C_1	D_{1smax}	D_2	D_{3smax}	T	r_{1smin}[b]	d	B	r_{smin}[b]	IR 00×00×00
NKX 10+IR[a]	NKX 10 Z+IR[a]	10	23	19	10	6.5	24	24	25.2	9	0.3	7	16	0.3	IR 7×10×16
NKX 12+IR[a]	NKX 12 Z+IR[a]	12	23	21	12	6.5	26	26	27.2	9	0.3	9	16	0.3	IR 9×12×16
NKX 15+IR	NKX 15 Z+IR	15	23	24	15	6.5	28	28	29.2	9	0.3	12	16	0.3	IR 12×15×16
NKX 17+IR	NKX 17 Z+IR	17	25	26	17	8.0	30	30	31.2	9	0.3	14	17	0.3	IR 14×17×17
NKX 20+IR	NKX 20 Z+IR	20	30	30	20	10.5	35	35	36.2	10	0.3	17	20	0.3	IR 17×20×20
NKX 25+IR	NKX 25 Z+IR	25	30	37	25	9.5	42	42	43.2	11	0.6	20	20	0.3	IR 20×25×20
NKX 30+IR	NKX 30 Z+IR	30	30	42	30	9.5	47	47	48.2	11	0.6	25	20	0.3	IR 25×30×20
NKX 35+IR	NKX 35 Z+IR	35	30	47	35	9.0	52	52	53.2	12	0.6	30	20	0.3	IR 30×35×20
NKX 40+IR	NKX 40 Z+IR	40	32	52	40	10	60	60	61.2	13	0.6	35	20	0.3	IR 35×40×20
NKX 45+IR	NKX 45 Z+IR	45	32	58	45	9.0	65	65	66.5	14	0.6	40	20	0.3	IR 40×45×20
NKX 50+IR	NKX 50 Z+IR	50	35	62	50	10	70	70	71.5	14	0.6	45	25	0.6	IR 45×50×25
NKX 60+IR	NKX 60 Z+IR	60	40	72	60	12	85	85	86.5	17	1	50	25	1	IR 50×60×25
NKX 70+IR	NKX 70 Z+IR	70	40	85	70	11	95	95	96.5	18	1	60	25	1	IR 60×70×25

a 可采用带锁圈结构。

b 对应的最大倒角尺寸规定在 GB/T 274—2000 中。

6.3 可单独提供的内圈的外形尺寸见附录 A。

附 录 A
（规范性附录）
内圈外形尺寸

内圈外形见图 A.1，尺寸按表 A.1 的规定。

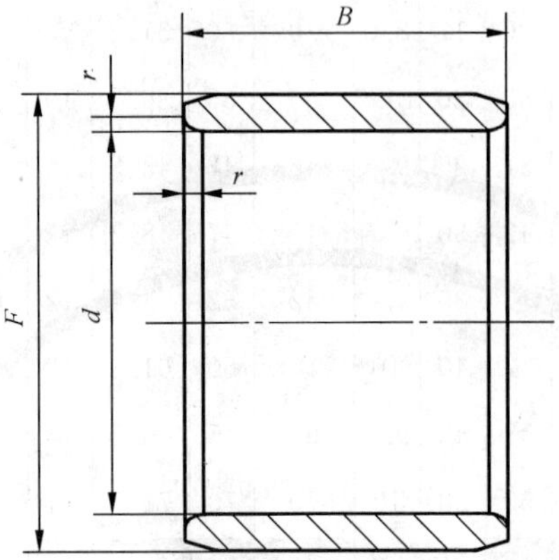

图 A.1

表 A.1

单位为毫米

内圈型号	外形尺寸				内圈型号	外形尺寸				内圈型号	外形尺寸			
	d	F	B	r_{smin}		d	F	B	r_{smin}		d	F	B	r_{smin}
IR 6×10×10	6	10	10	0.3	IR 17×20×16	17	20	16	0.3	IR 35×40×20	35	40	20	0.3
IR 7×10×16	7	10	16	0.3	IR 17×20×20	17	20	20	0.3	IR 40×45×20	40	45	20	0.3
IR 8×12×10	8	12	10	0.3	IR 20×25×16	20	25	16	0.3	IR 45×50×25	45	50	25	0.6
IR 9×12×16	9	12	16	0.3	IR 20×25×20	20	25	20	0.3	IR 50×60×25	50	60	25	1
IR 12×15×16	12	15	16	0.3	IR 25×30×20	25	30	20	0.3	IR 60×70×25	60	70	25	1
IR 14×17×17	14	17	17	0.3	IR 30×35×20	30	35	20	0.3					

ICS 21.100.20
J 11

中华人民共和国国家标准

GB/T 25761—2010

滚动轴承　滚针和角接触球组合轴承外形尺寸

Rolling bearings—Combined needle roller bearings with angular contact ball bearings—Boundary dimensions

2010-12-23 发布　　2011-06-01 实施

中华人民共和国国家质量监督检验检疫总局
中国国家标准化管理委员会　发布

前　言

本标准由中国机械工业联合会提出。

本标准由全国滚动轴承标准化技术委员会(SAC/TC 98)归口。

本标准起草单位:洛阳轴承研究所有限公司、镇江飞亚轴承有限责任公司。

本标准主要起草人:徐振宇、宋晓梅、贺健。

滚动轴承　滚针和角接触球组合轴承外形尺寸

1　范围

本标准规定了滚针和角接触球组合轴承(以下简称组合轴承)的外形尺寸。

本标准适用于组合轴承的设计和选型。

2　规范性引用文件

下列文件中的条款通过本标准的引用而成为本标准的条款。凡是注日期的引用文件,其随后所有的修改单(不包括勘误的内容)或修订版均不适用于本标准,然而,鼓励根据本标准达成协议的各方研究是否可使用这些文件的最新版本。凡是不注日期的引用文件,其最新版本适用于本标准。

GB/T 274—2000　滚动轴承　倒角尺寸最大值(idt ISO 582:1995)

GB/T 6930—2002　滚动轴承　词汇(ISO 5593:1997, IDT)

3　术语和定义

GB/T 6930—2002 确立的术语和定义适用于本标准。

4　符号(见图 1、图 2)

下列符号适用于本标准。

除另有说明外,图中所示符号和表中所示数值均表示公称尺寸。

B:组合轴承宽度

B_1:组合轴承双半内圈总宽度

D:组合轴承外径

d:组合轴承内径

r:倒角尺寸

r_{smin}:最小单一倒角尺寸

5　结构型式

5.1　滚针和角接触球组合轴承的结构型式见图 1。

5.2　滚针和三点接触球组合轴承的结构型式见图 2。

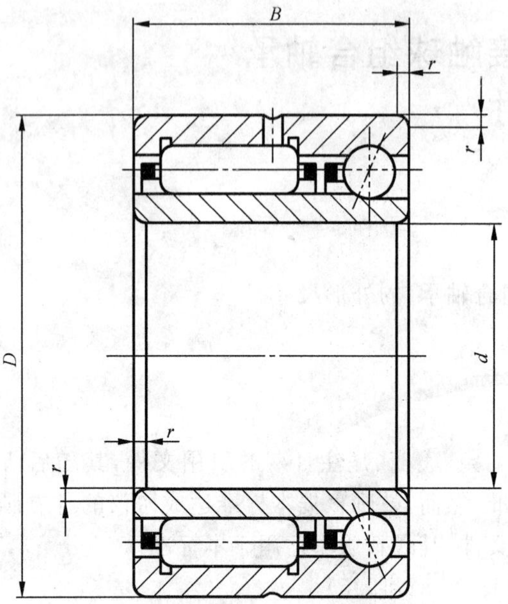

图 1　**NKIA** 0000 型

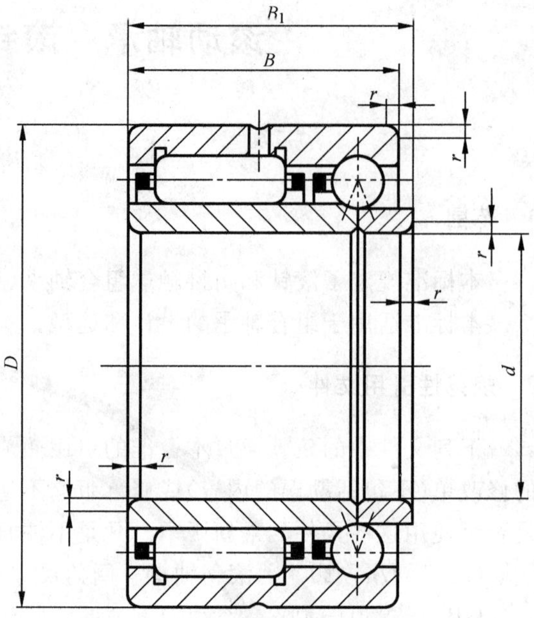

图 2　**NKIB** 0000 型

6　外形尺寸

组合轴承的外形尺寸按表 1 的规定。

表 1

单位为毫米

轴承型号		外形尺寸				
NKIA 0000 型	NKIB 0000 型	d	D	B	B_1	r_{smin}[a]
NKIA 5901	NKIB 5901	12	24	16	17.5	0.3
NKIA 5902	NKIB 5902	15	28	18	20	0.3
NKIA 5903	NKIB 5903	17	30	18	20	0.3
NKIA 5904	NKIB 5904	20	37	23	25	0.3
NKIA 59/22	NKIB 59/22	22	39	23	25	0.3
NKIA 5905	NKIB 5905	25	42	23	25	0.3
NKIA 5906	NKIB 5906	30	47	23	25	0.3
NKIA 5907	NKIB 5907	35	55	27	30	0.6
NKIA 5908	NKIB 5908	40	62	30	34	0.6
NKIA 5909	NKIB 5909	45	68	30	34	0.6
NKIA 5910	NKIB 5910	50	72	30	34	0.6
NKIA 5911	NKIB 5911	55	80	34	38	1
NKIA 5912	NKIB 5912	60	85	34	38	1
NKIA 5913	NKIB 5913	65	90	34	38	1
NKIA 5914	NKIB 5914	70	100	40	45	1
NKIA 5916	—	80	105	40	45	1

[a] 对应的最大倒角尺寸规定在 GB/T 274—2000 中。

ICS 21.100.20
J 11

中华人民共和国国家标准

GB/T 25762—2010

滚动轴承 摩托车连杆支承用滚针和保持架组件

Rolling bearings—Needle roller and cage assemblies for motorcycle connecting rod

2010-12-23 发布 2011-06-01 实施

中华人民共和国国家质量监督检验检疫总局
中国国家标准化管理委员会 发布

前言

本标准的附录A和附录B为资料性附录。

本标准由中国机械工业联合会提出。

本标准由全国滚动轴承标准化技术委员会(SAC/TC 98)归口。

本标准起草单位:常州苏特轴承制造有限公司、洛阳轴承研究所有限公司。

本标准主要起草人:宋玉聪、吴亚新、束建祥、薛志和。

滚动轴承　摩托车连杆支承用滚针和保持架组件

1　范围

本标准规定了摩托车发动机内连杆曲柄销和活塞销支承用滚针和保持架组件(以下简称组件)的代号方法、技术要求、检测方法、检验规则、防锈和包装等。

本标准适用于摩托车连杆支承用组件,亦适用于空气压缩机和其他曲柄连杆机构用连杆支承用组件的生产、检验和验收。本标准不适用于特殊用途的摩托车(如比赛用摩托车和越野摩托车)连杆支承用组件。

2　规范性引用文件

下列文件中的条款通过本标准的引用而成为本标准的条款。凡是注日期的引用文件,其随后所有的修改单(不包括勘误的内容)或修订版均不适用于本标准,然而,鼓励根据本标准达成协议的各方研究是否可使用这些文件的最新版本。凡是不注日期的引用文件,其最新版本适用于本标准。

GB/T 309—2000　滚动轴承　滚针(neq ISO 3096:1996)

GB/T 699—1999　优质碳素结构钢

GB/T 3077—1999　合金结构钢

GB/T 4199—2003　滚动轴承　公差　定义(ISO 1132-1:2000,MOD)

GB/T 4570—2008　摩托车和轻便摩托车耐久性试验方法

GB/T 5374—2008　摩托车和轻便摩托车可靠性试验方法

GB/T 6930—2002　滚动轴承　词汇(ISO 5593:1997,IDT)

GB/T 8597—2003　滚动轴承　防锈包装

GB/T 18254—2002　高碳铬轴承钢

GB/T 20056—2006　滚动轴承　向心滚针和保持架组件　尺寸和公差(ISO 3030:1996,MOD)

GB/T 24607—2009　滚动轴承　寿命与可靠性试验及评定

GB/T 24608—2009　滚动轴承及其商品零件检验规则

JB/T 1255—2001　高碳铬轴承钢滚动轴承零件热处理技术条件

JB/T 2974—2004　滚动轴承　代号方法的补充规定

3　术语和定义

GB/T 4199—2003 和 GB/T 6930—2002 确立的术语和定义适用于本标准。

4　符号(见图 1)

除另有说明外,图中所示符号和表中示值均表示公称尺寸。

E_w:滚针组外径

F_w:滚针组内径

B_c:组件宽度

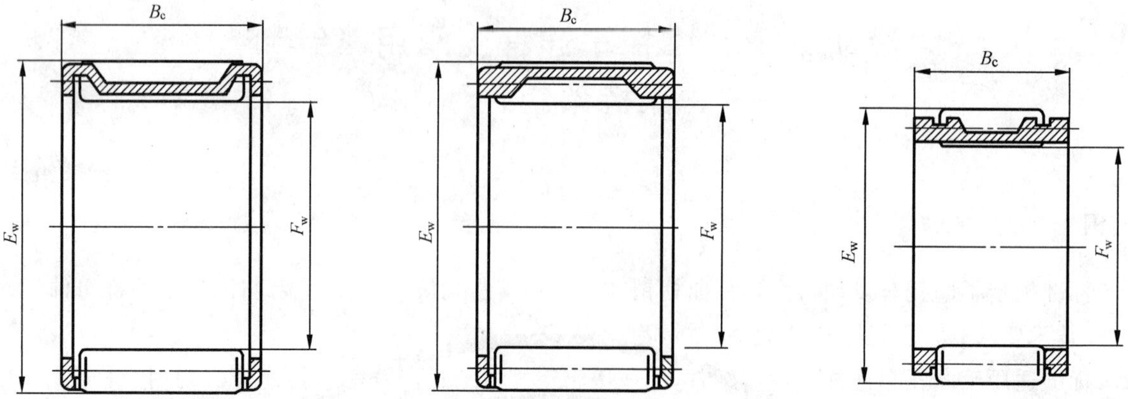

KZK 型　　　　KU 型　　　　KBK 型

图 1

5 代号方法

组件由类型代号、表示配合安装特征的尺寸和后置代号构成：

a) 类型代号：用字母表示，见表 1；

b) 表示配合安装特征的尺寸：直接用毫米数表示，见表 1；

c) 后置代号：C1—保持架经镀铜处理，C2—保持架经镀银处理；其他后置代号应符合 JB/T 2974 的规定。

表 1 组件基本代号

组件类型	类型代号	表示配合安装特征尺寸	组件基本代号
曲柄销支承用滚针和保持架组件	KZK	$F_w \times E_w \times B_c$	KZK $F_w \times E_w \times B_c$
	KU		KU $F_w \times E_w \times B_c$
活塞销支承用滚针和保持架组件	KBK		KBK $F_w \times E_w \times B_c$
注：类型代号与表示配合安装特征尺寸的数字之间空半个字距。			

6 外形尺寸

曲柄销支承用滚针和保持架组件的外形尺寸按表 2 的规定，活塞销支承用滚针和保持架组件的外形尺寸按表 3 的规定。

表 2 曲柄销支承用滚针和保持架组件外形尺寸　　　　单位为毫米

F_w	直径系列 1C						直径系列 2C							直径系列 3C					直径系列 4C				直径系列 5C	
	E_w	尺寸系列					E_w	尺寸系列						E_w	尺寸系列				E_w	尺寸系列			E_w	尺寸系列
		21C	31C	41C	51C	61C		12C	22C	32C	42C	52C	62C		13C	23C	33C	43C		14C	24C	34C		15C
		B_c						B_c							B_c					B_c				B_c
8							12	8																
10							14	8	10															
12	15		10	13			16	8	10					17	10									
14	18	10	13	15	17	20	19	10	13					20	12									
15	19	10	13	15	17	20	20	10	13					21	12									

表 2（续）

单位为毫米

F_w	直径系列 1C						直径系列 2C							直径系列 3C					直径系列 4C				直径系列 5C	
	E_w	尺寸系列					E_w	尺寸系列						E_w	尺寸系列				E_w	尺寸系列			E_w	尺寸系列
		21C	31C	41C	51C	61C		12C	22C	32C	42C	52C	62C		13C	23C	33C	43C		14C	24C	34C		15C
		B_c						B_c							B_c					B_c				B_c
16	20	10	13	15	17	20	21	10	13	15				22	12	15								
17	21	10	13	15			22	10	13	15				23	12	15								
18	22	10	13	15			23	10	13	15				24	12	15	17							
20	24	10	13				25		13	15	17			26	12	15	17						28	20
22	26	10	13				27			15	17	20	23	28	12	15	17		29	16	20	25	30	20
25	29	10	13				30			15	17	20	23	31	12	15	17	20	32	16	20	25	33	20
28							34			17	20	25		35	16	20	25	30	36	20	25		38	25
30														37	16	20	25	30	38	20	25		40	25
32														39	16	20	25	30	40	20	25		42	25
35														42	16	20	25	30	43	20	25			
38																			46	20	25			
40																			48	20	25			
注：表中有下划线的为优选尺寸。																								

表 3　活塞销支承用滚针和保持架组件外形尺寸

单位为毫米

F_w	直径系列 1C							直径系列 2C							直径系列 3C				
	E_w	尺寸系列						E_w	尺寸系列						E_w	尺寸系列			
		21C	31C	41C	51C	61C	71C		22C	32C	42C	52C	62C	72C		13C	23C	33C	43C
		B_c							B_c							B_c			
8	11		10	13				12	10										
9	12	8	10	13	15			13	10	13									
10	13	8	10	13	15	17		14	10	13	15				15	10	13		
12	15	8	10	13	15	17		16		13	15	17			17	10	13	15	
14	18	10	13	15	17	20	23	19		15	17	20			20	12	15	17	20
15	19	10	13	15	17	20	23	20			17	20	23		21	12	15	17	20
16	20	10	13	15	17	20	23	21			17	20	23	27	22		15	17	20
17	21	10	13	15	17	20	23	22				20	23	27	23			17	20
18	22				17	20	23	23				20	23	27	24				20
20	24					20	23	25				20	23	27					
注：表中有下划线的为优选尺寸。																			

7　技术要求

7.1　材料和热处理

7.1.1　滚针采用符合 GB/T 18254—2002 规定的 GCr15 制造，硬度为 61 HRC～65 HRC，其他热处理质量应符合 JB/T 1255—2001 的规定。

7.1.2　曲柄销支承用组件的保持架应采用符合 GB/T 3077—1999 规定的 15CrMo 和 20CrMo 制造；活塞销用组件的保持架应采用符合 GB/T 699—1999 规定的 20 钢制造；亦可采用与上述性能相当或更

优的其他材料制造。保持架应进行稳定处理。

7.1.3 曲柄销支承用组件的保持架表面应进行镀铜、镀银或其他化学处理。采用镀铜处理时，其镀层厚度不应小于 0.012 mm；采用镀铜后再镀银处理时，镀铜层厚度不应小于 0.008 mm，镀银厚度不应小于 0.003 mm。当有其他特殊要求时，制造厂可与用户协商确定。

7.2 公差

7.2.1 组件宽度 B_c 的公差为 $^{-0.20}_{-0.55}$ mm。

7.2.2 滚针采用符合 GB/T 309—2000 规定的 2 级公差的滚针。优先采用凸度滚针，滚针的凸形和凸度量应符合产品图样的要求。滚针的规值（平均直径的上、下偏差）和标志颜色按表 4 的规定。

表 4 滚针规值和标志颜色

单位为微米

标志颜色	滚针规值	
红	<u>0～−2</u>	−1～−3
兰	<u>−2～−4</u>	−3～−5
白	<u>−4～−6</u>	−5～−7
绿[a]	−6～−8	−7～−9
黄[a]	−8～−10	
注：表中有下划线的为优选值。		
[a] 特殊要求时可选用。		

7.3 旋转灵活性

将组件置于外滚道环规和内滚道塞规之间，应旋转灵活、平稳，无阻滞现象。

7.4 外观质量

组件表面不应有裂纹、锈蚀和毛刺等。

7.5 寿命

7.5.1 组件的疲劳寿命应满足相应车型的要求。

7.5.2 组件安装于摩托车上的实车试验应符合相应车型的要求或与用户协商确定。

7.6 其他

与组件配合的孔和销的技术要求参见附录 A；组件与孔和销的选配示例参见附录 B。

8 检测方法

8.1 保持架宽度 B_c 的公差用游标卡尺测量。

8.2 组件的旋转灵活性按 GB/T 20056—2006 中第 6 章的规定。

8.3 组件的疲劳寿命试验在专用寿命强化试验机上进行，其试验方法按 GB/T 24607—2009 中对滚子轴承的规定。实车试验的试验方法按 GB/T 4570—2008 和 GB/T 5374—2008 的规定。

9 标志

9.1 标志内容和标志方法

在组件的订货单、合格证、包装物与需标志的地方，应注明组件型号、滚针的规值和标志颜色及组件所符合的标准号，每项之间空一格。

9.2 标志示例

示例 1：KZK 16×22×12 C1　−2/−4　GB/T 25762—2010

表示符合 GB/T 25762—2010 规定的滚针组内径为 16 mm，滚针组外径为 22 mm，组件宽度为 12 mm 的曲柄销支承用滚针和保持架组件，保持架经镀铜处理，滚针规值为 −2 μm～−4 μm。

示例 2：KBK 9×12×10 WC2　−4/−6　GB/T 25762—2010

表示符合 GB/T 25762—2010 规定的滚针组内径为 9 mm，滚针组外径为 12 mm，组件宽度为 10 mm 的活塞销支承用滚针和保持架组件，保持架为经镀银处理的焊接保持架，滚针规值为 −4 μm～−6 μm。

10　检验规则

组件的检验分出厂检验和型式检验。

10.1　出厂检验

组件出厂检验的检验规则按 GB/T 24608—2009 的规定。

10.2　型式检验

10.2.1　组件在下列情况之一时进行型式检验：

a)　试制的新产品；

b)　设计、材料、工艺等有较大改变，可能影响产品质量和性能时；

c)　连续生产的产品历经两周年时；

d)　产品停产半年以上，恢复生产时；

e)　用户提出要求时。

10.2.2　轴承型式检验项目包括寿命试验及出厂检验的所有项目。在寿命试验考核中，其检验规则由用户与制造厂协商确定。

11　防锈和包装

组件的清洗防锈和内外包装按 GB/T 8597—2003 的规定。

附　录　A
（资料性附录）
与组件配合的孔和销的技术要求

A.1　与组件配合的孔和销的公差

A.1.1　与组件配合的孔和销的尺寸公差见表 A.1。

表 A.1

组件类型	配合表面	配合尺寸公差
曲柄销支承用滚针和保持架组件	曲柄销 连杆孔	h5 G6
活塞销支承用滚针和保持架组件	活塞销 连杆孔	h5 K6

A.1.2　与组件配合的孔和销的形状公差见表 A.2。

表 A.2

单位为微米

F_w/mm		圆柱度	
超过	到	曲柄销 活塞销	连杆孔
—	18	1	2
18	25	2	3
25	—	2	4

A.1.3　连杆两端安装组件的两孔轴线平行度：在 100 mm 长度上，低速发动机应≤0.04 mm，中速发动机应≤0.03 mm，高速发动机应≤0.02 mm。

A.2　滚道表面硬度和有效硬化层深度

与组件配合的孔和销的滚道表面硬度应≥700 HV，滚道有效硬化层深度应≥0.5 mm。

A.3　表面粗糙度

与组件配合的孔和销滚道的表面粗糙度 Ra 为 0.20 μm。

A.4　安装后的径向游隙

配合安装时，曲柄销、活塞销和连杆孔应结合滚针规值选配，配套后的径向游隙见表 A.3。

表 A.3

单位为微米

<table>
<tr><th colspan="2" rowspan="2">F_w/mm</th><th colspan="3">径向游隙</th></tr>
<tr><th colspan="2">曲柄销支承用滚针和保持架组件</th><th rowspan="2">活塞销支承用滚针和保持架组件</th></tr>
<tr><th>超过</th><th>到</th><th>二冲程发动机</th><th>四冲程发动机</th></tr>
<tr><td>—</td><td>18</td><td rowspan="2">17～30</td><td rowspan="3">10～25</td><td rowspan="2">3～12</td></tr>
<tr><td>18</td><td>25</td></tr>
<tr><td>25</td><td>—</td><td>—</td><td>—</td></tr>
</table>

附 录 B
（资料性附录）
组件与孔和销的选配示例

B.1 曲柄销支承用滚针和保持架组件与孔和销的选配示例

与公称内径为 18 mm～30 mm 连杆孔和公称外径为 14 mm～18 mm 曲柄销选配的曲柄销支承用滚针和保持架组件的滚针规值和径向游隙见表 B.1。

表 B.1

单位为微米

曲柄销支承用滚针和保持架组件的选配	曲柄销公称外径公差(h5)								
	0～－3			－3～－6			－6～－8		
	连杆孔公称内径公差(G6)								
	+7～+11	+11～+15	+15～+20	+7～+11	+11～+15	+15～+20	+7～+11	+11～+15	+15～+20
滚针规值	—4～—6/ —5～—7	—2～—4/ —3～—5	0～—2/ —1～—3	—4～—6/ —5～—7	—1～—3/ —2～—4	0～—2/ —1～—3	—1～—3/ —2～—4	0～—2/ —1～—3	0～—2
径向游隙	17～26	17～26	17～27	18～27	18～27	20～30	17～25	19～27	23～30

B.2 活塞销支承用滚针和保持架组件与孔和销的选配示例

与公称内径为 10 mm～18 mm 连杆孔和公称外径为 8 mm～10 mm 活塞销选配的活塞销支承用滚针和保持架组件的滚针规值和径向游隙见表 B.2。

表 B.2

单位为微米

活塞销支承用滚针和保持架组件的选配	活塞销公称外径公差(h5)								
	0～－2			－2～－4			－4～－6		
	连杆孔公称内径公差(K6)								
	－9～－5	－5～－1	－1～+2	－9～－5	－5～－1	－1～+2	－9～－5	－5～－1	－1～+2
滚针规值	－5～－7	－3～－5/ －4～－6	－1～－3/ －2～－4	－4～－6/ －5～－7	－2～－4/ －3～－5	0～－2/ －1～－3	－3～－5/ －4～－6	－1～－3/ －2～－4	0～－2/ －1～－3
径向游隙	3～9	3～11	3～10	3～11	3～11	3～10	3～11	3～11	5～12

ICS 21.100.20
J 11

中华人民共和国国家标准

GB/T 25763—2010

滚动轴承 汽车变速箱用滚针轴承

Rolling bearings—
Needle roller bearings for automotive transmission

2010-12-23 发布　　2011-06-01 实施

中华人民共和国国家质量监督检验检疫总局
中国国家标准化管理委员会　发布

前　言

本标准的附录A为资料性附录。

本标准由中国机械工业联合会提出。

本标准由全国滚动轴承标准化技术委员会(SAC/TC 98)归口。

本标准起草单位：常州光洋轴承有限公司、洛阳轴承研究所有限公司、镇江飞亚轴承有限责任公司、襄阳汽车轴承股份有限公司。

本标准主要起草人：汤伟庆、马素青、宋晓梅、倪江、张松。

滚动轴承
汽车变速箱用滚针轴承

1 范围

本标准规定了汽车手动变速箱用滚针轴承(以下简称轴承)的代号方法、结构型式、技术要求、检测方法、检验规则、标志和防锈包装。

本标准适用于轴承的生产、检验和验收。

2 规范性引用文件

下列文件中的条款通过本标准的引用而成为本标准的条款。凡是注日期的引用文件,其随后所有的修改单(不包括勘误的内容)或修订版均不适用于本标准,然而,鼓励根据本标准达成协议的各方研究是否可使用这些文件的最新版本。凡是不注日期的引用文件,其最新版本适用于本标准。

GB/T 272—1993 滚动轴承 代号方法

GB/T 307.1—2005 滚动轴承 向心轴承 公差(ISO 492:2002,MOD)

GB/T 307.2—2005 滚动轴承 测量和检验的原则及方法(ISO 1132-2:2001,MOD)

GB/T 307.3—2005 滚动轴承 通用技术规则

GB/T 2828.1—2003 计数抽样检验程序 第1部分:按接收质量限(AQL)检索的逐批检验抽样计划(ISO 2859-1:1999,IDT)

GB/T 3077—1999 合金结构钢

GB/T 4199—2003 滚动轴承 公差 定义(ISO 1132-1:2000,MOD)

GB/T 4604—2006 滚动轴承 径向游隙(ISO 5753:1991,MOD)

GB/T 4605—2003 滚动轴承 推力滚针和保持架组件及推力垫圈

GB/T 6930—2002 滚动轴承 词汇(ISO 5593:1997,IDT)

GB/T 7811—2007 滚动轴承 参数符号(ISO 15241:2001,IDT)

GB/T 8597—2003 滚动轴承 防锈包装

GB/T 13237—1991 优质碳素结构钢冷轧薄钢板和钢带

GB/T 18254—2002 高碳铬轴承钢

GB/T 20056—2006 滚动轴承 向心滚针和保持架组件 尺寸和公差(ISO 3030:1996,MOD)

GB/T 24605—2009 滚动轴承 产品标志

GB/T 24607—2009 滚动轴承 寿命与可靠性试验及评定

GB/T 25769—2010 滚动轴承 径向游隙的测量方法

JB/T 1255—2001 高碳铬轴承钢滚动轴承零件热处理技术条件

JB/T 2974—2004 滚动轴承 代号方法的补充规定

JB/T 6639—2004 滚动轴承零件 骨架式丁腈橡胶密封圈 技术条件

JB/T 6641—2007 滚动轴承 残磁及其评定方法

JB/T 7048—2002 滚动轴承零件 工程塑料保持架 技术条件

JB/T 7050—2005 滚动轴承 清洁度评定方法

JB/T 7051—2006 滚动轴承零件 表面粗糙度测量和评定方法

JB/T 7363—2002 滚动轴承零件碳氮共渗热处理技术条件

JB/T 8878—2001 滚动轴承 冲压外圈滚针轴承 技术条件

JB/T 8881—2001 滚动轴承零件 渗碳热处理技术条件

JB/T 10336—2002 滚动轴承及其零件 补充技术条件

JB/T 10337—2002 滚动轴承零件 冲压保持架 技术条件

YB/T 5058—2005 弹簧钢、工具钢冷轧钢带

3 术语和定义

GB/T 4199—2003 和 GB/T 6930—2002 确立的术语和定义适用于本标准。

4 符号

GB/T 4199—2003 和 GB/T 7811—2007 给出的符号适用于本标准。

5 变速箱用滚针轴承分类

5.1 按使用工况分类

a) 轴端支承用滚针轴承——承受载荷时，轴承相对轴或孔转动；

b) 档位齿轮用滚针轴承——承受载荷时，轴承相对轴或孔不转动。

5.2 按结构型式分类

a) 实体套圈滚针轴承；

b) 冲压外圈滚针轴承；

c) 向心滚针和保持架组件；

d) 向心滚针和保持架组件及内圈；

e) 推力滚针和保持架组件及垫圈。

6 代号方法

轴承的代号由类型代号、尺寸系列代号和后置代号组成。

6.1 类型代号、尺寸系列代号

轴承的类型代号、尺寸系列代号方法除本标准规定外，其他按 GB/T 272—1993、JB/T 2974—2004 的规定。

6.1.1 向心滚针和保持架组件用内圈的代号方法

向心滚针和保持架组件用内圈的代号由内圈代号和轴承内圈的安装配合尺寸(内径、滚道直径、宽度的毫米数)组成。

内圈代号按表 1 的规定。

表 1 内圈代号

内圈代号	含 义	示 例
IRD	向心滚针和保持架组件用有挡边内圈	IRD 304328
IR	向心滚针和保持架组件用无挡边内圈	IR 304324

6.1.2 带内圈的向心滚针和保持架组件的代号方法

带内圈的向心滚针和保持架组件代号由组件代号和轴承安装配合尺寸(内圈内径、滚针总体外径、内圈宽度的毫米数)组成。

带内圈的向心滚针和保持架组件代号按表 2 的规定。

表 2　带内圈的向心滚针和保持架组件代号

带内圈的向心滚针和保持架组件代号	含　　义	示例
KIRD	带有挡边内圈的向心滚针和保持架组件	KIRD 304928
KIR	带无挡边内圈的向心滚针和保持架组件	KIR 304924

6.2　后置代号

汽车变速箱用滚针轴承的后置代号一般表示内部结构、保持架等结构变型，其常用后置代号按表 3 的规定。

表 3　常用后置代号

代　　号	含　　义	示　　例
B	保持架窗口不等距	K 60×66×23 B
D	双剖分保持架	K 43×49×24 D
DS	单剖分保持架	K 25×30×24 DSTN

6.3　代号示例

示例 1：向心滚针和保持架组件用有挡边内圈

IRD 30 43 28

- 28——内圈宽度
- 43——内圈滚道直径
- 30——内圈内径
- IRD——向心滚针和保持架组件用有挡边内圈代号

示例 2：向心滚针和保持架组件用无挡边内圈

IR 30 43 24

- 24——内圈宽度
- 43——内圈滚道直径
- 30——内圈内径
- IR——向心滚针和保持架组件用无挡边内圈代号

示例 3：带有挡边内圈的向心滚针和保持架组件

KIRD 30 49 28

- 28——内圈宽度
- 49——滚针总体外径
- 30——内圈内径
- KIRD——带有挡边内圈的向心滚针和保持架组件代号

示例 4：带无挡边内圈的向心滚针和保持架组件

KIR 30 49 24

- 24——内圈宽度
- 49——滚针总体外径
- 30——内圈内径
- KIR——带无挡边内圈的向心滚针和保持架组件代号

7 结构型式

7.1 常用实体套圈滚针轴承的结构型式见图1、图2。

7.2 常用冲压外圈滚针轴承的结构型式见图3～图5。

7.3 常用向心滚针和保持架组件的结构型式见图6～图12。

7.4 常用向心滚针和保持架组件用内圈的结构型式见图13、图14。

7.5 常用带内圈向心滚针和保持架组件的结构型式见图15、图16。

7.6 常用推力滚针和保持架组件及推力垫圈的结构型式见图17、图18。

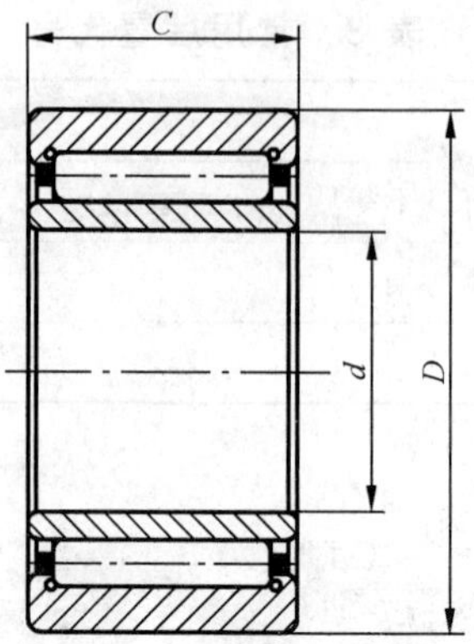

图1 实体套圈滚针轴承 NA、NKI型

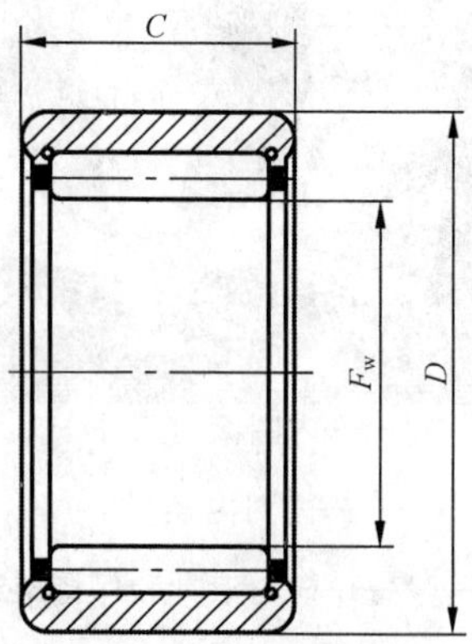

图2 无内圈滚针轴承 RNA、NK型

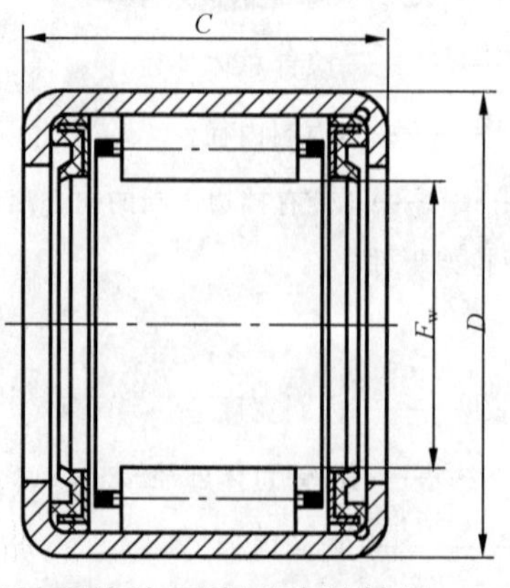

图3 带密封圈的冲压外圈滚针轴承 HK...2RS型

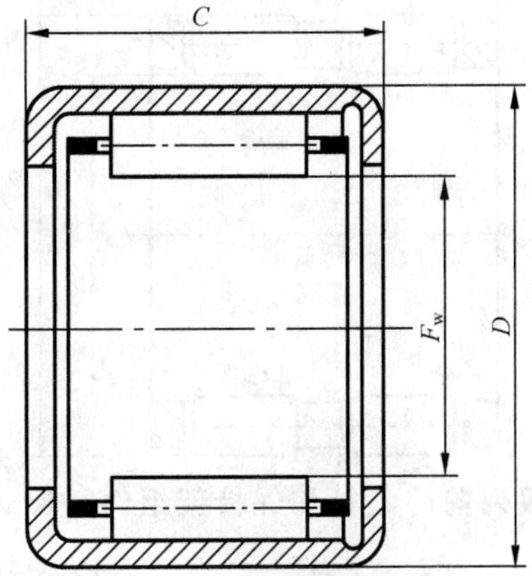

图 4　开口型冲压外圈滚针轴承　HK 型

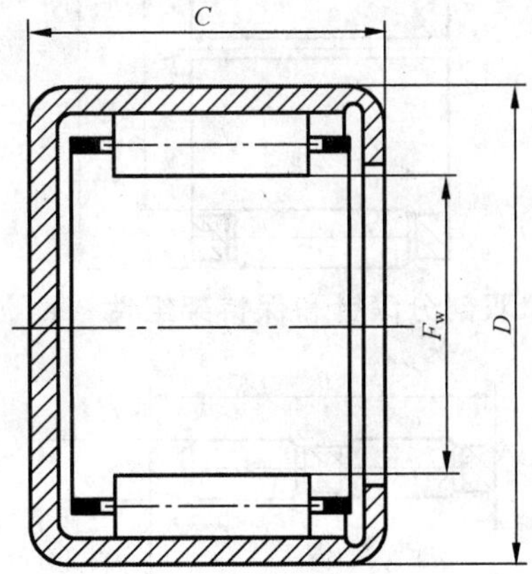

图 5　封口型冲压外圈滚针轴承　BK 型

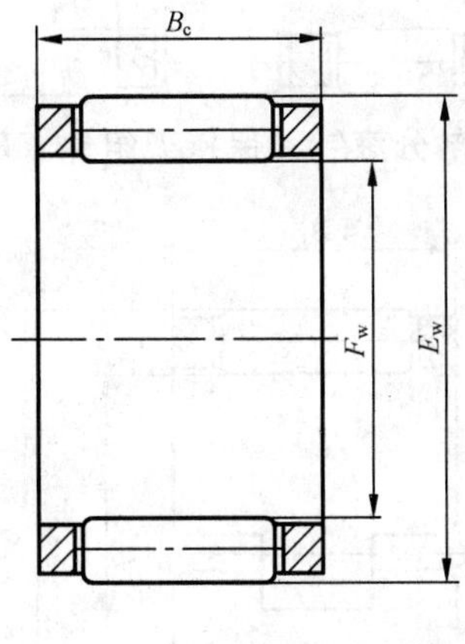

图 6　向心滚针和保持架组件　K 型

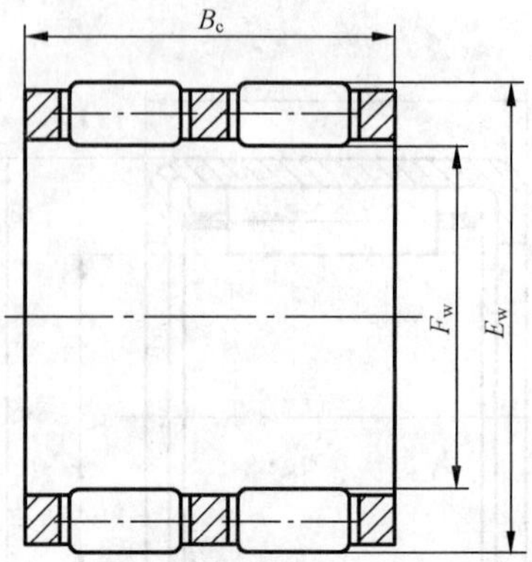

图 7　双列向心滚针和保持架组件　K...ZW 型

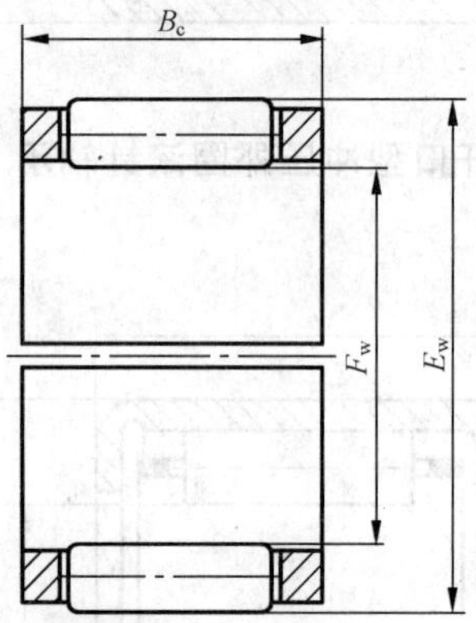

图 8　双剖分滚针和保持架组件　K...D 型

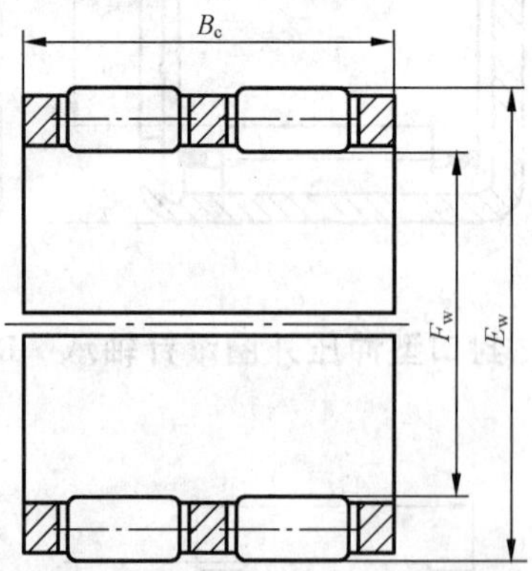

图 9　双列双剖分滚针和保持架组件　K...ZWD 型

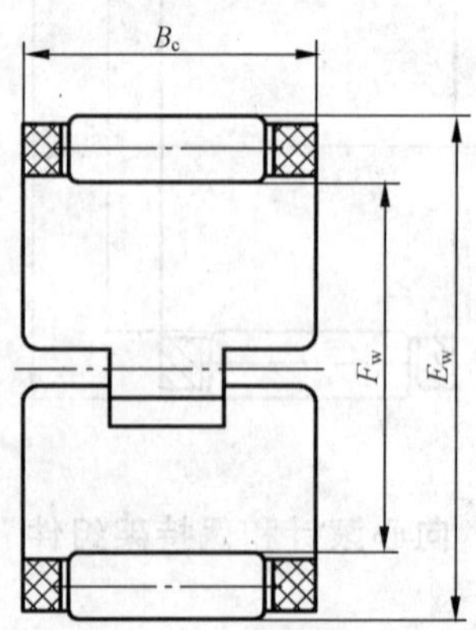

图 10　单剖分向心滚针和保持架组件　K...DSTN 型

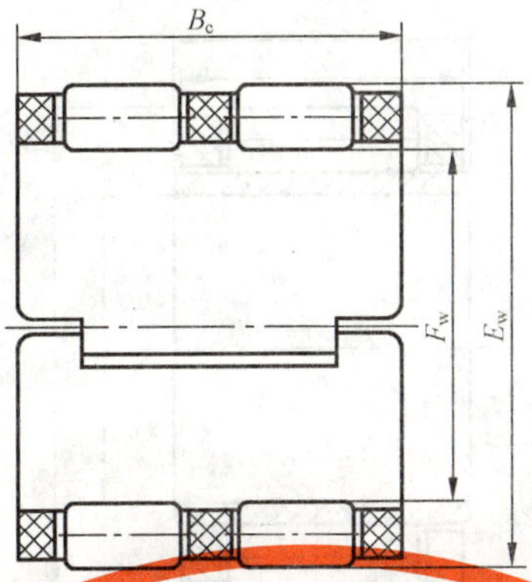

图 11　双列单剖分向心滚针和保持架组件　K...ZWDSTN 型

图 12　窗口不等距向心滚针和保持架组件　K...B 型

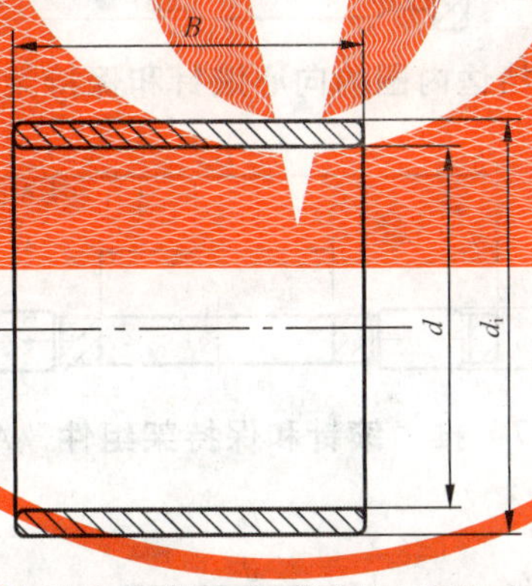

图 13　向心滚针和保持架组件用无挡边内圈　IR 型

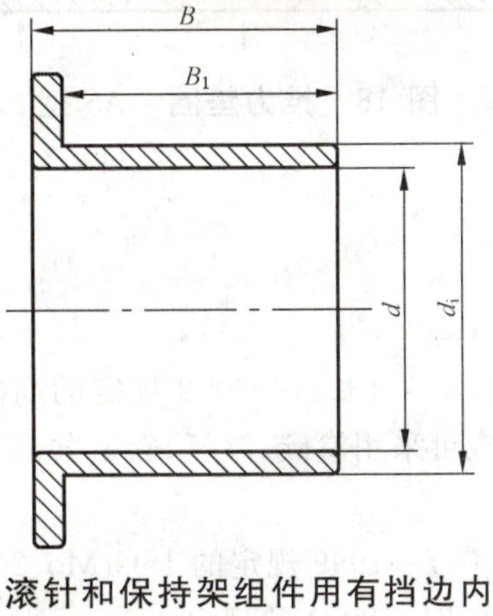

图 14　向心滚针和保持架组件用有挡边内圈　IRD 型

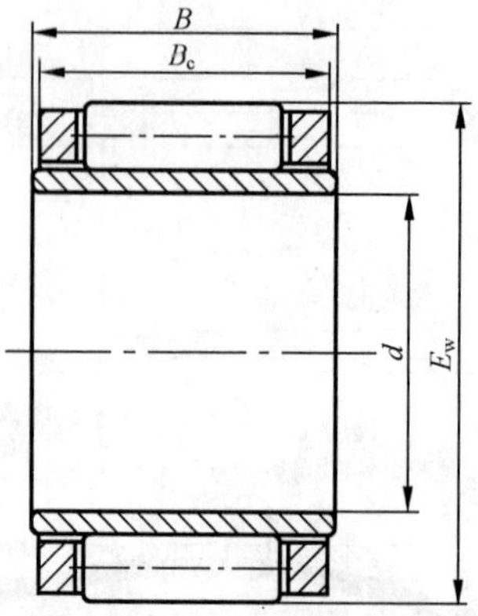

图 15 带无挡边内圈的向心滚针和保持架组件 **KIR** 型

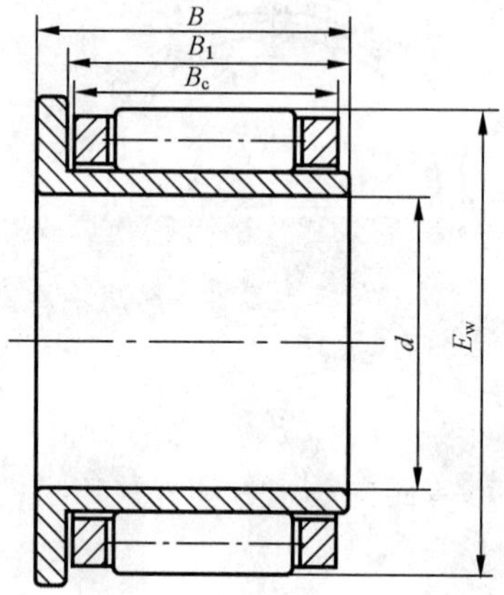

图 16 带有挡边内圈的向心滚针和保持架组件 **KIRD** 型

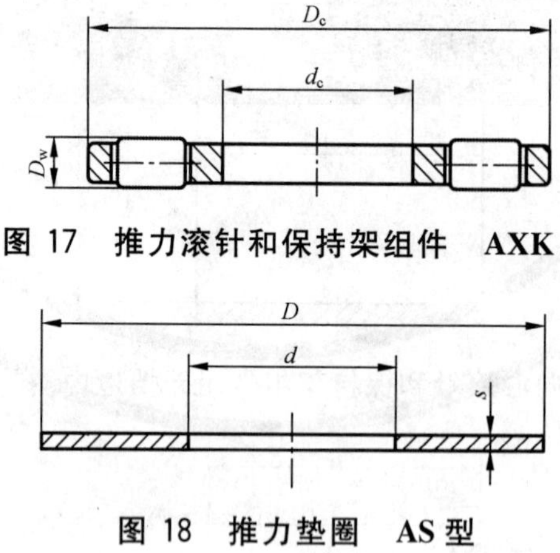

图 17 推力滚针和保持架组件 **AXK** 型

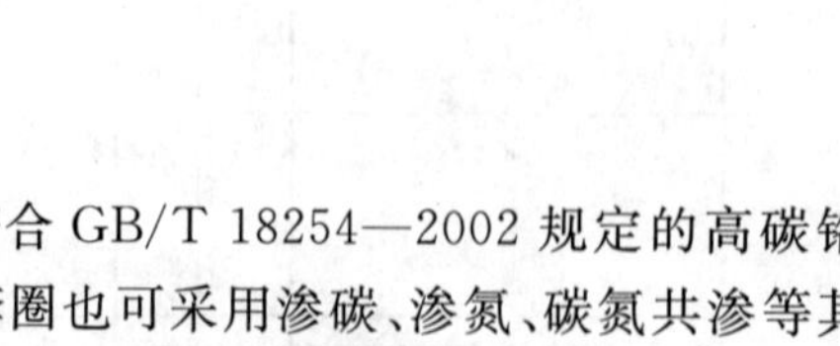

图 18 推力垫圈 **AS** 型

8 技术要求

8.1 材料及热处理

8.1.1 轴承套圈和滚针

实体套圈和滚针一般采用符合 GB/T 18254—2002 规定的高碳铬轴承钢制造，其热处理质量应符合 JB/T 1255—2001 的规定。套圈也可采用渗碳、渗氮、碳氮共渗等其他热处理工艺，其热处理质量应符合产品图样的规定。

实体套圈也可采用符合 GB/T 3077—1999 规定的 15CrMo、20CrMo 等低碳合金钢制造，经渗碳热处理后，其热处理质量应符合 JB/T 8881—2001 的规定。

冲压外圈一般采用符合 GB/T 13237—1991 的低碳钢板（或钢带）制造，也可采用符合 GB/T 3077—1999 规定的 15CrMo、20CrMo 等低碳合金钢板（或钢带）制造，经渗碳、碳氮共渗热处理后，其热处理质量应符合 JB/T 7363—2002 的规定。

推力垫圈采用符合 YB/T 5058—2005 规定的 65Mn、T7A、T8A 等钢带制造，热处理后滚道表面硬度为 670 HV10～810 HV10。

8.1.2 保持架

保持架可采用工程塑料保持架或金属保持架。当保持架采用工程塑料制造时，其材料应符合 JB/T 7048—2002 的规定；当保持架采用低碳钢制造时，其材料应符合 JB/T 10337—2002 的规定，其热处理质量应符合 JB/T 7363—2002 的规定。

8.1.3 密封圈

密封圈采用符合 JB/T 6639—2004 规定的丁腈橡胶制造。

8.2 公差

8.2.1 实体套圈滚针轴承的公差

实体套圈滚针轴承的公差按 GB/T 307.1—2005 中 0 级公差的规定。

8.2.2 向心滚针和保持架组件用内圈公差

向心滚针和保持架组件用内圈公差按表 4 的规定。

表 4 向心滚针和保持架组件用内圈公差 单位为微米

d/mm		Δ_{dmp}		V_{dsp}	V_{dmp}	K_i	Δ_{Bs}		Δ_{B1s}		V_{Bs} V_{B1s}
超过	到	上偏差	下偏差	max	max	max	上偏差	下偏差	上偏差	下偏差	max
10	18	0	−8	9	5	8	+60	0	+100	0	20
18	30	0	−10	10	6	9	+60	0	+100	0	20
30	50	0	−12	13	8	12	+60	0	+100	0	20
50	80	0	−15	15	9	15	+80	0	+100	0	25
80	120	0	−20	19	11	18	+100	0	+100	0	25

8.2.3 带内圈的向心滚针和保持架组件公差

带内圈的向心滚针和保持架组件公差按表 5 的规定，其滚针总体外径公差按表 6 的规定。

表 5 带内圈的向心滚针和保持架组件公差 单位为微米

d/mm		Δ_{dmp}		V_{dmp}	K_{ia}	Δ_{Bs}		Δ_{B1s}		V_{Bs} V_{B1s}
超过	到	上偏差	下偏差	max	max	上偏差	下偏差	上偏差	下偏差	max
10	18	0	−8	6	10	+60	0	+100	0	20
18	30	0	−10	8	13	+60	0	+100	0	20
30	50	0	−12	9	15	+60	0	+100	0	20
50	80	0	−15	11	20	+80	0	+100	0	25
80	120	0	−20	15	25	+100	0	+100	0	25

表 6　滚针总体外径公差

单位为微米

E_w/mm		E_w 的公差	
超过	到	上偏差	下偏差
10	18	−16	−27
18	30	−20	−33
30	50	−25	−41
50	80	−30	−49
80	120	−36	−58

8.2.4　冲压外圈滚针轴承的公差

冲压外圈滚针轴承的外径公差按表 7 的规定，其余公差按 JB/T 8878—2001 的规定。

表 7　冲压外圈滚针轴承的外径公差

单位为微米

D/mm		Δ_{Dmp}		V_{Dsp}
超过	到	上偏差	下偏差	max
10	18	+60	0	40
18	30	+60	0	80
30	50	+60	0	120
50	80	+80	0	150

8.2.5　向心滚针和保持架组件的公差

向心滚针和保持架组件宽度 B_c 的偏差为 $^{-0.20}_{-0.55}$ mm，其余公差按 GB/T 20056—2006 的规定。

8.2.6　推力滚针和保持架组件的公差

推力滚针和保持架组件的公差按 GB/T 4605—2003 的规定。

8.3　滚针表面形状

滚针的外表面素线应凸度修形，其凸形和凸度值按产品图样的规定。

8.4　表面粗糙度

8.4.1　实体套圈滚针轴承、向心滚针和保持架组件用内圈配合表面的表面粗糙度不应低于 GB/T 307.3—2005 中 0 级轴承的规定。

8.4.2　推力滚针和保持架组件及推力垫圈的表面粗糙度按 GB/T 4605—2003 的规定。

8.5　游隙

有内、外圈和保持架的滚针轴承，其径向游隙一般应符合 GB/T 4604—2006 表 4 中 0 或 3 组的规定，也可按照用户的要求，采用其他游隙值。

8.6　残磁

轴承的残磁限值按 JB/T 6641—2007 的规定。

8.7　清洁度

轴承的清洁度按表 8 的规定。

表 8　成品轴承清洁度最大允许值

轴承公称外径 D/mm		平均每套轴承含污量的最大允许值/(mg/套)
超过	到	
—	50	3
50	60	3.5

表 8（续）

轴承公称外径 D/mm		平均每套轴承含污量的最大允许值/(mg/套)
超过	到	
60	70	4
70	80	4.5
80	90	5
90	100	5.5

8.8 旋转灵活性

轴承应旋转灵活。

8.9 外观质量

轴承表面不允许有裂纹、锈蚀和明显的磕碰伤。

8.10 寿命

8.10.1 轴承(档位齿轮用滚针轴承除外)进行常规寿命试验后,其额定寿命的试验值与基本额定寿命之比 $L_{10\,t}/L_{10}\geqslant 1.5$。用户有特殊要求时,也可与制造厂协商确定。

8.10.2 轴承台架模拟试验寿命应满足相应车型的要求。

8.10.3 轴承实车耐久性寿命应满足相应车型的要求。

8.11 其他

8.11.1 采用单剖分工程塑料保持架的向心滚针和保持架组件如需从径向装配到轴上,保持架的开口打开到比相配轴径大 4 mm 时(见图 19),仍不允许滚针从保持架窗口脱落,保持架不允许断裂。

8.11.2 轴和外壳与滚针轴承配合处的技术条件参见附录 A。

8.11.3 其他技术要求应符合 GB/T 307.3—2005、JB/T 10336—2002 的规定。

8.11.4 用户对轴承有其他要求时,可与制造厂协商确定。

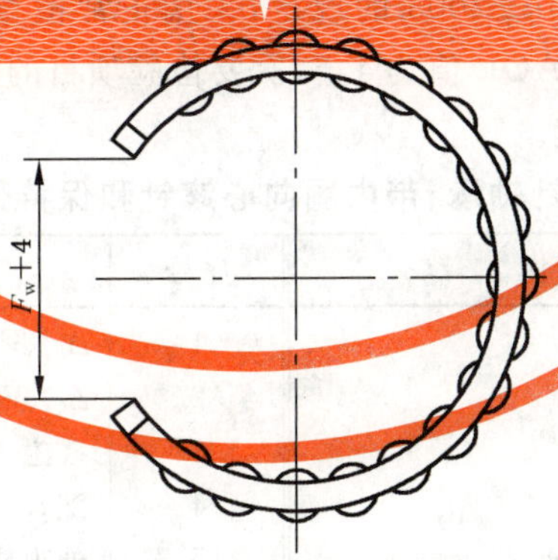

图 19 保持架的开口

9 检测方法

9.1 公差的测量

9.1.1 实体套圈轴承公差的测量按 GB/T 307.2—2005 的规定。

9.1.2 冲压外圈外径公差的测量按 GB/T 307.2—2005 的规定,其余按 JB/T 8878—2001 的规定。

9.1.3 向心滚针和保持架组件公差的测量按 GB/T 20056—2006 的规定。

9.1.4 推力滚针和保持架组件公差的测量按 GB/T 4605—2003 的规定。

9.2 滚针凸度值的测量

将被测滚针放在量仪上,调整滚针,使滚针素线两端处于同一水平位置。在通过滚针轴线的平面上，量仪测头在被测滚针外表面除倒角以外的全长范围内测量，测得的素线两端与中部示值之差即为凸度值。

9.3 表面粗糙度的测量

轴承表面粗糙度的测量按 JB/T 7051—2006 的规定。

9.4 游隙的测量

轴承径向游隙的测量按 GB/T 25769—2010 的规定。

9.5 残磁的测量

轴承残磁的测量按 JB/T 6641—2007 的规定。

9.6 清洁度的测试

轴承清洁度的测试方法按 JB/T 7050—2005 的规定。

9.7 旋转灵活性的检查

9.7.1 向心滚针和保持架组件旋转灵活性的检查按 GB/T 20056—2006 规定。

9.7.2 冲压外圈滚针轴承压入环规（环规尺寸＝轴承外径 $D-$N6 的下偏差值）中，插入尺寸为 F_w 的塞规，使轴承（连同环规、塞规）轴线处于水平，塞规静止，旋转环规数周，检查旋转灵活性。

9.8 外观质量的检查

在散光灯下目视检查。

9.9 寿命试验

9.9.1 轴承（档位齿轮用滚针轴承除外）疲劳寿命试验方法按 GB/T 24607—2009 的规定。

9.9.2 轴承变速箱台架试验按用户要求。

9.9.3 轴承实车耐久寿命试验按用户要求。

10 检验规则

10.1 出厂检验

轴承应经制造厂质检部门检查合格后并附有合格证方可出厂。出厂检验的抽检项目按表 9 和表 10 的规定，抽样按 GB/T 2828.1—2003 的规定，采用正常检查一次抽样方案，使用一般检验水平Ⅱ级，主要检验项目的接收质量限 AQL 值为 1.5，次要检验项目的接收质量限 AQL 值为 2.5。清洁度的抽检按 JB/T 7050—2005 的规定。

表 9 实体套圈滚针轴承、带内圈向心滚针和保持架组件抽样检验项目

序号	主要检验项目	序号	次要检验项目
1	Δ_{dmp}、V_{dsp}、V_{dmp}	1	Δ_{Bs}、V_{Bs}、Δ_{B1s}、V_{B1s}
2	Δ_{Dmp}、V_{Dsp}、V_{Dmp}	2	Δ_{Cs}、V_{Cs}
3	K_{ia}	3	残磁
4	K_{ea}	4	配合表面和端面的表面粗糙度
5	游隙	5	外观质量
6	F_w 的公差	6	标志和包装
7	E_w 的公差		

表 10 冲压外圈滚针轴承、推力滚针和保持架组件及垫圈、向心滚针和保持架组件抽样检验项目

序号	主要检验项目	序号	次要检验项目
1	Δ_{Fws}、$F_{ws\,min}$的公差	1	Δ_{Cs}、B_c 的公差
2	$d_{cs\,min}$的公差、$d_{s\,min}$的公差、V_{dcs}、V_{ds}	2	s 的公差
3	$D_{cs\,max}$的公差、$D_{s\,max}$的公差、V_{Dcs}、V_{Ds}	3	外观质量
4	旋转灵活性	4	标志和包装

10.2 验收检验

验收检验的抽样方案、验收项目、接收质量限由用户与制造厂协商确定。

10.3 型式检验

10.3.1 轴承在下列情况之一时，应进行型式检验。

a) 试制的新产品定型时；

b) 设计、材料、工艺等有较大改变，可能影响产品质量和性能时；

c) 连续生产的产品历经两周年时；

d) 产品停产半年以上，恢复生产时；

e) 出厂检验结果与上次型式检验有较大差异时；

f) 国家质量监督机构提出进行型式检验的要求时。

10.3.2 型式检验的产品应从出厂检验合格的同一批产品中抽取，先对出厂检验项目进行复检，复检合格后再进行寿命检验。在寿命试验考核中，其检验规则由用户与制造厂协商确定。

11 标志

轴承的标志按 GB/T 24605—2009 的规定。

12 防锈包装

轴承的防锈包装按 GB/T 8597—2003 的规定。

附　录　A
（资料性附录）
轴和外壳与滚针轴承配合处的技术条件

A.1　与轴承相配的孔的尺寸公差

A.1.1　与实体套圈滚针轴承相配的孔的尺寸公差参见 GB/T 275—1993。

A.1.2　与冲压外圈滚针轴承相配的孔的尺寸公差根据轴承座的材料按表 A.1 选用。

表 A.1

轴承座的材料	孔的尺寸公差
钢或铸铁	N6(N7)
轻合金或壁厚小于 6 mm	R6(R7)

A.1.3　与向心滚针和保持架组件、带内圈的向心滚针和保持架组件相配的孔的尺寸公差取 G6。

A.1.4　与推力滚针和保持架组件及垫圈相配的孔的尺寸公差参见表 A.2。

表 A.2

轴承分部件	孔的尺寸公差
推力滚针和保持架组件	H10
推力垫圈(作座圈用)	H11

A.2　与轴承相配的轴的尺寸公差

A.2.1　与实体套圈滚针轴承相配的轴的尺寸公差参见 GB/T 275—1993。与实体套圈滚针轴承相配的轴(用作轴承滚道)，且当轴承外壳孔采用 K6 或更松的配合时，轴的尺寸公差参见表 A.3。

表 A.3

径向游隙组别	轴的尺寸公差	
	当轴颈的公称尺寸不超过 80 mm 时	当轴颈的公称尺寸大于 80 mm 时
小于 0 组	k5	
0 组	h5	
大于 0 组	g6	f6

A.2.2　与带内圈的轴承相配的轴的尺寸公差取 k5 或 k6。

A.2.3　与冲压外圈滚针轴承相配的轴的尺寸公差取 h5(h6)。

A.2.4　与向心滚针和保持架组件相配的轴(用作轴承滚道)的尺寸公差参见表 A.4。

表 A.4

径向游隙组别	轴的尺寸公差	
	当轴颈的公称尺寸不超过 80 mm 时	当轴颈的公称尺寸大于 80 mm 时
小于 0 组	j5	h5
0 组	h5	g5
大于 0 组	g6	f6

A.2.5　与推力滚针和保持架组件及垫圈相配的轴的尺寸公差参见表 A.5。

表 A.5

轴承分部件	轴的尺寸公差
推力滚针和保持架组件	h8
推力垫圈(作轴圈用)	h10
推力垫圈(作座圈用)	—

A.3 轴和外壳与轴承配合处的圆角

轴和外壳与轴承配合处的圆角参见 GB/T 274—2000。

A.4 滚道表面硬度和淬硬层深度

用作滚道的轴或孔的表面,其表面硬度为 58 HRC～64 HRC,表面淬硬层有效深度为 0.6 mm～1 mm。

A.5 表面粗糙度

与轴承相配的孔、轴的配合表面的表面粗糙度 *Ra* 的最大值为 0.8 μm,用作滚道的表面的表面粗糙度 *Ra* 的最大值为 0.20 μm。

A.6 滚道形状公差

用作滚道的轴或孔的表面,其形状公差参见表 A.6。

表 A.6

轴颈公称直径/mm	超过	—	10	18	30	50	80
	到	10	18	30	50	80	—
圆柱度/μm	轴	2.5	3	4	4	5	6
	孔	4	5	6	7	8	10

参 考 文 献

[1] GB/T 274—2000 滚动轴承 倒角尺寸最大值(idt ISO 582:1995).

[2] GB/T 275—1993 滚动轴承与轴和外壳的配合.

ICS 21.100.20
J 11

中华人民共和国国家标准

GB/T 25764—2010

滚动轴承　汽车变速箱用滚子轴承

Rolling bearings—Roller bearings for automotive transmission

2010-12-23 发布　　2011-06-01 实施

中华人民共和国国家质量监督检验检疫总局
中国国家标准化管理委员会　发布

前　言

本标准的附录 A 为资料性附录。

本标准由中国机械工业联合会提出。

本标准由全国滚动轴承标准化技术委员会(SAC/TC 98)归口。

本标准起草单位:常州光洋轴承有限公司、襄阳汽车轴承股份有限公司、洛阳轴承研究所有限公司、甘肃海林中科科技股份有限公司、人本集团有限公司、湖北新火炬科技股份有限公司。

本标准主要起草人:黄腊琴、李飞雪、张雷、师燚、刘铁影、吴少伟、张松。

滚动轴承　汽车变速箱用滚子轴承

1　范围

本标准规定了汽车手动变速箱用滚子轴承(以下简称轴承)的代号方法、结构型式、技术要求、检测方法、检验规则、标志和防锈包装。

本标准适用于轴承的生产、检验和验收。

2　规范性引用文件

下列文件中的条款通过本标准的引用而成为本标准的条款。凡是注日期的引用文件,其随后所有的修改单(不包括勘误的内容)或修订版均不适用于本标准,然而,鼓励根据本标准达成协议的各方研究是否可使用这些文件的最新版本。凡是不注日期的引用文件,其最新版本适用于本标准。

GB/T 272—1993　滚动轴承　代号方法

GB/T 274—2000　滚动轴承　倒角尺寸最大值(idt ISO 582:1995)

GB/T 283—2007　滚动轴承　圆柱滚子轴承　外形尺寸

GB/T 297—1994　滚动轴承　圆锥滚子轴承　外形尺寸

GB/T 307.1—2005　滚动轴承　向心轴承　公差(ISO 492:2002,MOD)

GB/T 307.2—2005　滚动轴承　测量和检验的原则及方法(ISO 1132-2:2001,MOD)

GB/T 307.3—2005　滚动轴承　通用技术规则

GB/T 2828.1—2003　计数抽样检验程序　第1部分:按接收质量限(AQL)检索的逐批检验抽样计划(ISO 2859-1:1999,IDT)

GB/T 3077—1999　合金结构钢

GB/T 4199—2003　滚动轴承　公差　定义(ISO 1132-1:2000,MOD)

GB/T 4604—2006　滚动轴承　径向游隙(ISO 5753:1991,MOD)

GB/T 6930—2002　滚动轴承　词汇(ISO 5593:1997,IDT)

GB/T 7811—2007　滚动轴承　参数符号(ISO 15241:2001,IDT)

GB/T 8597—2003　滚动轴承　防锈包装

GB/T 18254—2002　高碳铬轴承钢

GB/T 24605—2009　滚动轴承　产品标志

GB/T 24607—2009　滚动轴承　寿命与可靠性试验及评定

GB/T 25769—2010　滚动轴承　径向游隙的测量方法

JB/T 1255—2001　高碳铬轴承钢滚动轴承零件热处理技术条件

JB/T 2974—2004　滚动轴承　代号方法的补充规定

JB/T 5313—2001　滚动轴承　振动(速度)测量方法

JB/T 5314—2002　滚动轴承　振动(加速度)测量方法

JB/T 6641—2007　滚动轴承　残磁及其评定方法

JB/T 7048—2002　滚动轴承零件　工程塑料保持架　技术条件

JB/T 7050—2005　滚动轴承　清洁度评定方法

JB/T 7051—2006　滚动轴承零件　表面粗糙度测量和评定方法

JB/T 7363—2002　滚动轴承零件碳氮共渗热处理技术条件

JB/T 8878—2001　滚动轴承　冲压外圈滚针轴承　技术条件

JB/T 8881—2001　滚动轴承零件　渗碳热处理技术条件

JB/T 8922—1999　滚动轴承　圆柱滚子轴承振动(速度)技术条件

JB/T 10236—2001　滚动轴承　圆锥滚子轴承振动(速度)技术条件

JB/T 10237—2001　滚动轴承　圆锥滚子轴承振动(加速度)技术条件

JB/T 10336—2002　滚动轴承及其零件　补充技术条件

JB/T 10337—2002　滚动轴承零件　冲压保持架　技术条件

3　术语和定义

GB/T 4199—2003 和 GB/T 6930—2002 确立的术语和定义适用于本标准。

4　符号

GB/T 4199—2003 和 GB/T 7811—2007 给出的以及下列符号适用于本标准。

C_1:外圈凸缘宽度;

D_1:外圈凸缘外径;

T_3:凸缘外圈双列圆锥滚子轴承的工作高度;

注:是指非凸缘侧内圈背面至外圈凸缘内侧间的距离。

δ:滚动体的下垂量。

5　分类

汽车变速箱用滚子轴承分为圆柱滚子轴承和圆锥滚子轴承。

6　代号方法

6.1　轴承的代号方法

轴承的代号由类型代号、尺寸系列代号或表示轴承配合安装特征的尺寸代号和后置代号组成。

6.1.1　类型代号、尺寸系列代号

轴承的类型代号、尺寸系列代号或表示轴承配合安装特征的尺寸代号方法按 GB/T 272—1993、JB/T 2974—2004 和表 1 的规定。

表 1

类型代号	含　义	示　例
RND	无外圈、内圈单锁圈的圆柱滚子轴承	RND 30×50×32
KN	向心滚子与保持架组件	KN 45×75×28
HKN	冲压外圈圆柱滚子轴承	HKN 35×47×17

6.1.2　后置代号

轴承的后置代号按 GB/T 272—1993 和 JB/T 2974—2004 的规定。

6.2　代号示例

示例 1:无外圈、内圈单锁圈的圆柱滚子轴承

RND 内径×滚子总体外径×宽度

RND　30×50×32

- 32 — 内圈宽度
- 50 — 滚子总体外径
- 30 — 内圈内径
- RND — 无外圈、内圈单锁圈的圆柱滚子轴承

示例 2:向心滚子与保持架组件

KN 滚子总体内径×滚子总体外径×宽度

KN　45×75×28

- 28 — 保持架宽度
- 75 — 滚子总体外径
- 45 — 滚子总体内径
- KN — 向心滚子与保持架组件

示例 3:冲压外圈圆柱滚子轴承

HKN 滚子总体内径×外径×宽度

HKN　35×47×17

- 17 — 轴承宽度
- 47 — 外圈外径
- 35 — 滚子总体内径
- HKN — 冲压外圈圆柱滚子轴承

7　结构型式和外形尺寸

7.1　圆柱滚子轴承

7.1.1　NU、NJ、NUP、RNU、RN、NCL、NF、NFL 型圆柱滚子轴承的结构型式见图 1～图 8,其外形尺寸按 GB/T 283—2007 或产品图样的规定。

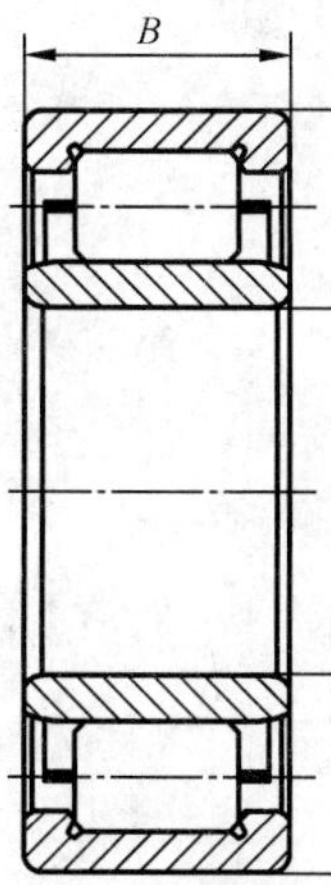

图 1　内圈无挡边圆柱滚子轴承 **NU 型**

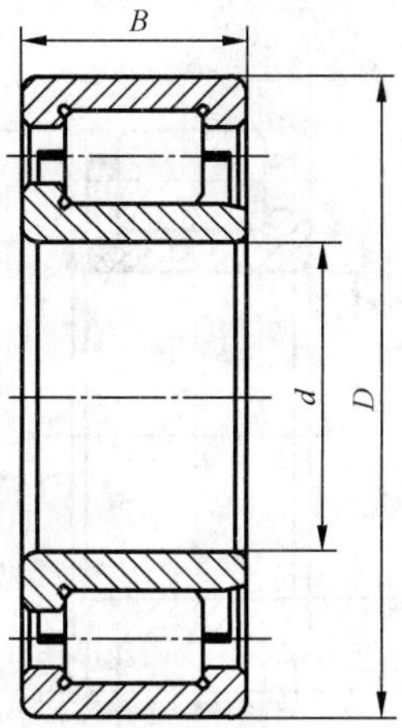

图 2　内圈单挡边圆柱滚子轴承 **NJ 型**

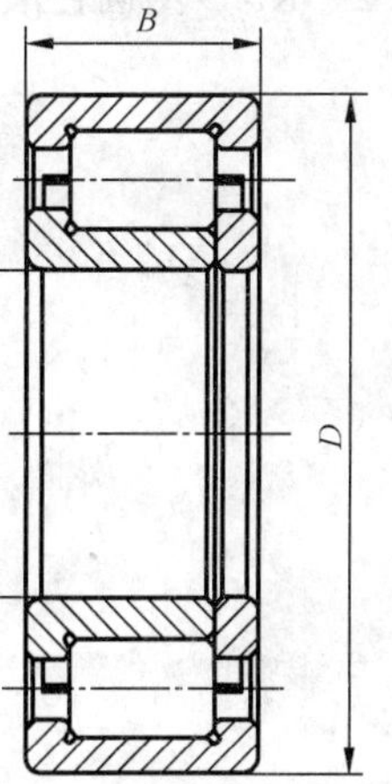

图 3　内圈单挡边、带平挡圈圆柱滚子轴承　**NUP 型**

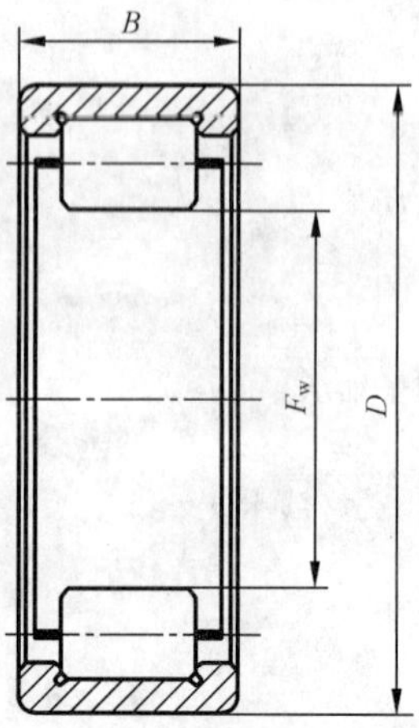

图 4　无内圈圆柱滚子轴承 RNU 型

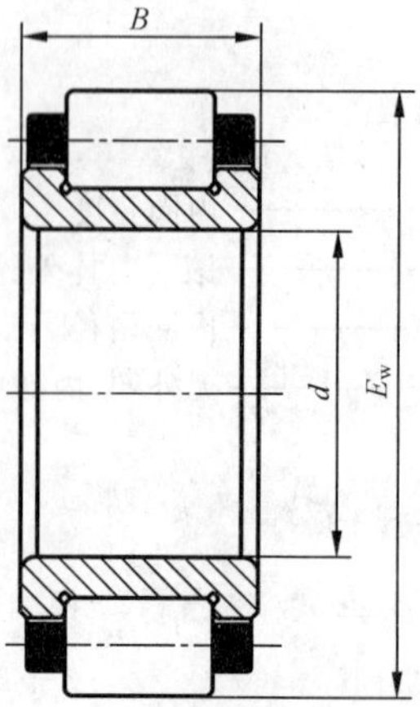

图 5　无外圈圆柱滚子轴承 RN 型

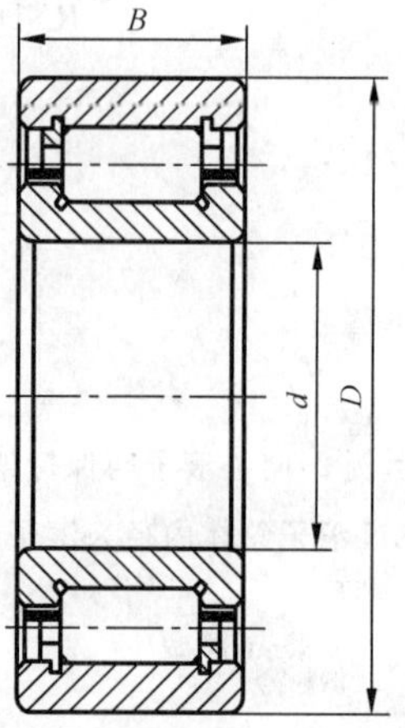

图 6　外圈无挡边、带双锁圈的圆柱滚子轴承　NCL 型

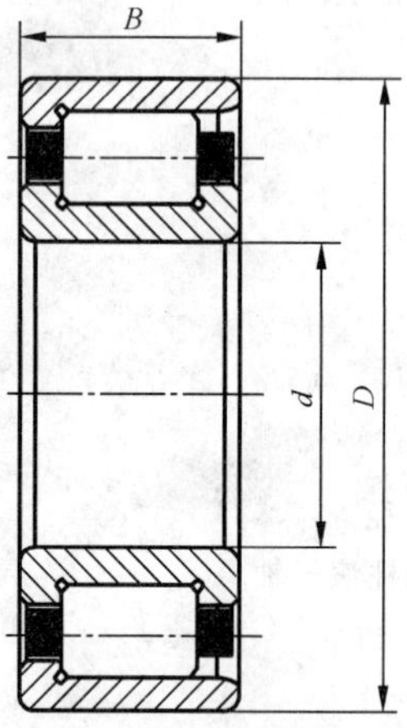

图 7　外圈单挡边圆柱滚子轴承 NF 型

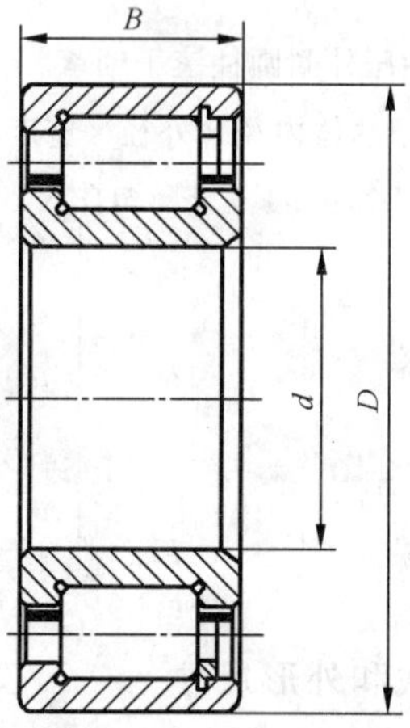

图 8　外圈单挡边、带单锁圈的圆柱滚子轴承　NFL 型

7.1.2　RND 型圆柱滚子轴承的结构型式见图 9，其外形尺寸见表 2。

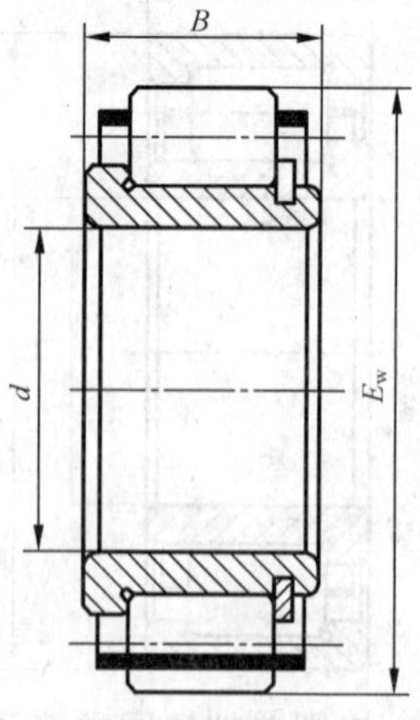

图 9　无外圈、内圈单锁圈的圆柱滚子轴承　RND 型

表 2

单位为毫米

轴承型号	外形尺寸		
RND 型	*d*	E_w	*B*
RND 25×41×21	25	41	21
RND 30×50×32	30	50	32

7.1.3 KN 型向心滚子与保持架组件的结构型式见图 10,其外形尺寸见表 3。

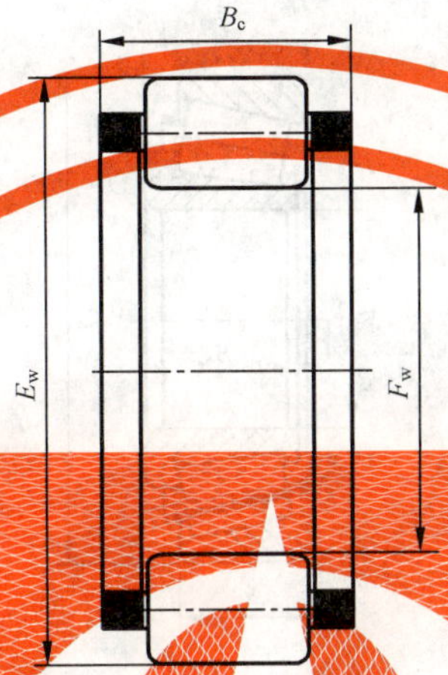

图 10 向心滚子与保持架组件 **KN** 型

表 3

单位为毫米

轴承型号	外形尺寸		
KN 型	F_w	E_w	B_c
KN 26×48×19	26	48	19
KN 38×56×17.8	38	56	17.8

7.1.4 HKN 型圆柱滚子轴承的结构型式见图 11,其外形尺寸见表 4。

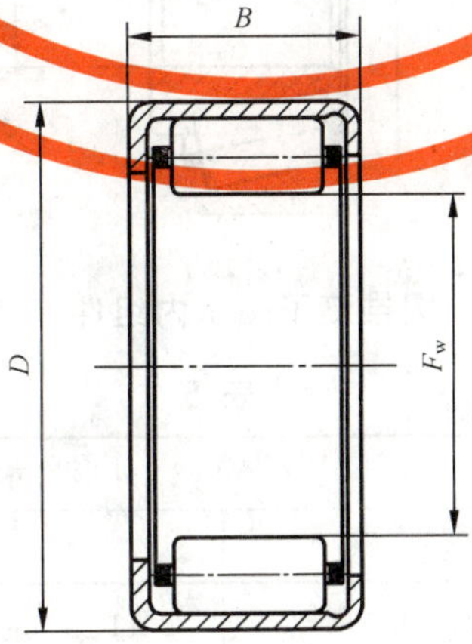

图 11 冲压外圈圆柱滚子轴承 **HKN** 型

表 4

单位为毫米

轴承型号	外形尺寸		
HKN 型	F_w	D	B
HKN 35×47×17	35	47	17
HKN 42×72×18	42	72	18

7.2 圆锥滚子轴承

7.2.1 30000 型圆锥滚子轴承的结构型式见图 12，其外形尺寸按 GB/T 297—1994 的规定。

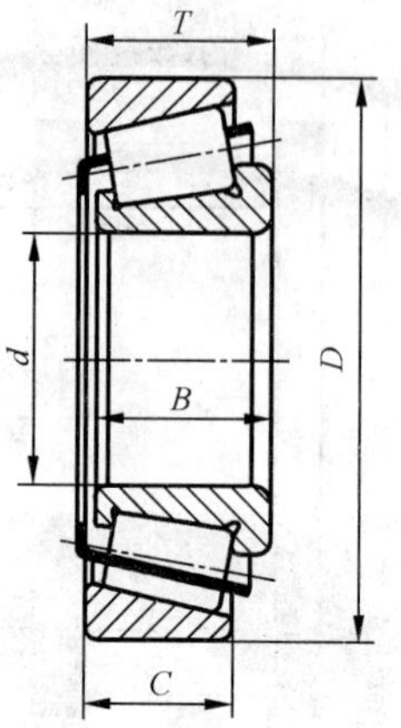

图 12 圆锥滚子轴承 30000 型

7.2.2 R 30000 型的圆锥滚子轴承的结构型式见图 13，其外形尺寸见表 5。

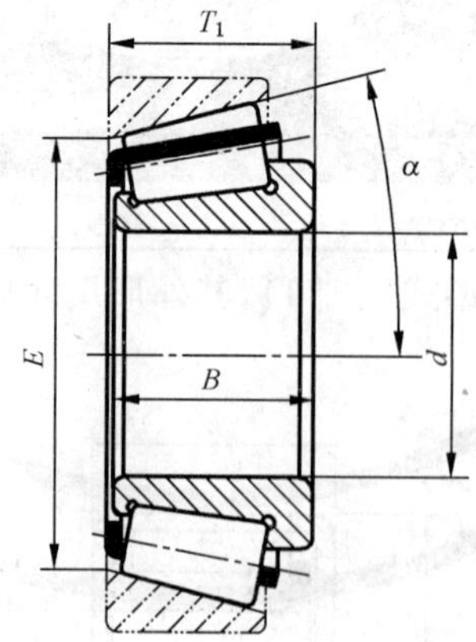

图 13 圆锥滚子轴承内组件 R 30000 型

表 5

单位为毫米

轴承型号	外形尺寸				
R 30000 型	d	E	α	T_1	B
R 32306	30	55.767	11°51′35″	28.75	27
R 33208	40	63.405	13°25′	32	32

7.2.3 350000 R 型双列圆锥滚子轴承的结构型式见图 14，其外形尺寸见表 6。

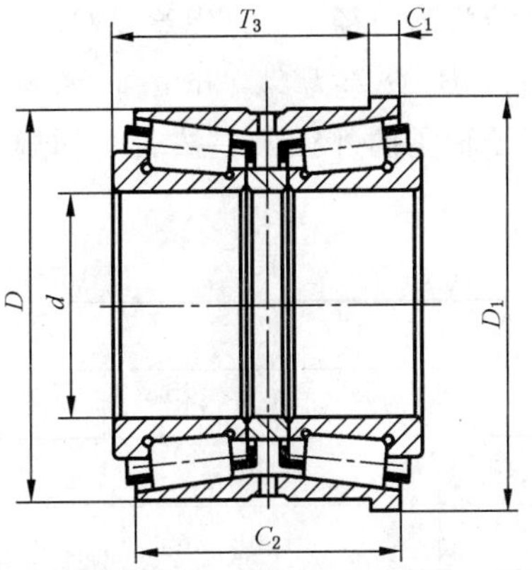

注 1：外圈可有或无润滑油槽、油孔；

注 2：可有或无内隔圈。

图 14 凸缘外圈双列圆锥滚子轴承 350000 R 型

表 6

单位为毫米

轴承型号	外形尺寸					
350000 R 型	d	D	D_1	T_3	C_1	C_2
3506/63.5 R	63.5	117	126	56.88	4	54.6
3506/76 R	76	119.4	125.4	56.63	8.5	59.5

8 技术要求

8.1 材料及热处理

8.1.1 轴承套圈

轴承套圈（冲压套圈除外）一般采用符合 GB/T 18254—2002 规定的高碳铬轴承钢制造，其热处理质量应符合 JB/T 1255—2001 的规定。套圈表面也可采用渗碳、渗氮、碳氮共渗等其他热处理工艺，其热处理质量应符合产品图样的规定。

圆锥滚子轴承套圈也可采用符合 GB/T 3077—1999 规定的 15CrMo、20CrMo 等低碳合金钢制造，经渗碳热处理后，其热处理质量应符合 JB/T 8881—2001 的规定。

冲压外圈圆柱滚子轴承的冲压套圈一般采用符合 GB/T 3077—1999 规定的 15CrMo、20CrMo 等低碳合金钢制造，经渗碳、碳氮共渗热处理后，其热处理质量应符合 JB/T 7363—2002 的规定。

8.1.2 圆柱滚子和圆锥滚子

滚子一般采用符合 GB/T 18254—2002 规定的高碳铬轴承钢制造，其热处理质量应符合 JB/T 1255—2001 的规定。

8.1.3 保持架

保持架可采用工程塑料保持架或金属保持架。当保持架采用工程塑料制造时，其材料应符合 JB/T 7048—2002 的规定；当保持架采用低碳钢制造时，其材料应符合 JB/T 10337—2002 的规定，也可采用性能相当或更优的其他材料制造；当保持架采用铜合金材料制造时，其材料应符合产品图样的规定。

8.2 公差

8.2.1 轴承公差

8.2.1.1 轴承的公差不应低于 GB/T 307.1—2005 中 0 级公差的规定。

8.2.1.2 RN、RND 型圆柱滚子轴承滚子总体外径 E_w 的公差为 ${}_{-0.015}^{\ 0}$ mm。

8.2.1.3 RNU 型圆柱滚子轴承滚子总体内径 F_w 的公差按 GB/T 283—2007 的规定。

8.2.1.4 KN 型圆柱滚子轴承的宽度 B_c 公差为 $^{0}_{-0.35}$ mm。

8.2.1.5 HKN 型冲压外圈圆柱滚子轴承的外径公差按表 7 的规定，其余公差按 JB/T 8878—2001 的规定。

表 7

单位为微米

外径 D/mm		Δ_{Dmp}		V_{Dsp}
超过	到	上偏差	下偏差	max
—	50	+60	0	120
50	100	+80	0	150

8.2.1.6 R 30000 型圆锥滚子轴承的 E、α 的公差应符合产品图样的规定。

8.2.1.7 350000 R 型凸缘外圈双列圆锥滚子轴承的公差按表 8、表 9 的规定，其余公差应符合产品图样的规定。

表 8

单位为微米

d/mm		Δ_{dmp}		V_{dsp}	V_{dmp}	K_{ia1}、K_{ia2}
超过	到	上偏差	下偏差	max		
50	80	0	−15	15	11	25

表 9

单位为微米

D/mm		Δ_{Dmp}		V_{Dsp}	V_{Dmp}	K_{ea}
超过	到	上偏差	下偏差	max		
80	120	0	−18	18	14	35

8.2.2 可分离的圆柱滚子轴承的滚子下垂量 δ

8.2.2.1 滚子的下垂量 δ 是指滚子在自重下从滚子组的理论节圆位置处下降至保持架窗孔内锁口（或外锁口）极限位置时的径向移动量，见图 15。

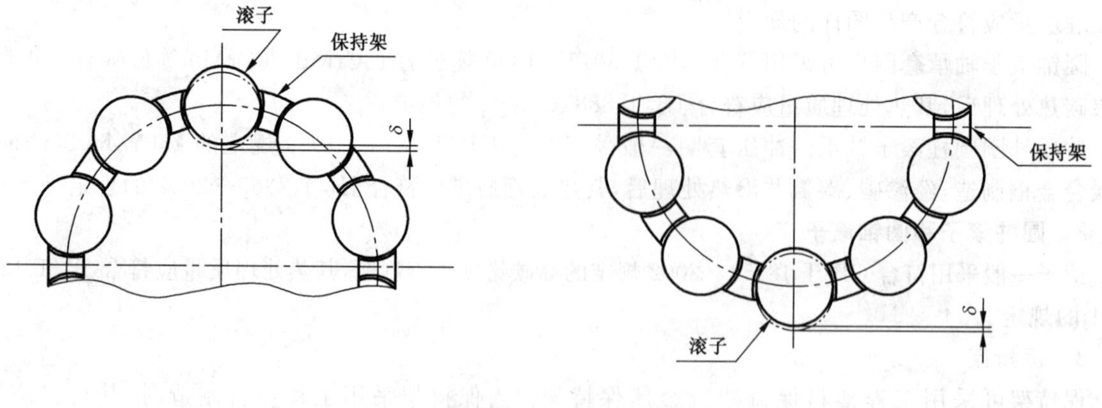

图 15 滚子下垂量示意图

8.2.2.2 对于 NU、NJ、NUP、RNU、RN、NF、RND、HKN 型圆柱滚子轴承，其滚子下垂量应符合产品图样的规定。

8.3 倒角

8.3.1 轴承装配倒角的最大值应符合 GB/T 274—2000 的规定，也可按照用户的要求进行调整。

8.3.2 轴承内圈非装配倒角的最大值应根据轴端紧固件的结构型式确定。轴承轴向用螺母紧固时，其内圈内孔非装配倒角的最大径向单一倒角尺寸与装配倒角的一致；轴承轴向用锁圈紧固时，其内圈内孔非装配倒角的最大径向单一倒角尺寸一般为 1.0 mm，也可按照用户的要求进行调整。

8.4　**表面粗糙度**

轴承(冲压外圈轴承除外)配合表面和端面的表面粗糙度应符合 GB/T 307.3—2005 中 0 级公差的规定。

8.5　**游隙**

8.5.1　**径向游隙**

圆柱滚子轴承的径向游隙一般应符合 GB/T 4604—2006 表 4 中 0 组或 3 组的规定;也可按照用户的要求,采用其他游隙值。

8.5.2　**轴向游隙**

8.5.2.1　NUP 型圆柱滚子轴承的轴向游隙应优先选用表 10 中的数值。也可按照用户的要求,采用其他游隙值。

表 10

单位为微米

轴承公称内径 d/mm		轴向游隙	
超过	到	min	max
—	30	100	300
30	90	150	350

8.5.2.2　350000 R 型圆锥滚子轴承的轴向游隙应符合产品图样的规定。

8.6　**残磁**

轴承的残磁限值按 JB/T 6641—2007 的规定。

8.7　**清洁度**

8.7.1　HKN 型和 KN 型轴承的成品清洁度按表 11 的规定。

表 11

轴承公称外径 D/mm		平均每套轴承含污量的最大允许值/(mg/套)	
超过	到	HKN 型	KN 型
—	50	3.2	3.0
50	60	3.9	3.5
60	70	4.6	4.0
70	80	5.1	4.5

8.7.2　乘用车用其他类型的轴承,其清洁度不应超过 JB/T 7050—2005 中规定值的 80%。

8.7.3　商用车用其他类型的轴承,其清洁度不应超过 JB/T 7050—2005 的规定。

8.8　**振动值**

8.8.1　圆柱滚子轴承的振动值不应高于 JB/T 8922—1999 中 V1 组的规定。

8.8.2　圆锥滚子轴承的振动值不应高于 JB/T 10236—2001 中 V1 组的规定或 JB/T 10237—2001 中 Z1 组的规定。

8.9　**旋转灵活性**

轴承应旋转灵活。

8.10　**外观质量**

轴承表面不允许有裂纹、锈蚀和明显的磕碰伤。

8.11　**寿命**

8.11.1　轴承常规寿命试验后,其额定寿命的试验值与基本额定寿命之比 $L_{10t}/L_{10}\geqslant 2$。用户有特殊要求时,也可与制造厂协商确定。

8.11.2 轴承台架模拟试验寿命应满足相应车型的要求。

8.11.3 轴承实车耐久性寿命应满足相应车型的要求。

8.12 其他

8.12.1 轴和外壳与轴承配合处的技术条件参见附录 A。

8.12.2 其他技术要求应符合 GB/T 307.3—2005、JB/T 10336—2002 的规定。

8.12.3 用户对轴承有其他要求时,可与制造厂协商确定。

9 检测方法

9.1 公差的测量

轴承公差的测量按 GB/T 307.2—2005 的规定。

9.2 滚子下垂量的检验

滚子下垂量在轴承组装前进行检验。

9.2.1 对于无外圈圆柱滚子轴承,用塞规检验滚子的下垂量(见图 16)。塞规的止端尺寸$=F_w+2\delta$,塞规的通端尺寸$=F_w+0.05$ mm。

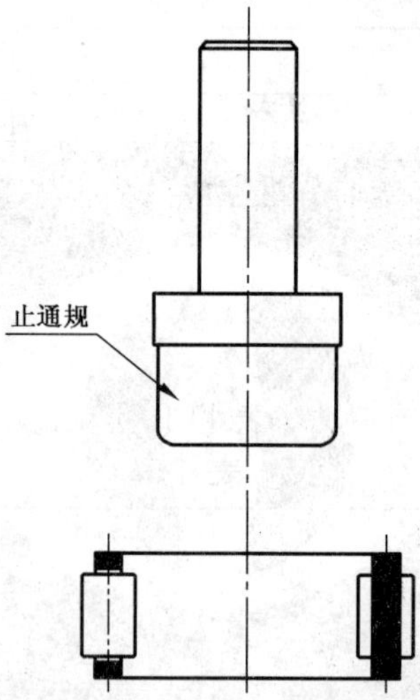

图 16 无外圈圆柱滚子轴承滚子下垂量的检验方法

9.2.2 对于内圈可分离的圆柱滚子轴承,用环规检验滚子的下垂量(见图 17)。环规的止端尺寸$=E_w-2\delta$,环规的通端尺寸$=E_w-0.05$ mm。

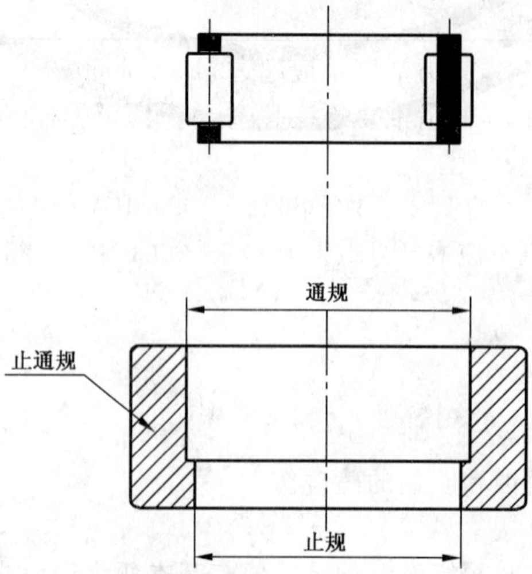

图 17 内圈可分离圆柱滚子轴承滚子下垂量的检验方法

9.3 倒角的检测

倒角的检测按 GB/T 307.2—2005 的规定。

9.4 表面粗糙度的测量

轴承表面粗糙度的测量按 JB/T 7051—2006 的规定。

9.5 游隙的测量

9.5.1 径向游隙

轴承径向游隙的测量按 GB/T 25769—2010 的规定。

9.5.2 轴向游隙

9.5.2.1 NUP 型圆柱滚子轴承轴向游隙的测量按图 18 所示。测量时，将轴承外圈端面压紧，然后匀力在轴承内圈上交替施加测量载荷(100 N)，使轴承内圈沿载荷方向上下移动，从指示仪上读出的两位置平均值之差即为轴向游隙值。

9.5.2.2 双列圆锥滚子轴承轴向游隙的测量按图 19 所示。测量时，将双列内圈用心轴及螺母紧固，然后匀力在轴承外圈上交替施加测量载荷(100 N)，使轴承外圈沿载荷方向上下移动，从指示仪上读出的两位置平均值之差即为轴向游隙值。

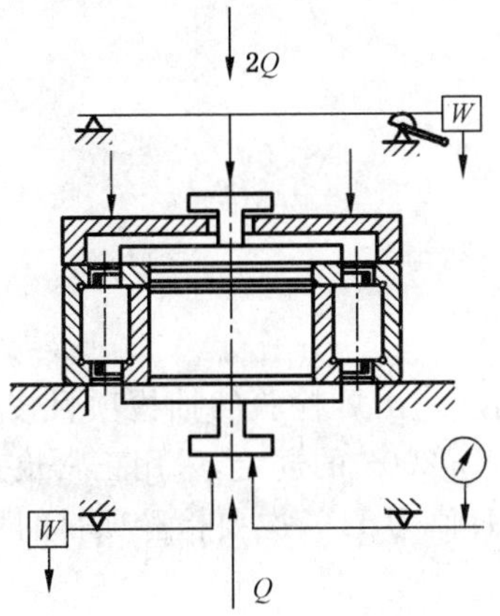

图 18 圆柱滚子轴承轴向游隙测量方法

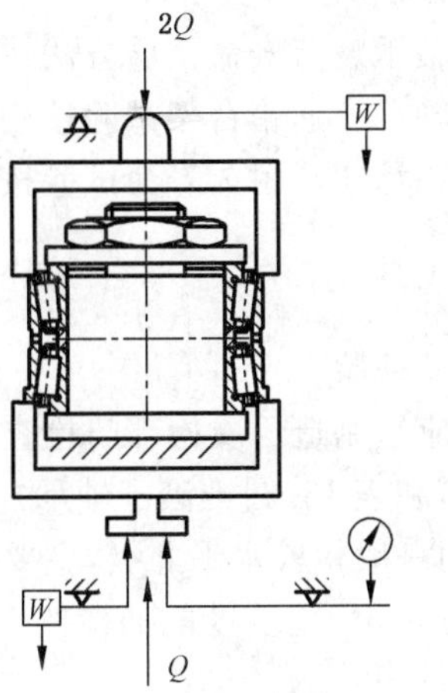

图 19 双列圆锥滚子轴承轴向游隙测量方法

9.6 残磁的测量

轴承残磁的测量按 JB/T 6641—2007 的规定。

9.7 清洁度的测试

轴承清洁度的测试方法按 JB/T 7050—2005 的规定。

9.8 振动的测量

9.8.1 单套轴承振动(加速度)的测量按 JB/T 5314—2002 的规定。

9.8.2 单套轴承振动(速度)的测量按 JB/T 5313—2001 的规定。

9.9 旋转灵活性的检查

9.9.1 NU、NJ、NUP、NCL、NF、NFL 型轴承

使成套轴承轴线处于水平方向，固定内圈，使其保持静止，旋转外圈数周，检查轴承的旋转灵活性。

9.9.2 RN、RND 型轴承

将轴承置于环规(环规尺寸$=E_w$)中，使轴承(连同环规)轴线处于水平方向，固定内圈，使其保持静止，旋转环规数周，检查轴承的旋转灵活性。

9.9.3 RNU 型轴承

将塞规(塞规尺寸$=F_w$ 的下偏差值-0.015 mm)插入轴承中，使轴承(连同塞规)轴线处于水平方

向，固定塞规，使其保持静止，旋转外圈数周，检查轴承的旋转灵活性。

9.9.4 **KN 型轴承**

将轴承置于环规(环规尺寸$=E_w+$G6 的下偏差值$+0.01$ mm)与塞规(塞规尺寸$=F_w$)之间，使轴承(连同环规、塞规)轴线处于水平方向，固定塞规，使其保持静止，旋转环规数周，检查轴承的旋转灵活性。

9.9.5 **HKN 型轴承**

先将轴承压入环规(环规尺寸=轴承外径 $D-$N6 的下偏差值)中，再将塞规(塞规尺寸$=F_w$ 的下偏差值-0.015 mm)插入轴承(已压入环规)中，使轴承(连同环规、塞规)轴线处于水平方向，固定塞规，使其保持静止，旋转环规数周，检查轴承的旋转灵活性。

9.9.6 **30000、R 30000、350000 R 型轴承**

支住轴承内圈背面，轴承内圈保持静止，旋转外圈(R 30000 型轴承为标准外圈)数周，检查轴承的旋转灵活性。

9.10 **外观质量的检查**

在散光灯下目视检查。

9.11 **寿命试验**

9.11.1 轴承疲劳寿命试验方法按 GB/T 24607—2009 的规定。

9.11.2 轴承变速箱台架试验按用户的要求。

9.11.3 轴承实车耐久寿命试验按用户的要求。

10 检验规则

10.1 出厂检验

轴承应经制造厂质检部门检查合格后并附有合格证方可出厂。出厂检验的抽检项目按表 12(圆柱滚子轴承)和表 13(圆锥滚子轴承)的规定，抽样按 GB/T 2828.1—2003 的规定，采用正常检查一次抽样方案，使用一般检验水平Ⅱ级，主要检验项目的接收质量限 AQL 值为 1.0，次要检验项目的接收质量限 AQL 值为 2.5。清洁度的抽检按 JB/T 7050—2005 的规定。

表 12

序号	主要检验项目	序号	次要检验项目
1	Δ_{dmp}、V_{dsp}、V_{dmp}	1	Δ_{Bs}、V_{Bs}、B_c 的公差
2	Δ_{Dmp}、V_{Dsp}、V_{Dmp}	2	Δ_{Cs}、V_{Cs}
3	K_{ia}	3	残磁
4	K_{ea}	4	配合表面和端面的表面粗糙度
5	游隙	5	外观质量
6	F_w 的公差	6	标志和包装
7	E_w 的公差		
8	振动		

表 13

序号	主要检验项目	序号	次要检验项目
1	Δ_{dmp}、V_{dsp}、V_{dmp}	1	Δ_{Bs}、V_{Bs}
2	Δ_{Dmp}、V_{Dsp}、V_{Dmp}	2	Δ_{Cs}、V_{Cs}
3	K_{ia}	3	残磁
4	K_{ea}	4	配合表面和端面的表面粗糙度
5	T、T_1、T_3 的公差	5	外观质量
6	振动	6	标志和包装

10.2 **验收检验**

验收检验的抽样方案、验收项目、接收质量限由用户与制造厂协商确定。

10.3 **型式检验**

10.3.1 轴承在下列情况之一时，应进行型式检验。

a) 试制的新产品定型时；

b) 设计、材料、工艺等有较大改变，可能影响产品质量和性能时；

c) 连续生产的产品历经两周年时；

d) 产品停产半年以上，恢复生产时；

e) 出厂检验结果与上次型式检验有较大差异时；

f) 国家质量监督机构提出进行型式检验的要求时。

10.3.2 型式检验的产品应从出厂检验合格的同一批产品中抽取，先对出厂检验项目进行复检，复检合格后再进行寿命检验。在寿命试验考核中，其检验规则由用户与制造厂协商确定。

11 标志

轴承的标志按 GB/T 24605—2009 的规定。

12 防锈包装

轴承的防锈包装按 GB/T 8597—2003 的规定。

附　录　A
（资料性附录）
轴和外壳与轴承配合处的技术条件

A.1　轴承与轴和外壳的配合

有内、外圈轴承与轴和外壳的配合参见 GB/T 275—1993。

A.2　与轴承相配的孔的尺寸公差

A.2.1　与 KN 型轴承相配的孔(用作轴承的滚道)的尺寸公差取 G6。

A.2.2　与 RN、RND 型轴承相配的孔(用作轴承的滚道)的尺寸公差参见表 A.1。

表 A.1

径向游隙组别	孔的尺寸公差(孔径≤80 mm)
小于 0 组	G6
0 组	F6
大于 0 组	E6

A.2.3　与 RNU 型轴承相配的孔的尺寸公差参见 GB/T 275—1993。

A.2.4　与 HKN 型轴承相配的孔的尺寸公差根据轴承座的材料按表 A.2 选用。

表 A.2

轴承座的材料	孔的尺寸公差
钢或铸铁	N6(N7)
轻合金或壁厚小于 6 mm	R6(R7)

A.2.5　与 R 30000 型轴承相配的孔(用作轴承的滚道)的尺寸公差参见表 A.3。

表 A.3　　单位为毫米

外圈公称小内径 E/mm		E 的公差	$\Delta_{2\alpha}$ [a]
超过	到		
—	50	±0.015	±0.004
50	80	±0.02	±0.005
80	120	±0.025	±0.006

[a] 该值系在滚道有效长度范围内，以径向尺寸的变化来表示。

A.3　与轴承相配的轴的尺寸公差

A.3.1　与 KN 型轴承相配的轴(用作轴承的滚道)的尺寸公差参见表 A.4。

表 A.4

径向游隙组别	轴的尺寸公差(轴径≤80 mm)
小于 0 组	h5
0 组	g5
大于 0 组	f5

A.3.2 与 RN、RND 型轴承相配的轴的尺寸公差参见 GB/T 275—1993。

A.3.3 与 RNU 型轴承相配的轴(用作轴承的滚道)的尺寸公差参见表 A.5。

表 A.5

径向游隙组别	轴的尺寸公差(轴径≤80 mm)
小于 0 组	g5
0 组	f5
大于 0 组	e5

A.3.4 与 HKN 型轴承相配的轴(用作轴承的滚道)的尺寸公差参见表 A.6。

表 A.6

径向游隙组别	轴的尺寸公差(轴径≤80 mm)
小于 0 组	k5
0 组	h5
大于 0 组	g6

A.3.5 与 R 30000 型轴承相配合的轴的尺寸公差参见 GB/T 275—1993。

A.4 轴和外壳与轴承配合处的圆角

轴和外壳与轴承配合处的圆角参见 GB/T 274—2000。

A.5 滚道表面硬度和淬硬层深度

用作滚道的轴或孔的表面,其表面硬度为 58HRC～64HRC,滚道表面淬硬层深度为 0.6 mm～1 mm。

A.6 表面粗糙度

与轴承相配的孔、轴的配合表面的表面粗糙度 *Ra* 的最大值为 0.80 μm,用作滚道的表面的表面粗糙度 *Ra* 的最大值为 0.20 μm。

A.7 滚道形状公差

A.7.1 用作滚道的轴或孔的表面,其表面素线不应出现内凹。

A.7.2 用作滚道的轴或孔的表面,其形状公差参见表 A.7。

表 A.7

公称直径/mm	超过	—	30	50	80
	到	30	50	80	—
圆柱度/μm	轴	4	4	5	6
	孔	6	7	8	10

参 考 文 献

[1] GB/T 275—1993 滚动轴承与轴和外壳的配合.

ICS 21.100.20
J 11

中华人民共和国国家标准

GB/T 25765—2010

滚动轴承　汽车变速箱用球轴承

Rolling bearings—Ball bearings for automotive transmission

2010-12-23 发布　　2011-06-01 实施

中华人民共和国国家质量监督检验检疫总局
中国国家标准化管理委员会
发布

前　言

本标准由中国机械工业联合会提出。

本标准由全国滚动轴承标准化技术委员会(SAC/TC 98)归口。

本标准起草单位:重庆长江轴承股份有限公司、人本集团有限公司、浙江八环轴承有限公司、洛阳轴承研究所有限公司、襄阳汽车轴承股份有限公司、湖北新火炬科技股份有限公司、常州光洋轴承有限公司。

本标准主要起草人:杨经略、郭宝霞、郭长建、牛建平、肖壮勇、吴少伟、张松、赵兴新。

滚动轴承　汽车变速箱用球轴承

1　范围

本标准规定了乘用车手动变速箱用球轴承(以下简称轴承)的代号方法、结构型式、技术要求、检测方法、检验规则、标志和防锈包装。

本标准适用于轴承的生产、检验和验收。

2　规范性引用文件

下列文件中的条款通过本标准的引用而成为本标准的条款。凡是注日期的引用文件,其随后所有的修改单(不包括勘误的内容)或修订版均不适用于本标准,然而,鼓励根据本标准达成协议的各方研究是否可使用这些文件的最新版本。凡是不注日期的引用文件,其最新版本适用于本标准。

GB/T 272—1993　滚动轴承　代号方法

GB/T 307.1—2005　滚动轴承　向心轴承　公差(ISO 492:2002,MOD)

GB/T 307.2—2005　滚动轴承　测量和检验的原则及方法(ISO 1132-2:2001,MOD)

GB/T 307.3—2005　滚动轴承　通用技术规则

GB/T 2828.1—2003　计数抽样检验程序　第1部分:按接收质量限(AQL)检索的逐批检验抽样计划(ISO 2859-1:1999,IDT)

GB/T 2829—2002　周期检验计数抽样程序及表(适用于对过程稳定性的检验)

GB/T 4199—2003　滚动轴承　公差　定义(ISO 1132-1:2000,MOD)

GB/T 4604—2006　滚动轴承　径向游隙(ISO 5753:1991,MOD)

GB/T 6930—2002　滚动轴承　词汇(ISO 5593:1997,IDT)

GB/T 7811—2007　滚动轴承　参数符号(ISO 15241:2001,IDT)

GB/T 8597—2003　滚动轴承　防锈包装

GB/T 18254—2002　高碳铬轴承钢

GB/T 24605—2009　滚动轴承　产品标志

GB/T 24607—2009　滚动轴承　寿命与可靠性试验及评定

GB/T 25769—2010　滚动轴承　径向游隙的测量方法

JB/T 1255—2001　高碳铬轴承钢滚动轴承零件热处理技术条件

JB/T 2974—2004　滚动轴承　代号方法的补充规定

JB/T 5313—2001　滚动轴承　振动(速度)测量方法

JB/T 5314—2002　滚动轴承　振动(加速度)测量方法

JB/T 6641—2007　滚动轴承　残磁及其评定方法

JB/T 7047—2006　滚动轴承　深沟球轴承振动(加速度)技术条件

JB/T 7048—2002　滚动轴承零件　工程塑料保持架　技术条件

JB/T 7050—2005　滚动轴承　清洁度评定方法

JB/T 7051—2006　滚动轴承零件　表面粗糙度测量和评定方法

JB/T 7752—2005　滚动轴承　密封深沟球轴承　技术条件

JB/T 8571—2008　滚动轴承　密封深沟球轴承　防尘、漏脂、温升性能试验规程

JB/T 10187—2000　滚动轴承　深沟球轴承振动(速度)技术条件

JB/T 10337—2002　滚动轴承零件　冲压保持架　技术条件

3 术语和定义

GB/T 4199—2003 和 GB/T 6930—2002 确立的术语和定义适用于本标准。

4 符号

GB/T 4199—2003、GB/T 7811—2007 给出的符号适用于本标准。

5 代号方法

变速箱用球轴承的类型代号为 TM,后置代号 C9 表示特殊游隙,其他代号按 GB/T 272—1993 和 JB/T 2974—2004 的规定。

代号示例:

a) 深沟球轴承

TM 6205-2RS / P63 Z2

- TM——变速箱用球轴承
- 6205——深沟球轴承 6205
- 2RS——两面带橡胶密封圈
- P63——公差等级 6 级,径向游隙 3 组
- Z2——振动(加速度)2 组

b) 双列角接触球轴承

TM 5207 NR / P6

- TM——变速箱用球轴承
- 5207——双列角接触轴承 5207
- NR——带止动环
- P6——公差等级 6 级

6 结构型式

变速箱球轴承常用的结构型式有深沟球轴承、双列角接触球轴承。

7 技术要求

7.1 材料及热处理

7.1.1 套圈和滚动体

轴承套圈和滚动体采用符合 GB/T 18254—2002 规定的 GCr15 轴承钢制造,套圈沟道表面应优先采用"碳氮共渗"、"渗氮"、"渗碳"等特殊热处理,其热处理质量应符合产品图样的规定;采用常规热处理时,其热处理质量应符合 JB/T 1255—2001 的规定。

7.1.2 保持架

保持架采用工程塑料(PA66-GF25)制造时,其材料应符合 JB/T 7048—2002 的规定,也可根据用户要求,采用其他材料制造。

保持架采用优质低碳钢板制造时,其材料应符合 JB/T 10337—2002 的规定,也可采用性能相当或更优的其他材料制造。

7.1.3 密封圈

密封圈一般采用强化丁腈橡胶或丙烯酸酯橡胶制造,也可根据用户要求,采用其他材料制造,但应保证能在环境温度为－35 ℃～＋130 ℃内正常使用。

7.2 公差

轴承的公差等级不应低于 GB/T 307.1—2005 中 6 级公差的规定。当用户有其他要求时，可与制造厂协商确定。

7.3 表面粗糙度

轴承配合表面及端面的表面粗糙度不应低于 GB/T 307.3—2005 中 6 级轴承的规定。

7.4 游隙

深沟球轴承的径向游隙应符合 GB/T 4604—2006 表 1 中 0 组或 3 组的规定。也可根据用户要求，采用其他特殊游隙值。双列角接触球轴承的径向游隙值应符合产品图样的规定。

用户对轴承轴向游隙有特殊要求时，由供需双方协商确定。

7.5 振动

深沟球轴承振动值不应高于 JB/T 7047—2006 中 Z2 组的规定或 JB/T 10187—2000 中 V2 组的规定。双列角接触球轴承振动值应符合产品图样的规定。

7.6 润滑及密封

轴承填装的润滑脂在温度为 −35 ℃～+130 ℃范围内应能正常使用，润滑脂与变速箱润滑油应具有相容性，填脂量约为轴承内部有效空间容积的 25%～35%。轴承的防尘、漏脂、温升性能不应低于 JB/T 7752—2005 的规定。

7.7 残磁

轴承的残磁限值按 JB/T 6641—2007 的规定。

7.8 清洁度

轴承的清洁度按 JB/T 7050—2005 的规定，也可根据用户要求，与制造厂协商确定。

7.9 外观质量

轴承不应有裂纹、锈蚀和明显的磕碰伤。

7.10 寿命

7.10.1 轴承进行常规寿命试验后，其额定寿命的试验值与基本额定寿命之比 $L_{10t}/L_{10} \geqslant 3$。用户有特殊要求时，也可与制造厂协商确定。

7.10.2 轴承台架模拟试验寿命应满足相应车型的要求。

7.10.3 轴承实车耐久性寿命应满足相应车型的要求，或者满足 10 万公里的寿命要求。

7.11 其他

用户对轴承有其他要求时，可与制造厂协商确定。

8 检测方法

8.1 公差的测量

轴承尺寸公差、旋转精度的测量按 GB/T 307.2—2005 的规定。

8.2 表面粗糙度的测量

轴承表面粗糙度的测量按 JB/T 7051—2006 的规定。

8.3 游隙的测量

8.3.1 深沟球轴承径向游隙的测量按 GB/T 25769—2010 的规定。

8.3.2 双列角接触球轴承轴向游隙的测量按图 1 所示。测量时，将轴承外圈端面压紧，均力交替施加测量载荷，轴承内圈沿载荷方向上下移动，即可从指示仪上读出轴承的轴向游隙值。

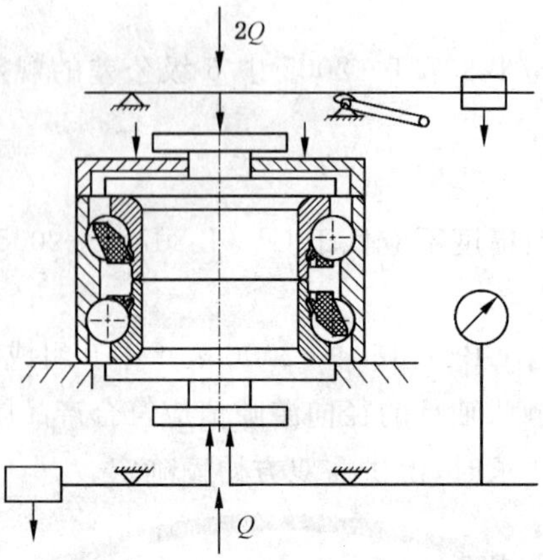

图 1

8.4 振动的测量

轴承振动的测量按 JB/T 5313—2001 或 JB/T 5314—2002 中深沟球轴承双面测量的规定。

8.5 防尘、漏脂、温升性能试验

轴承的防尘、漏脂、温升性能试验按 JB/T 8571—2008 的规定。

8.6 残磁的测量

轴承残磁的测量按 JB/T 6641—2007 的规定。

8.7 清洁度的测试

轴承清洁度的测试方法按 JB/T 7050—2005 的规定。

8.8 外观质量的检查

在散光灯下目视检查。

8.9 寿命试验

8.9.1 轴承疲劳寿命试验方法按 GB/T 24607—2009 的规定。

8.9.2 轴承变速箱台架试验按用户的要求。

8.9.3 轴承实车耐久寿命试验按用户的要求。

9 检验规则

9.1 出厂检验

轴承应经制造厂质检部门检查合格后并附有合格证方可出厂。出厂检验的抽检项目按表 1 的规定，抽样按 GB/T 2828.1—2003 的规定，采用正常检查一次抽样方案，使用一般检验水平Ⅱ级，主要检验项目的接收质量限 AQL 值为 1.0，次要检验项目的接收质量限 AQL 值为 2.5。清洁度的抽检按 JB/T 7050—2005 的规定。

表 1

序　号	主要检验项目	序　号	次要检验项目
1	Δ_{dmp}、V_{dsp}、V_{dmp}	1	Δ_{Bs}、V_{Bs}
2	Δ_{Dmp}、V_{Dsp}、V_{Dmp}	2	Δ_{Cs}、V_{Cs}
3	K_{ia}	3	残磁
4	K_{ea}	4	配合表面和端面的表面粗糙度
5	游隙	5	外观质量
6	振动	6	标志和包装

9.2 验收检验

验收检验的抽样方案、验收项目、接收质量限由用户与制造厂协商确定。

9.3 型式检验

9.3.1 轴承在下列情况之一时，应进行型式检验。

a) 试制的新产品定型时；

b) 设计、材料、工艺等有较大改变，可能影响产品质量和性能时；

c) 连续生产的产品历经两周年时；

d) 产品停产半年以上，恢复生产时；

e) 出厂检验结果与上次型式检验有较大差异时；

f) 国家质量监督机构提出进行型式检验的要求时。

9.3.2 型式检验的产品应从出厂检验合格的同一批产品中抽取，先对出厂检验项目进行复检，复检合格后再进行密封性能、寿命检验。在防尘、漏脂、温升试验考核中，按 GB/T 2829—2002 的规定，取不合格质量水平 RQL 为 25，判别水平Ⅰ，一次抽样方案，样本大小各为 8，每批试验的合格判定数为 1，不合格判定数为 2。在寿命试验考核中，其检验规则由用户与制造厂协商确定。

10 标志

轴承的标志按 GB/T 24605—2009 的规定。

11 防锈包装

轴承的防锈包装按 GB/T 8597—2003 的规定。密封轴承所使用的防锈油与润滑脂应具有相容性且不能侵入轴承内部。

ICS 21.100.20
J 11

中华人民共和国国家标准

GB/T 25766—2010

滚动轴承　外球面球轴承　径向游隙

Rolling bearings—Insert bearings—Radial internal clearance

2010-12-23 发布　　2011-06-01 实施

中华人民共和国国家质量监督检验检疫总局
中国国家标准化管理委员会　发布

前　言

本标准由中国机械工业联合会提出。

本标准由全国滚动轴承标准化技术委员会(SAC/TC 98)归口。

本标准起草单位:洛阳轴承研究所有限公司、浙江新昌皮尔轴承有限公司。

本标准主要起草人:宋玉聪、马素青、樊新英、孟晓慧。

滚动轴承　外球面球轴承　径向游隙

1　范围

本标准规定了外球面球轴承的径向游隙值及其测量原则。

本标准不适用于两端平头外球面球轴承，两端平头外球面球轴承的径向游隙值按 GB/T 4604—2006 的规定。

2　规范性引用文件

下列文件中的条款通过本标准的引用而成为本标准的条款。凡是注日期的引用文件，其随后所有的修改单(不包括勘误的内容)或修订版均不适用于本标准，然而，鼓励根据本标准达成协议的各方研究是否可使用这些文件的最新版本。凡是不注日期的引用文件，其最新版本适用于本标准。

GB/T 3882—1995　滚动轴承　外球面球轴承和偏心套　外形尺寸(neq ISO 9628:1992)

GB/T 4604—2006　滚动轴承　径向游隙(ISO 5753:1991,MOD)

GB/T 6930—2002　滚动轴承　词汇(ISO 5593:1997,IDT)

GB/T 7811—2007　滚动轴承　参数符号(ISO 15241:2001,IDT)

JB/T 6640—2007　滚动轴承　带座外球面球轴承　代号方法

3　定义

GB/T 6930—2002 中 05.08.01 确立的径向游隙的定义适用于本标准。

4　符号

GB/T 7811—2007 给出的符号适用于本标准。

5　代号

本标准所规定的径向游隙的代号按 JB/T 6640—2007 的规定。

6　径向游隙值

6.1　外形尺寸符合 GB/T 3882—1995 的外球面球轴承的径向游隙值按表 1、表 2 的规定。

6.2　外形尺寸不符合 GB/T 3882—1995 的外球面球轴承的径向游隙值可参照 6.1 中与之外径相同的外球面球轴承的径向游隙值。

7　径向游隙的测量原则

7.1　测量轴承的径向游隙时，将一个套圈紧固(不能使被固定套圈工作表面的尺寸和几何形状有所改变)，另一个套圈在直径方向自由移动。

7.2　每套轴承的径向游隙，应在圆周上相隔 120°的三处进行测量，三次测量的算术平均值即为该套轴承的径向游隙值。

7.3　测量轴承的径向游隙时，应保证轴承内、外套圈沟道的对称轴线不产生角度偏斜。

表1 圆柱孔

单位为微米

d/mm		2系列、3系列					
		2组		N组		3组	
超过	到	min	max	min	max	min	max
10	18	3	18	10	25	18	33
18	24	5	20	12	28	20	36
24	30	5	20	12	28	23	41
30	40	6	20	13	33	28	46
40	50	6	23	14	36	30	51
50	65	8	28	18	43	38	61
65	80	10	30	20	51	46	71
80	100	12	36	24	58	53	84
100	120	15	41	28	66	61	97
120	140	18	48	33	81	71	114

表2 圆锥孔

单位为微米

d/mm		2系列、3系列					
		2组		N组		3组	
超过	到	min	max	min	max	min	max
10	18	10	25	18	33	25	45
18	24	12	28	20	36	28	48
24	30	12	28	23	41	30	53
30	40	13	33	28	46	40	64
40	50	14	36	30	51	45	73
50	65	18	43	38	61	55	90
65	80	20	51	46	71	65	105
80	100	24	58	53	84	75	120
100	120	28	66	61	97	90	140
120	140	33	81	71	114	105	160

ICS 21.100.20
J 11

中华人民共和国国家标准

GB/T 25767—2010

滚动轴承 圆锥滚子

Rolling bearings—Tapered rollers

2010-12-23 发布 2011-06-01 实施

中华人民共和国国家质量监督检验检疫总局
中国国家标准化管理委员会 发布

前　言

本标准的附录 A 为规范性附录。

本标准由中国机械工业联合会提出。

本标准由全国滚动轴承标准化技术委员会(SAC/TC 98)归口。

本标准起草单位:洛阳轴承研究所有限公司、福建省永安轴承有限责任公司、甘肃海林中科科技股份有限公司、人本集团有限公司、湖北新火炬科技股份有限公司。

本标准主要起草人:李飞雪、蔡秉华、师燚、刘铁影、吴少伟、黄朝斌。

滚动轴承　圆锥滚子

1　范围

本标准规定了圆锥滚子(以下简称滚子)的技术要求、检测方法、检验规则、标志、包装及贮存。

本标准适用于滚子的生产、检验和验收。

2　规范性引用文件

下列文件中的条款通过本标准的引用而成为本标准的条款。凡是注日期的引用文件,其随后所有的修改单(不包括勘误的内容)或修订版均不适用于本标准,然而,鼓励根据本标准达成协议的各方研究是否可使用这些文件的最新版本。凡是不注日期的引用文件,其最新版本适用于本标准。

GB/T 3203—1982　渗碳轴承钢技术条件

GB/T 4199—2003　滚动轴承　公差　定义(ISO 1132-1:2000,MOD)

GB/T 4380—2004　圆度误差的评定　两点、三点法

GB/T 6930—2002　滚动轴承　词汇(ISO 5593:1997,IDT)

GB/T 7811—2007　滚动轴承　参数符号(ISO 15241:2001,IDT)

GB/T 8597—2003　滚动轴承　防锈包装

GB/T 18254—2002　高碳铬轴承钢

GB/T 24608—2009　滚动轴承及其商品零件检验规则

JB/T 1255—2001　高碳铬轴承钢滚动轴承零件热处理技术条件

JB/T 6641—2007　滚动轴承　残磁及其评定方法

JB/T 6642—2004　滚动轴承零件　圆度和波纹度误差测量及评定方法

JB/T 7051—2006　滚动轴承零件　表面粗糙度测量和评定方法

JB/T 8881—2001　滚动轴承零件渗碳热处理技术条件

3　术语和定义

GB/T 4199—2003 和 GB/T 6930—2002 确立的以及下列术语和定义适用于本标准。

3.1

滚子公称直径　nominal roller diameter

用于识别滚子直径的数值,是指在圆锥滚子大端理论尖角处的径向平面内的理论直径。

3.2

滚子单一直径　single roller diameter

在垂直于滚子轴线的平面内,与滚子实际表面相切的两条平行切线间的距离。

3.3

单一平面滚子平均直径　mean roller diameter in a single plane

单一径向平面内,滚子的最大与最小单一直径的算术平均值。

3.4

单一平面滚子直径变动量　variation of roller diameter in a single plane

单一径向平面内,滚子最大与最小单一直径之差。

3.5

滚子公称长度　nominal roller length

一般用于识别滚子长度的数值。

3.6

圆锥角 angle of taper

一般用于识别滚子角度的角度值，是指在滚子任一轴向平面内，滚子圆锥表面两素线之间的夹角。

3.7

圆锥角偏差 deviation of angle of taper

在滚子任一轴向平面内，滚子圆锥表面两素线的夹角与滚子公称圆锥角之差。

3.8

圆度误差 deviation from circular form

在任一径向平面内，外表面实际轮廓线的外接圆与轮廓线上任意点间的最大径向距离。

3.9

滚子大端面对外表面的跳动 runout of roller large end face with respect to outside surface

滚子大端面上距滚子最大倒角尺寸1.2倍处，且圆心在该滚子轴线上的圆周，在此圆周上的各点距径向平面的最大与最小轴向距离之差。

3.10

滚子规值 roller gauge

在规定的同一径向平面内，由单一平面滚子平均直径偏离滚子公称直径的上偏差和下偏差所限定的直径偏差范围。

3.11

滚子规值批 roller gauge lot

同一公差等级、同一公称尺寸的滚子量。这些滚子的单一平面平均直径和圆锥角均在同一滚子规值内。

3.12

滚子规值批直径变动量 variation of roller gauge lot diameter

在同一滚子规值批内，具有最大单一平面平均直径的滚子与具有最小单一平面平均直径的滚子，其单一平面平均直径之差。

3.13

滚子规值批圆锥角变动量 variation of roller gauge lot angle of taper

在同一滚子规值批内，具有最大圆锥角的滚子与具有最小圆锥角的滚子，其圆锥角之差。

4 符号

GB/T 7811—2007给出的以及下列符号适用于本标准。

D_w：滚子公称直径

D_{wmp}：单一平面滚子平均直径

D_{ws}：滚子单一直径

L_w：滚子公称长度

S_{Dw}：滚子大端面对外表面的跳动

V_{DwL}：滚子规值批直径变动量

V_{Dwsp}：单一平面滚子直径变动量

$V_{2\varphi L}$：滚子规值批圆锥角变动量

2φ：圆锥角

Δ_{Rw}：滚子表面圆度误差

$\Delta_{2\varphi}$：圆锥角偏差

5 形状与尺寸

5.1 形状

滚子的形状见图 1,滚子倒角应呈圆弧面。

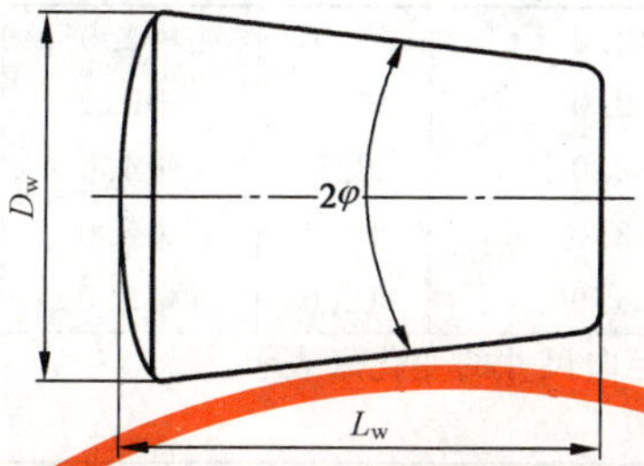

图 1

5.2 尺寸

滚子的外形尺寸应符合产品图样的规定。

6 技术要求

6.1 材料及热处理

滚子一般采用符合 GB/T 18254—2002 规定的高碳铬轴承钢或符合 GB/T 3203—1982 规定的渗碳轴承钢制造,其热处理质量应分别符合 JB/T 1255—2001 或 JB/T 8881—2001 的规定。也可采用满足性能要求的其他材料制造,其热处理质量按相关标准的规定。

6.2 公差

6.2.1 公差等级

滚子按制造的尺寸、公差及表面粗糙度分成 0、Ⅰ、Ⅱ、Ⅲ级,精度依次由高到低。

6.2.2 公差值

滚子的尺寸公差及形位公差按表 1 的规定。标准中未规定的公差应符合产品图样的规定。

6.3 表面粗糙度

滚子的表面粗糙度按表 2 的规定。

表 1

单位为微米

<table>
<tr><th rowspan="3">公差等级</th><th colspan="2" rowspan="2">D_w/mm</th><th colspan="3">形位公差</th><th colspan="2">圆锥角偏差</th><th colspan="2">规值批尺寸变动量</th></tr>
<tr><th>V_{Dwsp}</th><th>Δ_{Rw}</th><th>S_{Dw}</th><th colspan="2">$\Delta_{2\varphi}{}^{a,b}$</th><th>$V_{DwL}$</th><th>$V_{2\varphi L}{}^{a,b}$</th></tr>
<tr><th>超过</th><th>到</th><th colspan="3">max</th><th>上偏差</th><th>下偏差</th><th colspan="2">max</th></tr>
<tr><td rowspan="3">0</td><td>—</td><td>10</td><td colspan="2">0.3</td><td>1.0</td><td>+0.6</td><td>−0.6</td><td>1.0</td><td>0.6</td></tr>
<tr><td>10</td><td>18</td><td colspan="2">0.3</td><td>1.0</td><td>+0.7</td><td>−0.7</td><td>1.0</td><td>0.7</td></tr>
<tr><td>18</td><td>30</td><td colspan="2">0.4</td><td>2.0</td><td>+0.7</td><td>−0.7</td><td>1.0</td><td>0.7</td></tr>
<tr><td rowspan="4">Ⅰ</td><td>—</td><td>10</td><td colspan="2">0.5</td><td>2.0</td><td>+1.0</td><td>−1.0</td><td>1.0</td><td>1.0</td></tr>
<tr><td>10</td><td>18</td><td colspan="2">0.5</td><td>2.5</td><td>+1.0</td><td>−1.0</td><td>1.5</td><td>1.0</td></tr>
<tr><td>18</td><td>30</td><td colspan="2">0.8</td><td>3.0</td><td>+1.5</td><td>−1.5</td><td>2.0</td><td>1.5</td></tr>
<tr><td>30</td><td>50</td><td colspan="2">1.2</td><td>4.0</td><td>+2.0</td><td>−2.0</td><td>2.5</td><td>2.0</td></tr>
<tr><td rowspan="4">Ⅱ</td><td>—</td><td>10</td><td colspan="2">1.2</td><td>3.0</td><td>+2.0</td><td>−2.0</td><td>2.0</td><td>2.0</td></tr>
<tr><td>10</td><td>18</td><td colspan="2">1.2</td><td>4.0</td><td>+2.0</td><td>−2.0</td><td>2.5</td><td>2.0</td></tr>
<tr><td>18</td><td>30</td><td colspan="2">1.5</td><td>5.0</td><td>+2.5</td><td>−2.5</td><td>3.0</td><td>2.5</td></tr>
<tr><td>30</td><td>50</td><td colspan="2">2.0</td><td>6.0</td><td>+3.0</td><td>−3.0</td><td>3.0</td><td>3.0</td></tr>
</table>

表 1（续） 单位为微米

<table>
<tr><th rowspan="3">公差等级</th><th colspan="2" rowspan="2">D_w/
mm</th><th colspan="3">形位公差</th><th colspan="2">圆锥角偏差</th><th colspan="2">规值批尺寸变动量</th></tr>
<tr><th>V_{Dwsp}</th><th>Δ_{Rw}</th><th>S_{Dw}</th><th colspan="2">$\Delta_{2\varphi}$ [a,b]</th><th>V_{DwL}</th><th>$V_{2\varphi L}$ [a,b]</th></tr>
<tr><th>超过</th><th>到</th><th colspan="3">max</th><th>上偏差</th><th>下偏差</th><th colspan="2">max</th></tr>
<tr><td rowspan="5">Ⅲ</td><td>—</td><td>10</td><td colspan="2">2.0</td><td>5.0</td><td>+2.0</td><td>−2.0</td><td>3.0</td><td>3.0</td></tr>
<tr><td>10</td><td>18</td><td colspan="2">2.0</td><td>6.5</td><td>+3.0</td><td>−3.0</td><td>3.0</td><td>3.0</td></tr>
<tr><td>18</td><td>30</td><td colspan="2">3.0</td><td>8.5</td><td>+4.0</td><td>−4.0</td><td>5.0</td><td>5.0</td></tr>
<tr><td>30</td><td>50</td><td colspan="2">3.0</td><td>10.0</td><td>+5.0</td><td>−5.0</td><td>5.0</td><td>5.0</td></tr>
<tr><td>50</td><td>80</td><td colspan="2">4.0</td><td>12.0</td><td>+5.0</td><td>−5.0</td><td>5.0</td><td>5.0</td></tr>
<tr><td colspan="10">[a] 该值系在滚子有效长度范围内，以径向尺寸的变化来表示。
[b] 仅适用于 $\varphi \leqslant 3°$ 的滚子。</td></tr>
</table>

表 2 单位为微米

<table>
<tr><th rowspan="3">公差等级</th><th colspan="2" rowspan="2">D_w/
mm</th><th colspan="3">表面粗糙度 Ra</th></tr>
<tr><th>圆锥面</th><th>滚子大端面</th><th>其余表面</th></tr>
<tr><th>超过</th><th>到</th><th colspan="3">max</th></tr>
<tr><td rowspan="3">0</td><td>—</td><td>10</td><td rowspan="3">0.04</td><td rowspan="3">0.1</td><td rowspan="3">1.25</td></tr>
<tr><td>10</td><td>18</td></tr>
<tr><td>18</td><td>30</td></tr>
<tr><td rowspan="4">Ⅰ</td><td>—</td><td>10</td><td rowspan="3">0.08</td><td rowspan="3">0.125</td><td rowspan="4">1.25</td></tr>
<tr><td>10</td><td>18</td></tr>
<tr><td>18</td><td>30</td></tr>
<tr><td>30</td><td>50</td><td>0.125</td><td>0.16</td></tr>
<tr><td rowspan="4">Ⅱ</td><td>—</td><td>10</td><td>0.10</td><td rowspan="3">0.16</td><td rowspan="4">2.5</td></tr>
<tr><td>10</td><td>18</td><td rowspan="2">0.125</td></tr>
<tr><td>18</td><td>30</td></tr>
<tr><td>30</td><td>50</td><td>0.16</td><td>0.20</td></tr>
<tr><td rowspan="5">Ⅲ</td><td>—</td><td>10</td><td>0.125</td><td>0.25</td><td rowspan="5">2.5</td></tr>
<tr><td>10</td><td>18</td><td rowspan="2">0.16</td><td rowspan="3">0.32</td></tr>
<tr><td>18</td><td>30</td></tr>
<tr><td>30</td><td>50</td><td rowspan="2">0.25</td></tr>
<tr><td>50</td><td>80</td><td>0.4</td></tr>
</table>

6.4 滚子表面形状

滚子圆锥表面素线应凸度修形，其凸形及凸度值以及滚子大端面形状均按产品图样的规定。

6.5 残磁

滚子的残磁限值不应超过表 3 的规定。

表 3

<table>
<tr><td rowspan="2">滚子直径 D_w/
mm</td><td>超过</td><td>—</td><td>18</td><td>30</td><td>50</td></tr>
<tr><td>到</td><td>18</td><td>30</td><td>50</td><td>—</td></tr>
<tr><td colspan="2">残磁最大限值/mT</td><td>0.2</td><td>0.25</td><td>0.3</td><td>0.4</td></tr>
</table>

6.6　外观质量

滚子表面不应有裂纹、锈蚀。工作表面不应有黑皮、麻点、磨伤等缺陷，经酸洗后不应有烧伤、软点。

滚子倒角应匀称。同一滚子的倒角坐标尺寸不应有明显差别，其差值不应超过该滚子倒角尺寸公差的 1/2。

6.7　其他

滚子有特殊技术要求时，可由用户与制造厂协商确定。

7　检测方法

7.1　公差的测量

7.1.1　D_{ws}、D_{wmp}、V_{Dwsp} 的测量

D_{ws} 采用两点法测量。一般取滚子长度中部的一径向平面测得的值，作为该滚子的测量值。另外，D_{ws} 也可以在距滚子大端面一定位置处与标准滚子进行比较测量。

D_{wmp} 可由单一径向平面内滚子的最大与最小单一直径的算术平均值求得。

V_{Dwsp} 可由单一径向平面内滚子的最大与最小单一直径之差求得。

7.1.2　V_{DwL} 的测量

在同一滚子规值批内，在距滚子大端面滚子长度 1/2 处的径向平面内，由最大滚子和最小滚子的单一平面平均直径之差得到。

7.1.3　Δ_{Rw} 的测量

滚子圆度误差的测量方法按附录 A 的规定。

7.1.4　S_{Dw} 的测量

按图 2a）所示的方法，将滚子置于 V 形块（架）上，旋转滚子一周，指示仪所示的最大差值即为 S_{Dw}。也可采用图 2b）所示的方法，旋转滚子一周，指示仪所示最大差值的 1/2 即为 S_{Dw}。

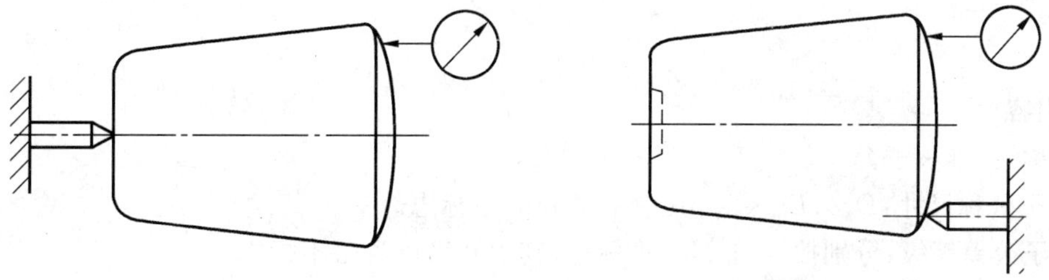

a）　　　　b）

图 2

7.1.5　滚子圆锥角的测量

用仪器与标准件进行比较测量。

7.2　表面粗糙度的测量

滚子表面粗糙度的测量按 JB/T 7051—2006 的规定。

7.3　滚子表面形状的检测

7.3.1　滚子圆锥表面形状和凸度值在仪器或量仪上测量。在量仪上测量时，将被测滚子放在量仪上，调整滚子，使滚子素线两端处于同一水平位置，调整量仪测头，使测头处于滚子轴向平面内且垂直于被测素线。在素线除倒角以外的全长范围内测量，测量轨迹即为素线的形状，测得的素线两端与中部示值之差即为凸度值。测量示意图见图 3。

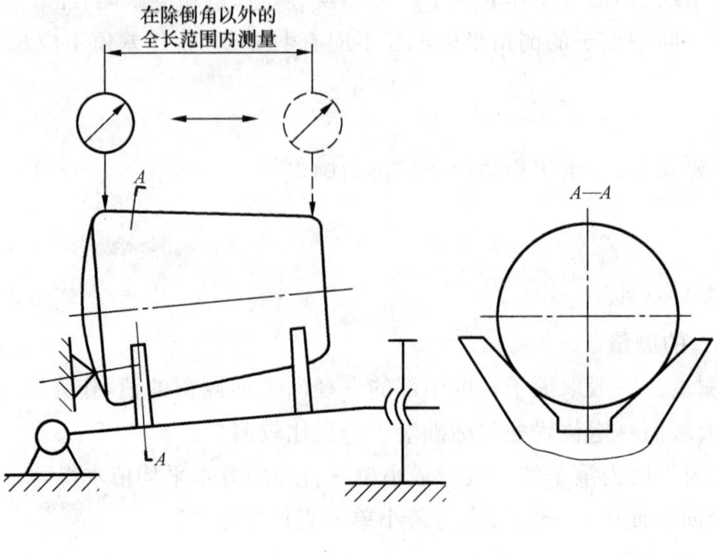

图 3

7.3.2 滚子大端面的形状用仪器检查，也可用样板检查。

7.4 残磁的测量

滚子残磁的测量按 JB/T 6641—2007 的规定。

7.5 外观质量的检查

滚子的外观质量在散光灯下目视检查。

8 检验规则

成品滚子的检验规则按 GB/T 24608—2009 的规定。

9 标志

9.1 标志内容

a) 名称：圆锥滚子。

b) 滚子公称尺寸：$D_w \times L_w \times 2\varphi$，其中单位 mm 不标志。

c) 滚子公差等级：分别按 0、Ⅰ、Ⅱ、Ⅲ标志，其中 0 级可省略不标志。

d) 滚子规值：用上、下偏差表示，单位"μm"(不标志)。

e) 滚子所符合的标准号及补充技术条件代号。

9.2 标志规则

在滚子的订货单、合格证、包装物等需标志的地方，按 9.1 内容的顺序标志，每项之间空一格。

9.3 标志示例

圆锥滚子　9.437×12.48×4°Ⅲ　−1/−4　GB/T 25767—2010

表示符合 GB/T 25767—2010 的圆锥滚子，公称直径 9.437 mm，公称长度 12.48 mm，圆锥角 4°，公差等级Ⅲ，规值为 −1 μm，−4 μm，规值批直径变动量为 3 μm。

10 包装及贮存

10.1 防锈包装

10.1.1 经检验合格的商品滚子，应按 GB/T 8597—2003 的规定进行防锈和内包装，包装时应把不同尺寸、不同公差等级、不同规值的滚子装入不同的容器(盒)中，不应混装。

10.1.2 包装容器(盒)外面,应标明滚子的标志、材料、数量(或重量)、制造商标(或厂名)、批号和包装日期。

10.2 **贮存**

滚子经防锈包装后,在遵守 GB/T 8597—2003 规定的运输和库房保管条件下,应保证从出厂之日起 12 个月内不生锈。

附 录 A
（规范性附录）
圆度误差测量方法

A.1 圆度仪测量法

滚子圆度误差的测量方法按 JB/T 6642—2004 的规定，以最小二乘圆圆心评定圆度误差。

A.2 V形块测量法

在尚无条件使用圆度仪的情况下，可按 GB/T 4380—2004 采用 V 形块来测量滚子奇数波的圆度误差。对于偶数波，可用两点测量法测量。V 形块的角度对指示仪读数有很大影响，没有一种角度能适合所有波数。实际上常用的 V 形块角度是 60°、90°和 120°，指示仪读数与实际圆度误差值的比值即放大系数见表 A.1。确定圆度误差时应以指示仪读数除以该放大系数。

滚子圆度误差为两点测量和 60°、90°、120°V 形块测量测值中的最大值。

表 A.1 放大系数

V 形块角度	波数									
	3	5	7	9	11	13	15	17	19	21
60°	3	—	—	3	—	—	3	—	—	3
90°	2	2	—	—	2	2	—	—	2	2
120°	1	2	2	1	—	—	1	2	2	1

ICS 21.100.20
J 11

中华人民共和国国家标准

GB/T 25768—2010

滚动轴承　滚针和双向推力圆柱滚子组合轴承

Rolling bearings—Combined needle roller bearings with double direction thrust cylindrical roller bearings

2010-12-23 发布　　2011-06-01 实施

中华人民共和国国家质量监督检验检疫总局
中国国家标准化管理委员会　发布

前　言

本标准的附录 A 为规范性附录。

本标准由中国机械工业联合会提出。

本标准由全国滚动轴承标准化技术委员会(SAC/TC 98)归口。

本标准起草单位:镇江飞亚轴承有限责任公司、洛阳轴承研究所有限公司。

本标准主要起草人:辛厚谊、徐振宇、贺健、宋晓梅。

滚动轴承　滚针和双向推力圆柱滚子组合轴承

1　范围

本标准规定了滚针和双向推力圆柱滚子组合轴承(以下简称组合轴承)的结构型式、尺寸和技术条件。

本标准适用于组合轴承的生产、检验和验收。

2　规范性引用文件

下列文件中的条款通过本标准的引用而成为本标准的条款。凡是注日期的引用文件,其随后所有的修改单(不包括勘误的内容)或修订版均不适用于本标准,然而,鼓励根据本标准达成协议的各方研究是否可使用这些文件的最新版本。凡是不注日期的引用文件,其最新版本适用于本标准。

GB/T 307.2—2005　滚动轴承　测量和检验的原则及方法(ISO 1132-2:2001,MOD)

GB/T 1184—1996　形状和位置公差　未注公差值(eqv ISO 2768-2:1989)

GB/T 1800.2—2009　产品几何技术规范(GPS)　极限与配合　第2部分:标准公差等级和孔、轴极限偏差表(ISO 286-2:1988,MOD)

GB/T 4199—2003　滚动轴承　公差　定义(ISO 1132-1:2000,MOD)

GB/T 4604—2006　滚动轴承　径向游隙(ISO 5753:1991,MOD)

GB/T 6930—2002　滚动轴承　词汇(ISO 5593:1997,IDT)

GB/T 7811—2007　滚动轴承　参数符号 (ISO 15241:2001,IDT)

GB/T 8597—2003　滚动轴承　防锈包装

GB/T 13237—1991　优质碳素结构钢冷轧薄钢板和钢带

GB/T 18254—2002　高碳铬轴承钢

GB/T 24605—2009　滚动轴承　产品标志

GB/T 25769—2010　滚动轴承　径向游隙的测量方法

JB/T 1255—2001　高碳铬轴承钢滚动轴承零件热处理技术条件

JB/T 6641—2007　滚动轴承　残磁及其评定方法

JB/T 7048—2002　滚动轴承零件　工程塑料保持架　技术条件

JB/T 7051—2006　滚动轴承零件　表面粗糙度测量和评定方法

3　术语和定义

GB/T 6930—2002确立的术语和定义适用于本标准。

4　符号(见图1～图4)

GB/T 4199—2003、GB/T 7811—2007给出的以及下列符号适用于本标准。

C:外圈公称宽度

C_1:外圈台阶公称宽度

C_2:外圈端面至径向油孔中心线的距离

D:组合轴承外圈公称外径

D_1:组合轴承轴圈公称外径

D_2:组合轴承阶梯形轴圈阶梯轴公称外径

D_3:组合轴承阶梯形轴圈公称外径

d:内圈公称内径
d_1:轴圈公称内径
d_i:油孔直径
d_m:螺孔直径
J:油孔和螺孔的中心圆直径
K_{ia}:组合轴承内圈径向跳动
K_{ea}:组合轴承外圈径向跳动
r:轴圈公称倒角尺寸
r_1:外圈公称倒角尺寸
r_{smin}:r 的最小单一倒角尺寸
r_{1smin}:r_1 的最小单一倒角尺寸
S_{ia}:组合轴承轴向跳动
T:组合轴承公称高度
T_1:外圈端面至轴圈背面的距离
T_2:轴圈公称高度
T_3:阶梯形轴圈公称高度
T_4:阶梯形轴圈阶梯轴公称高度
V_{Cs}:外圈宽度变动量
Δ_{D1mp}:轴圈单一平面平均外径偏差
Δ_{D2mp}:阶梯形轴圈阶梯轴单一平面平均外径偏差
Δ_{D3mp}:阶梯形轴圈单一平面平均外径偏差
Δ_{d1mp}:轴圈单一平面平均内径偏差
Δ_{Ts}:组合轴承实际高度偏差

5 结构型式

5.1 滚针和双向推力圆柱滚子组合轴承的结构型式见图 1、图 2。

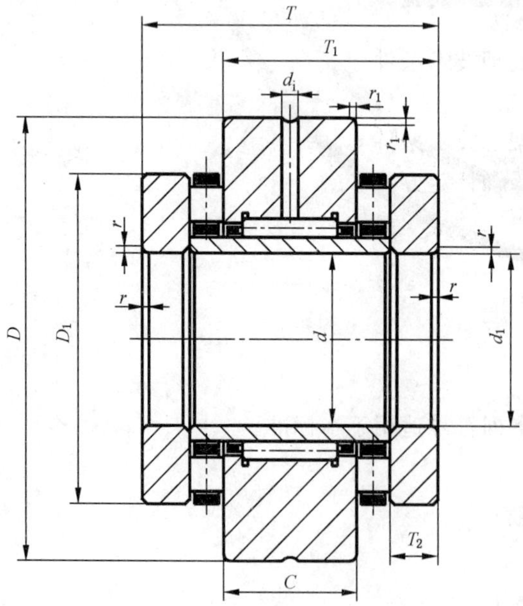

图 1 ZARN 型

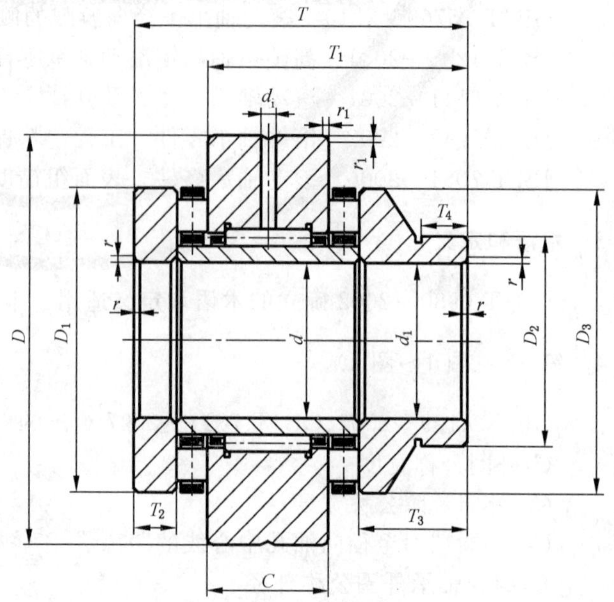

图 2 ZARN…L 型(带加长阶梯形轴圈)

5.2 带凸缘的滚针和双向推力圆柱滚子组合轴承的结构型式见图 3、图 4。

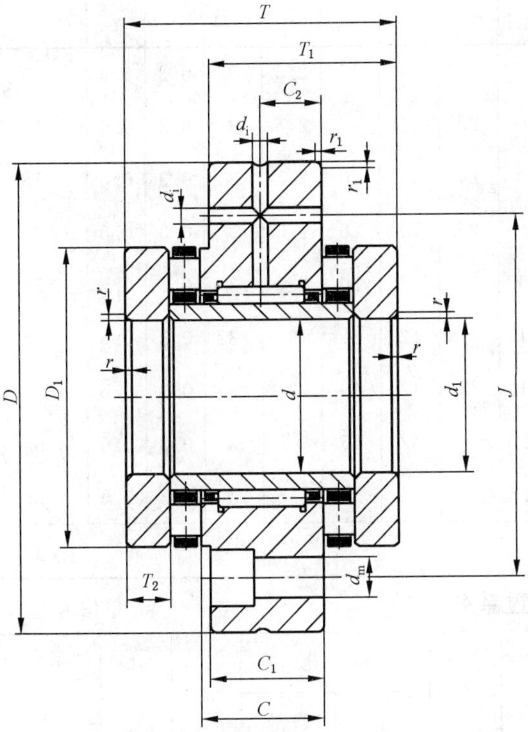

图 3　ZARF 型

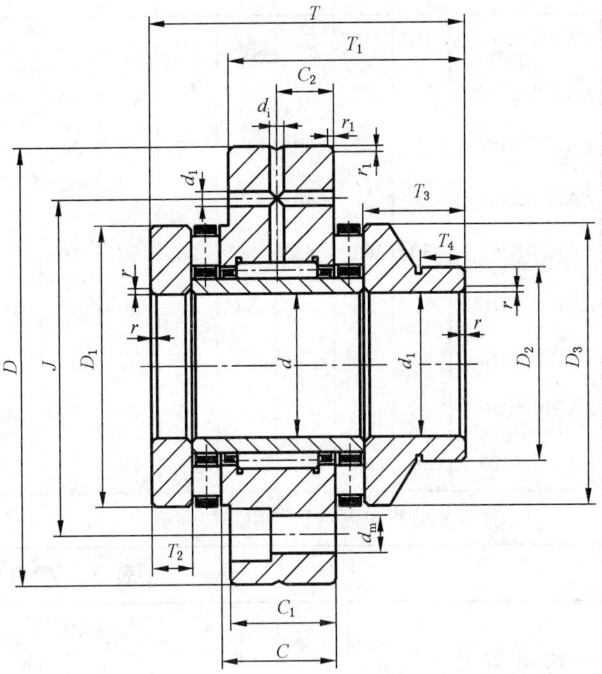

图 4　ZARF…L 型(带加长阶梯形轴圈)

6　尺寸

6.1　滚针和双向推力圆柱滚子组合轴承的外形尺寸见表 1～表 4。

表 1　ZARN 型轻系列

单位为毫米

轴承型号	d	D	T	T_1	C	D_1	T_2	d_1	油孔		r_{smin}	r_{1smin}	预紧力矩/(N·m) ≈
									d_i	数量			
ZARN 1545	15	45	40	28	16	35	7.5	15	2.5	3	0.3	0.6	10
ZARN 1747	17	47	43	29.5	16	38	9	17	2.5	3	0.3	0.6	12
ZARN 2052	20	52	46	31	16	42	10	20	2.5	3	0.3	0.6	18
ZARN 2557	25	57	50	35	20	47	10	25	2.5	3	0.3	0.6	25
ZARN 3062	30	62	50	35	20	52	10	30	2.5	3	0.3	0.6	32
ZARN 3570	35	70	54	37	20	60	11	35	3	3	0.3	0.6	42
ZARN 4075	40	75	54	37	20	65	11	40	3	3	0.3	0.6	55
ZARN 4580	45	80	60	42.5	25	70	11.5	45	3.5	3	0.3	0.6	65
ZARN 5090	50	90	60	42.5	25	78	11.5	50	3.5	3	0.3	0.6	85

注：油孔数量可由制造厂与用户协商确定。

表 2 ZARN…L 型轻系列

单位为毫米

轴承型号	d	D	T	T_1	C	D_1	D_2	D_3	T_2	T_3	T_4	d_1	油孔		r_{smin}	r_{1smin}	预紧力矩/(N·m) ≈
													d_i	数量			
ZARN 1545 L	15	45	53	41	16	35	24	34	7.5	20.5	11	15	2.5	3	0.3	0.6	10
ZARN 1747 L	17	47	57	43.5	16	38	28	38	9	23	11	17	2.5	3	0.3	0.6	12
ZARN 2052 L	20	52	60	45	16	42	30	40	10	24	11	20	2.5	3	0.3	0.6	18
ZARN 2557 L	25	57	65	50	20	47	36	45	10	25	11	25	2.5	3	0.3	0.6	25
ZARN 3062 L	30	62	65	50	20	52	40	50	10	25	11	30	2.5	3	0.3	0.6	32
ZARN 3570 L	35	70	70	53	20	60	45	58	11	27	12	35	3	3	0.3	0.6	42
ZARN 4075 L	40	75	70	53	20	65	50	63	11	27	12	40	3	3	0.3	0.6	55
ZARN 4580 L	45	80	75	57.5	25	70	56	68	11.5	26.5	12	45	3.5	3	0.3	0.6	65
ZARN 5090 L	50	90	78	60.5	25	78	60	78	11.5	29.5	12	50	3.5	3	0.3	0.6	85
注：油孔数量可由制造厂与用户协商确定。																	

表 3 ZARN 型重系列

单位为毫米

轴承型号	d	D	T	T_1	C	D_1	T_2	d_1	油孔		r_{smin}	r_{1smin}	预紧力矩/(N·m) ≈
									d_i	数量			
ZARN 2062	20	62	60	40	20	52	12.5	20	2.5	3	0.3	0.6	38
ZARN 2572	25	72	60	40	20	62	12.5	25	2.5	3	0.3	0.6	55
ZARN 3080	30	80	66	43	20	68	14	30	3	3	0.3	0.6	75
ZARN 3585	35	85	66	43	20	73	14	35	3.5	3	0.3	0.6	100
ZARN 4090	40	90	75	50	25	78	16	40	3.5	3	0.3	0.6	120
ZARN 45105	45	105	82	53.5	25	90	17.5	45	3.5	3	0.3	0.6	150
ZARN 50110	50	110	82	53.5	25	95	17.5	50	3.5	3	0.3	0.6	180
ZARN 55115	55	115	82	53.5	25	100	17.5	55	3.5	3	0.3	0.6	220
ZARN 60120	60	120	82	53.5	25	105	17.5	60	3.5	3	0.3	0.6	250
ZARN 65125	65	125	82	53.5	25	110	17.5	65	3.5	3	0.3	0.6	270
ZARN 70130	70	130	82	53.5	25	115	17.5	70	3.5	3	0.3	0.6	330
ZARN 75155	75	155	100	65	30	135	21	75	4	3	0.3	1	580
ZARN 90180	90	180	110	72.5	35	160	22.5	90	4	3	0.3	1	960
ZARN 110210	110	210	130	85	40	190	26	110	4	3	0.3	1	—
ZARN 130240	130	240	150	100	50	215	29	130	4	3	0.3	1	—
ZARN 150270	150	270	160	106	52	240	32	150	4	3	0.3	1	—
注：油孔数量可由制造厂与用户协商确定。													

表 4 ZARN…L 型重系列

单位为毫米

轴承型号	d	D	T	T_1	C	D_1	D_2	D_3	T_2	T_3	T_4	d_1	油孔		r_{smin}	r_{1smin}	预紧力矩/(N·m) ≈
													d_i	数量			
ZARN 2062 L	20	62	75	55	20	52	40	50	12.5	27.5	11	20	2.5	3	0.3	0.6	38
ZARN 2572 L	25	72	75	55	20	62	48	60	12.5	27.5	11	25	2.5	3	0.3	0.6	55
ZARN 3080 L	30	80	82	59	20	68	52	66	14	30	12	30	3	3	0.3	0.6	75
ZARN 3585 L	35	85	82	59	20	73	60	73	14	30	12	35	3.5	3	0.3	0.6	100
ZARN 4090 L	40	90	93	68	25	78	60	78	16	34	12	40	3.5	3	0.3	0.6	120
ZARN 45105 L	45	105	103	74.5	25	90	70	88	17.5	38.5	14	45	3.5	3	0.3	0.6	150
ZARN 50110 L	50	110	103	74.5	25	95	75	93	17.5	38.5	14	50	3.5	3	0.3	0.6	180
ZARN 55115 L	55	115	103	74.5	25	100	80	98	17.5	38.5	14	55	3.5	3	0.3	0.6	220
ZARN 60120 L	60	120	103	74.5	25	105	90	105	17.5	38.5	16	60	3.5	3	0.3	0.6	250
ZARN 65125 L	65	125	103	74.5	25	110	90	108	17.5	38.5	16	65	3.5	3	0.3	0.6	270
ZARN 70130 L	70	130	103	74.5	25	115	100	115	17.5	38.5	16	70	3.5	3	0.3	0.6	330
ZARN 75155 L	75	155	125	90	30	135	115	135	21	46	16	75	4	3	0.3	1	580
ZARN 90180 L	90	180	135	97.5	35	160	130	158	22.5	47.5	16	90	4	3	0.3	1	960

注：油孔数量可由制造厂与用户协商确定。

6.2 带凸缘的滚针和双向推力圆柱滚子组合轴承的外形尺寸见表 5～表 8。

表 5 ZARF 型轻系列

单位为毫米

轴承型号	d	D	T	T_1	C	C_1	C_2	D_1	T_2	J	径向油孔		轴向油孔		螺孔		d_1	r_{smin}	r_{1smin}	预紧力矩/(N·m) ≈
											d_i	数量	d_i	数量	d_m	数量				
ZARF 1560	15	60	40	26	16	14	8	35	7.5	46	3.2	1	3.2	2	6.6	6	15	0.3	0.6	10
ZARF 1762	17	62	43	27.5	16	14	8	38	9	48	3.2	1	3.2	2	6.6	6	17	0.3	0.6	12
ZARF 2068	20	68	46	29	16	14	8	42	10	53	3.2	1	3.2	2	6.6	8	20	0.3	0.6	18
ZARF 2575	25	75	50	33	20	18	10	47	10	58	3.2	1	3.2	2	6.6	8	25	0.3	0.6	25
ZARF 3080	30	80	50	33	20	18	10	52	10	63	3.2	1	3.2	2	6.6	12	30	0.3	0.6	32
ZARF 3590	35	90	54	35	20	18	10	60	11	73	3.2	1	3.2	2	6.6	12	35	0.3	0.6	42
ZARF 40100	40	100	54	35	20	18	10	65	11	80	3.2	1	3.2	2	9	8	40	0.3	0.6	55
ZARF 45105	45	105	60	40	25	22.5	12.5	70	11.5	85	6	1	6	2	9	8	45	0.3	0.6	65
ZARF 50115	50	115	60	40	25	22.5	12.5	78	11.5	94	6	1	6	2	9	12	50	0.3	0.6	85

注：油孔数量可由制造厂与用户协商确定。

表 6 ZARF…L 型轻系列

单位为毫米

轴承型号	d	D	T	T_1	C	C_1	C_2	D_1	D_2	D_3	T_2	T_3	T_4	J	径向油孔		轴向油孔		螺孔		d_1	r_{smin}	r_{1smin}	预紧力矩/(N·m) ≈
															d_i	数量	d_i	数量	d_m	数量				
ZARF 1560 L	15	60	53	39	16	14	8	35	24	34	7.5	20.5	11	46	3.2	1	3.2	2	6.6	6	15	0.3	0.6	10
ZARF 1762 L	17	62	57	41.5	16	14	8	38	28	38	9	23	11	48	3.2	1	3.2	2	6.6	6	17	0.3	0.6	12
ZARF 2068 L	20	68	60	43	16	14	8	42	30	40	10	24	11	53	3.2	1	3.2	2	6.6	8	20	0.3	0.6	18
ZARF 2575 L	25	75	65	48	20	18	10	47	36	45	10	25	11	58	3.2	1	3.2	2	6.6	8	25	0.3	0.6	25
ZARF 3080 L	30	80	65	48	20	18	10	52	40	50	10	25	11	63	3.2	1	3.2	2	6.6	12	30	0.3	0.6	32
ZARF 3590 L	35	90	70	51	20	18	10	60	45	58	11	27	12	73	3.2	1	3.2	2	6.6	12	35	0.3	0.6	42
ZARF 40100 L	40	100	70	51	20	18	10	65	50	63	11	27	12	80	3.2	1	3.2	2	9	8	40	0.3	0.6	55
ZARF 45105 L	45	105	75	55	25	22.5	12.5	70	56	68	11.5	26.5	12	85	6	1	6	2	9	8	45	0.3	0.6	65
ZARF 50115 L	50	115	78	58	25	22.5	12.5	78	60	78	11.5	29.5	12	94	6	1	6	2	9	12	50	0.3	0.6	85
注：油孔数量可由制造厂与用户协商确定。																								

表 7 ZARF 型重系列

单位为毫米

轴承型号	d	D	T	T_1	C	C_1	C_2	D_1	T_2	J	径向油孔		轴向油孔		螺孔		d_1	r_{smin}	r_{1smin}	预紧力矩/(N·m) ≈
											d_i	数量	d_i	数量	d_m	数量				
ZARF 2080	20	80	60	38	20	18	10	52	12.5	63	3.2	1	3.2	2	6.6	12	20	0.3	0.6	38
ZARF 2590	25	90	60	38	20	18	10	62	12.5	73	3.2	1	3.2	2	6.6	12	25	0.3	0.6	55
ZARF 30105	30	105	66	41	20	18	10	68	14	85	3.2	1	3.2	2	9	12	30	0.3	0.6	75
ZARF 35110	35	110	66	41	20	18	10	73	14	88	3.2	1	3.2	2	9	12	35	0.3	0.6	100
ZARF 40115	40	115	75	47.5	25	22.5	12.5	78	16	94	6	1	6	2	9	12	40	0.3	0.6	120
ZARF 45130	45	130	82	51	25	22.5	12.5	90	17.5	105	6	1	6	2	9	12	45	0.3	0.6	150
ZARF 50140	50	140	82	51	25	22.5	12.5	95	17.5	113	6	1	6	2	11	12	50	0.3	0.6	180
ZARF 55145	55	145	82	51	25	22.5	12.5	100	17.5	118	6	1	6	2	11	12	55	0.3	0.6	220
ZARF 60150	60	150	82	51	25	22.5	12.5	105	17.5	123	6	1	6	2	11	12	60	0.3	0.6	250
ZARF 65155	65	155	82	51	25	22.5	12.5	110	17.5	128	6	1	6	2	11	12	65	0.3	0.6	270
ZARF 70160	70	160	82	51	25	22.5	12.5	115	17.5	133	6	1	6	2	11	12	70	0.3	0.6	330
ZARF 75185	75	185	100	62	30	27	15	135	21	155	6	1	6	2	13.5	12	75	0.3	1	580
ZARF 90210	90	210	110	69.5	35	32	17.5	160	22.5	180	6	1	6	2	13.5	12	90	0.3	1	960
注：油孔数量可由制造厂与用户协商确定。																				

表 8 ZARF…L 型重系列

单位为毫米

轴承型号	d	D	T	T_1	C	C_1	C_2	D_1	D_2	D_3	T_2	T_3	T_4	J	径向油孔 d_i	径向油孔 数量	轴向油孔 d_i	轴向油孔 数量	螺孔 d_m	螺孔 数量	d_1	r_{smin}	r_{1smin}	预紧力矩/(N·m) ≈
ZARF 2080 L	20	80	75	53	20	18	10	52	40	40	12.5	27.5	11	63	3.2	1	3.2	2	6.6	12	20	0.3	0.6	38
ZARF 2590 L	25	90	75	53	20	18	10	62	48	48	12.5	27.5	11	73	3.2	1	3.2	2	6.6	12	25	0.3	0.6	55
ZARF 30105 L	30	105	82	57	20	18	10	68	52	52	14	30	12	85	3.2	1	3.2	2	9	12	30	0.3	0.6	75
ZARF 35110 L	35	110	82	57	20	18	10	73	60	60	14	30	12	88	3.2	1	3.2	2	9	12	35	0.3	0.6	100
ZARF 40115 L	40	115	93	65.5	25	22.5	12.5	78	60	60	16	34	12	94	6	1	6	2	9	12	40	0.3	0.6	120
ZARF 45130 L	45	130	103	72	25	22.5	12.5	90	70	70	17.5	38.5	14	105	6	1	6	2	9	12	45	0.3	0.6	150
ZARF 50140 L	50	140	103	72	25	22.5	12.5	95	75	75	17.5	38.5	14	113	6	1	6	2	11	12	50	0.3	0.6	180
ZARF 55145 L	55	145	103	72	25	22.5	12.5	100	80	80	17.5	38.5	14	118	6	1	6	2	11	12	55	0.3	0.6	220
ZARF 60150 L	60	150	103	72	25	22.5	12.5	105	90	90	17.5	38.5	16	123	6	1	6	2	11	12	60	0.3	0.6	250
ZARF 65155 L	65	155	103	72	25	22.5	12.5	110	90	90	17.5	38.5	16	128	6	1	6	2	11	12	65	0.3	0.6	270
ZARF 70160 L	70	160	103	72	25	22.5	12.5	115	100	100	17.5	38.5	16	133	6	1	6	2	11	12	70	0.3	0.6	330
ZARF 75185 L	75	185	125	87	30	27	15	135	115	115	21	46	16	155	6	1	6	2	13.5	12	75	0.3	1	580
ZARF 90210 L	90	210	135	94.5	35	32	17.5	160	130	130	22.5	47.5	16	180	6	1	6	2	13.5	12	90	0.3	1	960

注：油孔数量可由制造厂与用户协商确定。

7 技术要求

7.1 材料及热处理

组合轴承套圈和滚动体采用符合 GB/T 18254—2002 规定的高碳铬轴承钢制造，其热处理质量应符合 JB/T 1255—2001 的规定。

推力圆柱滚子轴承保持架一般采用符合 JB/T 7048—2002 规定的工程塑料(PA66-GF25)制造，也可根据用户要求，采用其他材料制造；滚针轴承保持架材料采用符合 GB/T 13237—1991 规定的低碳钢板或钢带制造。

7.2 公差

7.2.1 组合轴承的套圈公差应符合表 9～表 11 的规定。

7.2.2 组合轴承高度 T 的公差为 $^{0}_{-0.37}$ mm。

7.2.3 螺孔直径公差按 GB/T 1800.2—2009 中 H12 选取，油孔和螺孔中心圆直径 J 的公差为 ±0.1 mm。

表 9 内圈

单位为微米

d/mm		Δ_{dmp}		V_{dsp}	V_{dmp}	K_{ia}	S_d
超过	到	上偏差	下偏差	max	max	max	max
10	18	0	−7	5	5	7	7
18	30	0	−8	6	6	8	8
30	50	0	−10	8	8	10	8
50	80	0	−12	9	9	10	8
80	120	0	−15	11	11	13	9
120	180	0	−18	14	14	18	10

表 10 外圈

单位为微米

D/mm		Δ_{Dmp}		V_{Dsp}	V_{Dmp}	K_{ea}	Δ_{Cs}		V_{Cs}
超过	到	上偏差	下偏差	max	max	max	上偏差	下偏差	max
30	50	0	−9	7	7	10	0	−130	0.5
50	80		−11	8	8	13			
80	120		−13	10	10	18			
120	150		−15	11	11	20			
150	180		−18	14	14	23			1
180	250		−20	15	15	25			
250	315		−25	19	19	30			

表 11 轴圈

单位为微米

d_1/mm		Δ_{d1mp}		S_{ia}	Δ_{D1mp}(Δ_{D2mp}、Δ_{D3mp})	
超过	到	上偏差	下偏差	max	上偏差	下偏差
10	18	+50	+32	1	−20	−50
18	30	+61	+40			
30	50	+75	+50			
50	80	+90	+60			
80	120	+107	+72	2		
120	180	+125	+85			

7.3 表面粗糙度

组合轴承配合表面和端面的表面粗糙度按表 12 的规定。

表 12 组合轴承配合表面和端面的表面粗糙度

单位为微米

轴承公称直径[a]/mm		Ra max			
超过	到	内圈内孔表面	外圈外圆柱表面	轴圈外圆柱表面	套圈端面
—	30	0.63	0.32	0.63	0.4
30	80	0.63	0.32	0.63	0.4
80	500	1	0.63	1	0.63

[a] 内圈内孔及其端面按内孔直径查表 12，外圈外圆柱表面及其端面按外径查表 12，轴圈外圆柱表面按内孔直径查表 12。

7.4 游隙

组合轴承滚针轴承的径向游隙按 GB/T 4604—2006 中 2 组的规定。

7.5 残磁

组合轴承的残磁限值按 JB/T 6641—2007 的规定。

7.6 外观质量

7.6.1 组合轴承不应有裂纹、锈蚀和磕碰伤。

7.6.2 轴圈外圆柱表面和阶梯形轴圈的阶梯轴外圆柱表面应无螺旋状加工痕迹。

7.7 其他

用户对组合轴承有其他要求时，可与制造厂协商确定。

8 检测方法

8.1 组合轴承公差的测量按 GB/T 307.2—2005 和附录 A 的规定。其中测量用心轴的径向跳动 ≤3 μm，心轴对轴肩的垂直度按 GB/T 1184—1996 中 4 级选取。

8.2 组合轴承表面粗糙度的测量按 JB/T 7051—2006 的规定。

8.3 组合轴承径向游隙的测量按 GB/T 25769—2010 的规定。

8.4 组合轴承残磁的测量按 JB/T 6641—2007 的规定。

8.5 组合轴承外观质量采用目视检查。

9 检验规则

出厂时，组合轴承的公差、游隙、残磁和外观质量应 100% 进行检验。

10 标志

组合轴承的标志按 GB/T 24605—2009 的规定。

11 防锈包装

组合轴承的防锈包装按 GB/T 8597—2003 的规定。组合轴承应捆扎成套装入包装容器中，外圈端面和滚子之间、轴圈端面和滚子之间应加衬垫隔开。

附　录　A
（规范性附录）
Δ_{Ts}、S_{ia}、K_{ia}、K_{ea}、S_d 的测量方法

A.1　组合轴承实际高度偏差 Δ_{Ts}的测量(见图 A.1)

用块规或标准件比较测量。将组合轴承一轴圈背面支承于三个均布、等高的固定支点上，指示仪置于另一轴圈背面一固定支点的正上方，沿圆周几个位置重复读数，取指示仪读数的算术平均值得到组合轴承实际高度 T_s，根据下式求得 Δ_{Ts}

$$\Delta_{Ts} = T_s - T$$

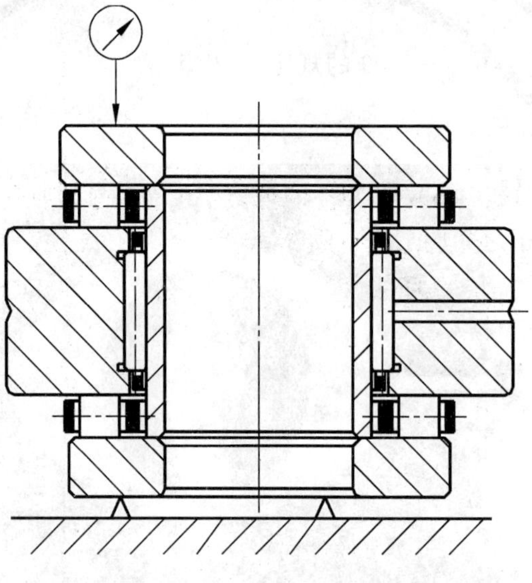

图 A.1

A.2　组合轴承轴向跳动 S_{ia}的测量(见图 A.2)

将组合轴承安装在心轴上并处于图 A.2 状态，对一轴圈背面施加一预紧力矩(见表 1～表 8)，外圈保持静止，测头置于滚道中部，转动与指示仪接触的轴圈一周以上，读取指示仪最大读数与最小读数之差；再将组合轴承翻面，重复测量，取两个差值中最大的一个即为组合轴承轴向跳动 S_{ia}。

A.3　组合轴承内圈径向跳动 K_{ia}的测量(见图 A.3)

将组合轴承的外圈组件和内圈水平安装在锥度(锥度约为 1∶5 000)心轴上，并将心轴支于两顶尖之间，指示仪置于外圈外表面宽度的 1/3 处，外圈静止，心轴旋转一周以上，指示仪最大读数与最小读数之差即为内圈径向跳动 K_{ia}。

A.4　组合轴承外圈径向跳动 K_{ea}的测量(见图 A.3)

将组合轴承的外圈组件和内圈水平安装在锥度(锥度约为 1∶5 000)心轴上，并将心轴支于两顶尖之间，指示仪置于外圈外表面宽度的 1/3 处，内圈静止，外圈旋转一周以上，指示仪最大读数与最小读数之差即为外圈径向跳动 K_{ea}。

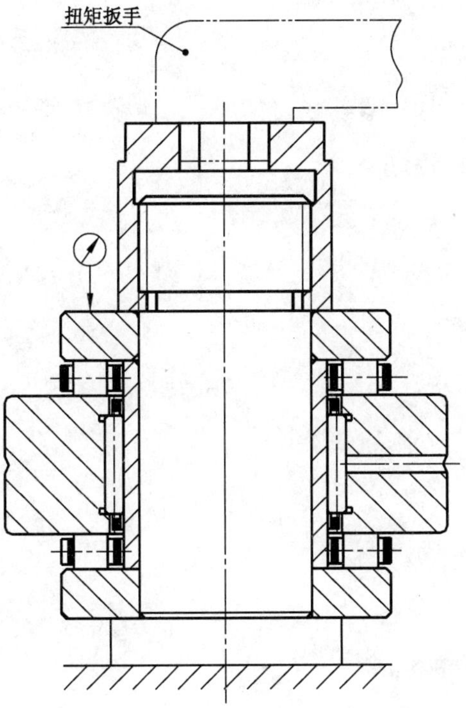

图 A.2

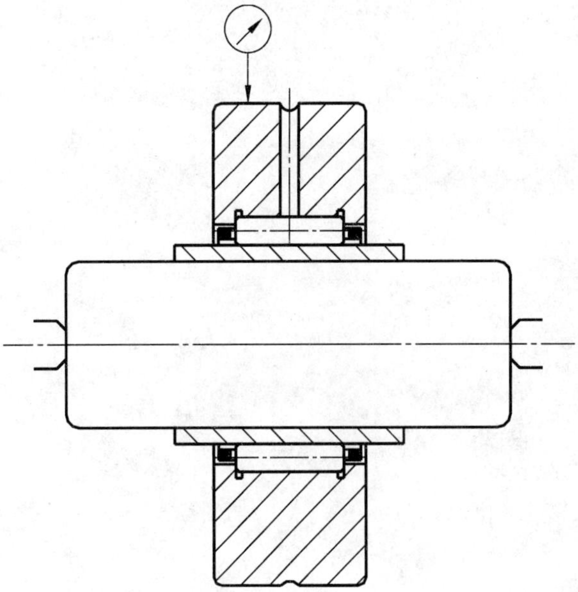

图 A.3

A.5 内圈端面对内孔垂直度 S_d 的测量

按 GB/T 307.2—2005 规定的方法测量。

ICS 21.100.20
J 11

中华人民共和国国家标准

GB/T 25769—2010

滚动轴承　径向游隙的测量方法

Rolling bearings—Measuring methods for radial internal clearance

2010-12-23 发布　　2011-06-01 实施

中华人民共和国国家质量监督检验检疫总局
中国国家标准化管理委员会　发布

前　言

本标准由中国机械工业联合会提出。

本标准由全国滚动轴承标准化技术委员会(SAC/TC 98)归口。

本标准起草单位:洛阳轴承研究所有限公司、万向钱潮股份有限公司、杭州轴承试验研究中心有限公司等。

本标准主要起草人:郭宝霞、彭兰、李素娟、徐振宇、章有良、张晓鹏、宣衡艳。

滚动轴承　径向游隙的测量方法

1　范围

本标准规定了深沟球轴承、调心球轴承、圆柱滚子轴承、滚针轴承和调心滚子轴承径向游隙的测量方法。

本标准适用于滚动轴承(以下简称轴承)径向游隙的测量。

2　规范性引用文件

下列文件中的条款通过本标准的引用而成为本标准的条款。凡是注日期的引用文件，其随后所有的修改单(不包括勘误的内容)或修订版均不适用于本标准，然而，鼓励根据本标准达成协议的各方研究是否可使用这些文件的最新版本。凡是不注日期的引用文件，其最新版本适用于本标准。

GB/T 4199—2003　滚动轴承　公差　定义(ISO 1132-1:2000,MOD)

GB/T 4662—2003　滚动轴承　额定静载荷(ISO 76:1987,IDT)

JB/T 8788—1998　塞尺

JJF 1089—2002　滚动轴承径向游隙测量仪校准规范

3　径向游隙的测量原则

3.1　轴承径向游隙的测量是固定一套圈，在不固定的套圈上施加能得到稳定测值的测量载荷，并在直径方向上作往复移动，进行测量。

3.2　置测头于不固定套圈宽度的中部，读取不固定套圈在各个角位置(大致均布，至少三个)上沿载荷方向的移动量，其算术平均值(减去由于测量载荷引起轴承径向游隙的增加量)即为轴承径向游隙测量值。

4　测量前的准备

测量前，轴承应清洗干净，可能影响测量结果的粘附于轴承上的油脂和/或防锈剂均应除去，并应采用低黏度油润滑。预润滑轴承和密封、防尘轴承的某些结构可能会影响测量精度，为消除差异，对于闭型轴承，应在封闭前测量。

注：测量完成后，轴承应立即防锈。

5　测量仪器通用技术条件

径向游隙测量仪的设计和使用条件应符合 GB/T 4199—2003 中有关轴承径向游隙的定义，技术要求及标准应符合 JJF 1089—2002 的规定。

6　深沟球轴承径向游隙的测量

测量该类轴承时，应使球落入沟底。

6.1　专用测量仪测量

6.1.1　无载荷仪器测量法(见图 1)

6.1.1.1　测量前，应根据轴承的尺寸选择合适的心轴，将被测轴承的内圈固定在心轴的端面上，调整测量载荷值(不大于 5 N)及测头位置，使仪器的各部分均处于正常状态。

6.1.1.2 测量时，使被测轴承处于正常测量状态，应旋转内圈至少一周以上的整圈数，交替施加上下测量载荷，从仪表上读出的上下两位置平均值之差即为游隙测量值。

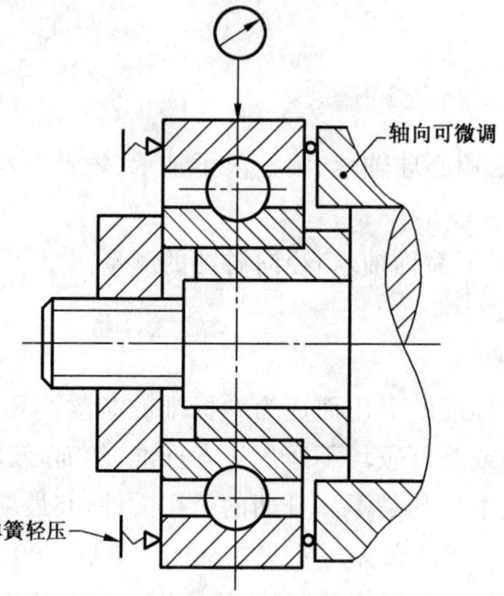

图 1

6.1.2 **有载荷仪器测量法**(见图 2、图 3)

6.1.2.1 测量前，应根据轴承的尺寸选择合适的压紧顶杆、心轴及测量仪表并安装到仪器上；将轴承的内圈轴向固定，调整测量载荷值及测头位置，使仪器各部分均处于正常状态；所施加的测量载荷应为可获得稳定测值的载荷，载荷的选择按表 1 的规定。

6.1.2.2 用图 2 的方法测量时，应均匀交替施加测量载荷，使轴承外圈沿载荷方向移动，即可从仪表上读出轴承的游隙测量值。

6.1.2.3 用图 3 的方法测量时，将成套轴承装到一紧配合的刚性心轴上，指示仪 A 置于外圈外表面并对准滚道中部，指示仪 B 置于内圈内孔表面并对准滚道中部。在表 1 所规定的测量载荷作用下，转动内圈，并使外圈作径向移动，记录指示仪 A 和 B 的平均读数 A_{m1} 和 B_{m1}。

改变载荷方向并记录指示仪 A 和 B 的平均读数 A_{m2} 和 B_{m2}，记录两组读数的差值 Δ_{Am} 和 Δ_{Bm}，Δ_{Am} 和 Δ_{Bm} 的差值即为径向游隙测量值。外圈每旋转 120°，重复上述操作(共测量 3 次)。3 次测值的算术平均值即为径向游隙测量值 G_r。

表 1 径向测量载荷

公称内径/mm		测量载荷[a]/N	
超过	到	球轴承	滚子轴承
—	30	25	50
30	50	30	60
50	80	35	70
80	120	40	80
120	200	50	100

[a] 载荷不应超过 $0.005C_{0r}$，C_{0r} 按 GB/T 4662—2003 的规定。

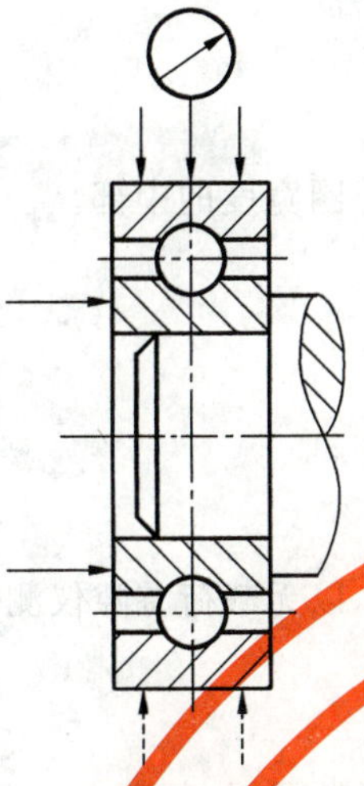

图 2

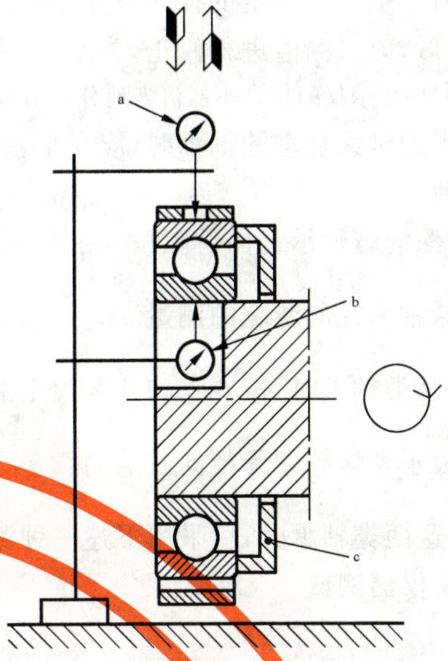

a 指示仪 A；
b 指示仪 B；
c 挡块。

图 3

6.1.2.4　由于轴承所规定的径向游隙是无载荷状态下的值，因此，有载荷测量的结果应注明测量载荷值，为补偿测量过程中产生的变形影响，应对测值进行修正，修正值可参照轴承生产厂商或仪器生产厂商提供的数值。若有争议时，以无载荷游隙测试方法的测值为准。

6.2　简易测量法(见图 4)

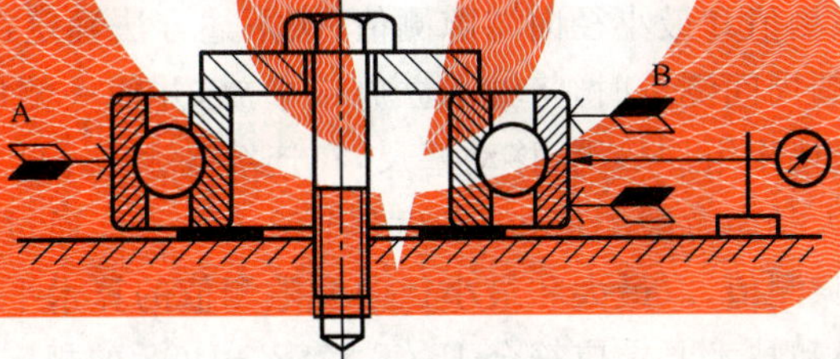

图 4

6.2.1　此方法在轴承尺寸超出专用测量仪的测量范围时采用。测量时不应施加过大的压力。

6.2.2　将成套轴承的内圈固定在平台上，在内圈与平台之间垫上平垫片。也可以在外圈下面增加与内圈下面的平垫片厚度相同但不相连的垫片。

6.2.3　指示仪置于外圈外表面并对准沟道中部。使外圈在 A 向与轴承的其他零件保持接触，对面一端不应抬起。使外圈作轴向往复移动和周向摆动(目的是使球移到沟道底部)，直至指示仪能显示出稳定的最大读数。

6.2.4　继续使外圈在 A 向与轴承的其他零件保持接触，并作无圆周运动的轴向往复移动。当滚动体通过滚道底部时，记录指示仪所显示的最大读数。

6.2.5　不改变外圈的基本位置，使外圈在 B 向与轴承的其他零件保持接触，对面一端不应抬起。使外圈作轴向往复移动和周向摆动(目的是使球移到沟道底部)，直至指示仪能显示出稳定的最小读数。

6.2.6　继续使外圈在 B 向与轴承的其他零件保持接触，并作无圆周运动的轴向往复移动。滚动体通过滚道底部时，记录指示仪所显示的最小读数。最大与最小读数之差即为所测的径向游隙测量值。

6.2.7　为补偿内、外圈可能存在的圆度误差的影响，可在不同的角位置上重复同样的过程若干次。若干次测值的算术平均值即为轴承的径向游隙测量值。

6.2.8 由于轴承所规定的径向游隙是无载荷状态下的值，因此，为补偿测量过程中由于载荷影响可能产生的变形，应对测值进行修正。

注：如果指示仪的指针不能清晰地分辨出最大和最小读数，可能是垫片太薄的缘故。

6.2.9 当测量大且重的轴承时，应在平台与轴承两套圈之间垫平垫片。

6.3 其他

双列深沟球轴承径向游隙按 6.1 和 6.2 规定的方法测量，测点位于外圈宽度的中部。

7 调心球轴承径向游隙的测量

测量该类轴承时，按 6.1 和 6.2 规定的方法。

8 圆柱滚子和滚针轴承径向游隙的测量

测量这两类轴承时，可采用下述三种测量方法的任一种，若有争议时，以无载荷游隙仪测值为准。

8.1 专用仪器测量

按 6.1 规定的方法测量。

测量滚针轴承时，应使滚针的轴心线与滚道素线平行。测量圆柱滚子轴承时，可不考虑测量载荷引起的弹性变形量。

8.2 简易测量法

按 6.2 规定的方法测量。

8.3 塞尺测量法

此方法适用于大型和特大型圆柱滚子轴承径向游隙的测量，可将轴承立起或平放测量，若有争议时，以轴承平放时的测值为准。

8.3.1 轴承的最大径向游隙测值和最小径向游隙测值，按下述方法确定：

用塞尺片沿滚子和滚道圆周间测量时，将轴承立放或平放，并使一侧的内圈滚道、外圈滚道与滚子保持接触，转动套圈和滚子保持架组件一周，移动塞尺，在连续 3 个滚子上能通过，而在其余滚子上均不能通过的最大塞尺厚度为最大径向游隙测值；在连续 3 个滚子上不能通过，而在其余滚子上均能通过的最小塞尺厚度为最小径向游隙测值，取最大和最小径向游隙测值的算术平均值作为轴承的径向游隙值。

8.3.2 塞尺厚度的允许偏差和技术要求应符合 JB/T 8788—1998 的规定。

8.3.3 所得测值允许包括塞尺厚度允差在内的误差。

8.4 其他

双列、多列圆柱滚子和滚针轴承可采用 8.1、8.2 和 8.3 规定的方法测量。其中，每列的径向游隙测量值均应合格。

9 调心滚子轴承径向游隙的测量

测量该类轴承时，按 6.1 和 8.3 规定的方法。当采用 6.1 规定的方法测量时，外圈不应倾斜；当采用 8.3 规定的方法测量时，每列的径向游隙值均应合格。调心滚子轴承测量时，可不考虑弹性变形量。

ICS 21.100.20
J 11

中华人民共和国国家标准

GB/T 25770—2010

滚动轴承 铁路货车轴承

Rolling bearings—Bearings for railway wagon

2010-12-23 发布 2011-06-01 实施

中华人民共和国国家质量监督检验检疫总局
中国国家标准化管理委员会 发布

前　言

本标准的附录A为规范性附录。

本标准由中国机械工业联合会提出。

本标准由全国滚动轴承标准化技术委员会(SAC/TC 98)归口。

本标准负责起草单位:洛阳LYC轴承有限公司。

本标准参加起草单位:瓦房店轴承集团有限责任公司、哈尔滨轴承集团公司、洛阳轴承研究所有限公司、成都天马铁路轴承股份有限公司。

本标准主要起草人:李孟喜、苏敏、徐玲玲、许明奇、杨明奇。

本标准参加起草人:庞伟、王朝光、郭宝霞、李勇、宋世勇、王多亮。

滚动轴承　铁路货车轴承

1　范围

本标准规定了铁路货车用滚动轴承(以下简称轴承)的代号方法、结构型式、外形尺寸、技术要求、检测方法、检验规则、标志、防锈包装及贮存等。

本标准适用于时速不大于160 km/h条件下使用的轴承,供轴承的生产、检验和验收。

2　规范性引用文件

下列文件中的条款通过本标准的引用而成为本标准的条款。凡是注日期的引用文件,其随后所有的修改单(不包括勘误的内容)或修订版均不适用于本标准,然而,鼓励根据本标准达成协议的各方研究是否可使用这些文件的最新版本。凡是不注日期的引用文件,其最新版本适用于本标准。

GB/T 272—1993　滚动轴承　代号方法

GB/T 307.2—2005　滚动轴承　测量和检验的原则及方法(ISO 1132-2:2001,MOD)

GB/T 699—1999　优质碳素结构钢

GB/T 3203—1982　渗碳轴承钢技术条件

GB/T 4199—2003　滚动轴承　公差　定义(ISO 1132-1:2000,MOD)

GB/T 6930—2002　滚动轴承　词汇(ISO 5593:1997,IDT)

GB/T 7811—2007　滚动轴承　参数符号(ISO 15241:2001,IDT)

GB/T 8597—2003　滚动轴承　防锈包装

GB/T 13237—1991　优质碳素结构钢冷轧薄钢板和钢带

GB/T 18254—2002　高碳铬轴承钢

GB/T 24605—2009　滚动轴承　产品标志

GB/T 24608—2009　滚动轴承及其商品零件检验规则

JB/T 1255—2001　高碳铬轴承钢滚动轴承零件热处理技术条件

JB/T 2974—2004　滚动轴承　代号方法的补充规定

JB/T 5391—2007　滚动轴承　铁路机车和车辆滚动轴承零件磁粉探伤规程

JB/T 5392—2007　滚动轴承　铁路机车和车辆滚动轴承零件裂纹检验

JB/T 6641—2007　滚动轴承　残磁及其评定方法

JB/T 7048—2002　滚动轴承零件　工程塑料保持架　技术条件

JB/T 7051—2006　滚动轴承零件　表面粗糙度测量和评定方法

JB/T 7361—2007　滚动轴承　零件硬度试验方法

JB/T 8881—2001　滚动轴承零件　渗碳热处理技术条件

TB/T 3010—2001　铁道车辆滚动轴承高碳铬轴承钢订货技术条件

3　术语及定义

GB/T 4199—2003和GB/T 6930—2002确立的术语和定义适用于本标准。

4　符号

GB/T 7811—2007给出的符号适用于本标准。

5 代号方法

5.1 轴承的代号方法应符合 GB/T 272—1993 和 JB/T 2974—2004 的规定。

示例 1：352226 X2-2RZ 表示两面带密封圈的双列圆锥滚子轴承。

5.2 轴承后置代号也可采用省略方式，用一个英文字母表示多种后置代号的含义。

示例 2：353130 A、353130 B 表示不同变型的双列圆锥滚子轴承。

6 结构型式

铁路货车轴承的基本结构型式见图 1、图 2。

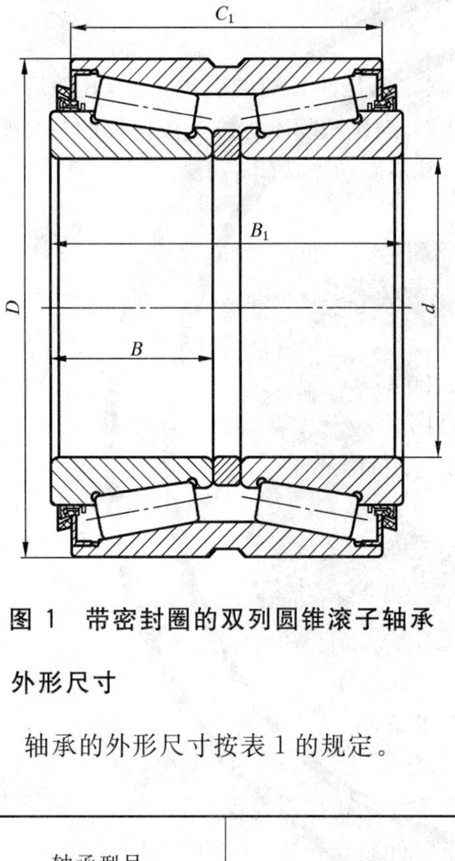

图 1 带密封圈的双列圆锥滚子轴承

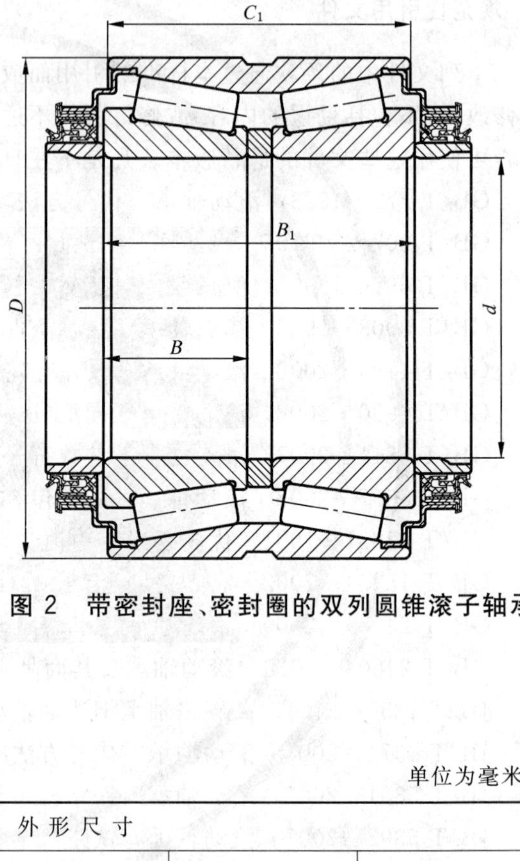

图 2 带密封座、密封圈的双列圆锥滚子轴承

7 外形尺寸

轴承的外形尺寸按表 1 的规定。

表 1

单位为毫米

轴承型号	外形尺寸				
	d	D	B	C_1	B_1
352226 X2-2RZ	130	230	67	150	150
353130 X2-2RZ	150	250	71	160	156
353130 A	150	250	71	160	156
353130 B	150	250	83.15	160	180.6

8 技术要求

8.1 材料和热处理

8.1.1 材料

8.1.1.1 套圈应采用符合 GB/T 3203—1982 规定的电渣重熔 G20CrNi2MoA 渗碳轴承钢制造。

8.1.1.2 滚子应采用符合 TB/T 3010—2001 规定的电渣重熔 GCr15 高碳铬轴承钢制造。

8.1.1.3 密封座应采用符合 GB/T 18254—2002 规定的 GCr15 高碳铬轴承钢制造。

8.1.1.4 中隔圈应采用符合 GB/T 699—1999 规定的 45 优质碳素结构钢制造。

8.1.1.5 密封罩应采用符合 GB/T 13237—1991 规定的 10 或 08Al 优质碳素结构钢冷轧薄钢板或钢带制造，也可采用满足性能要求的其他材料制造。

8.1.1.6 保持架应采用 PA66-GF25 玻璃纤维增强聚酰胺 66 制造，其性能指标应满足表 2 的要求，其余性能指标应符合 JB/T 7048—2002 附录 A 中表 A.1 的规定。

表 2

项目	弯曲强度	缺口冲击强度	玻纤含量
要求	≥150 MPa	≥20 kJ/m^2	(25±2)%

8.1.2 **热处理**

8.1.2.1 套圈热处理后表面硬度为 59 HRC～63 HRC，心部硬度为 32 HRC～46 HRC，有效渗碳层深度 1.5 mm～2.3 mm，表面含碳量 0.80%～1.05%，同一零件的表面硬度差不应大于 2 HRC，其他热处理要求应符合 JB/T 8881—2001 的规定。

8.1.2.2 滚子热处理后硬度为 60 HRC～64 HRC，同一零件的硬度差不大于 2 HRC，其他热处理要求应符合 JB/T 1255—2001 的规定。

8.1.2.3 密封座热处理后硬度为 58 HRC～62 HRC，其他热处理要求应符合 JB/T 1255—2001 的规定。

8.2 公差

8.2.1 轴承内圈的公差应符合表 3 的规定。

表 3

单位为微米

轴承型号	d/mm	Δ_{dmp}		V_{dsp}	V_{dmp}	K_{ia}	S_{ia}	Δ_{Bs}		V_{Bs}
		上偏差	下偏差	max				上偏差	下偏差	max
352226 X2-2RZ	130	−25	−50	14	9	20	—	+50	−10	11
353130 X2-2RZ	150	−8	−33	14	9	25	—	+50	−10	11
353130 A	150	−8	−33	14	9	25	—	+50	−10	11
353130 B	150	−8	−33	15	11	30	50	+50	−50	30
注：表中公差值适用于磷化处理前。										

8.2.2 轴承外圈的公差应符合表 4 的规定。

表 4

单位为微米

轴承型号	D/mm	Δ_{Dmp}		V_{Dsp}	V_{Dmp}	K_{ea}	S_{ea}	Δ_{Cs}		V_{Cs}
		上偏差	下偏差	max				上偏差	下偏差	max
352226 X2-2RZ	230	+80	−10	15	10	25	—	+50	−250	11
353130 X2-2RZ	250	+80	+10	15	10	30	—	+50	−250	11
353130 A	250	+80	+10	15	10	30	—	+50	−250	11
353130 B	250	+40	−30	23	15	50	50	+50	−50	30
注：表中公差值适用于磷化处理前。										

8.3 轴向游隙

轴承的轴向游隙应符合表 5 的规定。

表 5

单位为毫米

轴承型号	轴向游隙	
	min	max
352226 X2-2RZ	0.60	0.70
353130 X2-2RZ	0.60	0.75
353130 A	0.60	0.70
353130 B	0.60	0.70

8.4 表面粗糙度

轴承配合表面和端面的表面粗糙度应符合产品图样的规定。

8.5 磷化处理

轴承套圈、中隔圈、密封座和密封罩表面应磷化处理，轴承套圈磷化膜厚度为 0.003 mm～0.005 mm，轴承中隔圈、密封座和密封罩磷化膜厚度为 0.003 mm～0.015 mm。

8.6 残磁

轴承的残磁限值应符合产品图样的规定。

8.7 润滑

8.7.1 轴承填装的润滑脂应符合用户的要求，其注脂量按表 6 的规定。

8.7.2 润滑脂应从两个内组件的滚子大端面部位和中隔圈部位分两次注入，内组件滚子大端面部位的油脂注在滚子与保持架横梁之间及滚子大端面上，中隔圈部位的油脂注在中隔圈与外圈内径面之间。

表 6

单位为克

轴承型号	注脂量	油脂分布		
		内组件滚子大端面部位	中隔圈部位	每件外油封内径唇部位
352226 X2-2RZ	400～440	100～120	170	10～20
353130 X2-2RZ	430～480	110～130	180	10～20
353130 A	430～480	110～130	180	10～20
353130 B	225～265	100	45	—

8.8 清洁度

轴承组装前每套轴承含污量的最大允许值为 80 mg/套，组装前密封件产品含污量应符合表 7 的要求。

表 7

零件名称	每件产品含污量的最大允许值 W/(mg/件)
密封罩	10
密封座	10
密封罩组件	20
密封座组件	20
油封	10

8.9 寿命

8.9.1 轴承的使用寿命为 8 年或运行里程 8×10^4 km。

8.9.2 轴承台架模拟试验寿命应满足相应车型的要求。

8.10 裂纹

轴承套圈、滚子和密封座不应有裂纹。

8.11 外观质量

8.11.1 滚动体和磷化前套圈的工作表面、配合表面不允许有烧伤、软点和脱碳，也不允许有毛刺、划伤、污迹、凹陷、锈蚀、磕碰伤等缺陷。

8.11.2 保持架的外观质量应符合 JB/T 7048—2002 中表 1 的规定。

8.12 其他

8.12.1 轴承的密封装置应采用专用模具压装，压装后完好无损，符合产品图样的要求。

8.12.2 轴承内圈、密封座装配倒角应圆滑过渡，不应有尖棱。

8.12.3 用户对轴承有其他技术要求时，可与制造厂协商确定。

9 检测方法

9.1 轴承零件硬度的试验按 JB/T 7361—2007 的规定。

9.2 轴承尺寸公差和旋转精度的测量按 GB/T 307.2—2005 的规定。

9.3 轴承轴向游隙的测量原理按图 3 所示。将轴承两内圈端面压紧，指示仪置于外圈端面，旋转外圈，读取其平均值。翻转测量仪 180°，旋转外圈，再读取其平均值，二者的差值即为轴承轴向游隙。

图 3 轴向游隙测量示意图

9.4 轴承表面粗糙度的测量按 JB/T 7051—2006 的规定。

9.5 轴承残磁的测量按 JB/T 6641—2007 的规定。

9.6 轴承清洁度的评定方法按附录 A 的规定。

9.7 轴承台架模拟寿命试验由用户与制造商之间协商确定。

9.8 轴承套圈、滚子和密封座的磁粉探伤按 JB/T 5391—2007 的规定，裂纹检查按 JB/T 5392—2007 的规定。

9.9 轴承的外观质量目视检查。

9.10 轴承磷化膜厚度用测厚仪测量。

10 检验规则

10.1 出厂检验

10.1.1 轴承应经制造商检验部门检查合格并附有合格证后方可出厂。

10.1.2　出厂检验的项目包括：

a)　轴承的尺寸公差、旋转精度；

b)　表面硬度(磷化前)；

c)　表面粗糙度(磷化前)；

d)　套圈和滚子的磁粉探伤(磷化前)；

e)　轴向游隙；

f)　残磁；

g)　外观质量；

h)　清洁度。

10.1.3　轴承的轴向游隙、残磁、外观质量应100%检测。

10.1.4　轴承套圈、滚子和密封座应进行100%磁粉探伤检查，外圈还应进行100%超声波探伤检查。

10.1.5　轴承的尺寸公差、旋转精度、表面硬度及表面粗糙度的检验规则应符合GB/T 24608—2009的规定。

10.1.6　轴承清洁度的检验：

a)　定性检查每周不应少于2次，每次不少于3套，抽检产品应全部合格；

b)　定量检测每月不应少于1次，每次不少于3套，抽检产品应全部合格。

10.2　型式检验

10.2.1　轴承在有下列情况之一时，应进行型式检验：

a)　试制的新产品定型时；

b)　设计、材料、工艺等有较大改变，可能影响产品质量和性能时；

c)　产品停产一年以上，恢复生产时；

d)　生产检验结果与上次型式检验有较大差异时；

e)　国家质量监督机构提出进行型式检验的要求时。

10.2.2　型式检验的产品应从出厂检验合格的同一批产品中抽取，先对出厂检验项目进行复检，复检合格后再进行台架模拟寿命试验。

10.2.3　在台架模拟寿命试验考核中，采用一次抽样方案，样本量为2，每批试验的合格判定数为0，不合格判定数为1。

11　标志

11.1　在轴承外圈外径凹槽的圆周上间隔地标志：轴承代号、商标(或制造厂代号)、生产日期(前两位为年份、后两位为月份)、生产序号(按6位阿拉伯数字编排)。

11.2　在内圈大端面上均匀分布地标志：轴承代号、商标(或制造厂代号)、生产日期(前两位为年份、后两位为月份)、材料批次号(按3位阿拉伯数字编排)。

11.3　标志的其他要求应符合GB/T 24605—2009的规定。

11.4　标志示例

示例1：外圈端面上的标志如图4所示。

示例2：内圈端面上的标志如图5所示。

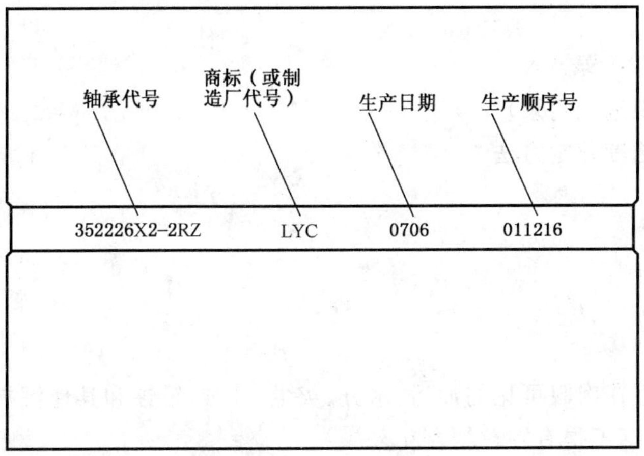

图 4　轴承外圈标志示例

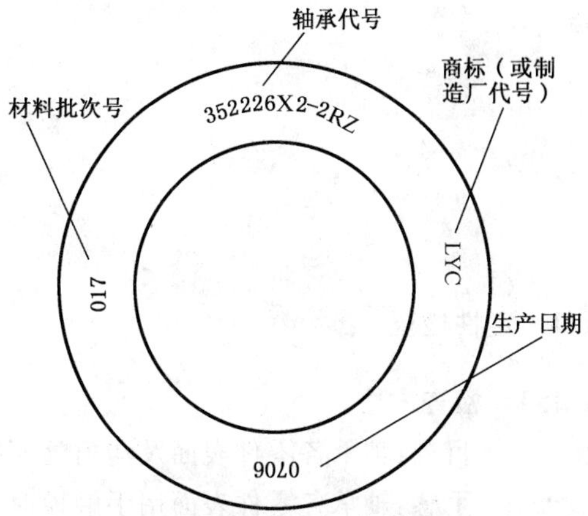

图 5　轴承内圈标志示例

12　防锈包装

轴承应整套包装，轴承的防锈包装按 GB/T 8597—2003 的规定。

13　贮存

轴承在正常储运条件下防锈期为 12 个月。

附 录 A
（规范性附录）
清洁度评定方法

A.1 定性检查

A.1.1 检查方法

——目视：轴承各零件表面及沟角处不得存在肉眼可见的油污、水分、灰尘、纤维、锈蚀和其他污物。

——手感：轴承各零件表面用手触摸时，手感不得有颗粒物存在。

——白布检查：用洁净的棉白细布擦拭轴承各零件外表面后，白布上不得呈现污迹。

A.1.2 判定

目视、手感、白布检查三项都达到要求为合格；若其中一项不合格，则定性检查为不合格。

A.2 定量测定

A.2.1 测试仪器、设备与工具材料见表 A.1。

表 A.1

序号	测试仪器、设备与工具材料	数 量
1	尼龙扁刷、圆刷（规格为 12.7 mm～50.8 mm）	1 套
2	与被清洗零部件尺寸相适应的带盖容器	1 套
3	永久性磁铁	1 块
4	分析天平（灵敏度为 0.1 mg）	1 台
5	烘箱、干燥器和称量瓶	1 套
6	显微镜（带刻度、放大 40 倍以上）	1 架
7	滤膜（5 μm 微孔）	若干
8	滤网（300 目～360 目，约 40 μm）	若干
9	测试板（250 mm×250 mm 的玻璃板、有机玻璃板或镀铬钢板）	1 块
10	清洗液（120 号溶剂汽油）	若干
11	其他常用工具	1 套

A.2.2 测定的准备工作

A.2.2.1 清洁度的测定工作应在环境清洁、通风良好并具有安全设施的室内进行。

A.2.2.2 操作人员应身着洁净的工作服和工作鞋帽，洗净双手。

A.2.2.3 所有清洗工具和容器等均应清洗干净。

A.2.2.4 所使用的清洗液应用备好的 5 μm 微孔滤膜过滤。

A.2.2.5 将滤网平整地放在清洗液中浸泡 10 min，取出后待清洗液挥发干净再置入 100 ℃±5 ℃的烘箱内烘干 60 min，取出后再置于干燥器内冷却 30 min，然后称重（G_1）待用（用分析天平称重，以两次称重值相差不大于 0.4 mg 为准）。

A.2.3 测定操作方法

A.2.3.1 清洗轴承零件时，对可拆分的零件要全部拆分，对不可拆分的轴承组件在清洗过程中要施行转动清洗，清洗时用尺寸合适的洁净刷子将每个零件洗刷三遍，再用新的清洗液冲洗两遍，收集清洗液待查。

A.2.3.2 清洗测试板时，将已取样的测试板放入盆中，用刷子洗刷 3 遍，再用新的清洗液冲洗两遍，收集清洗液待查。

A.2.3.3 用滤网过滤清洗后的清洗液。

A.2.3.4 将滤有杂质的滤网置于称量瓶中，放入 100 ℃±5 ℃的烘箱中烘干 60 min，取出后再放入干燥器冷却 30 min，然后称得滤网质量 G_2（用分析天平称重，以两次称重值相差不大于 0.4 mg 为准）。

A.2.4 计算方法

根据下式计算出每套轴承内的含污量 W：

$$W = G_2 - G_1$$

式中：

W ——每套轴承内的含污量，单位为毫克每套(mg/套)；

G_1 ——过滤前滤网质量，单位为毫克(mg)；

G_2 ——过滤后滤网质量，单位为毫克(mg)。

ICS 21.100.20
J 11

中华人民共和国国家标准

GB/T 25771—2010

滚动轴承 铁路机车轴承

Rolling bearings—Bearings for railway locomotive

2010-12-23 发布 2011-06-01 实施

中华人民共和国国家质量监督检验检疫总局
中国国家标准化管理委员会 发布

前言

本标准的附录A、附录B为规范性附录，附录C为资料性附录。

本标准由中国机械工业联合会提出。

本标准由全国滚动轴承标准化技术委员会(SAC/TC 98)归口。

本标准负责起草单位：瓦房店轴承集团有限责任公司。

本标准参加起草单位：洛阳LYC轴承有限公司、哈尔滨轴承集团公司、洛阳轴承研究所有限公司、成都天马轴承股份有限公司。

本标准主要起草人：曲荣军、宋世勇、崔传荣、庞伟。

本标准参加起草人：苏敏、贾秋生、郭宝霞、李勇、徐玲玲、于清成。

滚动轴承 铁路机车轴承

1 范围

本标准规定了铁路机车用滚动轴承(以下简称轴承)的分类、代号方法、结构型式、外形尺寸、技术要求、检测方法、检验规则、标志、防锈包装及贮存等。

本标准适用于时速不大于160 km/h条件下使用的轴承,供轴承生产、检验和验收。

2 规范性引用文件

下列文件中的条款通过本标准的引用而成为本标准的条款。凡是注日期的引用文件,其随后所有的修改单(不包括勘误的内容)或修订版均不适用于本标准,然而,鼓励根据本标准达成协议的各方研究是否可使用这些文件的最新版本。凡是不注日期的引用文件,其最新版本适用于本标准。

GB/T 272—1993 滚动轴承 代号方法
GB/T 283—2007 滚动轴承 圆柱滚子轴承 外形尺寸
GB/T 307.1—2005 滚动轴承 向心轴承 公差(ISO 492:2002,MOD)
GB/T 307.2—2005 滚动轴承 测量和检验的原则及方法(ISO 1132-2:2001,MOD)
GB/T 307.3—2005 滚动轴承 通用技术规则
GB/T 3203—1982 渗碳轴承钢技术条件
GB/T 4199—2003 滚动轴承 公差 定义(ISO 1132-1:2000,MOD)
GB/T 6930—2002 滚动轴承 词汇(ISO 5593:1997,IDT)
GB/T 7811—2007 滚动轴承 参数符号(ISO 15241:2001,IDT)
GB/T 8597—2003 滚动轴承 防锈包装
GB/T 18254—2002 高碳铬轴承钢
GB/T 24605—2009 滚动轴承 产品标志
GB/T 24608—2009 滚动轴承及其商品零件检验规则
GB/T 25769—2010 滚动轴承 径向游隙的测量方法
JB/T 1255—2001 高碳铬轴承钢滚动轴承零件热处理技术条件
JB/T 2974—2004 滚动轴承 代号方法的补充规定
JB/T 5391—2007 滚动轴承 铁路机车和车辆滚动轴承零件磁粉探伤规程
JB/T 5392—2007 滚动轴承 铁路机车和车辆滚动轴承零件裂纹检查
JB/T 6641—2007 滚动轴承 残磁及其评定方法
JB/T 7050—2005 滚动轴承 清洁度评定方法
JB/T 7051—2006 滚动轴承零件 表面粗糙度测量和评定方法
JB/T 7361—2007 滚动轴承 零件硬度试验方法
JB/T 8881—2001 滚动轴承零件 渗碳热处理技术条件
TB/T 3010—2001 铁道车辆滚动轴承高碳铬轴承钢订货技术条件

3 术语和定义

GB/T 4199—2003和GB/T 6930—2002确立的术语和定义适用于本标准。

4 符号

GB/T 7811—2007给出的符号适用于本标准。

5 分类

根据轴承在机车上安装部位的不同，轴承可分为：

a) 轴箱轴承；

b) 牵引电动机轴承；

c) 牵引电机动抱轴轴承；

d) 主发电机轴承；

e) 异步电动机轴承；

f) 辅助发电机轴承；

g) 轮对空心轴驱动装置轴承等。

6 代号方法

6.1 轴承的代号方法应符合 GB/T 272—1993 和 JB/T 2974—2004 的规定。

6.2 轴承的新旧代号对照参见附录 C。

6.3 轴箱轴承为加强型设计、4 组游隙、套圈使用贝氏体淬火、保持架采用 ZCuAl10Fe3Mn2 材料时，其后置代号“E”、“S0”、“/C4”、“Q”可省略。

示例：

NU 2232 WB 表示加强型设计、4 组游隙、套圈使用贝氏体淬火、保持架采用 ZCuAl10Fe3Mn2 材料、尺寸系列 22、内径 160 mm 的宽内圈单列圆柱滚子轴承。

7 结构型式

7.1 轴箱轴承的基本结构型式见图 1、图 2、图 3。

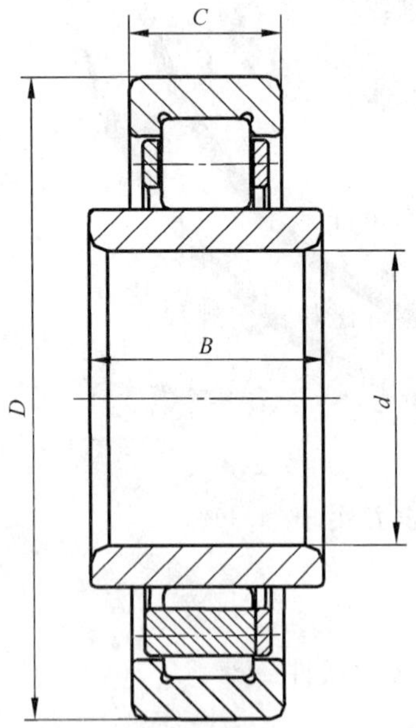

图 1 宽内圈单列圆柱滚子轴承
NU 型

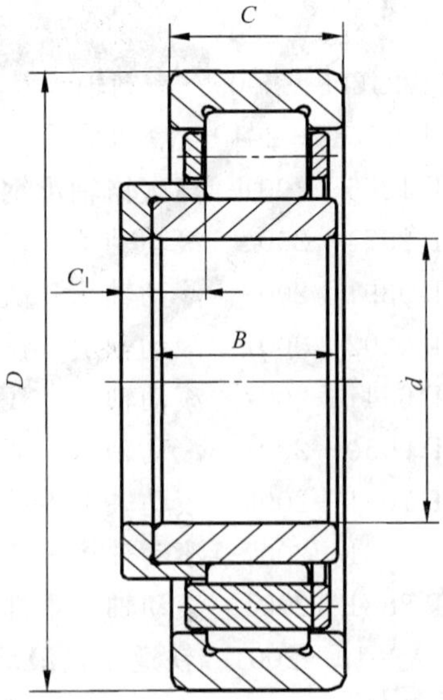

图 2 带平挡圈的宽内圈单列圆柱滚子轴承
NUHJ 型

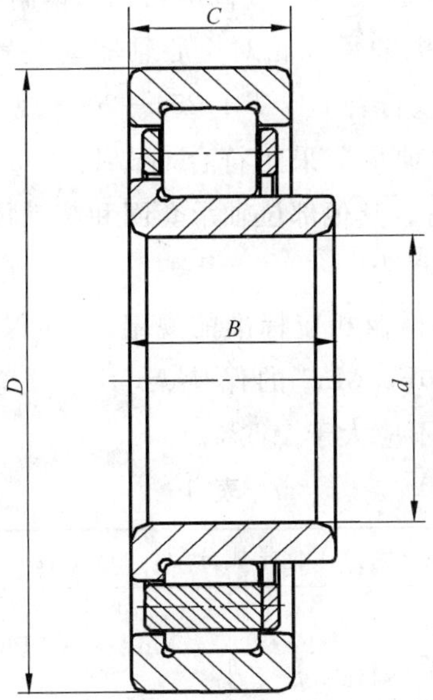

图 3　内圈带单挡边的宽内圈单列圆柱滚子轴承

NJ 型

7.2　牵引电动机抱轴轴承的基本结构型式见图 4。

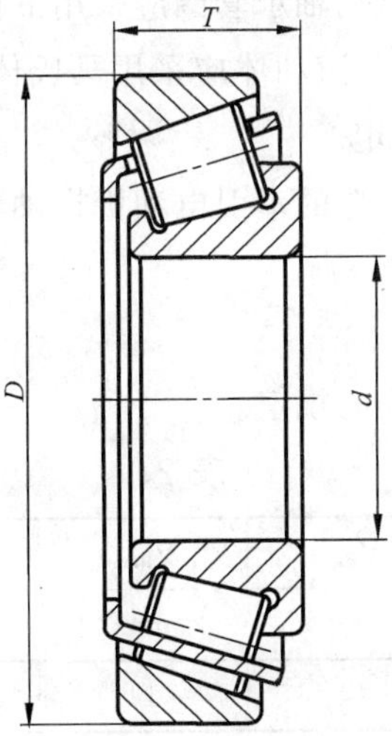

图 4　牵引电动机抱轴轴承

7.3　其他部位的圆柱滚子轴承结构型式见 GB/T 283—2007。

8　外形尺寸

轴承的外形尺寸应符合附录 A 的规定。

9　技术要求

9.1　材料及热处理

9.1.1　材料

9.1.1.1　轴箱轴承套圈应采用符合 TB/T 3010—2001 规定的电渣重熔或符合 GB/T 18254—2002 规

定的真空脱气 GCr18Mo 高碳铬轴承钢制造。滚动体应采用符合 TB/T 3010—2001 规定的电渣重熔或符合 GB/T 18254—2002 规定的真空脱气 GCr15 高碳铬轴承钢制造。

9.1.1.2 牵引电动机轴承、主发电机轴承和轮对空心轴驱动装置轴承，其套圈和滚动体应采用符合 TB/T 3010—2001 规定的电渣重熔或符合 GB/T 18254—2002 规定的真空脱气 GCr15 或 GCr18Mo 高碳铬轴承钢制造。牵引电动机抱轴轴承应采用符合 GB/T 3203—1982 规定的真空脱气或电渣重熔 G20CrNi2MoA 优质渗碳轴承钢制造。其他部位轴承套圈和滚动体应采用符合 GB/T 18254—2002 规定的真空脱气 GCr15 高碳铬轴承钢制造。

9.1.1.3 保持架材料应符合产品图样及相应标准的规定，铜质保持架的化学成分和力学性能应满足表 1 的要求。对于材料为 ZCuAl10Fe3Mn2 的保持架，其杂质总量不应大于 0.75%；对于材料为 ZCuZn40Pb2 的保持架，其杂质总量不应大于 1.5%。

表 1

材料	化学成分/%						力学性能	
	Cu	Al	Fe	Mn	Pb	Zn	抗拉强度/MPa	硬度/HBW
ZCuAl10Fe3Mn2	余量	9～11	2～4	1～2	—	—	≥490	110～150
ZCuZn40Pb2	58～63	0.2～0.8	—	—	0.5～2.5	余量	≥220	80～90

9.1.2 **热处理**

9.1.2.1 采用 GCr18Mo 轴承钢制造的轴箱轴承套圈与采用 GCr18Mo 或 GCr15 轴承钢制造的牵引电动机轴承、主发电机轴承和轮对空心轴驱动轴承套圈应采用下贝氏体等温淬火处理，滚动体应采用马氏体淬火、回火处理；其他部位的轴承套圈及滚动体应采用马氏体淬火、回火处理。热处理硬度及其他热处理质量应符合 JB/T 1255—2001 的规定。

9.1.2.2 采用 G20CrNi2MoA 渗碳钢制造的牵引电动机抱轴轴承套圈和滚动体的硬度及其他热处理质量应符合 JB/T 8881—2001 的规定。

9.2 **公差**

9.2.1 轴箱轴承内圈的公差应符合表 2 的规定。

表 2

单位为微米

d/mm	Δ_{dmp}		V_{dsp}	V_{dmp}	K_{ia}	Δ_{Bs}		V_{Bs}
	上偏差	下偏差	max			上偏差	下偏差	max
160	0	−25	14	14	18	0	−25	30

9.2.2 轴箱轴承外圈的公差应符合表 3 的规定。

表 3

单位为微米

D/mm	Δ_{Dmp}		V_{Dsp}	V_{Dmp}	K_{ea}	Δ_{Cs}		V_{Cs}
	上偏差	下偏差	max			上偏差	下偏差	max
290	0	−35	19	19	30	0	−25	30

9.2.3 其他部位轴承的公差应符合 GB/T 307.1—2005 的规定。

9.3 **游隙**

9.3.1 轴承的径向游隙应符合附录 A 的规定。

9.3.2 对于牵引电动机和主发电机用 NH(NJ＋HJ)型圆柱滚子轴承，其轴向游隙应符合表 4 的规定。

表 4

单位为毫米

d		轴向游隙
超过	到	
—	60	0.22～0.38
60	100	0.25～0.50
100	150	0.30～0.60
150	240	0.40～0.70
240	400	0.50～0.90

9.4 表面粗糙度

轴承配合表面和端面的表面粗糙度应符合 GB/T 307.3—2005 中相应等级轴承的规定。

9.5 残磁

轴承的残磁限值应符合 JB/T 6641—2007 的规定。

9.6 清洁度

$D \leqslant 180$ mm 的轴承，每套轴承含污量的最大允许值应符合 JB/T 7050—2005 的规定；$D > 180$ mm 的轴承，每套轴承含污量的最大允许值应符合附录 B 的规定。

9.7 互换性

单列圆柱滚子轴承内圈(外圈)应与外圈(内圈)、保持架和滚动体组成的分部件 100% 互换。

9.8 寿命

9.8.1 轴箱轴承的实车耐久寿命为安全运行 8×10^5 km。

9.8.2 其他部位轴承的实车耐久寿命可根据不同车型由制造商与用户协商确定。

9.8.3 轴承台架模拟试验应满足相应车型的要求。

9.9 裂纹

轴承套圈和滚动体不应有裂纹。

9.10 外观质量

9.10.1 轴承套圈和滚动体的工作表面及配合表面不允许有烧伤、软点和脱碳，也不允许有毛刺、划伤、污迹、凹陷、锈迹、磕碰伤等缺陷。

9.10.2 铜保持架表面不允许有裂纹、毛刺、凹陷、熔接痕迹、气孔或松散组织等表面缺陷。保持架最终表面要进行钝化处理，色泽应与原材料接近。

9.10.3 对于铆接的保持架，铆合后不应有松动、铆头凹陷及保持架错位等缺陷，铆合面不应有压伤、划痕、锈蚀、裂纹、皱折、毛刺、锐边等缺陷，铆头的形状应统一，其形状应符合产品图样的规定。

9.11 其他

9.11.1 轴箱轴承、牵引电动机抱轴轴承的内圈应进行扩张试验，试验后的内圈进行磁粉探伤，不应有裂纹。经扩张试验后的内圈不得再使用。

9.11.2 轴承内圈装配倒角应圆滑过渡，不允许有尖棱。

9.11.3 用户对轴承有其他技术要求时，可与制造厂协商确定。

10 检测方法

10.1 轴承零件硬度的试验按 JB/T 7361—2007 的规定。

10.2 轴承尺寸公差和旋转精度的测量按 GB/T 307.2—2005 的规定。

10.3 轴承径向游隙的测量按 GB/T 25769—2010 的规定。

10.4 圆柱滚子轴承轴向游隙按图 5 所示的方法进行测量。固定内圈，移动外圈至上下极限位置，两极限位置的读数之差即为轴承的轴向游隙的实测值。

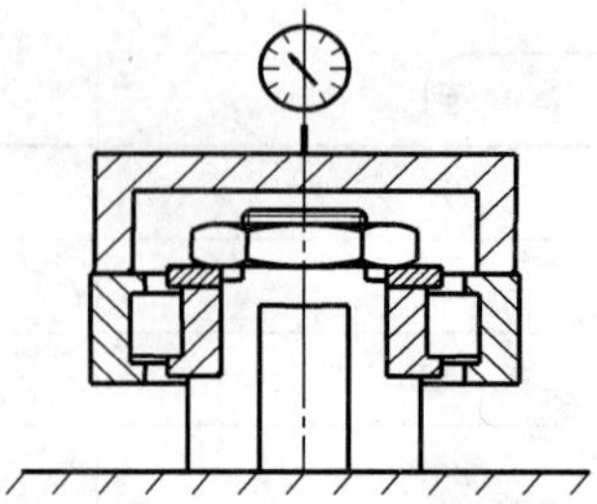

图 5　圆柱滚子轴承轴向游隙测量示意图

10.5　轴承表面粗糙度的测量按 JB/T 7051—2006 的规定。

10.6　轴承残磁的测量按 JB/T 6641—2007 的规定。

10.7　轴承清洁度的评定应符合附录 B 的规定。

10.8　轴承台架模拟试验标准可由制造商与用户协商确定。

10.9　轴承套圈和滚子的磁粉探伤按 JB/T 5391—2007 的规定，裂纹检查按 JB/T 5392—2007 的规定。

10.10　轴承外观质量目视检查。

10.11　轴承内圈的扩张试验：采用偏心压力机将一表面硬度不低于车轴硬度的钢制锥形心轴迅速挤压通过轴承内圈。钢制锥形心轴大端直径为 $d+0.001d$。扩张试验时应采取必要的安全防护措施。

11　检验规则

11.1　出厂检验

11.1.1　轴承应经制造厂检验部门检查合格并附有合格证后方可出厂。

11.1.2　出厂检验的项目包括：

a)　轴承的尺寸公差、旋转精度；

b)　硬度；

c)　表面粗糙度；

d)　套圈和滚动体的磁粉探伤；

e)　游隙；

f)　清洁度；

g)　残磁；

h)　外观质量。

11.1.3　轴承的尺寸公差、游隙、残磁、外观质量应 100％检测。

11.1.4　套圈和滚动体应 100％进行磁粉探伤检查。

11.1.5　轴承的旋转精度、硬度及表面粗糙度的检验规则应符合 GB/T 24608—2009 的规定。

11.1.6　轴承清洁度的检验：

a)　定性检查每周不应少于两次，每次不少于 3 套，抽检产品应全部合格；

b)　定量检测每月不应少于一次，每次不少于 3 套，抽检产品应全部合格。

11.2　型式检验

11.2.1　轴承在有下列情况之一时，应进行型式检验：

a)　试制的新产品定型时；

b)　设计、材料、工艺等有较大改变，可能影响产品质量和性能时；

c)　产品停产一年以上、恢复生产时；

d)　生产检验结果与上次型式检验有较大差异时；

e) 国家质量监督机构提出进行型式检验的要求时。

11.2.2 型式检验的产品应从出厂检验合格的同一批产品中抽取，先对出厂检验项目进行复检，复检合格后再进行台架模拟寿命试验、轴承内圈扩张试验项目的检验。

11.2.3 在台架模拟寿命试验考核中，采用一次抽样方案，样本量为2，每批试验的合格判定数为0，不合格判定数为1。

11.2.4 在轴承内圈扩张试验考核中，采用一次抽样方案，抽样方案和合格判定数应符合表5的规定。

表5

单位为套

轴承批量		样本大小	合格判定数
超过	到		
—	50	1	0
50	100	2	0
100	250	3	0
250	—	4	0

12 标志

12.1 轴箱轴承在内圈端面上均匀分布地标志：轴承代号、商标(或制造厂代号)、生产日期(年份的后2位阿拉伯数字)、当月生产序号及轴承内径偏差的绝对值；外圈端面上均匀分布地标志：轴承代号、商标(或制造厂代号)、生产日期(年份的后2位阿拉伯数字)、当月生产序号及轴承径向游隙值。包装箱上还应标有轴承径向游隙值的标志。

12.2 牵引电动机轴承、牵引电动机抱轴轴承、主发电机轴承、轮对空心轴驱动轴承应在内、外圈端面上均匀分布地标注：轴承代号、商标(或制造厂代号)、生产日期(年份的后2位阿拉伯数字)、当月生产序号。

12.3 其他部位轴承的标志应符合GB/T 24605—2009的规定。

12.4 标志示例

示例1：轴箱轴承内圈端面上的标志见图6。

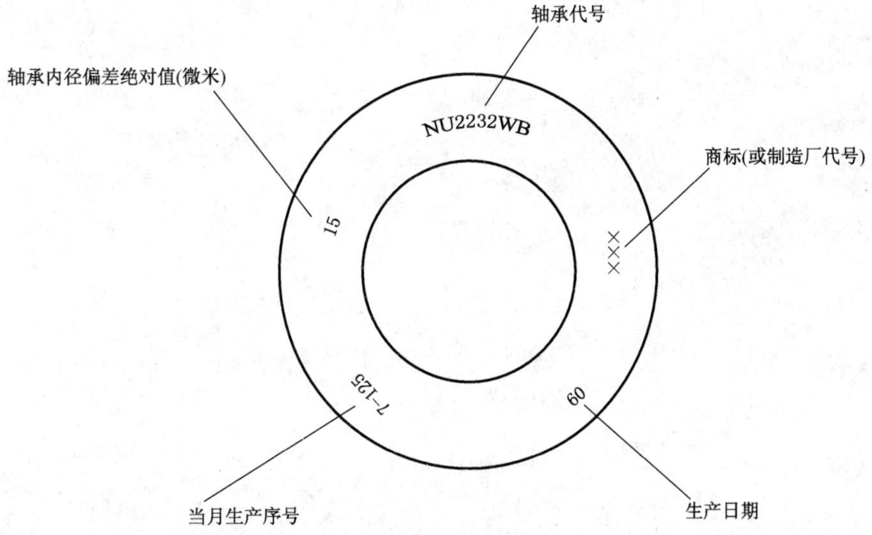

图6 轴箱轴承内圈端面上的标志示意图

示例 2:轴箱轴承外圈端面上的标志见图 7。

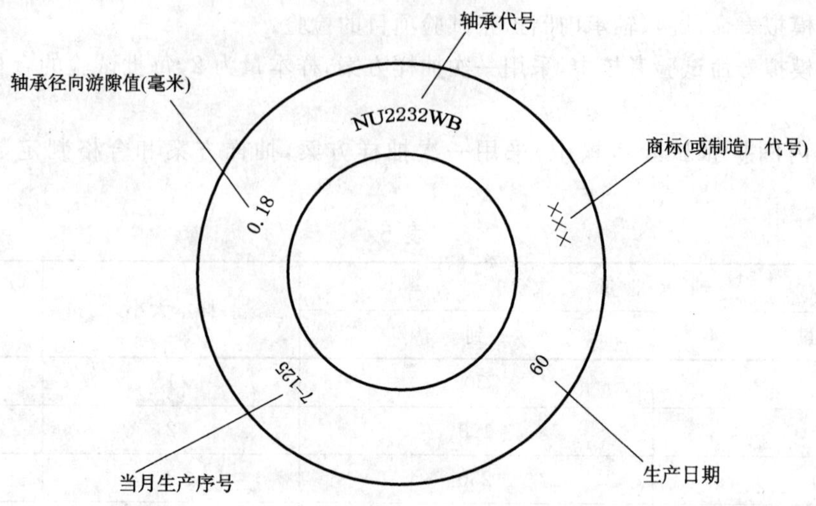

图 7　轴箱轴承外圈端面上的标志示意图

13　防锈包装

可互换轴承应分别包装,轴承的防锈包装应符合 GB/T 8597—2003 的规定。

14　贮存

轴承在正常储运条件下应保证 1 年内不生锈,防锈期自出厂之日起计算。

附 录 A
（规范性附录）
铁路机车用滚动轴承的外形尺寸和游隙

A.1 轴箱轴承的外形尺寸和径向游隙

轴箱轴承的外形尺寸和径向游隙按表 A.1 的规定。

表 A.1

单位为毫米

序号	轴承代号	外形尺寸					径向游隙		安装部位
		d	D	B	C	C_1	min	max	
1	NJ 2232 WB	160	290	110	80	—	0.165	0.215	内燃、电力机车轴箱
2	NJ 2232 WBY	160		85		—			
3	NJ 2232 WBK	159.5		110		—			
4	NJ 2232 WBK1	159		110		—			
5	NJ 2232 WBK2	158.5		110		—			
6	NJ 2232 WBK3	158		110		—			
7	NU 2232 WB	160		97.5		—			
8	NU 2232 WBK	159.5		97.5		—			
9	NU 2232 WBK1	159		97.5		—			
10	NU 2232 WBK2	158.5		97.5		—			
11	NU 2232 WBK3	158		97.5		—			
12	NUHJ 2232 WB	160		97.5		48.5			
13	NUHJ 2232 WBY	160		97.5		52			
14	NUHJ 2232 WBY1	160		97.5		28.5			
15	NUHJ 2232 WBK	159.5		97.5		48.5			
16	NUHJ 2232 WBK1	159		97.5		48.5			
17	NUHJ 2232 WBK2	158.5		97.5		48.5			
18	NUHJ 2232 WBK3	158		97.5		48.5			

A.2 牵引电动机、主发电机、异步电动机及辅助发电机等轴承的外形尺寸和径向游隙

牵引电动机、主发电机、异步电动机及辅助发电机等轴承的外形尺寸和径向游隙按表 A.2 的规定。

表 A.2

单位为毫米

序号	轴承代号	外形尺寸			径向游隙		安装部位
		d	D	B	min	max	
1	NUP 417 Q/C9S0	85	210	52	0.120	0.145	内燃机车牵引电动机
2	NH 318 Q/C9S0	90	190	43	0.120	0.145	
3	NU 426 Q/P6S0Y	130	340	78	0.145	0.190	
4	NU 330 EQ/P64S0	150	320	65	0.165	0.215	

表 A.2（续）

单位为毫米

序号	轴承代号	外形尺寸			径向游隙		安装部位
		d	*D*	*B*	min	max	
5	NH 322 EQ/P64S0	110	240	50	0.125	0.165	电力机车牵引电动机
6	NH 324 EQ/P64S0	120	260	55	0.125	0.165	
7	NJ 328 EQ/P64S0	140	300	62	0.145	0.190	
8	NU 332 EQ/P64S0	160	340	68	0.165	0.215	
9	NU 326 EQ/C3S0	130	280	58	0.100	0.145	主发电机
10	NU 2326 Q/P69Y	130	280	93	0.180	0.230	
11	NU 2230 E/C4	150	280	73	0.165	0.215	
12	NU 330 E/C4	150	320	65	0.165	0.215	
13	NU 317 Q/C3S0	85	180	41	0.075	0.110	直流发电机
14	NU 2217/C4	85	150	36	0.105	0.140	
15	NH 210 Q/P64	50	90	20	0.070	0.100	异步电动机
16	NU 213 Q/P64	65	120	23	0.080	0.110	
17	NU 313/P63	65	140	33	0.060	0.090	
18	NU 317 E/C4	85	180	41	0.105	0.140	交流辅助发电机
19	NJ 318 E/C4	90	190	43	0.105	0.140	
20	NU 2226 E/C3	130	230	64	0.100	0.145	

A.3 轮对空心轴驱动装置轴承的外形尺寸和游隙

轮对空心轴驱动装置轴承的外形尺寸和游隙见表 A.3。

表 A.3

单位为毫米

序号	轴承代号	外形尺寸			径向游隙		安装部位
		d	*D*	*B*	min	max	
1	N 2876/P69	380	480	60	0.255	0.330	轮对空心轴驱动装置
2	NUP 2876/P69	380	480	60			
3	N 2876 K/P69	379.5	480	60			
4	NU 2876 K/P69	379.5	480	60			
5	N 2876 KY/P69	379.5	480.5	60			
6	NUP 2876 KY/P69	379.5	480.5	60			

附 录 B
（规范性附录）
清洁度评定方法及控制指标

B.1 清洁度评定方法

B.1.1 定性检查

B.1.1.1 检查方法

——目视：轴承各零件表面及沟角处不得存在肉眼可见的油污、水分、灰尘、纤维、锈蚀和其他污物。

——手感：轴承各零件表面用手触摸时，手感不得有颗粒物存在。

——白布检查：用洁净的棉白细布擦拭轴承各零件外表面后，白布上不得呈现污迹。

B.1.1.2 判定

目视、手感、白布检查三项都达到要求为合格；若其中一项不合格，则定性检查为不合格。

B.1.2 定量测定

测试仪器、设备与工具材料见表 B.1。

表 B.1

序号	测试仪器、设备与工具材料	数　量
1	尼龙扁刷、圆刷（规格为 12.7 mm～50.8 mm）	1 套
2	与被清洗零部件尺寸相适应的带盖容器	1 套
3	分析天平（灵敏度为 0.1 mg）	1 台
4	烘箱、干燥器和称量瓶	1 套
5	滤膜（5 μm 微孔）	若干
6	滤网（300 目～360 目，约 40 μm）	若干
7	测试板（250 mm×250 mm 的玻璃板、有机玻璃板或镀铬钢板）	1 块
8	清洗液（120 号溶剂汽油）	若干
9	其他常用工具	1 套

B.1.3 测定的准备工作

B.1.3.1 清洁度的测定工作应在环境清洁、通风良好并具有安全设施的室内进行。

B.1.3.2 操作人员应身着洁净的工作服和工作鞋帽，洗净双手。

B.1.3.3 所有清洗工具和容器等均应清洗干净。

B.1.3.4 所使用的清洗液应用备好的 5 μm 微孔滤膜过滤。

B.1.3.5 将滤网平整地放在清洗液中浸泡 10 min，取出后待清洗液挥发干净再置入 100 ℃±5 ℃的烘箱内烘干 60 min，取出后再置于干燥器内冷却 30 min，然后称重（G_1）待用（用分析天平称重，以两次称重值相差不大于 0.4 mg 为准）。

B.1.4 测定操作方法

B.1.4.1 清洗轴承零件时，对可拆分的零件要全部拆分，对不可拆分的轴承组件在清洗过程中要施行转动清洗，清洗时用尺寸合适的洁净刷子将每个零件洗刷 3 遍，再用新的清洗液冲洗 2 遍，收集清洗液待查。

B.1.4.2 清洗测试板时，将已取样的测试板放入盆中，用刷子洗刷 3 遍，再用新的清洗液冲洗 2 遍，收集清洗液待查。

B.1.4.3 用滤网过滤清洗后的清洗液。

B.1.4.4 将滤有杂质的滤网置于称量瓶中，放入 100 ℃±5 ℃的烘箱中烘干 60 min，取出后再放入干燥器冷却 30 min，然后称得滤网重量 G_2（用分析天平称重，以两次称重值相差不大于 0.4 mg 为准）。

B.1.5 计算方法

根据下式计算出每套轴承内的含污量 W：

$$W = G_2 - G_1$$

式中：

W——每套轴承内的含污量，单位为毫克每套（mg/套）；

G_1——过滤前滤网质量，单位为毫克（mg）；

G_2——过滤后滤网质量，单位为毫克（mg）。

B.2 控制指标

每套轴承含污量的最大允许值不应超过表 B.2 的规定。

表 B.2

轴承公称外径 D/mm		轴箱轴承		牵引电动机轴承 发电机轴承	牵引电动机抱轴轴承 轮对空心轴驱动装置轴承
		单列	双列		
超过	到	每套轴承含污量的最大允许值 W/(mg/套)			
180	215	—	—	25.8	—
215	250	—	—	33.8	—
250	300	59	99	43.8	66
300	350	70	115	57.2	78
350	400	—	—	—	90
400	500	—	—	—	110

附 录 C
（资料性附录）
铁路机车用滚动轴承新旧代号对照

铁路机车用轴承的新旧代号对照参见表 C.1。

表 C.1

序号	新轴承代号	旧轴承代号	序号	新轴承代号	旧轴承代号
1	NUP 417 Q/C9S0	92417QTU	14	NU 2217/C4	4G32517
2	NH 318 Q/C9S0	62318QTU	15	NH 210 Q/P64	4E62210Q
3	NU 426 Q/P6S0Y	E32426QTY	16	NU 213 Q/P64	4E32213Q
4	NU 330 EQ/P64S0	E32330EQT	17	NU 313/P63	3E32313
5	NH 322 EQ/P64S0	4E62322EQT	18	NU 317 E/C4	4G32317E
6	NH 324 EQ/P64S0	4E62324EQT	19	NJ 318 E/C4	4G42318E
7	NJ 328 EQ/P64S0	4E42328EQT	20	NU 2226 E/C3	3G32526E
8	NU 332 EQ/P64S0	4E32332EQT	21	N 2876/P69	3E2002876QT
9	NU 326 EQ/C3S0	3G32326EQT	22	NUP 2876/P69	3E2092876QT
10	NU 2326 Q/P69Y	E32626QTUY	23	N 2876 K/P69	3E2002876QTK
11	NU 2230 E/C4	4G32530E	24	NUP 2876 K/P69	3E2092876QTK
12	NU 330 E/C4	4G32330E	25	N 2876 KY/P69	3E2002876QTKY
13	NU 317 Q/C3 S0	32317QTU	26	NUP 2876 KY/P69	3E2092876QTKY

ICS 21.100.20
J 11

中华人民共和国国家标准

GB/T 25772—2010

滚动轴承　铁路客车轴承

Rolling bearings—Bearings for railway passenger coach

2010-12-23 发布　　2011-06-01 实施

中华人民共和国国家质量监督检验检疫总局
中国国家标准化管理委员会　发布

前　言

本标准的附录A为规范性附录。

本标准由中国机械工业联合会提出。

本标准由全国滚动轴承标准化技术委员会(SAC/TC 98)归口。

本标准负责起草单位:哈尔滨轴承集团公司。

本标准参加起草单位:瓦房店轴承集团有限责任公司、洛阳LYC轴承有限公司、洛阳轴承研究所有限公司、成都天马铁路轴承股份有限公司。

本标准主要起草人:勇泰芳、王朝光、贾秋生。

本标准参加起草人:崔传荣、苏敏、郭宝霞、李勇、宋世勇、徐玲玲。

滚动轴承　铁路客车轴承

1　范围

本标准规定了铁路客车用滚动轴承(以下简称轴承)的代号方法、结构型式、外形尺寸、技术要求、检测方法、检验规则、标志、防锈包装及贮存等。

本标准适用于时速不大于160 km/h条件下使用的轴承,供轴承生产、检验和验收。

2　规范性引用文件

下列文件中的条款通过本标准的引用而成为本标准的条款。凡是注日期的引用文件,其随后所有的修改单(不包括勘误的内容)或修订版均不适用于本标准,然而,鼓励根据本标准达成协议的各方研究是否可使用这些文件的最新版本。凡是不注日期的引用文件,其最新版本适用于本标准。

GB/T 272—1993　滚动轴承　代号方法

GB/T 307.2—2005　滚动轴承　测量和检验的原则及方法(ISO 1132-2:2001,MOD)

GB/T 307.3—2005　滚动轴承　通用技术规则

GB/T 1176—1987　铸造铜合金技术条件

GB/T 4199—2003　滚动轴承　公差　定义(ISO 1132-1:2000,MOD)

GB/T 6930—2002　滚动轴承　词汇(ISO 5593:1997,IDT)

GB/T 7811—2007　滚动轴承　参数符号(ISO 15241:2001,IDT)

GB/T 8597—2003　滚动轴承　防锈包装

GB/T 18254—2002　高碳铬轴承钢

GB/T 24605—2009　滚动轴承　产品标志

GB/T 24608—2009　滚动轴承及其商品零件检验规则

GB/T 25769—2010　滚动轴承　径向游隙的测量方法

JB/T 1255—2001　高碳铬轴承钢滚动轴承零件热处理技术条件

JB/T 2974—2004　滚动轴承　代号方法的补充规定

JB/T 5391—2007　滚动轴承　铁路机车和车辆滚动轴承零件磁粉探伤规程

JB/T 5392—2007　滚动轴承　铁路机车和车辆滚动轴承零件裂纹检验

JB/T 6641—2007　滚动轴承　残磁及其评定方法

JB/T 7048—2002　滚动轴承零件　工程塑料保持架　技术条件

JB/T 7051—2006　滚动轴承零件　表面粗糙度测量和评定方法

JB/T 7361—2007　滚动轴承　零件硬度试验方法

TB/T 3010—2001　铁道车辆滚动轴承高碳铬轴承钢订货技术条件

3　术语和定义

GB/T 4199—2003和GB/T 6930—2002确立的术语和定义适用于本标准。

4　符号

GB/T 7811—2007给出的符号适用于本标准。

5 代号方法

轴承的代号方法应符合 GB/T 272—1993 和 JB/T 2974—2004 的规定。

示例 1：NJ 3226 X1 表示内圈带单挡边的圆柱滚子轴承，外径为非标准尺寸。

示例 2：NJP 3226 X1 表示内圈无挡边并带平挡圈的圆柱滚子轴承，外径为非标准尺寸。

6 结构型式

铁路客车轴承的基本结构型式见图 1、图 2。

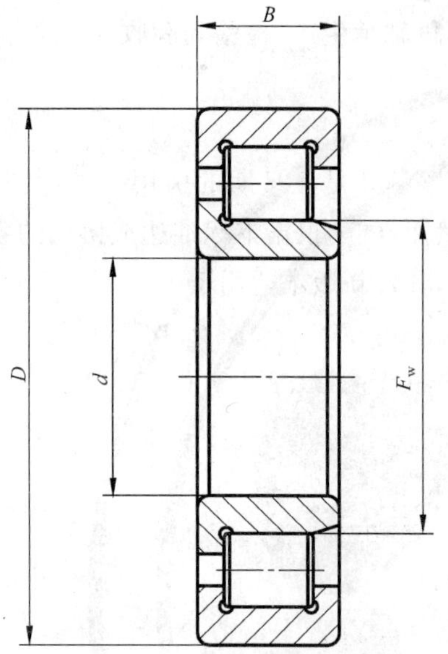

图 1 内圈带单挡边的圆柱滚子轴承 NJ 型

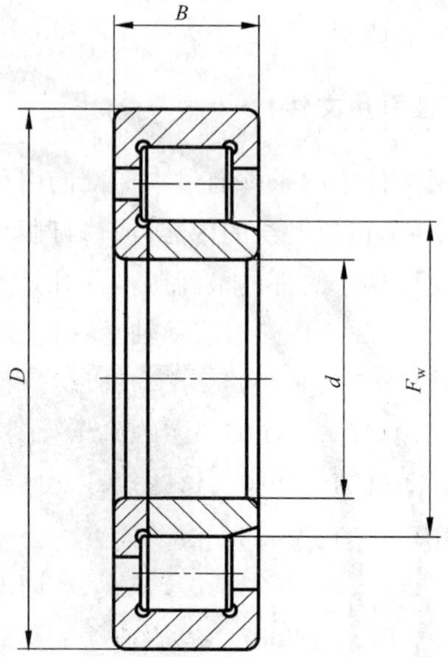

图 2 内圈无挡边并带平挡圈的圆柱滚子轴承 NJP 型

7 外形尺寸

轴承的外形尺寸按表 1 的规定。

表 1

单位为毫米

轴承型号		d	D	B	F_w
NJ 3226 X1	NJP 3226 X1	130	250	80	158
NJ 3226X1 TN	NJP 3226X1 TN				

8 技术要求

8.1 材料及热处理

8.1.1 材料

8.1.1.1 套圈及平挡圈应采用符合 TB/T 3010—2001 规定的电渣重熔或符合 GB/T 18254—2002 规定的真空脱气 GCr18Mo 高碳铬轴承钢制造。

8.1.1.2 滚子应采用符合 TB/T 3010—2001 规定的电渣重熔或符合 GB/T 18254—2002 规定的真空脱气 GCr15 高碳铬轴承钢制造。

8.1.1.3 保持架采用铜保持架或工程塑料保持架。铜保持架的材料为 ZCuAl10Fe3Mn2 或 ZCuAl10Fe3 铜合金，机械性能应符合 GB/T 1176—1987 的规定；工程塑料保持架的材料为 PA66+GF25 玻璃纤维增强聚酰胺 66，机械性能应符合 JB/T 7048—2002 的规定。

8.1.2 热处理

8.1.2.1 套圈采用下贝氏体等温淬火,热处理后硬度为 58 HRC~62 HRC,同一零件硬度差不大于 1 HRC,同一批零件硬度差不大于 3 HRC,其他热处理要求应符合 JB/T 1255—2001 的规定。

8.1.2.2 滚子采用马氏体淬、回火,热处理后硬度为 59 HRC~63 HRC,同一零件硬度差不大于 1 HRC,其他热处理要求应符合 JB/T 1255—2001 的规定。

8.2 公差

8.2.1 轴承内圈的公差应符合表 2 的规定。

表 2

单位为微米

d/mm	Δ_{dmp}		Δ_{Fwm}		V_{dsp}	V_{dmp}	K_{ia}	S_d	Δ_{Bs}		V_{Bs}
	上偏差	下偏差	上偏差	下偏差	max				上偏差	下偏差	max
130	0	−25	+145	+120	10	7	8	10	0	−100	8
130	0	−25	+145	+120	10	7	8	10	0	−230 [a]	8

[a] 为 NJP 型轴承的公差值。

8.2.2 轴承外圈的公差应符合表 3 的规定。

表 3

单位为微米

D/mm	Δ_{Dmp}		V_{Dsp}	V_{Dmp}	K_{ea}	S_D	Δ_{Cs}		V_{Cs}
	上偏差	下偏差	max				上偏差	下偏差	max
250	0	−30	11	8	15	11	0	−100	10

8.3 游隙

轴承的径向游隙最小值为 0.12 mm,最大值为 0.17 mm。

8.4 轴向凸出量

轴承内圈小端面应凸出外圈端面 0.4 mm~0.7 mm。

8.5 表面粗糙度

8.5.1 配合表面的表面粗糙度

轴承配合表面和端面的表面粗糙度应符合 GB/T 307.3—2005 中 5 级轴承的规定。

8.5.2 滚道、引导表面的表面粗糙度

轴承套圈滚道、引导表面的表面粗糙度应符合表 4 的规定。

表 4

单位为微米

表面名称	Ra max
内圈滚道表面	0.125
外圈滚道表面	0.16
内圈挡边限制滚子端面的表面	0.25
外圈挡边直径表面	0.32
外圈挡边限制滚子端面的表面	0.32
其他表面	5

8.6 残磁

成套轴承残磁的最大值为 0.3 mT。

8.7 清洁度

每套轴承含污量的最大允许值为 15 mg/套。

8.8 **互换性**

轴承内圈应与外圈、保持架和滚子组成的分部件100%互换。

8.9 **寿命**

8.9.1 轴承的实车耐久寿命为2年或安全运行8×10^4 km。

8.9.2 轴承台架模拟试验寿命应满足相应车型的要求。

8.10 **裂纹**

轴承套圈和滚子不应有裂纹。

8.11 **外观质量**

8.11.1 轴承套圈和滚子的工作表面、配合表面不允许有烧伤、软点和脱碳,也不允许有毛刺、划伤、污迹、凹陷、锈迹、磕碰伤等缺陷。

8.11.2 铜保持架表面不允许有裂纹、毛刺、凹陷、熔接痕迹、气孔或松散组织等表面缺陷,保持架最终表面要进行钝化处理,色泽应与原材料接近。

8.11.3 工程塑料保持架的外观质量应符合JB/T 7048—2002中表1的有关规定。

8.12 **其他**

8.12.1 轴承内圈应进行扩张试验,试验后的内圈进行磁粉探伤,不应有裂纹。经扩张试验后的内圈不得再使用。

8.12.2 轴承内圈装配倒角应圆滑过渡,不应有尖棱。

8.12.3 用户对轴承有其他技术要求时,可与制造商协商确定。

9 检测方法

9.1 轴承零件硬度的试验按JB/T 7361—2007的规定。

9.2 轴承尺寸公差和旋转精度的测量按GB/T 307.2—2005的规定。

9.3 轴承径向游隙的测量按GB/T 25769—2010的规定。

9.4 轴承内圈小端面凸出量的测量按图3及图4所示。将轴承放在垫块平面上使轴承外圈处于悬空状态,在套圈端面圆周上按等分测出外圈和内圈三个相对应点测值的算术平均值即为凸出量。

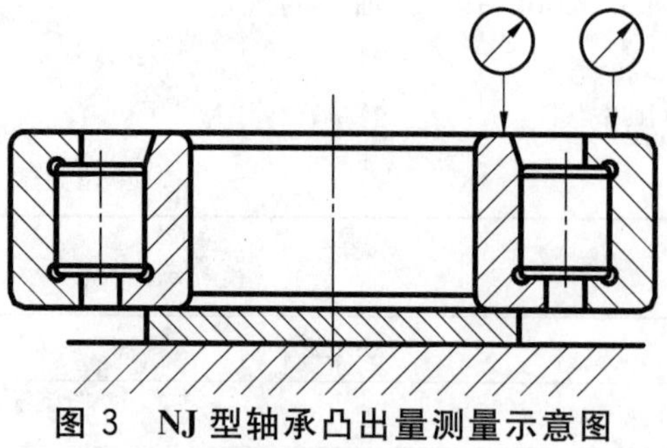

图3 NJ型轴承凸出量测量示意图

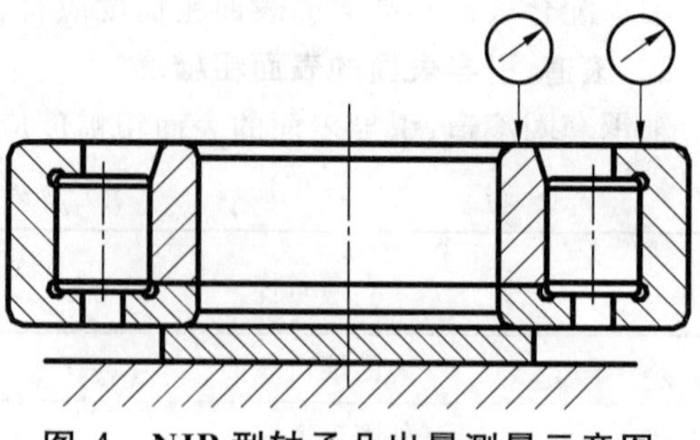

图4 NJP型轴承凸出量测量示意图

9.5 轴承表面粗糙度的测量按JB/T 7051—2006的规定。

9.6 轴承残磁的测量按JB/T 6641—2007的规定。

9.7 轴承清洁度的评定方法按附录A的规定。

9.8 轴承台架模拟寿命试验由用户与制造商之间协商确定。

9.9 轴承套圈和滚子的磁粉探伤按JB/T 5391—2007的规定,裂纹检查按JB/T 5392—2007的规定。

9.10 轴承外观质量目视检查。

9.11 轴承内圈的扩张试验:采用偏心压力机将一表面硬度不低于车轴硬度的钢制锥形心轴迅速挤压通过轴承内圈。钢制锥形心轴大端直径为$d+0.0015d$。扩张试验时应采取必要的安全防护措施。

10 检验规则

10.1 出厂检验

10.1.1 轴承应经制造商检验部门检查合格并附有合格证后方可出厂。

10.1.2 出厂检验的项目包括：

a） 轴承的尺寸公差、旋转精度；

b） 硬度；

c） 表面粗糙度；

d） 套圈和滚子的磁粉探伤；

e） 径向游隙；

f） 轴向凸出量；

g） 残磁；

h） 外观质量；

i） 清洁度。

10.1.3 轴承的径向游隙、轴向凸出量、残磁、外观质量应进行100%检测。

10.1.4 套圈和滚子应进行100%磁粉探伤检查。

10.1.5 轴承的尺寸公差、旋转精度、硬度及表面粗糙度的检验规则应符合GB/T 24608—2009的规定。

10.1.6 轴承清洁度的检验：

a） 定性检查每周不应少于两次，每次不少于3套，抽检产品应全部合格；

b） 定量检测每月不应少于一次，每次不少于3套，抽检产品应全部合格。

10.2 型式检验

10.2.1 轴承在有下列情况之一时，应进行型式检验：

a） 试制的新产品定型时；

b） 设计、材料、工艺等有较大改变，可能影响产品质量和性能时；

c） 产品停产一年以上、恢复生产时；

d） 生产检验结果与上次型式检验有较大差异时；

e） 国家质量监督机构提出进行型式检验的要求时。

10.2.2 型式检验的产品应从出厂检验合格的同一批产品中抽取，先对出厂检验项目进行复检，复检合格后再进行台架模拟寿命试验、轴承内圈扩张试验项目的检验。

10.2.3 在台架模拟寿命试验考核中，采用一次抽样方案，样本量为2，每批试验的合格判定数为0，不合格判定数为1。

10.2.4 在轴承内圈扩张试验考核中，采用一次抽样方案，抽样方案和合格判定数应符合表5的规定。

表 5

单位为套

轴承批量		样本量	合格判定数
超过	到		
—	25	2	0
25	150	3	0
150	—	5	0

11 标志

11.1 在轴承外圈非基准端面上均匀分布的标志:轴承代号、商标(或制造厂代号)、生产日期(前两位为年份、后两位为月份)。

11.2 在内圈大端面及平挡圈非基准端面上均匀分布的标志:轴承代号、商标(或制造厂代号)、生产日期(前两位为年份、后两位为月份)。

11.3 标志的其他要求应符合 GB/T 24605—2009 的规定。

11.4 标志示例

示例:内、外圈及平挡圈端面上的标志如图 5 所示。

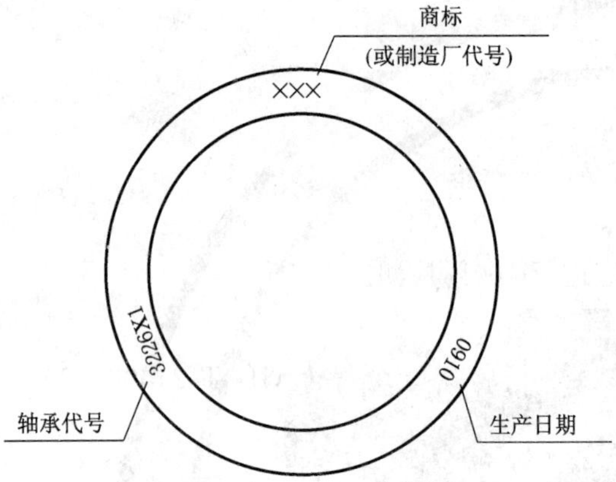

(a) 外圈端面上刻写标志

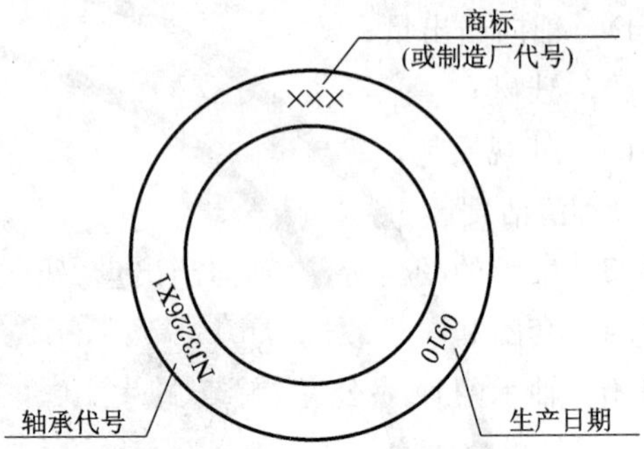

(b) NJ 型内圈端面上刻写标志

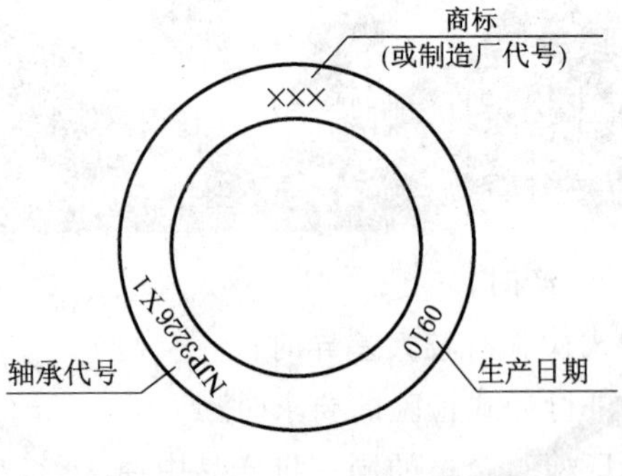

(c) NJP 型内圈端面及平挡圈端面上刻写标志

图 5 内、外圈及平挡圈端面上的标志示意图

12 防锈包装

可互换轴承应分别包装,轴承的防锈包装应符合 GB/T 8597—2003 的规定。

13 贮存

轴承在正常储运条件下应保证 1 年内不生锈,防锈期为出厂之日起计算。

附 录 A
（规范性附录）
清洁度评定方法

A.1 定性检查

A.1.1 检查方法

——目视：轴承各零件表面及沟角处不得存在肉眼可见的油污、水分、灰尘、纤维、锈蚀和其他污物。

——手感：轴承各零件表面用手触摸时，手感不得有颗粒物存在。

——白布检查：使用洁净的棉白细布擦拭轴承各零件外表面后，白布上不得呈现污迹。

A.1.2 判定

目视、手感、白布检查三项都达到要求为合格；若其中一项不合格，则定性检查为不合格。

A.2 定量测定

A.2.1 含污量应符合表 A.1 的要求。

表 A.1

含污量类别	质量合格标准
杂质的总质量	15 mg/套
杂质的颗粒度	单个颗粒为 10 μm～25 μm 的杂质，每套不应超过 200 个。
	单个颗粒为 26 μm～75 μm 的杂质，每套不应超过 30 个。
	单个颗粒为 76 μm～100 μm 的杂质，每套不应超过 1 个。

A.2.2 测试仪器、设备与工具材料见表 A.2。

表 A.2

序号	测试仪器、设备与工具材料	数量
1	尼龙扁刷、圆刷（规格为 12.7 mm～50.8 mm）	1 套
2	与被清洗零部件尺寸相适应的带盖容器	1 套
3	永久性磁铁	1 块
4	分析天平（灵敏度为 0.1 mg）	1 台
5	烘箱、干燥器和称量瓶	1 套
6	显微镜（带刻度、放大 40 倍以上）	1 架
7	滤膜（5 μm 微孔）	若干
8	滤网（300 目～360 目，约 40 μm）	若干
9	测试板（250 mm×250 mm 的玻璃板、有机玻璃板或镀铬钢板）	1 块
10	清洗液（120 号溶剂汽油）	若干
11	其他常用工具	1 套

A.2.3 测定的准备工作

A.2.3.1 清洁度的测定工作应在环境清洁、通风良好并具有安全设施的室内进行。

A.2.3.2 操作人员应身着洁净的工作服和工作鞋帽，洗净双手。

A.2.3.3 所有清洗工具和容器等均应清洗干净。

A.2.3.4　所使用的清洗液应用备好的 5 μm 微孔滤膜过滤。

A.2.3.5　将滤网平整地放在清洗液中浸泡 10 min，取出后待清洗液挥发干净再置入 100 ℃±5 ℃的烘箱内烘干 60 min，取出后再置于干燥器内冷却 30 min，然后称重(G_1)待用(用分析天平称重，以两次称重值相差不大于 0.4 mg 为准)。

A.2.4　测定操作方法

A.2.4.1　清洗轴承零件时，对可拆分的零件要全部拆分，对不可拆分的轴承组件在清洗过程中要施行转动清洗，清洗时用尺寸合适的洁净刷子将每个零件洗刷三遍，再用新的清洗液冲洗两遍，收集清洗液待查。

A.2.4.2　清洗测试板时，将已取样的测试板放入盆中，用刷子洗刷三遍，再用新的清洗液冲洗两遍，收集清洗液待查。

A.2.4.3　用滤网过滤清洗后的清洗液。

A.2.4.4　将滤有杂质的滤网置于称量瓶中，放入 100 ℃±5 ℃的烘箱中烘干 60 min，取出后再放入干燥器冷却 30 min，然后称得滤网质量 G_2(用分析天平称重，以两次称重值相差不大于 0.4 mg 为准)。

A.2.5　计算方法

A.2.5.1　根据下式计算出每套轴承内的含污量 W：

$$W = G_2 - G_1$$

式中：

W——每套轴承内的含污量，单位为毫克每套(mg/套)；

G_1——过滤前滤网质量，单位为毫克(mg)；

G_2——过滤后滤网质量，单位为毫克(mg)。

A.2.5.2　用包有玻璃纸的磁铁分拣杂质中的铁屑(必要时可到有条件的试验室分拣出其他金属杂质)，称出铁的质量并计算其占杂质的比例(%)。

A.2.5.3　用显微镜测出杂质最大颗粒物的尺寸(长×宽，μm×μm)。

ICS 25.160.10
J 33

中华人民共和国国家标准

GB/T 25773—2010

燃气机熔化焊技术规范

Fusion welding specifications for combustion engine

2010-12-23 发布 2011-06-01 实施

中华人民共和国国家质量监督检验检疫总局
中国国家标准化管理委员会 发布

前　言

本标准修改采用 AWS D17.1:2001《航空航天熔化焊应用规范》(英文版)。

本标准在参考 AWS D17.1:2001 的基础上,结合我国实际情况做了如下修改:

——删除了设计部分;

——企业及人员资质的认证参照我国现行的相关标准;

——保留了工艺实施环节的要求,并结合我国相关标准做了调整;

——缺欠的限值、焊缝的形状和尺寸要求以附录的形式做出规定。

本标准的附录 A、附录 B 为规范性附录。

本标准由全国焊接标准化技术委员会(SAC/TC 55)提出并归口。

本标准起草单位:中国民航大学。

本标准主要起草人:王志平、邹慧、陈亚军、纪朝辉。

燃气机熔化焊技术规范

1 范围

本标准规定了燃气机熔焊的通用技术要求。

本标准适用于燃气机部件的熔焊，适用的母材包括：钢、镍及镍合金、铝及铝合金、钛及钛合金和镁及镁合金等。

2 规范性引用文件

下列文件对于本文件的应用是必不可少的。凡是注日期的引用文件，仅注日期的版本适用于本文件。凡是不注日期的引用文件，其最新版本(包括所有的修改单)适用于本文件。

GB/T 985.1 气焊、焊条电弧焊、气体保护焊和高能束焊的推荐坡口(GB/T 985.1—2008，ISO 9692-1:2003，MOD)

GB/T 9445 无损检测 人员资格鉴定与认证(GB/T 9445—2008，ISO 9712:2005，IDT)

GB/T 12467.2 金属材料熔焊质量要求 第2部分：完整质量要求(GB/T 12467.2—2009，ISO 3834-2:2005，IDT)

GB/T 15169 钢熔化焊焊工技能评定

GB/T 18591 焊接 预热温度、道间温度及预热维持温度的测量指南(GB/T 18591—2001，ISO 13916:1996，IDT)

GB/T 19419 焊接管理 任务与职责(GB/T 19419—2003，ISO 14731:1997，IDT)

GB/T 19805 焊接操作工技能评定(GB/T 19805—2005，ISO 14732:1998，IDT)

GB/T 19866—2005 焊接工艺规程及评定的一般原则(GB/T 19866—2005，ISO 15607:2003，IDT)

GB/T 19867.1 电弧焊焊接工艺规程(GB/T 19867.1—2005，ISO 15609-1:2004，IDT)

GB/T 19867.3 电子束焊接工艺规程(GB/T 19867.3—2008，ISO 15609-3:2004，IDT)

GB/T 19867.4 激光焊接工艺规程(GB/T 19867.4—2008，ISO 15609-4:2004，IDT)

GB/T 19869.1 钢、镍及镍合金的焊接工艺评定试验(GB/T 19869.1—2005，ISO 15614-1:2004，IDT)

3 术语和定义

下列术语和定义适用于本文件。

3.1

自我纠正 in-process correction

焊工在提交焊件做检验之前，对焊件所做的工艺性纠正。

3.2

返修 rework

焊件经检验后，在焊后状态所做的所有纠正。焊件经返修后，应达到原始的设计要求。

3.3

修复 repair

指对焊接缺陷的修正，焊件修复后可能无法达到原始的设计要求。

3.4

关键结构　critical applications

在失效后会严重危及工作人员，或者引起系统失效的结构或部件。

3.5

次关键结构　semi critical applications

在失效后会减少系统的效率，但是不会引起系统失效或人身危害的结构或部件。

3.6

非关键结构　noncritical applications

在失效后不影响其他部件功能和人身安全的结构或部件。

4　总则

4.1　制造企业的资质

制造企业应按照 GB/T 12467.2 的要求，建立完备的质量管理体系，确保其焊接制造活动得到有效控制。燃气机的设计、制造、检验和验收在满足本标准要求的基础上，还应符合相关行业标准和规程的规定。

4.2　焊接及相关人员的要求

从事焊接管理、操作和检验的人员应按照相关标准考核并获得相应的资质。焊接责任人员、焊工、焊接操作工、无损检测人员的考核要求可参见 GB/T 19419、GB/T 15169、GB/T 19805、GB/T 9445(或相关标准)的规定。

4.3　焊接工艺规程及评定

制造企业应在焊接生产开始之前，根据产品实际条件，在焊接工艺评定(参见 GB/T 19869.1 或相关标准)的基础上，制定相应的焊接工艺规程。不同焊接方法的工艺规程内容参见 GB/T 19866—2005、GB/T 19867.1、GB/T 19867.3 和 GB/T 19867.4。焊接应严格按照焊接工艺规程进行。

4.4　焊接材料

使用的焊接材料应满足相关焊接材料标准要求。焊接材料的选购、验收、保存、管理和使用应参照相关的质量控制程序。

4.5　焊接设备

使用的焊接设备(如焊机、焊炬、调节器、送丝机等)应满足相关标准要求。焊接设备的维修、保养应按照规定程序进行，确保其处于正常的工作状态。

5　焊接制造要求

5.1　接头制备

应参照 GB/T 985.1(或相关标准)选择合适的坡口形式和尺寸。热加工坡口表面层可能影响焊接质量时，建议采用冷加工方法予以去除。接头的组对应满足焊接工艺规程要求。对于厚度≥3 mm、且厚度比值≥1.5，并要求全焊透的不等厚度工件，接头组对时应考虑将较厚工件做适当削薄处理，削薄加工长度推荐控制在工件厚度差的 3 倍以内(见图 1)。

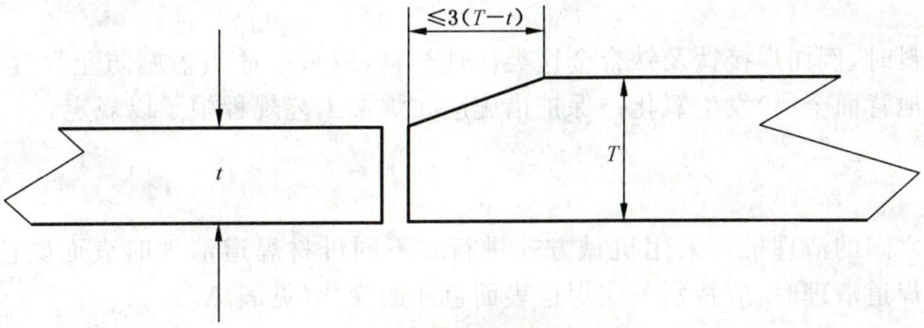

图 1 不等厚接头焊接制备

5.2 焊前清理

工件在焊接前，应对待焊部位及周边区域做必要清理，焊接区域不得存有氧化皮、涂漆、油脂、污垢、杂质等。清理方法可以是化学方法(诸如化学清洗或浸蚀)或机械方法(诸如钢丝刷、打磨、喷丸或机械加工)。

采用化学方法清洗钛及钛合金时，不得使用氯化物溶剂和甲醇溶剂。

采用钢丝刷进行清理时，应注意钢丝刷的种类与母材相匹配。碳钢或低合金钢可采用奥氏体不锈钢钢丝刷或碳钢丝刷。其他材料只能采用奥氏体不锈钢钢丝刷。一旦某把钢丝刷用在某类材料(如钛合金、铝合金、镍合金材料)，应将其做适当标识，作为该种材料的专用钢丝刷。

5.3 预热温度及道间温度的控制

在焊接焊接性较差材料时，应对预热温度及道间温度进行必要的控制(参见 GB/T 18591—2001)。

预热温度及道间温度的确定，在综合考虑母材供货状态、化学成分、力学性能、结构形式等方面因素的基础之上，还应进行必要的焊接工艺试验。

表 1 推荐了某些材料的预热温度及道间温度。

表 1 预热温度及道间温度

被焊母材	推荐预热和/或层间温度
碳当量在 0.35% 以上的碳钢及合金钢	≤316 ℃
铸态镁合金	230 ℃～260 ℃
热处理态镁合金	120 ℃～150 ℃

5.4 定位焊

定位焊缝应按照焊接工艺规程进行焊接。定位焊缝不得存在裂纹、气孔或夹杂等缺陷，如发现存在这类缺陷，应去除后重新焊接。

熔入接头的定位焊缝，应视为永久焊缝的组成部分。这类焊缝的两端应当便于接弧，否则应予以修整。

临时性定位焊缝，在正式焊接完成后，应按照工艺要求去除。

5.5 引弧板和熄弧板

引弧板和熄弧板的化学成分应与母材的化学成分相同或相当。引弧板和熄弧板的拆除应采用合适的方法，不得锤击拆除。

5.6 焊缝保护

焊接活性材料时，例如焊接钛及钛合金这类活性材料，应采取适当措施防止焊缝和热影响区（包括活性母材焊接熔池背面金属）发生氧化。保护措施应在焊接工艺规程中予以规定。

5.7 道间清理

焊道或焊层之间的清理推荐采用机械方式进行。不同母材焊道清理时表面颜色会发生不同的变化。钛及钛合金焊道清理时，应特别关注焊道表面色泽的变化（见表 A.1）。

5.8 焊接

工件的焊接应符合如下要求。

5.8.1 焊接参数调试

开始焊接之前，焊接设备应按焊接工艺规程规定的参数进行调试。不得在坡口以外的任何母材部位引弧或燃弧。

5.8.2 自我纠正

验收检验前，焊工对焊件所做的所有焊缝修整均属于自我纠正。自我纠正不得改变母材的冶金性能和物理特性。

自我纠正之前，应按规定清理接头表面的氧化物和其他污染物。自我纠正应在焊缝热处理（不包括热应力消除处理）之前进行。

5.8.2.1 表面缺陷的纠正

a) 咬边、未焊满或弧坑（无裂纹）等表面缺陷可以通过焊接堆敷相同熔敷金属的方式进行纠正，使焊缝和母材平顺过渡。

b) 在不降低材料性能的前提下，可采用打磨或机械切削方式对焊瘤、余高或其他突起缺陷做纠正。

c) 经过必要纠正的焊缝尺寸和母材厚度，须达到图样要求。

5.8.2.2 机械化焊或自动焊的焊缝

只有在图样或合同书允许时，才可对上述表面缺陷做纠正。

5.8.2.3 允许自我纠正的次数

每个单独的缺陷区域一般只允许做一次自我纠正。在同一缺陷区需要做多次自我纠正时，焊接工艺规程或工艺评定报告应规定相关的修复工艺。

5.8.2.4 自我纠正的记录

用户有要求时，应对自我纠正的过程做书面记录。书面记录的格式和内容可由供需双方协商确定。

5.8.3 去除余高

需要去除余高时，应采用合适的方法。

5.8.4 角变形

图样或供货协议未做规定时，焊后角变形不得超过 5°。

5.9 焊后清理

焊件不应覆有飞溅物、焊剂、氧化皮、熔渣或其他外来物。焊后去除操作不得使焊缝尺寸或母材厚度低于图样要求。

钛及钛合金的焊后清理应进行外观检验和表面颜色检验(见表 A.1)。

5.10 焊后加工处理

消除应力处理、热处理或任何其他对焊件所做的加工处理应在图样或焊接工艺规程中做出规定。

5.11 标识

5.11.1 临时标识

每一个焊工/焊接操作工应在焊件或车间作业记录上对其工作做临时标识,也可用其他替代方法,但应得到用户方的认可。焊件上的临时标识应保留至下道工序或直至最终检验前。所采用的标记方法和材料既不能对母材有害,也不能给后续操作带来不利影响。

5.11.2 最终标识

每个焊接组件或焊接组件所属文件应做如下标识:

a) 焊接日期;

b) 焊工签字或代码;

c) 焊接检验日期;

d) 焊接检验员签字或代码。

5.12 返修

返修既要满足自我纠正的要求,还要遵守下述规定。

5.12.1 允许返修次数

允许返修次数应按照焊接工艺规程及工艺评定报告中规定执行。

5.12.2 根部返修

根部未焊透或未熔合可以采取根部补焊的方式来修正。为了保障接头质量,应在焊前对根部作适当的打磨准备,打磨面与返修时的熔合面应过渡圆滑。

5.12.3 返修记录

返修过程所涉及的所有操作都应以用户方认可的方法予以记录。

5.12.4 返修检验

返修的焊件应按照第 6 章要求进行检验。

5.13 修复

施工单位或设计者应提供详细的修复作业指导书,其内容至少包括:

a) 修复时允许的焊接修复次数;

b) 工艺文件;

c) 修复过程中每步操作细节(包括修复所涉及的验收检验)。

6 检验及验收

6.1 外观检验

所有焊缝应做外观检验,并达到图样的规定要求。

6.2 渗透检测(PT)

在关键结构和次关键结构的焊接中,有色金属焊缝应做渗透检测,如果图样或合同中有明确规定,黑色金属焊缝也应做渗透检测。非关键结构的焊接中,只有图样或合同中有明确规定情况下,才对有色金属和黑色金属焊缝进行渗透检测。渗透检测应按照相关标准进行。

6.3 磁粉检测(MT)

除非图样或合同规定做渗透检测,否则所有关键结构和次关键结构中的铁磁焊缝应按照相关标准进行磁粉检测。只有图样或合同中有规定时,才对非关键结构中的焊缝做磁粉检测。

6.4 射线检测(RT)

除非图样或合同规定做超声波检测,否则所有关键结构开坡口焊缝应按相关标准进行射线检测。角焊缝或不要求焊透的开坡口焊缝要求做射线检测时,其根部的验收应参照相关标准。只有图样或合同中有规定时,才对次关键结构和非关键结构中的焊缝做射线检测。

6.5 超声波检测(UT)

只有当图样或合同有规定时,超声波检测才可用来代替射线检测。超声波检测应按相关标准进行。

6.6 其他无损检测

当图样或合同中规定使用本标准未列出的检验方法时,其他无损检测方法(如:声发射、电磁或涡流、密封性、中子射线等)、技术、设备或材料也可使用。使用这些无损检测方法时,应参照相关标准进行验收。

6.7 验收规则

6.7.1 一般要求

a) 所有缺欠以其最大尺寸计算。

b) 两个或多个缺欠,当其间隔小于较大缺欠的尺寸时,可视为一个缺欠。

c) 后续加工会消除的缺欠可忽略不计。

d) 具有超标缺欠的焊件为不合格产品。

e) 在满足最小焊缝尺寸的前提下,允许去除一些不合格焊缝金属。

f) 在满足最小厚度要求和其他一些工程要求(例如表面粗糙度)的前提下,允许在去除焊缝缺欠时附带着去除部分母材,这时的厚度应按缺欠处的最小厚度计算。

6.7.2 缺欠限值

附录 A、附录 B 给出了各类缺欠及其规定的限值。焊缝中的缺欠超出规定限值时,则为不合格。

6.7.3 检验记录

检验记录的保存应按合同规定执行。

7 文件记录

与产品有关的工艺文件、试验报告及其他资料应妥善保存。保存的文件应具有可追溯性，便于查询。文件记录包括：母材、焊接材料材质单、焊接工艺规程、焊后热处理记录、设备校正、自我纠正、检验与试验报告、返修和修复的记录。

附　录　A
（规范性附录）
缺欠的限值要求

各类缺欠的限值要求参见表 A.1。

表 A.1　缺欠限值要求

缺欠类别	关键结构焊缝	次关键结构焊缝	非关键结构焊缝
裂纹	不允许	不允许	不允许
焊瘤(冷搭)	不允许	不允许	不允许
未熔合	不允许	不允许	不允许
未焊透	不允许	不允许	不允许
表面气孔			
单个气孔的最大尺寸	0.25T 或 0.8 mm（取较小者）	0.33T 或 1.5 mm（取较小者）	0.5T 或 2.8 mm（取较小者）
气孔间的最小间距	较大气孔尺寸的 8 倍	较大气孔尺寸的 4 倍	较大气孔尺寸的 2 倍
每 76 mm 焊缝长度中的最大累积尺寸	T 或 3 mm（取较小者）	1.33T 或 6.5 mm（取较小者）	2T 或 9 mm（取较小者）
内部气孔			
单个气孔的最大尺寸	0.33T 或 1.5 mm（取较小者）	0.50T 或 2.5 mm（取较小者）	未规定
气孔间的最小间距	较大气孔尺寸的 4 倍	较大气孔尺寸的 2 倍	未规定
每 76 mm 焊缝长度中的最大累积尺寸	1.33T 或 6 mm（取较小者）	2T 或 9 mm（取较小者）	未规定
夹杂			
单个夹杂的最大尺寸	0.33T 或 1.5 mm（取较小者）	0.50T 或 2.5 mm（取较小者）	未规定
夹杂间的最小间距	较大夹杂尺寸的 4 倍	较大夹杂尺寸的 2 倍	未规定
每 76 mm 焊缝长度中的最大累积尺寸	1.33T 或 6 mm（取较小者）	2T 或 9 mm（取较小者）	未规定
咬边			
整条焊缝连续咬边的最大深度	0.05 mm	0.015T 或 0.05 mm（取较大者）	0.025T 或 0.05 mm（取较大者）
单个咬边的最大深度	0.07T 或 0.8 mm（取较小者）	0.10T 或 1.3 mm（取较小者）	0.20T 或 1.8 mm（取较小者）
每 76 mm 焊缝长度中的最大累积尺寸	5.0 mm	15.30 mm	25.40 mm
未焊满/凹陷			
整条焊缝未焊满/凹陷的最大深度	0.13 mm	0.015T 或 0.13 mm，取较大者	0.025T 或 0.13 mm，取较大者

表 A.1（续）

缺欠类别	关键结构焊缝	次关键结构焊缝	非关键结构焊缝
点状未焊满/凹陷最大深度	0.07*T* 或 0.8 mm（取较小者）	0.07*T* 或 0.8 mm（取较小者）	0.07*T* 或 0.8 mm（取较小者）
每 76 mm 焊缝长度中的最大累积尺寸	5.1 mm	15.2 mm	25.4 mm
弧坑			
最大深度	0.20*T* 或 0.8 mm（取较小者）	0.20*T* 或 1.3 mm（取较小者）	0.20*T* 或 1.3 mm（取较小者）
最大长度	*T*	*T*	2*T*
焊缝截面形状-余高	见图 B.1	见图 B.1	见图 B.1
电弧/气刨擦痕	不允许	不允许	未规定
角焊缝尺寸(图样有规定时)			
最小尺寸	按设计规定		
角焊缝尺寸(图样无最小尺寸规定时)			
单边角焊缝最小尺寸	1.5*T*	1.5*T*	1.5*T*
双边角焊缝最小尺寸	*T*	*T*	*T*
角焊缝尺寸(最大角焊缝尺寸大于图样规定尺寸)			
$T \leqslant 2.3$ mm	标注尺寸的 2 倍	标注尺寸的 2 倍	标注尺寸的 2 倍
2.3 mm$<T\leqslant$4.0 mm	标注尺寸的 1.5 倍	标注尺寸的 1.5 倍	标注尺寸的 1.5 倍
4.0 mm$<T\leqslant$19.0 mm	标注尺寸的 1.25 倍	标注尺寸的 1.25 倍	标注尺寸的 1.25 倍
$T>$19.0 mm	标注尺寸的 1.1 倍	标注尺寸的 1.1 倍	标注尺寸的 1.1 倍
钛的颜色变化			
亮银色	允许	允许	允许
银色	允许	允许	允许
浅黄色	允许	允许	允许
深黄色	允许	允许	允许
青铜色	允许	允许	允许
褐色	允许	允许	允许
蓝紫色	不允许	允许	允许
绿色	不允许	允许	允许
蓝色	不允许	不允许	不允许
灰色	不允许	不允许	不允许
白色	不允许	不允许	不允许
不锈钢的颜色变化			
所有氧化色	允许	允许	允许
钢的颜色变化			
所有回火颜色	允许	允许	允许

附 录 B
（规范性附录）
焊缝的验收指南

B.1 角焊缝的形状及尺寸验收可参照图 B.1、图 B.2 示例。不合格的角焊缝如图 B.3 所示。

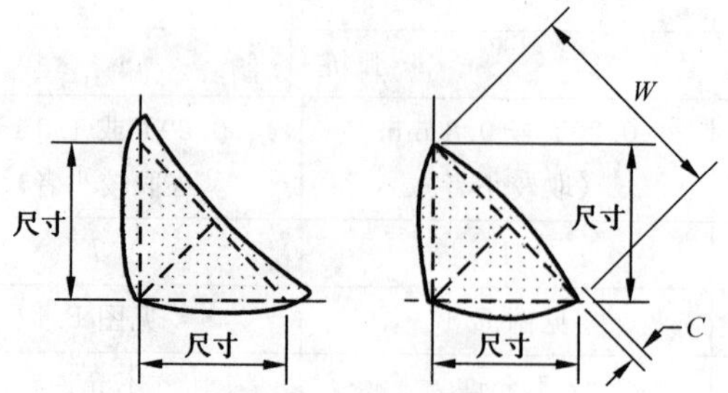

图 B.1 理想的角焊缝

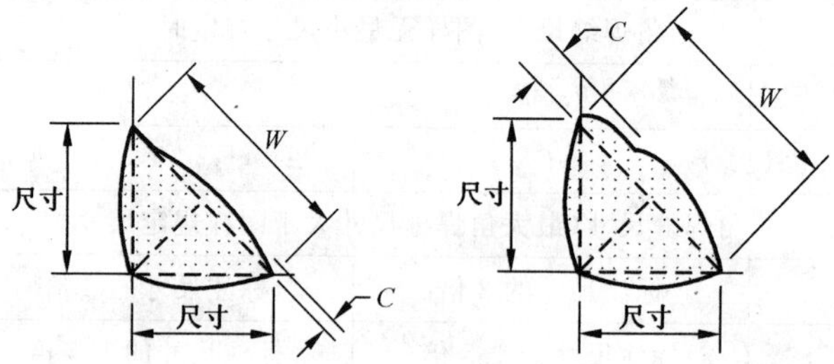

图 B.2 合格的角焊缝

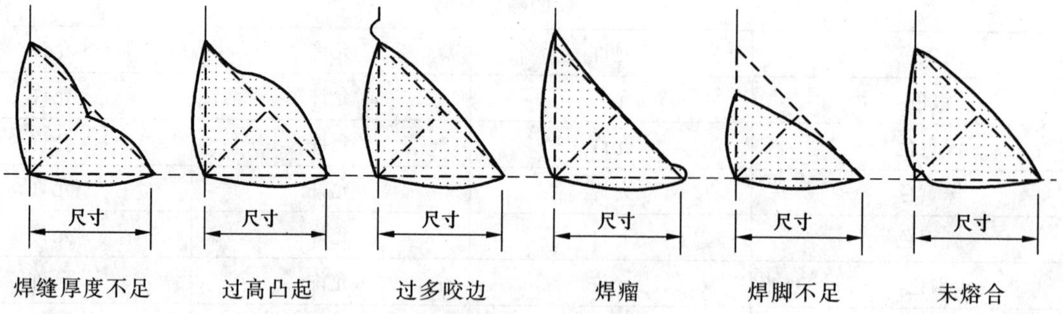

图 B.3 不合格角焊缝

角焊缝余高应符合表 B.1 的规定。

表 B.1 角焊缝余高的限值要求

单位为毫米

焊缝宽度 W	余高 C
$W \leqslant 8$	2
$8 < W < 25$	4
$W \geqslant 25$	6

B.2 对接焊缝的形状及尺寸验收可参照图 B.4 的示例。不合格的对接焊缝如图 B.5 所示。

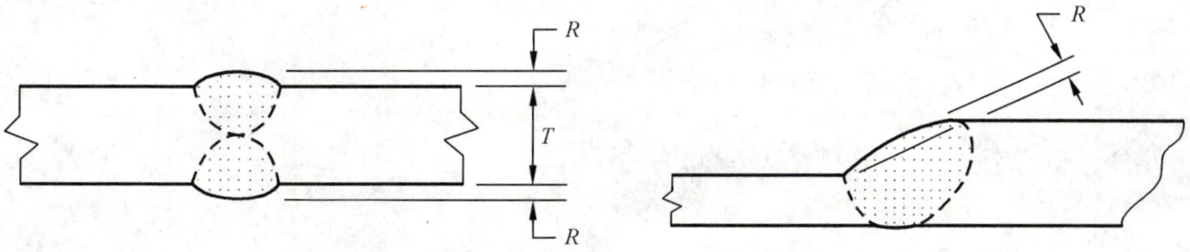

图 B.4 合格的对接焊缝

图 B.5 不合格的对接焊缝

在关键结构中，对接焊缝的余高应满足表 B.2 的规定。

表 B.2 对接焊缝的余高限值要求

单位为毫米

余高(自动焊)	$T\leqslant 10.0$	$R\leqslant 0.32T$ 或 $R\leqslant 0.8$（取较大者）
	$T>10.0$	$R\leqslant 3.2$
余高(手工焊)	$T\leqslant 3.0$	$R\leqslant T$
	3.0 mm$<T\leqslant 13.0$	$R\leqslant 0.33T$ 或 $R\leqslant 2.5$（取较大者）
	$T>13.0$	$R\leqslant 4.5$

ICS 25.160.20
J 33

中华人民共和国国家标准

GB/T 25774.1—2010

焊接材料的检验 第1部分:钢、镍及镍合金熔敷金属力学性能试样的制备及检验

**Test methods for welding consumables—
Part 1:Preparation and testing of deposited metal specimens for mechanical properties in steel,nickel and nickel alloys**

(ISO 15792-1:2000,Welding consumables—Test methods—
Part 1:Test methods for all-weld metal test specimens in steel,
nickel and nickel alloys,MOD)

2010-12-23 发布　　　　2011-06-01 实施

中华人民共和国国家质量监督检验检疫总局
中国国家标准化管理委员会　发布

前　言

GB/T 25774《焊接材料的检验》分为三个部分：

——第1部分：钢、镍及镍合金熔敷金属力学性能试样的制备及检验；

——第2部分：钢的焊接接头力学性能试样的制备及检验；

——第3部分：T型接头角焊缝试样的制备及检验。

本部分是GB/T 25774《焊接材料的检验》的第1部分，修改采用国际标准ISO 15792-1:2000《焊接材料　试验方法　第1部分：钢、镍及镍合金熔敷金属试样制备方法》。

考虑我国焊接材料熔敷金属力学性能试验的实际情况，采用ISO 15792-1:2000时做了如下技术内容修改：

——删除了规范性引用文件ISO 5178、ISO 9016:2000及ISO 13916:1996等国际标准，用已被等同采用的我国相应标准替代；

——增加了12种试件类型1.8、1.9、2.0、2.1、2.2、2.3、2.4、2.5、2.6、2.7、2.8、2.9；

——按国内习惯，对于ISO 15792-1中的1.0和1.1类型的试件，以及增加的2.2、2.3、2.7、2.8类型的试件，未采用ϕ8 mm的拉棒，而采用ϕ6 mm的拉棒；

——在第4章"试验用母材"中增加了隔离层厚度不小于3 mm的要求；

——明示了拉伸试样和冲击试样尺寸的要求。

本部分还做了如下编辑性修改：

——标准名称修改为"焊接材料的检验　第1部分：钢、镍及镍合金熔敷金属力学性能试样的制备及检验"。

本部分由全国焊接标准化技术委员会(SAC/TC 55)提出并归口。

本部分起草单位：天津大桥焊材集团有限公司、哈尔滨焊接研究所、建德市新安江电焊条厂、北京金威焊材有限公司、武汉铁锚焊接材料股份有限公司、天津市金桥焊材集团有限公司。

本部分起草人：高盛平、储继君、徐和生、边境、程宁、侯永泰、陈默。

焊接材料的检验
第1部分:钢、镍及镍合金熔敷金属力学性能试样的制备及检验

1 范围

GB/T 25774的本部分规定了钢、镍及镍合金焊接材料的熔敷金属拉伸试样和冲击试样的制备及检验方法。

本部分适用于钢、镍及镍合金的焊接材料或其他电弧焊熔敷金属力学性能的测定。

2 规范性引用文件

下列文件中的条款通过GB/T 25774的本部分的引用而成为本部分的条款。凡是注日期的引用文件,其随后所有的修改单(不包括勘误的内容)或修订版均不适用于本部分,然而,鼓励根据本部分达成协议的各方研究是否可使用这些文件的最新版本。凡是不注日期的引用文件,其最新版本适用于本部分。

GB/T 2650 焊接接头冲击试验方法(GB/T 2650—2008,ISO 9016:2001,IDT)

GB/T 2652 焊缝及熔敷金属拉伸试验方法(GB/T 2652—2008,ISO 5178:2001,IDT)

GB/T 18591 焊接 预热温度、道间温度及预热维持温度的测量指南(GB/T 18591—2001,ISO 13916:1996,IDT)

3 一般原则

试验的焊接材料按相关的产品标准的要求进行选取,熔敷金属的拉伸试样和冲击试样按以下要求进行制备。

4 试验用母材

试验用母材应与焊接材料产品标准中要求的熔敷金属力学性能试验用材料一致。若采用其他母材,应采用试验的焊接材料在坡口面和垫板面至少焊接两层隔离层,隔离层的厚度加工后不小于3 mm,以确保稀释最小。

5 试件制备

试件应制备成带垫板的V型坡口形式,垫板固定焊在试件的背面,见图1和表1。

试板焊前应予以反变形或拘束,以防止角变形。试件焊后不允许矫正,角变形超过5°的试件应予报废。

各类型的试件尺寸见表1。试件类型按相关焊接材料产品标准的规定进行选择。

6 焊接条件

试件应在平焊位置制备,除非焊接材料产品标准中规定了其他位置,才允许采用其他位置焊接。

启焊时试板温度应加热到焊接材料产品标准规定的预热温度,并在焊接过程中保持道间温度,试板温度超过时,应在静态大气中冷却。预热温度和道间温度可使用表面温度计、测温笔或者热电偶,按GB/T 18591规定进行测量,推荐试件纵向中部距焊缝中心25 mm处的表面做为测温点。

道间温度和焊接规范按焊接材料产品标准要求。如果必须中断焊接，应将试板在静态大气中冷却。重新焊接时，试板应加热到规定的道间温度。

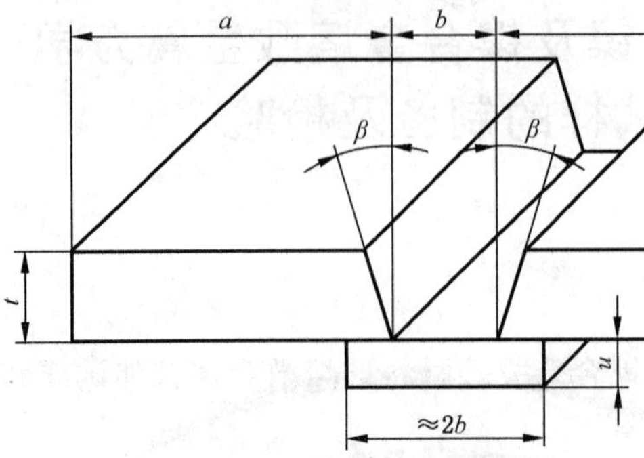

图 1 试件尺寸

表 1 试件类型和尺寸

试件类型	试板厚度 t mm	试板宽度 a mm	试板长度 l mm	垫板厚度 u mm	根部间隙 b mm	坡口面角度 β (°)
1.0	12	≥80	≥150	≥6	10	$10^{+2.5}_{0}$
1.1	12	≥90	≥150	≥6	12	$10^{+2.5}_{0}$
1.2	16	≥100	≥150	≥6	14	$10^{+2.5}_{0}$
1.3	20	≥150	≥150	≥6	16	$10^{+2.5}_{0}$
1.4	25	≥150	≥150	≥6	20	$10^{+2.5}_{0}$
1.5	30	≥200	≥150	≥6	25	$10^{+2.5}_{0}$
1.6	20	≥150	≥150	≥6	20	$10^{+2.5}_{0}$
1.7	25	≥150	≥150	≥6	24	$10^{+2.5}_{0}$
1.8	20	≥125	≥250	≥6	24	$10^{+2.5}_{0}$
1.9	30	≥125	≥250	≥6	28	$10^{+2.5}_{0}$
2.0	20	≥150	≥300	≥6	12	$15^{+2.5}_{0}$
2.1	25	≥125	≥300	≥6	12	$15^{+2.5}_{0}$
2.2	12	≥90	≥100	≥6	6.5	$22.5^{+2.5}_{-2.5}$
2.3	12	≥90	≥100	≥6	10	$22.5^{+2.5}_{-2.5}$
2.4	20	≥90	≥150	≥6	10	$22.5^{+2.5}_{-2.5}$
2.5	20	≥90	≥150	≥6	12	$22.5^{+2.5}_{-2.5}$
2.6	20	≥125	≥250	≥6	12	$22.5^{+2.5}_{-2.5}$
2.7	14	≥80	≥100	≥6	5	30～45
2.8	14	≥80	≥100	≥6	7	30～45
2.9	20	≥80	≥150	≥6	12	30～45

7 热处理

除去氢处理外，热处理应在试件上进行，或经机械加工切断后进行。热处理按焊接材料产品标准规定进行。

去氢处理在加工拉伸试样前后均可进行。试样可进行不高于 250 ℃，不超过 16 h 的去氢处理。

8 取样位置和试样尺寸

拉伸试样的取样位置见图 2，冲击试样的取样位置见图 3。取样时可采用机械切割或热切割，当采用热切割时，应至少保证 10 mm 的机械加工余量。镍及镍合金材料仅允许采用机械加工方法。

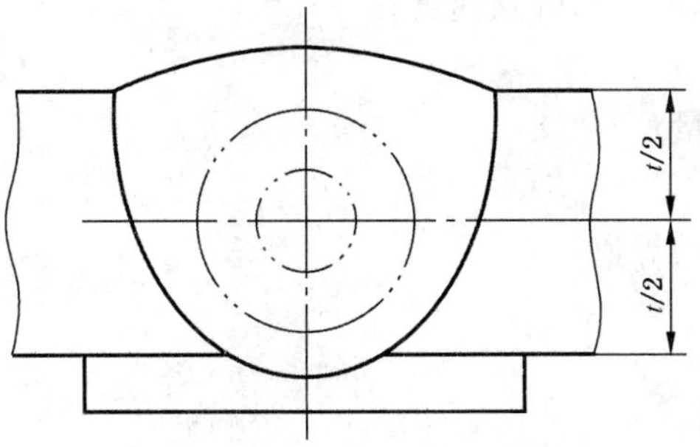

图 2 拉伸试样取样位置

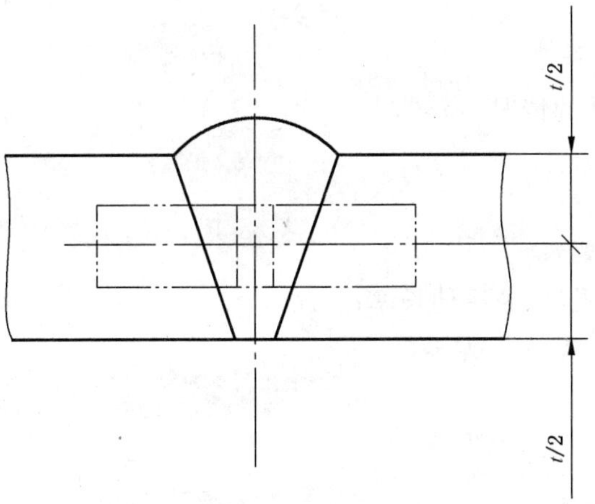

图 3 冲击试样取样位置

拉伸试验按 GB/T 2652 进行，对于 1.0、1.1、2.2、2.3、2.7、2.8 类型的试件，采用 ϕ6 mm 的拉棒，其他类型的试件采用 ϕ10 mm 的拉棒，试样尺寸见图 4 和表 2。

冲击试验按 GB/T 2650 进行，试样尺寸见图 5 和表 3。

9 复验

任何一项检验不合格时，按相关产品标准的要求进行复验。

10 试验报告

试验报告中应包括以下内容：

a） 试件和焊接材料

——试件类型；

——试板材料；

——垫板材料；

——焊接材料型号、牌号和隔离层层数(如存在);

——焊接材料的烘干规范(如需要);

——焊接材料的批号或炉号;

——焊接材料尺寸。

b) 采用的焊接条件

——焊接方法;

——焊接位置;

——焊接电源;

——电流类型和极性;

——电流(送丝速度)、电压和焊接速度;

——干伸长;

——保护气类型和流量;

——焊道数/焊层数;

——不摆动焊道或摆动焊道;

——预热温度;

——道间温度。

c) 热处理(包括去氢处理)

——温度;

——保温时间;

——冷却条件。

d) 与本标准规定不一致的情况。

e) 试验结果

——试验温度;

——射线检查(如需要);

——屈服强度、抗拉强度、断后伸长率;

——冲击吸收能量;

——缺陷。

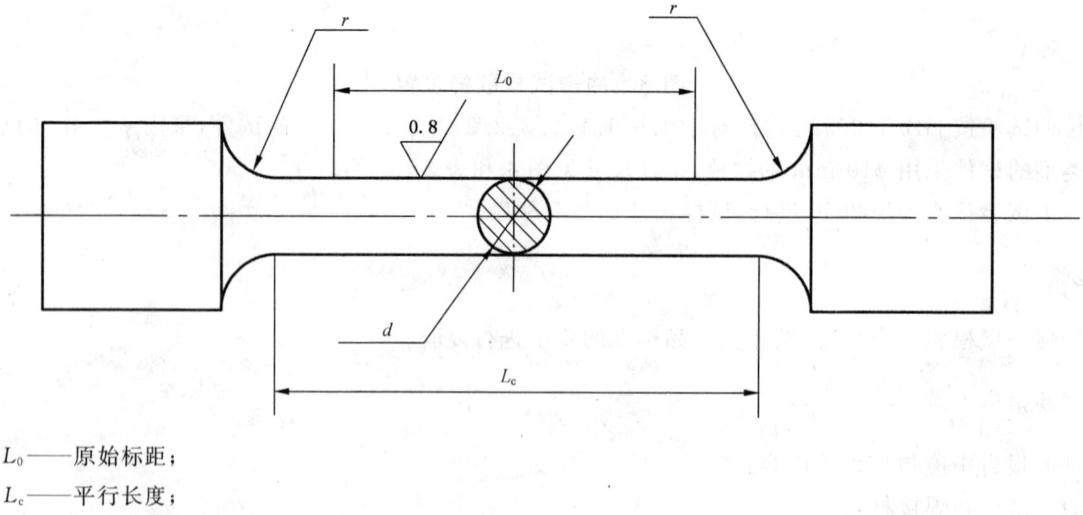

L_0——原始标距;

L_c——平行长度;

d——拉棒直径;

r——过渡弧的半径。

图 4 熔敷金属拉伸试样

表 2　熔敷金属拉伸试样尺寸

单位为毫米

试板厚度	d	r	L_0	L_c[a]
≤14	6±0.07	≥0.75d	5d	≥$L_0+d/2$
≥16	10±0.07	≥0.75d	5d	≥$L_0+d/2$
注：试样夹持端尺寸根据试验机夹具结构确定。				
[a] 仲裁试验时，平行长度采用 L_0+2d，除非材料尺寸不够。				

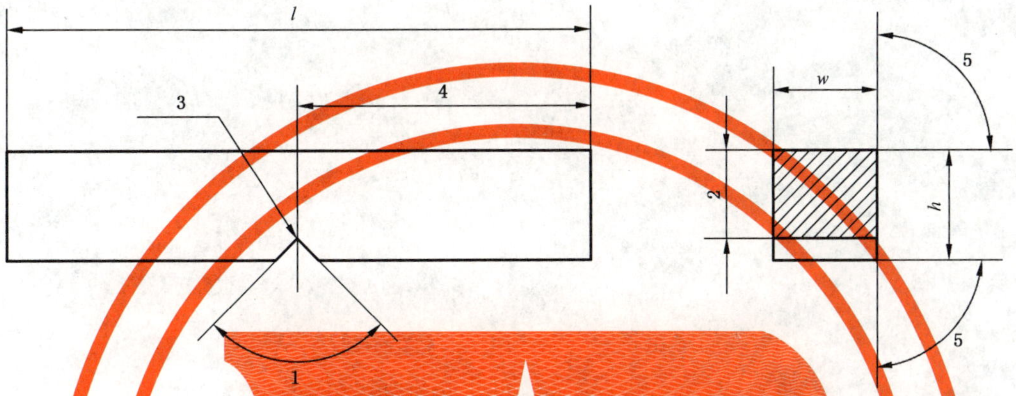

图 5　冲击试样

表 3　冲击试样尺寸及偏差

名　　称	符号及序号	公称尺寸	机加工偏差
长度	l	55 mm	±0.60 mm
高度	h	10 mm	±0.075 mm
宽度	w	10 mm	±0.11 mm
缺口角度	1	45°	±2°
缺口底部高度	2	8 mm	±0.075 mm
缺口根部半径	3	0.25 mm	±0.025 mm
缺口对称面—端部距离	4	27.5 mm	±0.42 mm
试样纵向面间夹角	5	90°	±2°
缺口对称面—试样纵轴角度	—	90°	±2°
注：除端部外，试样表面粗糙度应优于 $Ra5$ μm。			

ICS 25.160.20
J 33

中华人民共和国国家标准

GB/T 25774.3—2010/ISO 15792-3:2000

焊接材料的检验 第3部分:T型接头角焊缝试样的制备及检验

Test methods for welding consumables—
Part 3: Preparation and testing of a fillet weld specimens for T-joint

(ISO 15792-3:2000, Welding consumables—Test methods—
Part 3: Classification testing of positional capacity and
root penetration of welding consumables in a fillet weld, IDT)

2010-12-23 发布　　2011-06-01 实施

中华人民共和国国家质量监督检验检疫总局
中国国家标准化管理委员会　发布

前　言

GB/T 25774《焊接材料的检验》分为三个部分：

——第1部分：钢、镍及镍合金熔敷金属力学性能试样的制备及检验；

——第2部分：钢的焊接接头力学性能试样的制备及检验；

——第3部分：T型接头角焊缝试样的制备及检验。

本部分是GB/T 25774《焊接材料的检验》的第3部分，等同采用ISO 15792-3:2000《焊接材料　试验方法　第3部分：焊接材料角焊缝根部熔深及承载能力试验分类》。

为便于使用，本部分做了如下编辑性修改：

——标准名称修改为"焊接材料的检验　第3部分：T型接头角焊缝试样的制备及检验"；

——删除了规范性引用文件ISO 5817、ISO 6947等国际标准，用已被等同采用的我国相应标准替代。

本部分由全国焊接标准化技术委员会(SAC/TC 55)提出并归口。

本部分起草单位：天津市金桥焊材集团有限公司、哈尔滨焊接研究所、张家港亨昌焊材有限公司、建德市新安江电焊条厂、天津大桥焊材集团有限公司。

本部分起草人：侯永泰、储继君、李建华、徐和生、于国宏、栾敬岳。

焊接材料的检验
第3部分:T型接头
角焊缝试样的制备及检验

1 范围

GB/T 25774 的本部分规定了焊接材料的 T 型接头角焊缝试验用母材、试件制备、试件检查和试验报告等内容。

本部分适用于钢、镍及镍合金等焊接材料的 T 型接头角焊缝试验评定。

本部分未规定验收要求，验收要求按相关焊接材料产品标准要求。

2 规范性引用文件

下列文件中的条款通过 GB/T 25774 的本部分的引用而成为本部分的条款。凡是注日期的引用文件，其随后所有的修改单(不包括勘误的内容)或修订版均不适用于本部分，然而，鼓励根据本部分达成协议的各方研究是否可使用这些文件的最新版本。凡是不注日期的引用文件，其最新版本适用于本部分。

GB/T 16672 焊缝 工作位置 倾角和转角的定义(GB/T 16672—1996,ISO 6947:1993,IDT)

GB/T 19418—2003 钢的弧焊接头 缺陷质量分级指南(ISO 5817:1992,IDT)

3 一般原则

试验的焊接材料按相关焊接材料产品标准的要求进行选取。试件应按焊接材料产品标准和以下要求进行制备和试验，试验结果应满足相关焊接材料产品标准的要求。

4 试验用母材

试验用母材应采用焊接材料产品标准中要求的试板材料和规定的试板尺寸。焊接面应去除氧化皮、锈蚀及其他缺陷。

5 试件制备

5.1 试板由立板和底板组成，底板应平直、光洁，当立板装配在底板上时，两板结合处应无明显缝隙。立板和底板的装配按图 1 所示。接头的两端应进行牢固的定位焊，以保证沿整个接头长度方向的紧密接触及立板和底板之间保持 90°角。立板和底板的尺寸按相关焊接材料产品标准的要求。

单位为毫米

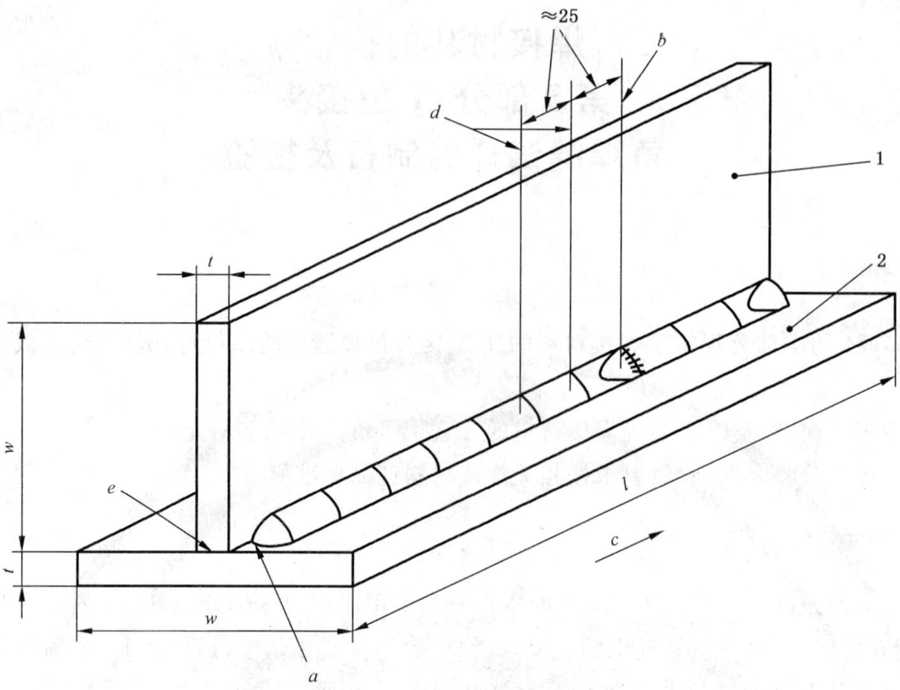

1——立板；

2——底板；

a——起焊点；

b——第一根焊条收弧处；

c——焊接方向；

d——切取断面位置；

e——底板应平直且与立板在整个长度方向紧密接触。

注：如果焊接材料产品标准中未规定 t、w 和 l 的数值，可采用 t=10 mm～12 mm，w≥75 mm，l≥300 mm。

图 1 角焊缝试件制备

5.2 焊接位置和焊接条件按照焊接材料产品标准的规定，焊接位置的定义见 GB/T 16672。试件的启焊温度应至少 5 ℃以上。在接头的一侧焊接一条接近整个试件长度的单道角焊缝。对于焊条，允许采用多根焊条，第一根焊条应连续熔化至焊条剩余长度不大于 50 mm 为止。对于超出 450 mm 长，为重力焊特殊设计的焊条，角焊缝可以手工焊或采用特殊设计的重力焊装置。对于实心焊丝和药芯焊丝，角焊缝的焊接应连续进行。

5.3 角焊缝的焊接速度应与焊接材料产品标准的要求相一致。

5.4 如果焊接材料产品标准中要求焊接另一侧角焊缝，在开始焊接前，试件应冷却至室温。如果采用水冷却，在焊接另一侧角焊缝前，应去除接头上所有的水分。

6 试件检查

6.1 焊后的角焊缝试件应目视检查，焊缝应无裂纹、咬边、焊瘤、夹渣和表面气孔。焊缝厚度和焊脚应采用适宜的量具，沿焊缝至少测量三点，以保证其满足产品标准的要求。如使用两根或两根以上焊条时，应从距离第一根焊条收弧处往回大约 25 mm，切割出一个大约 25 mm 宽的试样，如图 1 所示。对于连续的焊接材料和仅使用一根焊条，应在焊缝的中间位置切割出一个大约 25 mm 宽的试样。

6.2 断面的一个面应磨光、腐蚀并按图 2 所示划线。焊缝计算厚度、焊缝凸度、焊脚及焊脚尺寸应从磨光腐蚀后的断面上测量，精确至 0.5 mm。如果焊接材料产品标准中要求试件双侧角焊缝，则两侧角焊缝在同一断面测量。

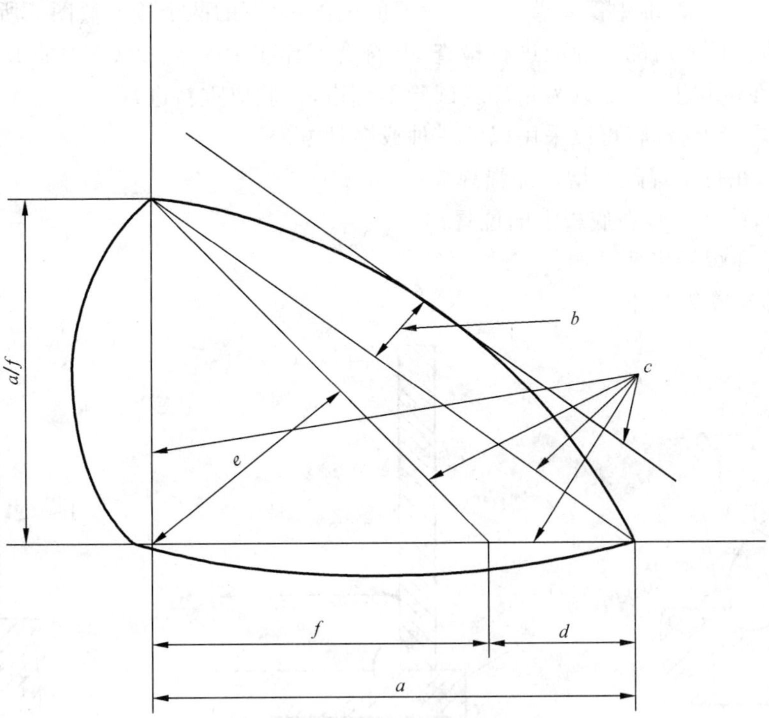

a）凸角焊缝

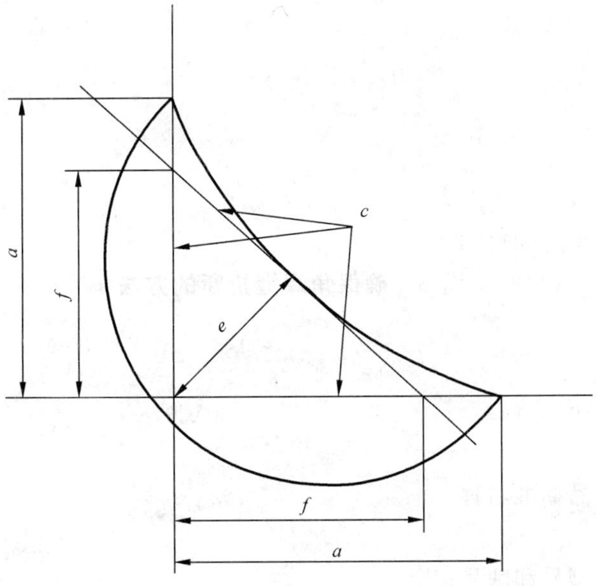

b）凹角焊缝

a——焊脚；

b——焊缝凸度；

c——为测量而进行的划线；

d——两焊脚长度差；

e——焊缝计算厚度；

f——焊脚尺寸。

注：焊脚、焊脚尺寸和焊缝凸度应在所示的断面上实际进行测量，精确至 0.5 mm。

图 2　角焊缝尺寸

6.3 对于焊接材料产品标准中仅要求一侧角焊缝的试件，余下的两个接头按图3所示方向对角焊缝施加力使其纵向折断。折断后的表面应进行检查，并符合GB/T 19418—2003中的B级要求。在折断过程中，如果试件断在母材上，不能认为角焊缝试验不合格，试验应重新进行。

6.4 为了保证在焊缝上折断，可以采用以下一种或多种方法：

a) 按图3a)，在每个焊趾上增加加强焊缝；

b) 按图3b)，改变立板在底板上的位置；

c) 按图3c)，在焊缝表面开槽；

d) 试件冷却至0 ℃以下。

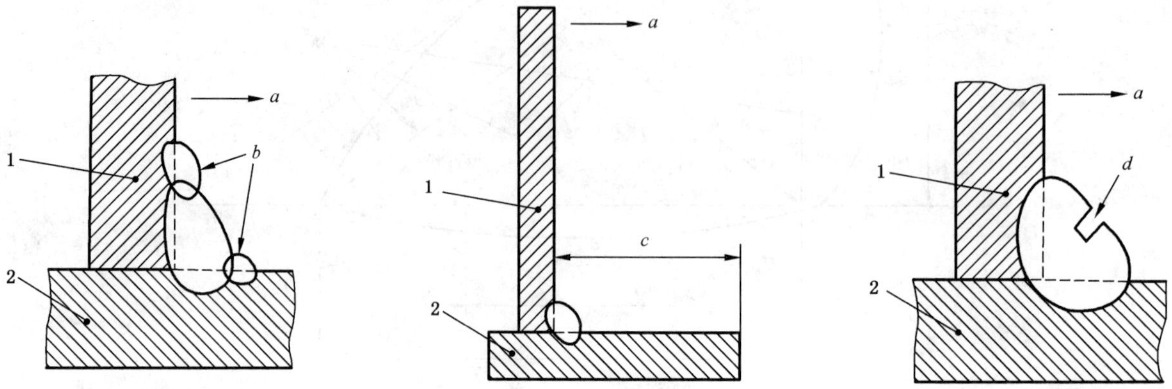

a）增加加强焊缝　　b）立板偏移　　c）开槽

1——立板；

2——底板；

a——折断的力；

b——加强焊缝；

c——底板的3/4宽；

d——槽最大深度不大于实际厚度的1/2。

图3 确保角焊缝折断的方法

7 试验报告

试验报告中应包括以下内容：

a) 试件和焊接材料

——焊接材料产品标准名称；

——试板材料；

——焊接材料的型号和牌号；

——焊接材料的批号或炉号；

——焊接材料的烘干规范；

——焊接材料尺寸。

b) 焊接条件

——焊接方法；

——焊接电源；

——电流类型和极性；

——焊接电流；

——送丝速度；

——电弧电压；
——焊接速度；
——干伸长；
——保护气类型和流量；
——预热和道间温度；
——焊接位置。

c) 与本标准规定不一致的情况。

d) 试验结果
——目视检查结果；
——焊脚和两焊脚长度差；
——焊脚尺寸；
——焊缝凸度；
——焊缝计算厚度；
——沿角焊缝长度方向根部未熔合长度；
——断裂表面的缺陷。

ICS 25.160.20
J 33

中华人民共和国国家标准

GB/T 25775—2010

焊接材料供货技术条件 产品类型、尺寸、公差和标志

Technical delivery conditions for welding consumables—Type of product, dimensions, tolerances and markings

(ISO 544:2003, Welding consumables—Technical delivery conditions for welding filler materials—Type of product, dimensions, tolerances and markings, MOD)

2010-12-23 发布　　　　2011-06-01 实施

中华人民共和国国家质量监督检验检疫总局
中国国家标准化管理委员会 发布

前　言

本标准修改采用国际标准 ISO 544:2003《焊接材料　焊接材料供货技术条件　产品类型、尺寸、公差和标志》。

考虑我国焊接材料生产应用的实际情况，采用 ISO 544:2003 时做了如下技术内容修改：

——删除了规范性引用文件 EN 10204、EN ISO 4063 等标准，对 ISO 544:2003 引用的 EN ISO 4063 标准，用已被等同采用的我国标准 GB/T 5185 替代；

——表 1 中适用的焊接方法直接采用 GB/T 5185 中文字表述，未引用 ISO 标准中的英文符号；

——表 4 供货形式中增加了外径为 270 mm 的盘状形式；

——将表 4 中代号为 S300 和 S350 两种形式的幅宽由“103＋0/－3”修改为“100＋3/－3”。

为便于使用，本标准还做了如下编辑性修改：

——标准名称修改为“焊接材料供货技术条件　产品类型、尺寸、公差和标志”；

——按国内习惯，将第 6 章“标志”和第 7 章“包装”编排顺序进行了调换；

——将第 8 章“检验文件”修改为“质量证明”。

本标准由全国焊接标准化技术委员会(SAC/TC 55)提出并归口。

本标准起草单位：哈尔滨焊接研究所、天津大桥焊材集团有限公司、天津市金桥焊材集团有限公司、建德市新安江电焊条厂、常州华通焊丝有限公司、武汉铁锚焊接材料股份有限公司。

本标准起草人：李连胜、储继君、马恒胜、侯永泰、邹建华、李振华、程宁。

焊接材料供货技术条件
产品类型、尺寸、公差和标志

1 范围

本标准规定了熔化焊焊接材料的产品类型、尺寸、公差、供货状态、包装、标志和质量证明等内容。

本标准适用于焊条、焊丝及填充丝、焊带等焊接材料产品。

本标准不适用于焊接辅助材料，如保护气体、衬垫等。

2 规范性引用文件

下列文件中的条款通过本标准的引用而成为本标准的条款。凡是注日期的引用文件，其随后所有的修改单(不包括勘误的内容)或修订版均不适用于本标准，然而，鼓励根据本标准达成协议的各方研究是否可使用这些文件的最新版本。凡是不注日期的引用文件，其最新版本适用于本标准。

GB/T 5185 焊接及相关工艺方法代号(GB/T 5185—2005,ISO 4063:1998,IDT)

3 产品类型和适用的焊接方法

本标准包括的产品类型及其适用的焊接方法见表1，括号中的代号按GB/T 5185。

表1 产品类型和适用的焊接方法

产品类型	适用的焊接方法[a]
焊条	焊条电弧焊(111)
实心填充丝	钨极惰性气体保护电弧焊 TIG(141)、氧燃气焊(31)、等离子弧焊(15)
实心焊丝(非电极)	钨极惰性气体保护电弧焊 TIG(141)、等离子弧焊(15)、激光焊(52)、电子束焊(51)
实心焊丝(电极)	气电立焊(73)、电渣焊(72)、熔化极惰性气体保护电弧焊 MIG(131)、熔化极非惰性气体保护电弧焊 MAG(135)、埋弧焊(12)
药芯填充丝	钨极惰性气体保护电弧焊 TIG(141)、氧燃气焊(31)、等离子弧焊(15)
药芯焊丝(非电极)	激光焊(52)、钨极惰性气体保护电弧焊 TIG(141)
药芯焊丝(电极)	气电立焊(73)、电渣焊(72)、等离子弧焊(15)、埋弧焊(12)、非惰性气体保护的药芯焊丝电弧焊(136)、自保护药芯焊丝电弧焊(114)
实心焊带	电渣焊(72)、埋弧焊(12)
药芯焊带	气电立焊(73)、电渣焊(72)、埋弧焊(12)
金属箔片	激光焊(52)、电子束焊(51)

[a] 本标准中的产品类型并不仅限于表中列出的焊接方法。

4 尺寸及公差

4.1 焊条、焊丝及填充丝

焊条、焊丝及填充丝的尺寸及公差见表2。

表2 焊条、焊丝及填充丝的尺寸及公差

单位为毫米

<table>
<tr><td>产品类型</td><td colspan="2">实心焊丝</td><td>药芯焊丝</td><td colspan="3">填充丝</td><td colspan="4">焊　条</td></tr>
<tr><td>焊接方法代号</td><td>15、51、52、131、135、141</td><td>12、72、73</td><td>12、15、52、72、73、114、136、141</td><td colspan="3">15、31、141</td><td colspan="4">111</td></tr>
<tr><td>焊丝直径</td><td>直径公差</td><td>直径公差</td><td>直径公差</td><td>直径公差</td><td>长度</td><td>长度公差</td><td>焊芯直径</td><td>直径公差</td><td>长度</td><td>长度公差</td></tr>
<tr><td>0.5</td><td>+0.01/−0.03</td><td>—</td><td>—</td><td>—</td><td>—</td><td>—</td><td rowspan="7">—</td><td rowspan="7">—</td><td rowspan="7">—</td><td rowspan="7">—</td></tr>
<tr><td>0.6</td><td>+0.01/−0.03</td><td>—</td><td>+0.02/−0.05</td><td rowspan="18">±0.1</td><td rowspan="18">500～1 000</td><td rowspan="18">±5</td></tr>
<tr><td>0.8</td><td>+0.01/−0.04</td><td>—</td><td>+0.02/−0.05</td></tr>
<tr><td>0.9</td><td>+0.01/−0.04</td><td>—</td><td>+0.02/−0.05</td></tr>
<tr><td>1.0</td><td>+0.01/−0.04</td><td>—</td><td>+0.02/−0.05</td></tr>
<tr><td>1.2</td><td>+0.01/−0.04</td><td>±0.04</td><td>+0.02/−0.05</td></tr>
<tr><td>1.4</td><td>+0.01/−0.04</td><td>±0.04</td><td>+0.02/−0.05</td></tr>
<tr><td>1.6</td><td>+0.01/−0.04</td><td>±0.04</td><td>+0.02/−0.06</td><td rowspan="5">1.6
2.0
2.5</td><td rowspan="5">±0.06</td><td rowspan="5">200～350</td><td rowspan="12">±5</td></tr>
<tr><td>1.8</td><td>+0.01/−0.04</td><td>±0.04</td><td>+0.02/−0.06</td></tr>
<tr><td>2.0</td><td>+0.01/−0.04</td><td>±0.04</td><td>+0.02/−0.06</td></tr>
<tr><td>2.4</td><td>+0.01/−0.04</td><td>±0.04</td><td>+0.02/−0.06</td></tr>
<tr><td>2.5</td><td>+0.01/−0.04</td><td>±0.04</td><td>+0.02/−0.06</td></tr>
<tr><td>2.8</td><td>+0.01/−0.07</td><td>±0.04</td><td>+0.02/−0.06</td><td rowspan="6">3.2
4.0
5.0
6.0</td><td rowspan="6">±0.10</td><td rowspan="7">275～450[a]</td></tr>
<tr><td>3.0</td><td>+0.01/−0.07</td><td>±0.06</td><td>+0.02/−0.06</td></tr>
<tr><td>3.2</td><td>+0.01/−0.07</td><td>±0.06</td><td>+0.02/−0.07</td></tr>
<tr><td>4.0</td><td>+0.01/−0.07</td><td>±0.06</td><td>+0.02/−0.07</td></tr>
<tr><td>5.0</td><td>—</td><td>±0.06</td><td>+0.02/−0.08</td></tr>
<tr><td>6.0</td><td>—</td><td>±0.06</td><td>+0.02/−0.08</td></tr>
<tr><td>8.0</td><td>—</td><td>±0.06</td><td>+0.02/−0.08</td><td>8.0</td><td>±0.1</td></tr>
<tr><td colspan="11">注：根据供需双方协商，允许制造其他尺寸的焊接材料。</td></tr>
<tr><td colspan="11">[a] 对于特殊情况，如重力焊焊条，焊条长度最大可至1 000 mm。</td></tr>
</table>

4.2 实心焊带

实心焊带的尺寸及公差见表3。

表 3 实心焊带尺寸及公差

单位为毫米

焊　　带	尺　　寸	公　　差
公称厚度	≤1.0	±0.05
公称宽度	≤100	+0.5/0
	>100	+0.8/0
注：根据供需双方协商，允许制造其他尺寸的实心焊带。		

4.3 药芯焊带和金属箔片

药芯焊带和金属箔片的尺寸及公差由相关产品标准规定。

5 供货状态

5.1 焊条

焊条药皮应均匀、紧密地包覆在焊芯周围，以保证焊接时熔化均匀。药皮表面应光滑平整，无裂纹和其他影响焊接操作的表面缺陷。焊条药皮应具有足够的强度，不应在正常搬运或使用过程中损坏。焊条夹持端长度应至少 15 mm，焊条引弧端允许涂引弧剂。

5.2 焊丝、填充丝和焊带

焊丝、填充丝和焊带表面应光滑，无毛刺、划痕、锈蚀、氧化皮等缺陷，也不应有其他不利于焊接操作或对焊缝金属有不良影响的杂质。允许采用任何不影响焊接操作和焊缝金属性能的表面处理方法。药芯焊丝、填充丝及焊带的药芯填充物应该沿长度方向均匀分布，以保证熔敷金属化学成分和力学性能不受影响。

焊丝和焊带应按图 1 和表 4 中规定的盘状或卷状供货。其缠绕不应有打结、波浪、折弯及其他影响连续送丝的缺陷。焊丝的始端和末端的固定应牢固可靠。

无支架卷状焊接材料应至少在卷的四周接近于等距离的三个位置捆紧。

钢的实心焊丝和填充丝的翘距应按相关产品标准的规定，如果产品标准无规定，则应执行以下规定：焊丝盘外径不大于 200 mm 的，翘距不大于 25 mm，其他直径的焊丝盘，翘距不大于 50 mm。焊丝的松弛直径、翘距和其他状态应保证在自动焊和半自动焊设备上连续送丝。

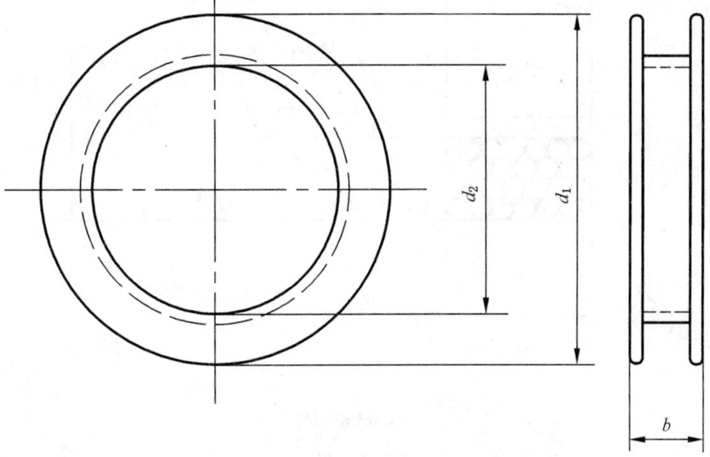

a) 盘状(R)

图 1 焊丝和焊带供货形式

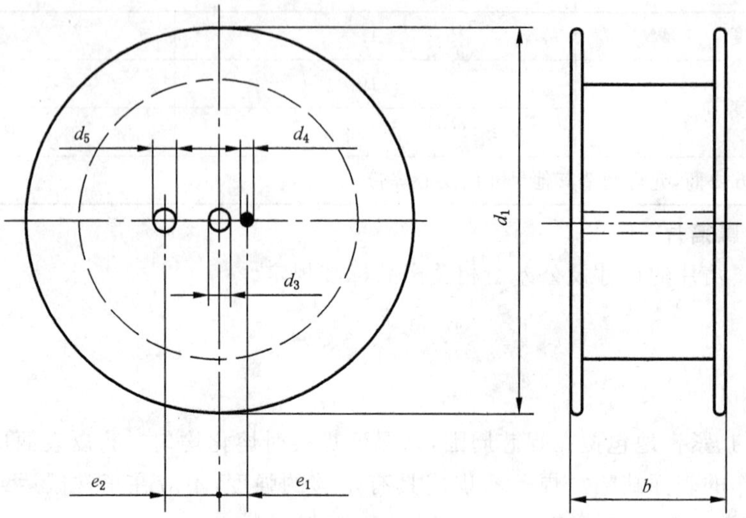

b）盘状(S)

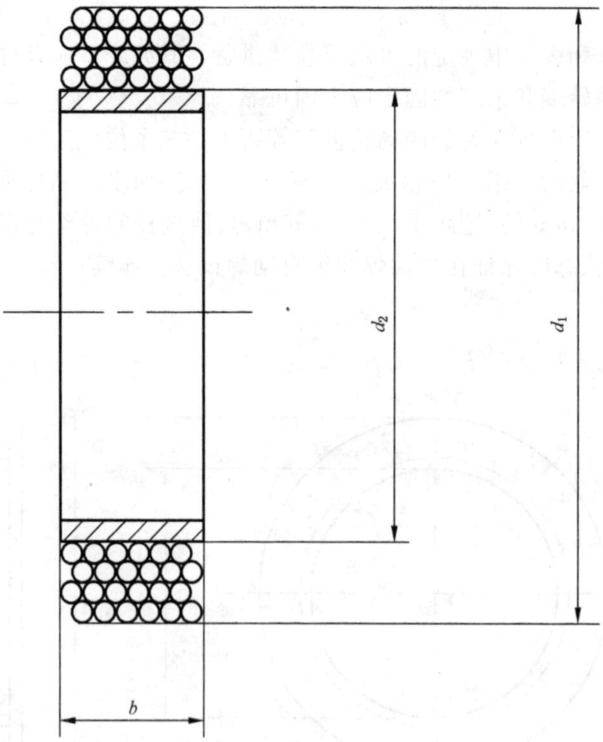

c）卷状(C)

图 1（续）

d) 篮盘状(B)

e) 篮盘状(BS)

图 1(续)

表 4　盘和卷的尺寸及公差

单位为毫米

供货形式	代号	外径 d_1	内径 d_2	幅宽 b	内孔 d_3	驱动孔			
						直径		离轴距	
						d_4	d_5	e_1	e_2
盘状(S)	S 100	100±2	—	45+0/−2	16.5+1/−0	—	—	—	—
盘状(S)	S 200	200±3	—	55+0/−3	50.5+2.5/−0	10+1/−0	—	44.5±0.5	—
盘状(S)	S 270	270±5	—	100+3/−3	50.5+2.5/−0	10+1/−0	—	44.5±0.5	—
盘状(S)	S 300	300±5	—	100+3/−3	50.5+2.5/−0	10+1/−0	—	44.5±0.5	—
盘状(S)	S 350	350±5	—	100+3/−3	50.5+2.5/−0	10+1/−0	—	44.5±0.5	—
盘状(S)	S 560	560+0/−10	[a]	305+0/−10	35.0±1.5	16.7±0.7	16.7±0.7	63.5±1.5	63.5±1.5
盘状(S)	S 610	610+0/−10	[a]	345+0/−10	35.0±1.5	16.7±0.7	16.7±0.7	63.5±1.5	63.5±1.5
盘状(S)	S 760E	760+0/−10	—	290+10/−1	40.5+1/−0	25+1/−0	35+1/−0	65±1	110±1
盘状(S)	S 760A	760+0/−10	[a]	345+0/−10	35.0±1.5	16.7±0.7	16.7±0.7	63.5±1.5	63.5±1.5
盘状(R)	R 435	435±5	300+15/−0	90+0/−15	—	—	—	—	—
篮盘状(B)	B 300	300+0/−5	180±2	100±3	—	—	—	—	—
篮盘状(B)	B 450	≤450	300±5	100±3	—	—	—	—	—
篮盘状(BS)	BS 300	300±5	189±0.5	103+0/−3	50.5+2.5/−0	—	—	—	—
卷状(C)	C 435	≤435	300+15/−0	90+0/−15	—	—	—	—	—
卷状(C)	C 450	≤450	300+15/−5	100+10/−5	—	—	—	—	—
卷状(C)	C 800	≤800	600+20/−0	120+10/−5	—	—	—	—	—

注：根据供需双方协议，允许采用其他供货形式。

[a] d_2 数值的确定应保证送丝顺畅。

6 包装

制造商、供货商或批发商应对焊接材料进行适宜的包装，并且存放于干燥处，以保证其在正常的运输、搬运和贮存过程中不致损伤和变质。

7 标志

7.1 产品标记

7.1.1 焊条

在焊条夹持端上或靠近焊条夹持端的药皮表面上应标记焊条型号或/和牌号，标记在正常的焊接操作前后都应清晰可辨。

7.1.2 焊丝和焊带

以盘状或卷状供货的焊丝及焊带，应在盘或卷上进行牢固地标记，以保证可追溯到制造商或供应商的产品信息。

7.1.3 填充丝

每根 TIG 焊和等离子弧焊用的填充丝都应该进行清晰标记，以保证可追溯到制造商或供应商的产品信息。推荐采用标记标准型号或涂刷颜色。

7.2 包装标记

每件焊接材料产品的最小包装至少应标记下列内容：

——标准号、产品型号及牌号；

——制造商名及商标；

——规格及净质量；

——批号及生产日期；

——适于操作的电流和极性；

——烘干规范或相关信息（如需要）；

——认证标志（如需要）；

——健康和安全警告。

8 质量证明

对每一批焊接材料，应由制造商、经销商或第三方机构出具质量证明。

ICS 25.160.20
J 33

中华人民共和国国家标准

GB/T 25776—2010

焊接材料焊接工艺性能评定方法

Qualification methods of welding procedure for welding consumables

2010-12-23 发布　　2011-06-01 实施

中华人民共和国国家质量监督检验检疫总局
中国国家标准化管理委员会　发布

前　言

本标准由全国焊接标准化技术委员会(SAC/TC 55)提出并归口。

本标准起草单位:哈尔滨焊接研究所、常州华通焊丝有限公司、四川大西洋焊接材料股份有限公司、天津市金桥焊材集团有限公司、北京金威焊材有限公司、建德市新安江电焊条厂。

本标准起草人:储继君、李振华、李春范、陈义岗、侯永泰、崔晓东、洪韬。

焊接材料焊接工艺性能评定方法

1 范围

本标准规定了焊接材料的电弧稳定性、脱渣性、再引弧性能、飞溅率、熔化系数、熔敷效率及焊接发尘量等焊接工艺性能的评定方法。

本标准适用于焊条电弧焊、熔化极气体保护电弧焊、药芯焊丝电弧焊等焊接用钢、镍及镍合金、铜及铜合金、铝及铝合金等焊接材料的焊接工艺性能评定。

2 术语和定义

下列术语和定义适用于本标准。

2.1

交流电弧稳定性　AC arc stability

采用交流焊接电源施焊时，电弧保持稳定燃烧的程度。

2.2

脱渣性　detachability

渣壳从焊缝表面脱落的难易程度。

2.3

再引弧性能　reignition capability

焊接一段时间停弧后，重新引燃电弧的能力。

2.4

飞溅率　spatter loss rate

飞溅损失的量与熔化的焊丝(或焊条)量的百分比。

2.5

熔化系数　melting coefficient

熔焊过程中，单位电流、单位时间内，焊芯(或焊丝)的熔化量[g/(A·h)]。

2.6

熔敷效率　deposition efficiency

熔敷金属量与熔化的填充金属(焊芯或焊丝)量的百分比。

2.7

焊接发尘量　total amount of weld fumes

焊接时，单位质量的焊接材料(焊条或焊丝)所产生的烟尘量[g/kg]。

3 评定方法

3.1 一般原则

在评定中如无特殊要求，焊接电流采用制造厂推荐的最大电流的90%，交直流两用的焊接材料采用交流施焊，焊接电压和烘干等规范采用制造厂推荐规范。除镍、铜、铝采用相应的试板外，其他焊接材料采用与其熔敷金属化学成分相当的试板或碳含量不超过0.2%的碳锰焊接结构钢，试板的表面应经打磨或机械加工，以去除油污、氧化皮等。

电弧稳定性、熔化系数、熔敷效率等项目也可采用相应仪器进行评定。

3.2 电焊条评定方法

3.2.1 交流电弧稳定性

试验应采用交流焊接电源，在尺寸为 400 mm×100 mm×(12～20)mm 的试板上施焊一条焊道，焊条的剩余长度约为 50 mm。在施焊过程中，观察灭弧、喘息次数。每种焊条测定三根，取其算术平均值。

3.2.2 脱渣性

试验在单块尺寸为 400 mm×100 mm×(14～16)mm 的两块试板对接坡口内焊接，焊前点焊固定试板，直径不大于 $\phi 5.0$ mm 的焊条坡口角度为 70°±1°，直径大于 $\phi 5.0$ mm 的焊条坡口角度为 90°±1°，钝边为 1 mm～3 mm，不留根部间隙。

焊接时采用单道焊，焊条不摆动，焊道长度和熔化焊条长度比值约为 1∶1.3，焊条的剩余长度约 50 mm。试板焊接后，立即将焊道朝下水平置于锤击平台上，保证落球锤击在试板中心位置。将质量为 2 kg 的铁球置于 1.3 m 高的支架上。焊后 1 min，使铁球从固定的落点，以初速度为零的自由落体状态锤击试板中心。

酸性焊条连续锤击三次，碱性焊条连续锤击五次，按公式(1)计算脱渣率。每种焊条测定两次，取其算术平均值。

$$D=\frac{l_0-l}{l_0}\times 100\% \qquad \cdots\cdots(1)$$

式中：

D——脱渣率；

l_0——焊道总长度，单位为毫米(mm)；

l——未脱渣总长度，单位为毫米(mm)。

其中，未脱渣总长度 l 按公式(2)计算。

$$l=l_1+l_2+0.2\times l_3 \qquad \cdots\cdots(2)$$

式中：

l——未脱渣总长度，单位为毫米(mm)；

l_1——未脱渣长度[1)]，单位为毫米(mm)；

l_2——严重粘渣长度[2)]，单位为毫米(mm)；

l_3——轻微粘渣长度[3)]，单位为毫米(mm)。

3.2.3 再引弧性能

试验前，准备尺寸为 400 mm×100 mm×(12～20)mm 的施焊试板和尺寸为 200 mm×100 mm×(12～20)mm 的再引弧试板，再引弧试板必须无氧化皮和锈蚀，平整光洁与导线接触良好。

焊条在施焊板上焊接 15 s 停弧，停弧至规定的“间隔”时间后，在再引弧板上进行再引弧。再引弧时以焊条熔化端与钢板垂直接触，不做敲击动作，不得破坏焊条套筒。

同一“间隔”时间用三根焊条分别进行，每次再引弧前均须焊接 15 s。三根焊条中有两根以上出现电弧闪光或短路状态即判定为通过，另换一组焊条进行下一“间隔”时间的判定。

酸性焊条“间隔”时间从 5 s 起，碱性焊条从 1 s 起。

3.2.4 飞溅率

将尺寸为 300 mm×50 mm×20 mm 的试板立放在厚度大于 3 mm 的紫铜板上，在紫铜板上放置

1) 未脱渣——渣完全未脱，呈焊后原始状态。

2) 严重粘渣——渣表面脱落，仍有薄渣层，不露焊道金属表面。

3) 轻微粘渣——焊道侧面有粘渣，焊道部分露出焊道金属或渣表面脱落，断续地露出焊道金属。

一个用约 1 mm 厚的紫铜薄板围成的高 400 mm 的圆筒，其周长为 1 500 mm～2 000 mm，以防止飞溅物散失。

试验在圆筒内进行，焊条熔化至剩余长度约 50 mm 处灭弧。每组试验取三根焊条，分别在三块试板上施焊。焊前称量焊条质量，焊后称量焊条头和飞溅物的质量，称量精确至 0.01 g，按公式(3)计算飞溅率。

$$S=\frac{m}{m_1-m_2}\times 100\% \qquad (3)$$

式中：

S——飞溅率；

m——飞溅物总质量，单位为克(g)；

m_1——焊条总质量，单位为克(g)；

m_2——焊条头总质量，单位为克(g)。

3.2.5 熔化系数

试板尺寸为 300 mm×50 mm×20 mm。每组试验取三根焊条，分别在三块试板上施焊，焊条剩余长度约为 50 mm。焊前测量焊条长度，焊接时准确记录焊接电流和焊接时间。焊后将剩余焊条去掉药皮，用细砂纸磨光，测量焊后焊芯长度，称量焊后焊芯质量，称量精确至 0.1 g，按公式(4)计算熔化系数。

$$M=\frac{m_1-m_2}{I\times t} \qquad (4)$$

式中：

M——熔化系数；

m_1——焊前焊芯的总质量，单位为克(g)；

m_2——焊后焊芯的总质量，单位为克(g)；

I——焊接电流，单位为安培(A)；

t——焊接时间，单位为小时(h)。

其中，焊前焊芯的总质量 m_1 按公式(5)计算。

$$m_1=\frac{l_0\times m_2}{l} \qquad (5)$$

式中：

m_1——焊前焊芯的总质量，单位为克(g)；

l_0——焊条总长度，单位为毫米(mm)；

m_2——焊后焊芯的总质量，单位为克(g)；

l——焊后焊芯总长度，单位为毫米(mm)。

3.2.6 熔敷效率

每组试验取三根焊条，分别在尺寸为 300 mm×50 mm×20 mm 的三块试板上施焊，焊条剩余长度约 50 mm。焊前测量焊条长度和称量试板质量，焊后再称量试板质量，称量精确至 0.1 g。焊后将剩余焊条去掉药皮，用细砂纸磨光，测量焊后焊芯长度和称量质量，称量精确至 0.1 g。按公式(6)计算熔敷效率。

$$E=\frac{m_1}{m_2}\times 100\% \qquad (6)$$

式中：

E——熔敷效率；

m_1——焊条熔敷金属总质量，单位为克(g)；

m_2——熔化焊芯的总质量，单位为克(g)。

其中，焊条熔敷金属总质量 m_1 按公式(7)计算。

$$m_1 = m_4 - m_3 \quad \cdots\cdots (7)$$

式中：

m_1——焊条熔敷金属总质量，单位为克(g)；

m_4——焊后试板总质量，单位为克(g)；

m_3——焊前试板总质量，单位为克(g)。

熔化焊芯的总质量 m_2 按公式(8)计算。

$$m_2 = \frac{l_0 - l}{l} \times m_5 \quad \cdots\cdots (8)$$

式中：

m_2——熔化焊芯的总质量，单位为克(g)；

l_0——焊条总长度，单位为毫米(mm)；

l——焊后焊芯总长度，单位为毫米(mm)；

m_5——焊后焊芯的总质量，单位为克(g)。

3.2.7 焊接发尘量

3.2.7.1 焊条焊接发尘量采用抽气捕集法进行测定。试验装置为一个直径约 500 mm，高约 600 mm，体积约 0.12 m^3 的半封闭容器，其示意图见图 1。

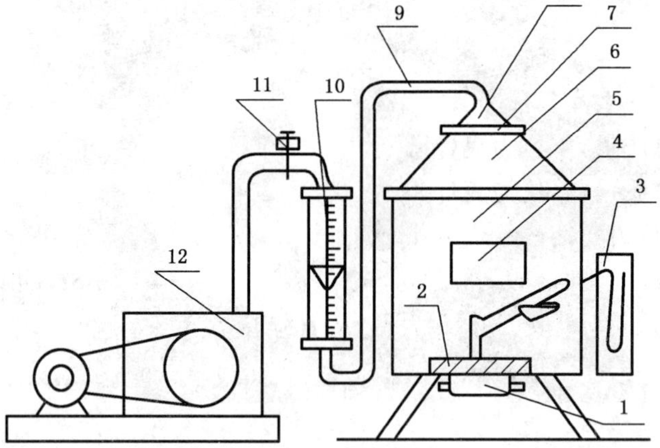

1——冷却水；
2——试板；
3——U 型水压计；
4——观察孔；
5——筒体；
6——大锥体；
7——滤纸和铜网；
8——小锥体；
9——胶管；
10——流量计；
11——二通活塞；
12——真空泵。

图 1 焊接发尘量试验装置示意图

3.2.7.2 试板尺寸为 300 mm×200 mm×(12～20)mm。每组试验采用三根焊条，试验前称量三根焊条的质量，精确至 0.1 g。将三张慢速定量滤纸及装有约 5 g 脱脂棉的纸袋同时放入干燥皿中干燥 2 h 以上，然后分别迅速用 1/10 000 分析天平称量质量。试验前擦净测尘装置的筒体和大小锥体的内壁，然后用吹风机吹干。

3.2.7.3 将试板及焊条放在筒体内，然后将一张滤纸放在小锥体开口处的铜网下面并紧固大小锥体。接通冷却水，开动真空泵，打开二通活塞，抽气量调节到 5 m^3/h，观察 U 型水压计的水压差是否正常，筒体内应为负压，然后进行施焊。焊接时，焊条应尽量垂直不摆动，两个焊道相距 10 mm 以上，焊条剩余长度约 50 mm。停焊后继续抽气 5 min，关闭二通活塞，打开小锥体取下集尘滤纸折叠后单独放在小纸袋中保存。用称过质量的少量脱脂棉擦净小锥体内壁的尘，将带尘的棉花放回原处。

3.2.7.4 重复上述操作，焊完三根焊条后打开大小锥体帽，用剩余的脱脂棉擦净大筒体和大小锥体内壁上的尘，将带尘的棉花放回原处。为了避免混入飞溅颗粒，大筒体下部 180 mm 处以下不擦。

3.2.7.5 将带尘脱脂棉及滤纸一同放入干燥皿中，干燥时间与称量原始质量前的干燥时间相同，然后进行第二次称重，并称量三根焊条头的总质量。按公式(9)计算焊接发尘量。

$$F=\frac{\Delta g_1+\Delta g_2}{\Delta g_3}\times 1\,000 \quad \cdots\cdots(9)$$

式中：

F——焊接发尘量；

Δg_1——三张滤纸集尘前后质量差，单位为克(g)；

Δg_2——棉花集尘前后质量差，单位为克(g)；

Δg_3——三根焊条焊接前后质量差，单位为克(g)。

3.3 其他焊接材料评定方法

其他焊接材料焊接工艺性能的评定，可参照上述电焊条焊接工艺性能的评定方法进行。

4 评定记录

评定记录应包括以下内容：

a) 试板和焊接材料
——试板材料；
——试板尺寸；
——焊接材料型号、牌号；
——焊接材料的批号或炉号；
——焊接材料尺寸；
——焊接材料的烘干规范(如需要)。

b) 采用的焊接条件
——焊接方法；
——焊接电源；
——电流类型和极性；
——焊接电流(送丝速度)、焊接电压和焊接速度；
——电源空载电压(如需要)；
——干伸长；
——保护气类型和流量。

c) 与本标准规定不一致的情况。

d) 试验结果
——原始数据；
——测试结果。

ICS 25.160.20
J 33

中华人民共和国国家标准

GB/T 25777—2010/ISO 6847:2000

焊接材料熔敷金属化学分析试样制备方法

Preparation methods of deposited metal specimens for chemical analysis

(ISO 6847:2000,Welding consumables—Deposition of a weld metal pad for chemical analysis,IDT)

2010-12-23 发布　　2011-06-01 实施

中华人民共和国国家质量监督检验检疫总局
中国国家标准化管理委员会　发布

前　言

本标准等同采用 ISO 6847:2000《焊接材料　熔敷金属化学分析试样制备方法》。

为便于使用，本标准做了如下编辑性修改：

——标准名称修改为“焊接材料熔敷金属化学分析试样制备方法”；

——删除了规范性引用文件 ISO 6947，用已被等同采用的我国相应标准替代。

本标准由全国焊接标准化技术委员会(SAC/TC 55)提出并归口。

本标准起草单位：建德市新安江电焊条厂、哈尔滨焊接研究所、武汉铁锚焊接材料股份有限公司、天津大桥焊材集团有限公司、天津市金桥焊材集团有限公司、常州市运河焊材有限公司。

本标准起草人：邵海建、储继君、程宁、柳江、侯永泰、刘丽萍、方乃文。

焊接材料熔敷金属化学分析试样制备方法

1 范围

本标准规定了熔敷金属化学分析试样制备的试验用母材、试件制备、熔敷金属尺寸及取样等内容。

本标准适用于焊条、气体保护电弧焊焊丝、气体保护电弧焊药芯焊丝和自保护药芯焊丝、钨极气体保护电弧焊药芯焊丝、埋弧焊的焊丝焊剂组合等熔敷金属化学分析试样的制备。

本标准适用于钢、镍及镍合金、铜及铜合金等焊接材料。

2 规范性引用文件

下列文件中的条款通过本标准的引用而成为本标准的条款。凡是注日期的引用文件，其随后所有的修改单(不包括勘误的内容)或修订版均不适用于本标准，然而，鼓励根据本标准达成协议的各方研究是否可使用这些文件的最新版本。凡是不注日期的引用文件，其最新版本适用于本标准。

GB/T 16672—1996 焊缝 工作位置 倾角和转角的定义(idt ISO 6947:1990)

ISO 14175 焊接材料 电弧焊和切割用保护气体(Welding consumables—Shielding gases for arc welding and cutting)

3 试验用母材

3.1 母材类型

母材应采用化学成分与熔敷金属化学成分相当的母材，或是采用碳含量不超过0.2%的碳锰焊接结构钢。

3.2 母材尺寸

试验用母材的尺寸见表1。

3.3 表面要求

堆焊熔敷金属的母材表面应采用打磨或其他方法，去除铁锈、氧化皮、油污等缺陷，以保证清洁。

表1 试验用母材尺寸

单位为毫米

焊接材料	焊条/焊丝直径 ϕ	试板尺寸	
		长度	厚度
		不小于	
焊条、钨极气体保护电弧焊用药芯焊丝	$1.6\leqslant\phi\leqslant4$ $4<\phi\leqslant8$	55 65	10
气体保护电弧焊用焊丝	$0.6\leqslant\phi\leqslant2.5$	100	10
气保护或自保护药芯焊丝	$0.6\leqslant\phi\leqslant4$	100	10
埋弧焊焊丝	$1.2\leqslant\phi\leqslant4$ $4<\phi\leqslant6.4$	200 300	15

4 试件制备

4.1 焊接材料烘干规范

焊接材料(焊条、埋弧焊焊剂)的烘干规范应按制造商推荐的规范进行。药芯焊丝的填充物应保持干燥。

4.2 焊接位置

熔敷金属化学分析试样的制备应在平焊位置进行(GB/T 16672—1996 规定的 PA 位置)。

4.3 电流类型

熔敷金属化学分析试样的制备应按焊接材料产品标准规定的电流类型或按制造商推荐的进行。对于交直流两用的焊接材料,试验时采用交流。

4.4 焊接条件

采用的焊接条件如电流、电压、焊接速度等,应按相关产品标准规定。如果相关产品标准中未规定焊接条件,应采用制造商推荐的最大电流的 70%~90%进行焊接。试样制备时采用的焊接条件应进行记录。

4.5 焊接方法

4.5.1 一般原则

熔敷金属化学分析试样的制备可按图 1 示例的任一种形式进行。每一道焊后,试样允许在水中冷却约 30 s,表面干燥后进行下一道焊接。每道焊后应清渣,每层焊接应交替焊接方向进行。

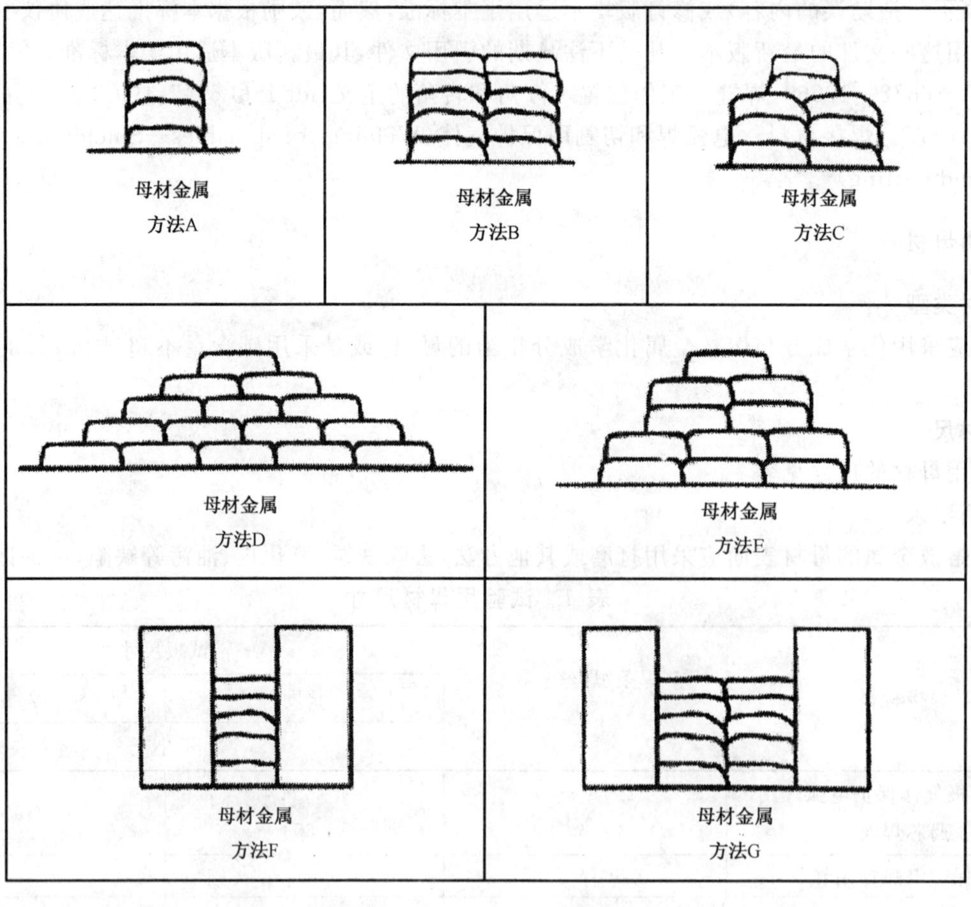

注:方法 F 和方法 G 的熔敷金属两侧是铜板。

图 1 熔敷金属化学分析试样制备方法示例

4.5.2 焊条

在保持电弧稳定燃烧的情况下,尽可能采用短弧焊接,最大摆动宽度不超过焊芯直径的 2.5 倍。

4.5.3 实心焊丝和药芯焊丝

焊道的数量和尺寸根据焊丝尺寸、摆动宽度和使用的电流强度而不同。焊丝干伸长按相关产品标准的规定或按制造商推荐值的±3 mm。保护气应按相关产品标准的规定或使用制造商推荐的保护气类型,否则,应选用 ISO 14175 规定的保护气类型。在采用埋弧焊时,应选用适宜的焊剂。

5 熔敷金属尺寸

熔敷金属的尺寸应不小于表2规定的数值。

6 取样

熔敷金属化学分析取样部位表面的氧化物应采用机械或打磨的方法去除。试样制备应采用铣床、刨床或钻床,不能使用气割方法。取样位置应按相关焊接材料产品标准规定,如果产品标准没有规定,则应取自堆焊金属的第五层或五层以上,不允许在起弧和收弧处取样。

表2 最小熔敷金属尺寸

单位为毫米

焊接材料	焊条/焊丝直径 ϕ	熔敷金属尺寸		最少焊接层数
		宽度	长度	
焊条、钨极气体保护电弧焊用药芯焊丝	$1.6\leqslant\phi\leqslant2.6$	12	30	5
	$2.6<\phi\leqslant5$	12	40	5
	$5<\phi\leqslant8$	12	55	5
气体保护电弧焊用焊丝	$0.6\leqslant\phi\leqslant2.5$	12	80	5
气保护或自保护药芯焊丝	$0.6\leqslant\phi\leqslant4$	12	80	5
埋弧焊焊丝	$1.2\leqslant\phi\leqslant6.4$	12	150	5

ICS 25.160.20
J 33

中华人民共和国国家标准

GB/T 25778—2010

焊接材料采购指南

Procurement guidelines for welding consumables

(ISO 14344:2010,Welding and allied processes—
Flux and gas shielded electrical welding processes—
Procurement guidelines for consumables,MOD)

2010-12-23 发布 2011-06-01 实施

中华人民共和国国家质量监督检验检疫总局
中国国家标准化管理委员会 发布

前　言

本标准修改采用ISO 14344:2010《焊接及相关过程　渣保护和气保护焊接材料　采购指南》。

考虑我国焊接材料产品的实际情况，采用ISO 14344:2010时做了如下技术内容修改：

——将ISO 14344中第3章“术语与定义”中的第1段内容单独形成“总则”一章，列为本标准第4章，ISO 14344中第4章至第7章顺延调整为本标准中的第5章至第8章；

——对“标识”一章中的编辑结构进行了调整。将ISO 14344中的4.1“总则”、4.2“炉号”和4.3“控制化学成分”合并为本标准的5.1“预成型嵌条、实心焊丝及焊带、填充丝、焊芯、药芯焊丝和药芯填充丝用的盘条、钢带或管材的标识”，并根据标识种类分为5.1.1“炉号”和5.1.2“控制化学成分”。将ISO 14344中的4.4“焊条涂料”调整为本标准的5.2“焊条涂料的标识”，将ISO 14344中的4.5“药芯填充物”调整为本标准的5.3“药芯填充物的标识”。这种按材料类别进行的调整，更便于选择和应用；

——对ISO 14344中“组批规则”一章中的焊条和药芯焊丝编辑顺序进行了调换；

——将表2中的“镁及镁合金”修改为“钛及钛合金”。

为便于应用，本标准还做了如下编辑性修改：

——标准名称修改为“焊接材料采购指南”；

——删除了规范性引用文件ISO 9001标准，用已被等同采用的我国标准GB/T 19001替代。

本标准由全国焊接标准化技术委员会(SAC/TC 55)提出并归口。

本标准起草单位：哈尔滨焊接研究所、天津市金桥焊材集团有限公司、天津大桥焊材集团有限公司、常州华通焊丝有限公司、四川大西洋焊接材料股份有限公司、建德市新安江电焊条厂、伯合乐焊接技术(中国)有限公司。

本标准起草人：吴振祥、侯永泰、彭愚立、李振华、陈义岗、邵海建、马凤辉。

焊接材料采购指南

1 范围

本标准规定了焊接材料采购的术语和定义、标识、组批规则、试验级别及质量证明等内容。

本标准适用于焊接材料供需双方根据采购要求，选择编制焊接材料采购的具体细则。

2 规范性引用文件

下列文件中的条款通过本标准的引用而成为本标准的条款。凡是注日期的引用文件，其随后所有的修改单(不包括勘误的内容)或修订版均不适用于本标准，然而，鼓励根据本标准达成协议的各方研究是否可使用这些文件的最新版本。凡是不注日期的引用文件，其最新版本适用于本标准。

GB/T 19001 质量管理体系 要求(GB/T 19001—2008,ISO 9001:2008,IDT)

3 术语和定义

下列术语和定义适用于本标准。

3.1

单一干配料 dry batch

若干种干组分一次在一个混料装置内混合的配料。

注：当向单一干配料中加入液体粘结剂时，就形成湿搅拌料。单一干配料又可分成若干个较小的数量。在这种情况下，加入液体粘结剂可以形成若干个较小数量的湿搅拌料。

3.2

组合干配料 dry blend

组合干配料是由两份以上的单一干配料组成。每个单一干配料的各自数量均按比例加入，然后在一个混料装置内混合，形成一个各组分均匀分布的较大数量，如同各组分在一个大混合装置内一次混合而成。

注：组合干配料与单一干配料一样，可以单独使用或分成若干个较小的数量。加入液体粘结剂后，可形成一个或若干个湿搅拌料。

3.3

湿搅拌料 wet mix

湿搅拌料是由液体粘结剂与单一干配料或组合干配料，或它们的一部分，在一个混料装置内一次混合而成。

3.4

炉号 heat

预成型嵌条、实心焊丝及填充丝、焊带、焊芯、药芯焊丝和药芯填充丝用的盘条、钢带或管材的炉号定义取决于冶炼和精炼的方法，具体如下：

——在金属冶炼过程中，渣-金属间或气体-金属间发生反应(如平炉、电弧炉、转炉、氩-氧炉)，炉号是指从同一炉熔炼中得到的材料。

——在金属冶炼过程中，不发生明显的化学反应(如可控气氛的感应熔炼或真空感应熔炼)，炉号是指用一批控制配料的金属和合金元素，在一台熔炼炉中，采用同样的条件连续熔炼所得到的一组材料，并且每炉熔炼材料的化学成分均符合采购方(焊接材料制造厂)的规定范围。

——在采用连续熔炼及连铸(如自耗电极重熔)时，炉号是指在一台熔炼炉中在同样的熔炼条件下，按以上定义的一个炉号所生产的单根或若干根自耗电极重熔所得到的一组材料，并且每炉重熔材料的化学成分均符合采购方(焊接材料制造厂)的规定范围。

4 总则

在生产过程中，将焊接材料按其组分进行批量划分，每个批量抽样检验结果满足要求，则整批焊材均合格。批量可按炉号、批号、组合配料、单一配料和混合料划分，其数量随企业的生产规模不同。为了便于识别，每个企业都为每一批量规定了唯一的标识，该标识通常由一系列数字或字母(或两者兼有)组成。通过该标识，可以查明生产日期和时间(班次)、原材料的种类和来源，以及产品制造时的工艺细节。此标识将始终伴随焊接材料，并在需要识别的场合用来识别材料。

5 标识

5.1 预成型嵌条、实心焊丝及焊带、填充丝、焊芯、药芯焊丝和药芯填充丝用的盘条、钢带或管材的标识

盘条、钢带或管材的标识有以下两种形式。

5.1.1 炉号

按炉号标识的盘条、钢带或管材，应由单一炉号的材料组成。

5.1.2 控制化学成分

按控制化学成分标识的盘条、钢带或管材，应由一个或多个炉号的材料组成。这些材料经过抽样化学分析，化学分析结果应符合焊接材料制造厂的规定范围。对于轧制过程不允许有接头的线材或卷材，只需从一端取样；对允许有接头的线材或卷材，每盘只允许有一个接头，且从两端取样。

5.2 焊条涂料的标识

焊条涂料的标识有以下两种形式。

5.2.1 湿搅拌料

按湿搅拌料标识的涂料，每批焊条应由单一湿搅拌料组成。

5.2.2 控制化学成分

按控制化学成分标识的涂料，应由一个或多个湿搅拌料组成。这些湿搅拌料经过充分试验，证明用于这批焊条的所有湿搅拌料成分相当。试验至少应包括化学成分分析，其结果应符合焊接材料制造厂的规定范围。试验程序和试验结果应有记录。

5.3 药芯填充物的标识

药芯填充物的标识有以下两种形式。

5.3.1 组合干配料

按组合干配料标识的药芯填充物，应由一个单一干配料或组合干配料组成。

5.3.2 控制化学成分

按控制化学成分标识的药芯填充物，应由一个或多个组合干配料组成。这些药芯填充物经过充分试验，证明用于这批药芯焊丝的所有组合干配料成分相当。试验至少应包括化学成分分析，其结果应符合焊接材料制造厂的规定范围。试验程序和试验结果应有记录。

6 组批规则

6.1 实心焊丝及填充丝、焊带和预成型嵌条

6.1.1 S1 级

S1 级批量是焊接材料制造厂在其质量保证程序中规定的常规产品数量。

6.1.2 S2 级

S2 级批量是在连续 24 h(即连续的正常工作班次)生产时间内生产的同一型号、规格、形式和热处理条件的产品数量，但不超过 45 000 kg。该批焊材应采用一个炉号(5.1.1)或控制化学成分(5.1.2)的材料生产。

6.1.3 **S3 级**

S3 级批量是采用一个炉号(5.1.1)的材料在一个生产周期内所生产的一种规格的产品数量。

6.1.4 **S4 级**

S4 级批量是在一个生产周期内所生产的同一型号、规格、形式和热处理条件的产品数量，但不超过 45 000 kg。该批焊材应采用一个炉号(5.1.1)或控制化学成分(5.1.2)的材料生产。

6.2 焊条

6.2.1 **C1 级**

C1 级批量是焊接材料制造厂在其质量保证程序中规定的常规产品数量。

6.2.2 **C2 级**

C2 级批量是在连续 24 h(即连续的正常工作班次)生产时间内生产的一种型号和规格的产品数量，但不超过 45 000 kg。

6.2.3 **C3 级**

C3 级批量是在连续 24 h(即连续的正常工作班次)生产时间内生产的一种型号和规格的产品数量，但不超过 45 000 kg。该批焊材应采用一个湿搅拌料(5.2.1)或控制化学成分的湿搅拌料(5.2.2)与一个炉号(5.1.1)或控制化学成分(5.1.2)的焊芯生产。

6.2.4 **C4 级**

C4 级批量是采用一个湿搅拌料(5.2.1)与一个炉号(5.1.1)的焊芯生产的一种型号和规格的产品数量。

6.2.5 **C5 级**

C5 级批量是采用一个组合干配料(3.2)的药皮混合料与一个炉号(5.1.1)的焊芯所生产的一种型号和规格的产品数量。

6.3 药芯焊丝和药芯填充丝

6.3.1 **T1 级**

T1 级批量是焊接材料制造厂在其质量保证程序中规定的常规产品数量。

6.3.2 **T2 级**

T2 级批量是在连续 24 h(即连续的正常工作班次)生产时间内生产的一个型号和规格的产品数量，但不超过 45 000 kg。该批焊材应采用一个炉号(5.1.1)或控制化学成分(5.1.2)的盘条、钢带或管材生产，药芯填充物应符合 5.3.1 或 5.3.2 的规定。

6.3.3 **T3 级**

T3 级批量是由一个炉号(5.1.1)的盘条、钢带或管材与一个单一干配料(3.1)或一个组合干配料(3.2)的药芯填充物所生产的产品数量。药芯填充物应符合 5.3.1 的规定。

6.3.4 **T4 级**

T4 级批量是在一个生产周期内生产的一种型号和规格的产品数量，但不超过 45 000 kg。该批焊材应采用一个炉号(5.1.1)或控制化学成分(5.1.2)的盘条、钢带或管材生产，药芯填充物应符合 5.3.1 或 5.3.2 的规定。

6.4 埋弧焊焊剂

6.4.1 **F1 级**

F1 级批量是焊接材料制造厂在其质量保证程序中规定的常规产品数量。

6.4.2 **F2 级**

F2 级批量是在一个生产周期内，用相同原材料混合物所生产的产品数量。

7 试验级别

7.1 一般原则

试验级别应由采购方根据表 1 作出选择。如果没有规定级别，应认定为级别 1。

7.2 级别 1

焊接材料制造厂的常规试验级别。焊接材料制造厂应书面提供焊材的主要性能参数，并声明“当按照国家标准(或其他标准)试验时，提供的焊材满足该标准要求”。组批规则按焊接材料制造厂的标准。

7.3 级别 2

焊接材料制造厂应提供订货日期前 12 个月之内任一产品生产过程中的试验结果，该试验结果应包括国家标准(或其他标准)对该型号产品所规定的所有试验项目。组批规则按焊接材料制造厂的标准。

7.4 级别 3

焊接材料制造厂应提供每批交货产品的化学分析结果，化学分析结果应包括国家标准(或其他标准)对该型号产品所规定的元素。组批规则应由采购方参照第 6 章选定。

7.5 级别 4

焊接材料制造厂应提供每批交货产品按表 2 所要求的试验报告。这些试验通常与产品合格证的常规要求项相符，但不一定包括级别 5 中所要求的全部试验。试验应按国家标准(或其他标准)对该型号产品的规定进行。组批规则应由采购方参照第 6 章选定。

7.6 级别 5

焊接材料制造厂应提供每批交货产品按国家标准(或其他标准)对该型号产品所要求的全部试验结果。组批规则应由采购方参照第 6 章选定。

7.7 级别 6

每批交货产品在国家标准(或其他标准)所要求的试验项目上，增加或替代而进行的其他试验(如特定热处理条件的试验)，这时采购方应在订单中明确需要进行的特定试验项目、试验方法和技术指标要求，并由焊接材料制造厂报告试验结果。组批规则应由采购方参照第 6 章选定。

8 质量证明

8.1 概述

符合国家标准(或其他标准)的质量证明可以由焊接材料制造厂、经销商或者第三方提供。提供质量证明的第三方机构应通过 GB/T 19001(或其他相关标准)的认证。

8.2 制造厂提供的质量证明

焊接材料制造厂在产品上标注合格标识，证明该批产品符合国家标准(或其他标准)要求。焊接材料制造厂应通过一个质量保证程序验证产品符合要求后，才能出具这种质量证明。这个质量保证程序中应包括计划、文件、监控、检验、试验和试验结果以及检测仪器和不合格材料的控制。该程序还应包括开展审核活动并实施必要的纠正措施。

8.3 经销商提供的质量证明

当由没有完全参与产品生产的经销商在产品上标注合格标识时，经销商的质量保证体系应保证焊接材料制造厂提供的所有数据的可追溯性及有效性。程序中应包括计划、文件、试验和试验结果证明以及检测仪器和不合格材料的控制。该程序还应包括开展审核活动并实施必要的纠正措施。

8.4 第三方提供的质量证明

第三方可以依据以下两种方式提供质量证明。第三方可以对产品进行所要求的试验，并提供试验结果。也可以在焊接材料制造厂或者经销商进行试验的过程中对其进行见证，任何情况下，第三方有责任对焊接材料制造厂或经销商的质量保证体系进行审核。

表 1 试验级别

级别	要 求	参考条款
1	制造厂规定的试验级别	7.2
2	提供订货日期前 12 个月之内任一产品生产过程的试验结果	7.3

表 1（续）

级别	要　　求	参考条款
3	对每批交货产品应提供化学分析报告	7.4
4	对每批交货产品应提供表 2 要求的试验报告	7.5
5	对每批交货产品应提供相关标准要求的全部试验报告	7.6
6	对每批交货产品应提供采购方要求的全部试验报告	7.7

表 2　试验要求

产品类型	材料种类[a]						
	非合金钢和细晶粒钢[b]	高强钢和热强钢	不锈钢	镍及镍合金	铝及铝合金	铜及铜合金	钛及钛合金
气保焊、等离子弧焊、气电立焊用实心焊丝和填充丝	化学分析 拉伸试验 冲击试验 X 射线探伤 [c]	化学分析 拉伸试验 冲击试验 X 射线探伤 [c]	化学分析 [c]	化学分析 [c]	化学分析 X 射线探伤	化学分析	化学分析
埋弧焊用实心焊丝和金属粉型药芯焊丝或药芯焊带	化学分析	化学分析	化学分析	化学分析	—	—	—
埋弧焊和电渣焊用焊丝和焊剂	化学分析 拉伸试验 冲击试验 X 射线探伤 扩散氢[d]	化学分析 拉伸试验 冲击试验 X 射线探伤 扩散氢[d]	化学分析 铁素体含量 （如要求）	—	—	—	—
自保护和气保护药芯焊丝、气电立焊用药芯焊丝	化学分析 拉伸试验 冲击试验 X 射线探伤 扩散氢[d]	化学分析 拉伸试验 冲击试验 X 射线探伤 扩散氢[d]	化学分析 铁素体含量 （如要求）	化学分析 拉伸试验 X 射线探伤	—	—	—
手工电弧焊焊条和金属芯焊条	化学分析 拉伸试验 冲击试验 X 射线探伤 扩散氢	化学分析 拉伸试验 冲击试验 X 射线探伤 扩散氢	化学分析 铁素体含量 （如要求）	化学分析 拉伸试验 X 射线探伤	化学分析 X 射线探伤	化学分析 X 射线探伤	—

[a] 只有当相应的国家标准（或其他标准）对其规定型号有要求时，才需要进行本表所要求的试验。试验按照相应标准规定的方法进行，只需进行一种电流和极性的试验；

[b] 包括碳钢、低温钢及耐候钢等合金类别；

[c] 包括预成型嵌条；

[d] 电渣焊和气电立焊不适合进行扩散氢试验。

ICS 91.100.30
Q 14

中华人民共和国国家标准

GB 25779—2010

承重混凝土多孔砖

Loadbearing concrete perforated bricks

2010-12-23 发布 2011-11-01 实施

中华人民共和国国家质量监督检验检疫总局
中国国家标准化管理委员会 发布

前言

本标准第 6 章(除 6.3.4 外)为强制性条款,其余为推荐性条款。

本标准的附录 A、附录 B、附录 C 为规范性附录。

本标准与美国 ASTM C55-06《混凝土建筑用砖》的一致性程度为非等效。

本标准由中国建筑材料联合会提出。

本标准由全国墙体屋面及道路用建筑材料标准化技术委员会(SAC/TC 285)归口。

本标准负责起草单位:河南建筑材料研究设计院有限公司、中国建筑砌块协会、浙江省发展新型墙体材料办公室、建筑材料工业技术监督研究中心。

本标准参加起草单位:西安墙体材料研究设计院、浙江省建筑材料科技有限公司、上海苏科建筑技术发展有限公司、中国建筑材料科学研究总院、卓越(福建)机械制造发展有限公司、江苏腾宇机械制造有限公司、泉州市鸿益机械制造有限公司、西安东方福星机械有限公司、保定市华锐方正机械制造有限公司、泉州市群峰机械制造有限公司、包头新创瑞图环保建材有限公司、南通市恒达机械制造有限公司。

本标准主要起草人:陈红军、杜建东、于献青、周炫、杨斌、蔡小兵、王丽丽、王武祥、吴澄宇、傅志昌、蒋怀同、李仰水、马光辉、张万仓、徐清辉、郭文智、于银龙。

承重混凝土多孔砖

1 范围

本标准规定了承重混凝土多孔砖的术语和定义、规格、等级和标记、原材料、技术要求、试验方法、检验规则及产品合格证、堆放和运输。

本标准适用于工业与民用建筑等承重结构用混凝土多孔砖。

2 规范性引用文件

下列文件中的条款通过本标准的引用而成为本标准的条款。凡是注日期的引用文件，其随后所有的修改单(不包括勘误的内容)或修订版均不适用于本标准，然而，鼓励根据本标准达成协议的各方研究是否可使用这些文件的最新版本。凡是不注日期的引用文件，其最新版本适用于本标准。

GB 175 通用硅酸盐水泥

GB/T 1346 水泥标准稠度用水量、凝结时间、安定性检验方法

GB/T 1596 用于水泥和混凝土中的粉煤灰

GB/T 2542 砌墙砖试验方法

GB/T 4111 混凝土小型空心砌块试验方法

GB 6566 建筑材料放射性核素限量

GB 8076 混凝土外加剂

GB/T 14684 建筑用砂

GB/T 14685 建筑用卵石、碎石

GB/T 17431.1 轻集料及其试验方法 第1部分:轻集料

GB/T 17669.3 建筑石膏 力学性能的测定

GB/T 17671 水泥胶砂强度检验方法(ISO 法)

GB/T 18046 用于水泥和混凝土中的粒化高炉矿渣粉

GB/T 18968 墙体材料术语

JGJ 63 混凝土用水标准

YBJ 20584 混凝土用高炉重矿渣碎石技术条件

3 术语和定义

GB/T 18968 确立的以及下列术语和定义适用于本标准。

3.1

承重混凝土多孔砖 loadbearing concrete perforated brick

以水泥、砂、石等为主要原材料，经配料、搅拌、成型、养护制成，用于承重结构的多排孔混凝土砖(以下简称:混凝土多孔砖)，代号 LPB。混凝土多孔砖各部位名称见图1。

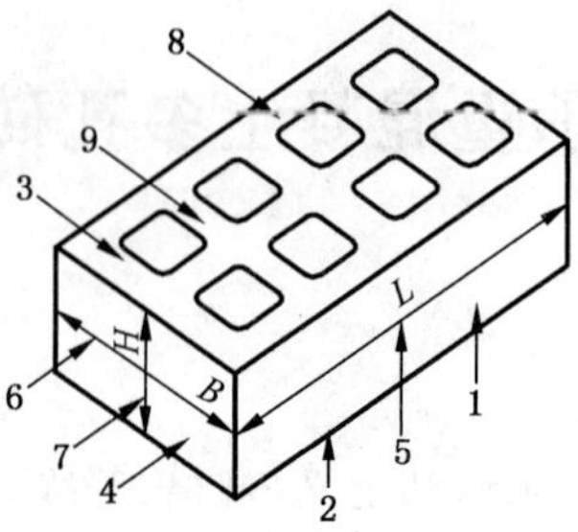

1——条面；
2——坐浆面(外壁、肋的厚度较小的面)；
3——铺浆面(外壁、肋的厚度较大的面)；
4——顶面；
5——长度(L)；
6——宽度(B)；
7——高度(H)；
8——外壁；
9——肋。

图1 混凝土多孔砖各部位名称

4 规格、等级和标记

4.1 规格

混凝土多孔砖的外型为直角六面体，常用砖型的规格尺寸见表1。

表1 规格尺寸

单位为毫米

长 度	宽 度	高 度
360、290、240、190、140	240、190、115、90	115、90

其他规格尺寸可由供需双方协商确定。采用薄灰缝砌筑的块型，相关尺寸可作相应调整。

4.2 等级

按抗压强度分为MU15、MU20、MU25三个等级。

4.3 标记

产品按下列顺序标记：代号、规格尺寸、强度等级、标准编号。

示例：规格尺寸为240 mm×115 mm×90 mm、强度等级MU15的混凝土多孔砖，其标记为：

LPB 240×115×90 MU15 GB 25779—2010

5 原材料

5.1 水泥

应符合GB 175的规定。

5.2 集料

5.2.1 细集料

应符合GB/T 14684的规定。

5.2.2 粗集料

碎石、卵石应符合GB/T 14685的规定；重矿渣应符合YBJ 20584的规定。粗集料的最大粒径应不大于9.5 mm。

5.2.3 轻集料

应符合GB/T 17431.1的规定。

5.3 粉煤灰

应符合 GB/T 1596 的规定。

5.4 粒化高炉矿渣粉

应符合 GB/T 18046 的规定。

5.5 外加剂

应符合 GB 8076 的规定。

5.6 水

应符合 JGJ 63 的规定。

5.7 其他材料

应符合相关标准的要求,无标准的材料应用前应做相关检验,符合要求方可使用。

6 技术要求

6.1 外观质量

外观质量应符合表 2 的规定。

表 2 外观质量

单位为毫米

项目名称		技术指标
弯曲		≤1
缺棱掉角	个数(个)	≤2
	三个方向投影尺寸的最大值	≤15
裂纹延伸的投影尺寸累计		≤20

6.2 尺寸偏差

尺寸偏差应符合表 3 的规定。

表 3 尺寸偏差

单位为毫米

项目名称	技术指标
长度	+2,-1
宽度	+2,-1
高度	±2

6.3 孔洞率

6.3.1 孔洞率应不小于 25%,不大于 35%。

6.3.2 混凝土多孔砖的开孔方向,应与砖砌筑上墙后承受压力的方向一致。

6.3.3 混凝土多孔砖任何一个孔洞,在砖长度方向的最大值,应不大于砖长度的 1/6;在砖宽度方向的最大值应不大于砖宽度的 4/15。

6.3.4 混凝土多孔砖的铺浆面宜为盲孔或半盲孔。

6.4 最小外壁和最小肋厚

最小外壁厚应不小于 18 mm,最小肋厚应不小于 15 mm。

6.5 强度等级

抗压强度应符合表 4 的规定。

表 4 抗压强度

单位为兆帕

强度等级	抗压强度	
	平均值不小于	单块最小值不小于
MU15	15.0	12.0
MU20	20.0	16.0
MU25	25.0	20.0

6.6 最大吸水率

最大吸水率应不大于12%。

6.7 线性干燥收缩率和相对含水率

线性干燥收缩率和相对含水率应符合表5的规定。

表 5 相对含水率

%

线性干燥收缩率	相对含水率		
	潮湿	中等	干燥
≤0.045	≤40	≤35	≤30

注：使用地区的湿度条件：

潮湿——指年平均相对湿度大于75%的地区；

中等——指年平均相对湿度50%～75%的地区；

干燥——指年平均相对湿度小于50%的地区。

6.8 抗冻性

抗冻性应符合表6的规定。

表 6 抗冻性

%

使用条件	抗冻指标	单块质量损失率	单块抗压强度损失率
夏热冬暖地区	D15	≤5	≤25
夏热冬冷地区	D25		
寒冷地区	D35		
严寒地区	D50		

6.9 碳化系数

碳化系数应不小于0.85。

6.10 软化系数

软化系数应不小于0.85。

6.11 放射性

放射性应符合GB 6566的规定。

7 试验方法

7.1 外观质量

外观质量试验方法按GB/T 2542进行。

7.2 尺寸偏差

尺寸偏差试验方法按GB/T 2542进行。

7.3 孔洞率

7.3.1 孔洞率试验方法按 GB/T 4111 空心率试验方法进行。

7.3.2 在混凝土多孔砖的坐浆面，用卡尺或直尺测量孔洞的孔径或几何尺寸，计算最大开孔尺寸，采用全数值比较法，精确至 0.1 mm。

7.4 最小外壁和最小肋厚

最小外壁和最小肋厚试验方法按 GB/T 4111 进行。

7.5 抗压强度

抗压强度试验方法按附录 A 进行。

7.6 最大吸水率

最大吸水率试验方法按 GB/T 4111 进行。

7.7 线性干燥收缩率和相对含水率

线性干燥收缩率和相对含水率试验方法按 GB/T 4111 进行，其中线性干燥收缩率试验的标距为 150 mm。

7.8 抗冻性

抗冻性试验方法按 GB/T 4111 进行，其中抗压强度试验方法按附录 A 进行。

7.9 碳化系数

碳化系数试验方法按附录 B 进行。

7.10 软化系数

软化系数试验方法按附录 C 进行。

7.11 放射性

放射性按 GB 6566 进行。

8 检验规则

8.1 检验分类

产品检验分为出厂检验和型式检验。

8.1.1 出厂检验

检验项目为：外观质量、尺寸偏差、最小外壁和最小肋厚、强度等级、最大吸水率和相对含水率。

8.1.2 型式检验

检验项目为：第 6 章技术要求的全部项目。有下列之一情况者，应进行型式检验。

a) 新产品的试制定型鉴定；

b) 正常生产后，原材料、配比和生产工艺任何一项发生改变时；

c) 正常生产时，每半年进行一次(放射性每一年进行一次)；

d) 生产线停产三个月以上恢复生产时；

e) 出厂检验与上次型式检验有较大差异时；

f) 国家质量监督机构提出进行型式检验要求时。

8.2 组批规则

以同一批原材料、同一生产工艺生产、同一强度等级和同一龄期的 10 万块混凝土多孔砖为一批，不足 10 万块亦按一批计。

8.3 抽样规则

8.3.1 每批随机抽取 50 块混凝土多孔砖做外观质量和尺寸偏差检验。

8.3.2 从外观质量和尺寸偏差检验合格的混凝土多孔砖中抽取如下数量进行其他项目检验，样品数量见表 7。

表 7　样品数量

单位为块

检　验　项　目	样　品　数　量	
	$(H/B) \geqslant 0.6$	$(H/B) < 0.6$
孔洞率	3	3
最小外壁和最小肋厚	3	3
强度等级	5	10
最大吸水率和相对含水率	3	3
线性干燥收缩率	3	3
抗冻性	10	20
碳化系数	12	22
软化系数	10	20
放射性	3	3

8.4　判定规则

8.4.1　若受检的混凝土多孔砖外观质量和尺寸偏差均符合表 2 和表 3 的技术要求时，则判该块混凝土多孔砖的外观质量和尺寸偏差合格；否则为不合格。

8.4.2　若受检的 50 块混凝土多孔砖中，外观质量和尺寸偏差的不合格块数不超过 7 块时，则判该批混凝土多孔砖的外观质量和尺寸偏差合格；否则为不合格。

8.4.3　当所有项目的检验结果均符合本标准第 6 章各项技术要求时，则判该批混凝土多孔砖合格；否则为不合格。

9　产品合格证、堆放和运输

9.1　混凝土多孔砖龄期不足 28 天不应出厂。

9.2　混凝土多孔砖出厂时，应提供产品质量合格证，内容包括：

a)　厂名和商标；

b)　批量编号和数量；

c)　产品标记、生产和出厂日期；

d)　出厂检验报告和有效期内的型式检验报告；

e)　检验部门和检验人员签章。

9.3　混凝土多孔砖应按规格、龄期、强度等级分批分别码放，不应混杂。

9.4　混凝土多孔砖宜采用塑料薄膜包装，堆放、运输和砌筑时，应采取防雨措施。

9.5　混凝土多孔砖装卸时，严禁碰撞、扔摔，禁止翻斗倾卸。

附 录 A
（规范性附录）
混凝土多孔砖抗压强度试验方法

A.1 仪器设备

A.1.1 材料试验机

材料试验机的示值相对误差不应超过±1%，其量程选择应能使试件的预期破坏荷载落在满量程的20%～80%。试验机的上、下压板应有一端为球绞支座，并可以随意转动。

A.1.2 辅助压板

当试验机的上压板或下压板支撑面不能完全覆盖试件的承压面时，应在试验机压板与试件之间放置一块钢板作为辅助压板。

辅助压板的长度、宽度应分别大于试件的长度、宽度 6 mm，厚度应不小于 20 mm。辅助压板经热处理后的表面硬度应不小于 HRC40。平面度公差为 0.12 mm。

A.1.3 试件制备平台

试件制备平台应平整水平，其长度方向范围内的平面度应不大于 0.1 mm，可用金属或其他材料制作，平面尺寸应不小于 440 mm×240 mm。

A.1.4 玻璃平板

玻璃平板厚度不小于 6 mm，平面尺寸与试件制备平台的要求相同。

A.1.5 水平仪

水平仪规格为 250 mm～400 mm。

A.1.6 直角靠尺

直角靠尺应有一端长度不小于 120 mm，分度值为 1 mm。

A.1.7 钢直尺

钢直尺规格为 400 mm，分度值为 1 mm。

A.2 试件找平和粘结材料

采用 42.5 普通硅酸盐水泥和细砂制备的砂浆，质量比为 1∶3，加水量取值按 GB/T 1346 规定的水泥标准稠度用水量。

如需提前进行抗压强度试验，宜可采用 42.5 快硬硅酸盐水泥或高强石膏粉。不应采用强度较低的模型石膏粉、建筑用熟石膏粉。

仲裁性检验应采用 42.5 普通硅酸盐水泥。

A.2.1 快硬硅酸盐水泥

按 GB/T 17671 规定的方法成型、养护，并测试水泥胶砂试块的抗压强度。水泥胶砂试块 24 h 龄期的抗压强度不应低于 19.0 MPa。

A.2.2 高强石膏粉

A.2.2.1 按 GB/T 17669.3 的规定进行高强石膏粉抗压强度检验，2 h 龄期的湿强度不应低于 24.0 MPa。

A.2.2.2 实验室购入的高强石膏粉，应在三个月内使用；若超出 3 个月贮存期，应重新进行抗压强度检验，合格后方可继续使用。

A.2.2.3 除缓凝剂外，高强石膏粉中不应掺加其他任何填料和外加剂。高强石膏粉的供应商需提供缓凝剂掺量及配合比要求。

A.3 试件

A.3.1 试件数量

混凝土多孔砖抗压强度试件数量为5个。

A.3.2 样品处理

A.3.2.1 混凝土多孔砖样品的侧面应是规则平整的，若有突出的或不规则的肋，则需作切除处理，以保证样品的侧面平整；处理样品的坐浆面和铺浆面，使之成为互相平行的平面；样品所有孔洞四周的混凝土壁或肋应是完全封闭的，所测试件的抗压强度值应视为整块混凝土多孔砖的抗压强度。

A.3.2.2 样品至少在温度(23±5)℃、相对湿度不大于80%的环境下调至恒重后，方可进行试件制作。样品散放在实验室时，可叠层码放，孔应平行于地面，样品之间的间隔应不小于15 mm。如需提前进行抗压强度试验，则可使用电风扇以加快室内空气流动速度。当样品2 h后的质量损失不超过前次质量的0.2%，且在样品表面用肉眼观察见不到有水分或潮湿现象时，可认为样品已恒重。不允许采用烘干箱来干燥样品。

A.3.3 尺寸测量

用钢直尺测量每块样品尺寸，分别在样品两侧的中间位置测量试件宽度(B)和长度(L)，取平均值，精确至1 mm；样品高度(H)则应测取两个长边(L)中间处的两个数值，取平均值，精确至1 mm。

A.3.4 试件制备

计算混凝土多孔砖在实际使用状态下的承压高度(H)与最小水平尺寸(B)之比，即高宽比(H/B)。

A.3.4.1 $H/B \geqslant 0.6$ 的试件制备

采用坐浆法制作试件，处理后直接作为抗压强度试件。

A.3.4.1.1 在试样制备平台上先薄薄地涂一层机油或铺一层湿纸，将搅拌好的找平材料均匀摊铺在试样制备平台上，找平材料层的长度和宽度应略大于样品的长度和宽度。

A.3.4.1.2 选定混凝土多孔砖的铺浆面作为承压面，把样品的承压面压入找平材料层，用直角靠尺来调控样品垂直。坐浆后的承压面至少与两个相邻侧面成90°垂直关系。找平材料层厚度应不大于3 mm。

A.3.4.1.3 当承压面的找平材料终凝后，按上述方法进行另一面的坐浆，样品压入找平材料层后，需用水平仪调控上表面至水平。

A.3.4.1.4 为缩短时间，可在承压面处理后立即在向上的一面铺一层找平砂浆，压上事先涂油的玻璃平板，边压边观察找平砂浆层，将气泡全部排除，并用水平尺调至水平，直至找平砂浆层平面均匀，厚度≤3 mm。

A.3.4.2 $H/B < 0.6$ 的试件制备

采取叠块方法制作抗压强度试件。

A.3.4.2.1 将同批次、同规格尺寸、孔洞结构相同的两块混凝土多孔砖样品，用粘结材料将它们重叠粘结在一起。粘结时，需用水平仪和直角靠尺进行调控，以保持样品的四个侧面中至少有两个相邻侧面是平整的。粘结后的样品应满足：

——粘结层厚度≤3 mm；

——两块样品的孔洞基本对齐；

——当两块样品的壁和肋厚度上下不一致时，重叠粘结时应是壁和肋厚度薄的一面，与另一块壁和肋厚度厚的一面相粘接。

A.3.4.2.2 粘结材料终凝2 h后，再按A.3.4.1.1、A.3.4.1.2、A.3.4.1.3、A.3.4.1.4制备试件。

A.4 试件养护

将制备的试件放置在(20±5)℃的试验室内进行养护。

找平和粘结材料采用普通硅酸盐水泥制备的试件，72 h 后进行抗压强度试验；

找平和粘结材料采用快硬硅酸盐水泥制备的试件，24 h 后进行抗压强度试验；

找平和粘结材料采用高强石膏粉制备的试件，2 h 后进行抗压强度试验。

A.5 试验步骤

A.5.1 将试件放在试验机下压板上，要尽量保证试件的重心与试验机压板中心重合。

注：对于孔型分别对称于长(L)和宽(B)的中心线的试件，其重心和形心重合；对于不对称孔型的试件，可在试件承压面下垫一根直径 10 mm、可自由滚动的圆钢条，分别找出长(L)和宽(B)的平衡轴(重心轴)，两轴的交点即为重心。

A.5.2 试验机加荷应均匀平稳，不应发生冲击或振动。加荷速度以 4 kN/s～6 kN/s 为宜，直至试件破坏为止，记录最大破坏荷载 P。

A.6 结果计算

A.6.1 $H/B \geqslant 0.6$ 的样品制备的试件，试件受压面的长度(L)和宽度(B)，按 A.3.3 取值。

A.6.2 $H/B < 0.6$ 的样品制备的试件，试件受压面的长度(L)和宽度(B)，按 A.3.3 取最大值。

A.6.3 试件的抗压强度(R_p)按式(A.1)计算，精确至 0.1 MPa。

$$R_p = \frac{P}{LB} \qquad \text{(A.1)}$$

式中：

R_p——试件的抗压强度，单位为兆帕(MPa)；

P——最大破坏荷载，单位为牛顿(N)；

L——受压面长度，单位为毫米(mm)；

B——受压面宽度，单位为毫米(mm)。

A.6.4 试验结果以 5 个试件抗压强度的算术平均值和单个试件的最小值来表示，精确至 0.1 MPa。

附 录 B
（规范性附录）
混凝土多孔砖碳化系数试验方法

B.1 仪器设备

B.1.1 抗压强度试验设备同 A.1。

B.1.2 碳化试验箱

容积至少放一组以上的试件。

箱内环境条件为：二氧化碳体积浓度为(20±3)%，相对湿度为(70±5)%，温度为(20±5)℃。

B.2 化学试剂

质量浓度为1%酚酞乙醇溶液，用质量浓度为70%的乙醇配制。

B.3 样品

B.3.1 样品数量

高宽比(H/B)≥0.6 的混凝土多孔砖样品数量为两组 12 块；一组 5 块为抗压强度对比样品。另一组 7 块为碳化试验样品，其中 2 块用于测试碳化情况。

高宽比(H/B)<0.6 的混凝土多孔砖样品数量为 22 块；一组 10 块为抗压强度对比样品。另一组 12 块为碳化试验样品，其中 2 块用于测试碳化情况。

B.3.2 样品处理

样品处理同 A.3.2。

B.4 试验步骤

B.4.1 将碳化试验样品放入碳化箱内进行碳化试验，样品间距应不小于 20 mm；抗压强度对比样品放置的环境条件为：相对湿度(70±5)%，温度(20±5)℃。

B.4.2 碳化 7 d 后，每天将同一个测试碳化情况样品的端部约 50 mm 处劈开，用质量浓度为1%的酚酞乙醇溶液检查碳化深度，当测试样品剖面中心不显红色时，既测试样品已完全碳化，则认为碳化箱中全部样品已全部碳化，碳化试验结束；若测试样品剖面中心显红色，既测试样品尚未完全碳化，应继续进行碳化试验，直至 28 d 碳化试验结束。

B.4.3 将已完全碳化或已碳化 28 d 仍未完全碳化的全部样品，与抗压强度对比样品同时按 A.3.3、A.3.4、A.4、A.5 进行试件制备、养护和抗压强度试验。

B.5 结果计算

混凝土多孔砖的碳化系数按式(B.1)计算，精确至 0.01。

$$K_C = \frac{R_C}{R} \qquad \cdots\cdots(B.1)$$

式中：

K_C——混凝土多孔砖的碳化系数；

R_C——5 个碳化后试件的抗压强度算术平均值，单位为兆帕(MPa)；

R——5 个对比试件的抗压强度算术平均值，单位为兆帕(MPa)。

附 录 C
（规范性附录）
混凝土多孔砖软化系数试验方法

C.1 仪器设备

C.1.1 抗压强度试验设备同 A.1。

C.1.2 水池或水箱。

C.2 样品

C.2.1 样品数量

高宽比$(H/B) \geqslant 0.6$ 的混凝土多孔砖试验样品数量为两组 10 块，每组 5 块；高宽比$(H/B) < 0.6$ 的混凝土多孔砖试验样品数量为两组 20 块，每组 10 块。

C.2.2 样品处理

样品处理同 A.3.2 。

C.3 试件步骤

C.3.1 按 A.3.4 制备两组试件。试件找平和粘结材料应采用符合 A.2 规定的水泥。

C.3.2 从制备完成后静置 24 h 后的两组试件中，任取一组 5 个试件浸入(20±5)℃的水中，水面高出试件 20 mm 以上，浸泡 4 d 后取出，在铁丝网架上滴水 1 min，再用拧干的湿布拭去试件表面的水。剩余一组 5 个试件按 A.3.2.2 调至恒重，即为气干状态试件。

C.3.3 将五个饱和面干试件和五个气干状态对比试件分别按 A.5 的规定进行抗压强度试验。

C.4 结果计算

混凝土多孔砖软化系数按式(C.1)计算，精确至 0.01。

$$K_f = \frac{R_f}{R} \qquad \text{(C.1)}$$

式中：

K_f——混凝土多孔砖的软化系数；

R_f——5 个饱和面干状态试件的抗压强度算术平均值，单位为兆帕(MPa)；

R——5 个气干状态对比试件的抗压强度算术平均值，单位为兆帕(MPa)。

ICS 71.100.01;87.060.10
G 56

中华人民共和国国家标准

GB/T 25780—2010

1-硝基蒽醌

1-Nitroanthraquinone

2010-12-23 发布 2011-10-01 实施

中华人民共和国国家质量监督检验检疫总局
中国国家标准化管理委员会 发布

前　言

本标准由中国石油和化学工业协会提出。

本标准由全国染料标准化技术委员会(SAC/TC 134)归口。

本标准起草单位:江苏亚邦染料股份有限公司、沈阳化工研究院有限公司。

本标准主要起草人:刘丽、李春梅。

1-硝基蒽醌

1 范围

本标准规定了1-硝基蒽醌的要求、采样、试验方法、检验规则以及标志、标签、包装、运输和贮存。

本标准适用于1-硝基蒽醌的产品质量控制。

结构式：

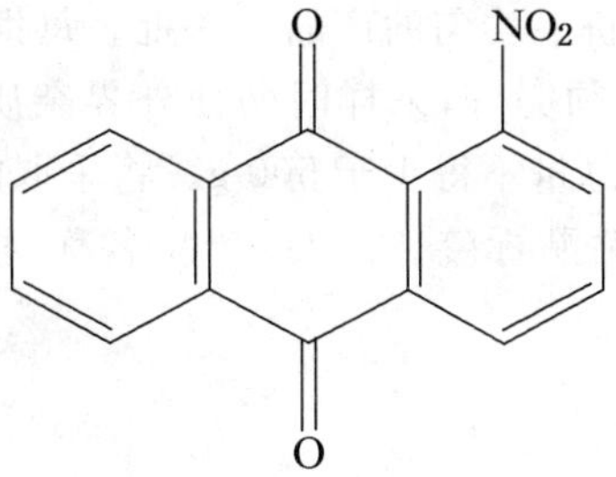

分子式：$C_{14}H_7NO_4$

相对分子质量：253.21(按2007年国际相对原子质量)

CAS RN：82-34-8

2 规范性引用文件

下列文件中的条款通过本标准的引用而成为本标准的条款。凡是注日期的引用文件，其随后所有的修改单(不包括勘误的内容)或修订版均不适用于本标准，然而，鼓励根据本标准达成协议的各方研究是否可使用这些文件的最新版本。凡是不注日期的引用文件，其最新版本适用于本标准。

GB/T 2384—2007　染料中间体　熔点范围测定通用方法

GB/T 2386—2006　染料及染料中间体　水分的测定

GB/T 6678—2003　化工产品采样总则

GB/T 6682　分析实验室用水规格和试验方法(GB/T 6682—2008；ISO 3696：1987，MOD)

GB/T 8170—2008　数值约规则与极限数值的表示修和判定

GB/T 21876—2008　溶剂染料及染料中间体　灰分的测定

3 要求

1-硝基蒽醌质量应符合表1的规定。

表1　1-硝基蒽醌的质量要求

项　　目		指　标	
		一等品	合格品
(1) 外观		黄色或黄褐色结晶	
(2) 干品初熔点/℃	≥	229.0	226.0
(3) 1-硝基蒽醌的纯度/%	≥	98.50	97.50
(4) 1,5-二硝基蒽醌的含量/%	≤	0.30	0.50
(5) 1,8-二硝基蒽醌的含量/%	≤	0.10	0.20

表 1（续）

项　　目		指　　标	
		一等品	合格品
(6) 蒽醌的质量分数/%	≤	0.20	0.30
(7) 水分的质量分数/%	≤	0.30	0.30
(8) 灰分的质量分数/%	≤	0.20	0.50

4　采样

以批为单位采样，生产厂以一次拼混均匀的产品为一批。每批采样数应符合 GB/T 6678—2003 中 7.6 的规定采样。所采产品的包装必须完好，采样时勿使外界杂质落入产品中。采样时用探管采取包括上、中、下三部分的样品，所采样品总量不得少于 500 g。将采取的样品充分混匀后，分装于两个清洁、干燥、密封良好的避光容器中，其上粘贴标签。注明：产品名称、批号、生产厂名称、取样日期、地点。一个供检验，一个保存备查。

5　试验方法

警告——使用本标准的人员应有实验室工作的实践经验。本标准并未指出所有的安全问题。使用者有责任采取适当的安全和健康措施，并保证符合国家有关法规规定的条件。

5.1　一般规定

除非另有规定，仅使用确认为分析纯的试剂和 GB/T 6682 中规定的三级水。检验结果的判定按 GB/T 8170—2008 中的 4.3.3 修约值比较法进行。

5.2　外观的评定

在自然光线下采用目视评定。

5.3　干品初熔点的测定

按本标准的 5.5 烘干后，按 GB/T 2384—2007 的规定进行测定。

两次平行测定结果之差应不大于 0.1 ℃，取其算术平均值作为测定结果。

5.4　1-硝基蒽醌纯度及有机杂质含量的测定(HPLC)

5.4.1　方法提要

采用高效液相色谱法，用峰面积归一化法计算 1-硝基蒽醌纯度及有机杂质含量。

5.4.2　仪器设备

a）液相色谱仪：输液泵——流量范围(0.1～5.0)mL/min，在此范围内其流量稳定性为±1%；
　　　　　　　检测器——多波长紫外分光检测器或具有同等性能的分光检测器；

b）色谱柱：长为 150 mm，内径为 4.6 mm 的不锈钢柱，固定相为 C_{18} ODS 5 μm；

c）色谱工作站或积分仪；

d）微量注射器：(10～25)μL，平头；

e）超声波发生器；

f）分析天平：感量 0.1 mg。

5.4.3　试剂和溶液

a）乙腈：色谱纯；

b）四氢呋喃：色谱纯；

c）水：经 0.45 μm 滤膜过滤。

5.4.4　色谱分析条件

a）流动相：乙腈、四氢呋喃与水的体积比为 45∶10∶45；

b）波长：254 nm；

c） 流量：0.8 mL/min；

d） 进样量：5 μL。

可根据装置不同，选择最佳分析条件，流动相应摇匀后用超声波发生器进行脱气。

5.4.5 溶液的制备

称取试样 15 mg（精确至 0.1 mg）于 25 mL 棕色容量瓶中，加乙腈溶解并稀释至刻度，混合均匀，于超声波发生器中震荡、充分溶解后备用。

5.4.6 分析步骤

开启色谱仪，待仪器各项操作条件稳定后，用微量注射器进试样溶液 5 μL，待最后一个组分流出完毕（见色谱图 1），用色谱工作站或积分仪进行结果处理。

5.4.7 结果计算

1-硝基蒽醌纯度及有机杂质含量以 w_i 计，数值用%表示，按式（1）计算：

$$w_i = \frac{A_i}{\sum A_i} \times (100 - w_{灰} - w_{水}) \quad \cdots\cdots\cdots (1)$$

式中：

A_i——各组分 i 的峰面积数值；

$\sum A_i$——各组分 i 的峰面积数值之和；

$w_{灰}$——灰分含量的数值，以质量分数（%）表示；

$w_{水}$——水分含量的数值，以质量分数（%）表示。

计算结果表示到小数点后两位。

5.4.8 允许差

1-硝基蒽醌两次平行测定结果之差应不大于 0.3%，有机杂质两次平行测定结果之差应不大于 0.1%，取其算术平均值作为测定结果。

5.4.9 色谱图

色谱图见图 1。

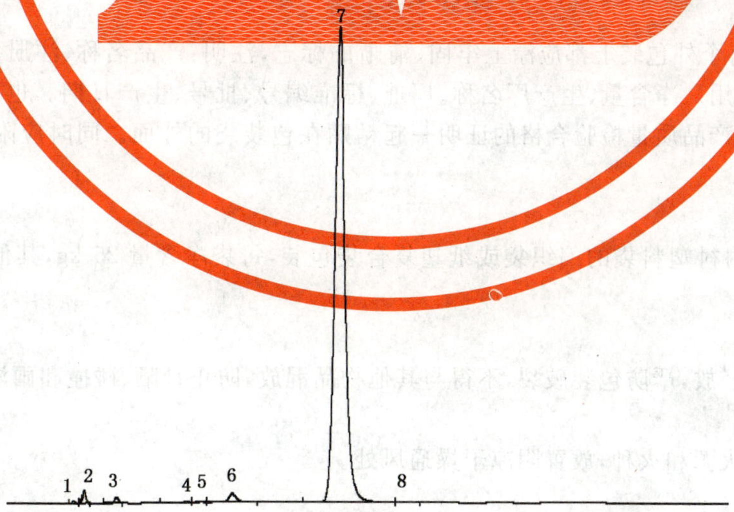

1——溶剂；

2——溶剂；

3——1,8-二硝基蒽醌；

4——未知物；

5——1,5-二硝基蒽醌；

6——未知物；

7——1-硝基蒽醌；

8——蒽醌。

图 1 1-硝基蒽醌色谱示意图

5.5 水分含量的测定

称样量 3 g,烘干温度 100 ℃～105 ℃。烘干时间为 4 h,其他按 GB/T 2386—2006 中 3.2 的规定进行。

两次平行测定结果之差应不大于 0.05%(质量分数),取其算术平均值作为测定结果。

5.6 灰分含量的测定

温度为 750 ℃±25 ℃,其他按 GB/T 21876—2008 的规定进行。

两次平行测定结果之差应不大于 0.02%(质量分数),取其算术平均值作为测定结果。

6 检验规则

6.1 检验分类

本标准第 3 章表 1 所列的所有检验项目均为型式检验项目。其中表 1 中除(2)外,其余均为出厂检验项目,应逐批进行检验。在正常连续生产情况下,每个月至少进行一次型式检验。但如有下述情况需进行型式检验:

a) 新产品最初定型时;

b) 产品异地生产时;

c) 生产配方、工艺及原材料有较大改变时;

d) 停产三个月后又恢复生产时;

e) 客户提出要求时。

6.2 出厂检验

1-硝基蒽醌应由生产厂的质量检验部门检验合格,附合格证明后方可出厂。生产厂应保证所有出厂的 1-硝基蒽醌均符合本标准的要求。

6.3 复验

如果检验结果中有一项指标不符合本标准的规定时,应重新自两倍量的包装中取样进行检验,重新检验的结果即使只有一项指标不符合本标准的要求,则整批产品为不合格。

7 标志、标签、包装、运输和贮存

7.1 标志、标签

1-硝基蒽醌的每个外包装上都应涂上牢固、清晰的标志,注明:产品名称、注册商标、产品生产许可证编号及标志(如适用)、净含量、生产厂名称、厂址、标准编号、批号、生产日期。也可将批号、生产日期打印在标签上,并和产品质量检验合格的证明一起粘贴在包装袋的外面。同时应附有产品质量检验合格的证明。

7.2 包装

1-硝基蒽醌用内衬塑料袋的编织袋或纸塑复合袋包装,每袋净含量 25 kg,其他包装可与用户协商确定。

7.3 运输

运输时应轻取轻放,严防包装破裂,不得与其他物品混放,防止日晒、碰撞和雨淋。

7.4 贮存

贮存时应远离火源和火种,放置阴凉干燥通风处。

ICS 71.100.01;87.060.10
G 56

中华人民共和国国家标准

GB/T 25781—2010

1-萘胺

1-Naphthylamine

2010-12-23 发布　　2011-10-01 实施

中华人民共和国国家质量监督检验检疫总局
中国国家标准化管理委员会　发布

前　言

本标准由中国石油和化学工业协会提出。

本标准由全国染料标准化技术委员会(SAC/TC 134)归口。

本标准起草单位:江苏华达化工集团有限公司、常州市春港化工有限公司、沈阳化工研究院有限公司。

本标准主要起草人:徐光辉、李春梅、周浩江、胡亚东、马燕东。

1-萘胺

1 范围

本标准规定了1-萘胺的要求、采样、试验方法、检验规则以及标志、标签、包装、运输、贮存和安全、安全技术说明书。

本标准适用于1-萘胺的产品质量控制。

结构式：

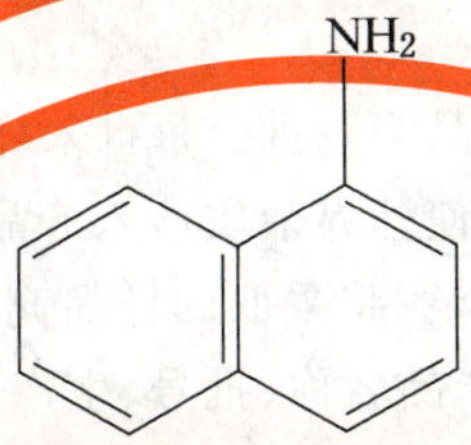

分子式：$C_{10}H_9N$

相对分子质量：143.19（按2007年国际相对原子质量）

CAS RN：134-32-7

2 规范性引用文件

下列文件中的条款通过本标准的引用而成为本标准的条款。凡是注日期的引用文件，其随后所有的修改单（不包括勘误的内容）或修订版均不适用于本标准，然而，鼓励根据本标准达成协议的各方研究是否可使用这些文件的最新版本。凡是不注日期的引用文件，其最新版本适用于本标准。

GB 190 危险货物包装标志

GB/T 191 包装储运图示标志（GB/T 191—2008，ISO 780:1997，MOD）

GB/T 601 化学试剂 标准滴定溶液的制备

GB/T 603 化学试剂 试验方法中所用制剂及制品的制备（GB/T 603—2002，neq ISO 6353-1:1982）

GB/T 2385—2007 染料中间体 结晶点的测定通用方法

GB/T 6678—2003 化工产品采样总则

GB/T 6682 分析实验室用水规格和试验方法（GB/T 6682—2008，ISO 3696:1987，MOD）

GB/T 8170—2008 数值修约规则与极限数值的表示和判定

GB/T 9722 化学试剂 气相色谱法通则

GB/T 12268—2005 危险货物品名表

GB 12463 危险货物运输包装通用技术条件

GB 15258 化学品安全标签编写规定

GB 15603 常用化学危险品贮存通则

GB 16483 化学品安全技术说明书编写规定（GB 16483—2000，eqv ISO 11014-1:1994）

3 要求

1-萘胺质量应符合表1的要求。

表 1 1-萘胺的质量要求

项　　目		指　标	
		优等品	合格品
(1) 外观		浅黄色至深玫瑰色熔铸体	
(2) 干品结晶点/℃	≥	48.0	45.4
(3) 1-萘胺的质量分数(总氨基值)/%	≥	99.50	99.00
(4) 2-萘胺的质量分数(HPLC)/%	≤	0.10	—
注：合格品不适用作为生产染料的原料。			

4 采样

以批为单位采样，生产厂以均匀的产品为一批。每批采样数应符合 GB/T 6678—2003 中 7.6 的规定。所采样品的包装必须完好，采样时勿使外界杂质落入产品中。采样时用探管采取包括上、中、下三部分的样品，所采样品总量不得少于 500 g。将采取的样品充分混匀后，分装于两个清洁、干燥、密封良好的避光容器中，其上粘贴标签。注明：产品名称、批号、生产厂名称、取样日期、地点。一个供检验，一个保存备查。

5 试验方法

警告——使用本标准的人员应有实验室工作的实践经验。本标准并未指出所有的安全问题。使用者有责任采取适当的安全和健康措施，并保证符合国家有关法规规定的条件。

5.1 一般规定

除非另有规定，本标准所用的试剂和水，在没有注明其他要求时，均指分析纯试剂和 GB/T 6682 中规定的三级水。试验中所需标准溶液、制剂及制品，在没有注明其他规定时，均按 GB/T 601、GB/T 603 的规定制备与标定。检验结果的判定按 GB/T 8170—2008 中的 4.3.3 修约值比较法进行。

5.2 外观的评定

在自然光线下采用目视评定。

5.3 干品结晶点的测定

取约 50 g 试样及 10 g 0.5 nm(5Å)分子筛于 125 mL 的广口瓶中，盖紧瓶塞，加热使试样熔化，脱水 15 min(熔化过程中摇动试样瓶数次)，其他按 GB/T 2385—2007 规定进行。

5.4 1-萘胺含量(总氨基值)的测定

5.4.1 试剂和溶液

a) 盐酸溶液：盐酸与水的体积比为 1∶1；

b) 溴化钾溶液：100 g/L；

c) 亚硝酸钠标准滴定溶液：[$c(NaNO_2)=0.1$ mol/L]，终点判定用淀粉-碘化钾试纸；

d) 淀粉-碘化钾试纸。

5.4.2 测定步骤

称取 1-萘胺试样约 0.5 g(精确至 0.000 2 g)于 500 mL 烧杯中，加入 90 ℃热水 100 mL，在搅拌下慢慢加入盐酸溶液 10 mL，待样品完全溶解后，再加盐酸溶液 30 mL，加水至总体积为 300 mL，冷却至 0 ℃～5 ℃。加溴化钾溶液 10 mL，然后将滴定管尖端插入溶液中，在不断搅拌下，用亚硝酸钠标准滴定溶液进行滴定，滴定过程中保持反应温度在 0 ℃～5 ℃，滴定近终点时把滴定管尖端提离液面，继续滴定直至使淀粉-碘化钾试纸呈现微蓝色润圈，并保持 5 min 不变即为终点。在同样条件下，做一空白试验。

5.4.3 结果计算

1-萘胺含量(总氨基值)以 w_1 计,数值用%表示,按式(1)计算:

$$w_1=\frac{c[(V-V_0)/1\,000]M}{m}\times 100 \qquad \cdots\cdots(1)$$

式中:

c——亚硝酸钠标准滴定溶液的浓度数值,单位为摩尔每升(mol/L);

V——试样耗用亚硝酸钠标准滴定溶液体积的数值,单位为毫升(mL);

V_0——空白耗用亚硝酸钠标准滴定溶液体积的数值,单位为毫升(mL);

m——试样质量的数值,单位为克(g);

M——1-萘胺的摩尔质量数值,单位为克每摩尔(g/mol)[$M(C_{10}H_9N)=143.19$]。

计算结果表示到小数点后两位。

5.4.4 允许差

两次平行测定结果之差应不大于 0.3%(质量分数),取其算术平均值作为测定结果。

5.5 2-萘胺含量的测定(HPLC)

5.5.1 方法提要

采用反相液相色谱法,用外标法进行定量,计算 2-萘胺的含量。

5.5.2 仪器设备

a) 液相色谱仪:输液泵——流量范围(0.1~5.0)mL/min,在此范围内其流量稳定性为±1%;
检测器——多波长紫外分光检测器或具有同等性能的紫外分光检测器;

b) 色谱柱:长为 150 mm,内径为 4.6 mm 的不锈钢柱,固定相为 ODS C_{18}、粒径 5 μm;

c) 数据处理机:色谱工作站或积分仪;

d) 超声波发生器;

e) 微量注射器:25 μL;

f) 微量天平:感量 0.01 mg。

5.5.3 试剂和溶液

a) 甲醇:色谱纯;

b) 磷酸二氢钠水溶液:0.6 g/L 磷酸二氢钠,用磷酸调 pH≈4;

c) 2-萘胺标准品质量分数≥98.0%;

d) 水:经 0.45 μm 水膜过滤。

5.5.4 色谱分析条件

a) 流动相:甲醇与磷酸二氢钠水溶液的体积比为 50∶50;

b) 波长:235 nm;

c) 流量:1.0 mL/min;

d) 进样量:5 μL。

可根据仪器条件不同,选择最佳分离条件。

5.5.5 测定步骤

5.5.5.1 标样溶液的配制

称取 2-萘胺标准样品 30 mg(精确至 0.01 mg)于 50 mL 容量瓶中,用甲醇溶解并定容,置于超声波发生器充分溶解,取出摇匀备用,为标准溶液 A。

吸取 2 mL 标准溶液 A 于 50 mL 容量瓶中,用甲醇溶解并定容,置于超声波发生器充分溶解,取出摇匀备用,为标准溶液 B。

按表 2 分别吸取标准溶液 B,配成不同浓度的系列标准溶液。

表 2 不同浓度 2-萘胺标准溶液

系列标准溶液号	1	2	3	4	5
吸取标准溶液 B/mL	1.0	2.0	3.0	4.0	5.0
甲醇稀释至体积/mL	50.0	50.0	50.0	50.0	50.0

5.5.5.2 试样溶液的配制

称取 1-萘胺试样 0.15 g(精确至 0.000 2 g)于 50 mL 容量瓶中，用甲醇溶解并稀释至刻度，混合均匀。

5.5.5.3 测定

待仪器运行稳定后，用微量注射器分别吸取合适的标样溶液和试样溶液分别注入进样阀，待最后一个组分流出完毕(见色谱图 1)，进行结果处理。

5.5.6 结果计算

2-萘胺含量以质量分数 w_2 计，数值用%表示，按式(2)计算。

$$w_2 = \frac{A_1 m_2 w}{A_2 m_1} \quad \cdots\cdots\cdots\cdots (2)$$

式中：

A_1——试样溶液中 2-萘胺的峰面积数值；

m_2——标样溶液中 2-萘胺质量的数值，单位为克(g)；

w——标样溶液中 2-萘胺含量的数值，以质量分数(%)计；

A_2——标样溶液中 2-萘胺的峰面积数值；

m_1——试样质量的数值，单位为克(g)。

计算结果表示到小数点后两位。

5.5.7 允许差

两次平行测定结果之差应不大于 0.03%(质量分数)，取其算术平均值作为测定结果。

5.5.8 色谱图

色谱图见图 1。

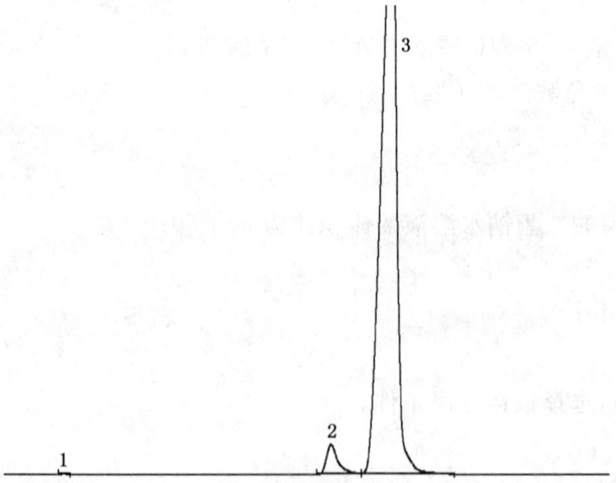

1——未知物；

2——2-萘胺；

3——1-萘胺。

图 1 1-萘胺色谱示意图

6 检验规则

6.1 检验分类

本标准第3章表1中规定的所有项目为出厂检验项目。

6.2 出厂检验

1-萘胺应由生产厂的质量检验部门检验合格，附合格证明后方可出厂。生产厂应保证所有出厂的1-萘胺均符合本标准的要求。

6.3 复验

如果检验结果中有一项指标不符合本标准的规定时，应重新自两倍量的包装中取样进行检验，重新检验的结果即使只有一项指标不符合本标准的要求，则整批产品为不合格。

7 标志、标签、包装、运输和贮存

7.1 标志、标签

1-萘胺的每个包装上都应按GB 190和GB/T 191中的有关规定涂上牢固、清晰的有毒物品标志和相关的安全储运标志，并注明：产品名称规格、注册商标、产品生产许可证编号及标志、净含量、生产厂名称、厂址、标准编号、批号、生产日期。也可将批号、生产日期打印在标签上，并和产品质量检验合格的证明一起放入包装桶内的塑料袋外面。并应符合GB 15258化学品安全标签编写规定。

7.2 包装

1-萘胺用内衬黑塑料袋的编织袋或纸塑复合袋包装，每袋净含量25 kg，其他包装可与用户协商确定。产品包装应符合GB 12463及危险化学品包装的相关规定。

7.3 运输

储运中应符合GB/T 191的有关规定，运输时应轻取轻放，防止日晒、碰撞和雨淋。

7.4 贮存

1-萘胺有毒，遇明火能燃烧，贮存时应远离火源和火种，放置阴凉干燥处。产品贮存应符合GB 15603及危险化学品贮存的相关规定。

8 安全、安全技术说明书

8.1 安全

根据GB 12268—2005，1-萘胺属于6.1类有毒物质，危险品编号（UN：2077；CN：61830）。可燃，受热分解出有毒气体。主要由呼吸道、肠胃道和皮肤进入人体而引起中毒。长期接触的人群出现膀胱肿瘤。大鼠口径LD_{50}：779 mg/kg。如发生意外，应及时就医。使用及搬运时，应穿戴劳动保护用品，严格注意安全。

8.2 安全技术说明书

按GB 16483化学品安全技术说明书编写规定，1-萘胺出厂应提供详细的安全技术说明书。安全技术说明书应包括如下内容：

a） 提供该产品的危险性信息；

b） 安全使用方法；

c） 运输、贮存要求；

d） 防护措施；

e） 应急处理措施等。

ICS 71.100.01;87.060.10
G 56

中华人民共和国国家标准

GB/T 25782—2010

1-萘酚

1-Naphthol

2010-12-23 发布　　2011-10-01 实施

中华人民共和国国家质量监督检验检疫总局
中国国家标准化管理委员会　发布

前　言

本标准修改采用日本工业标准 JIS K 4129:1995《1-萘酚》。

本标准与日本工业标准 JIS K 4129:1995《1-萘酚》的主要差异：

——本标准规定优等品、合格品两个等级，日本标准只规定一个等级(本版的第 3 章；JIS K4129:1995 版的第 3 章)；

——本标准外观优等品规定为白色至灰色片状，合格品规定为浅灰至红褐色片状，并加注贮存时允许颜色变深，而日本标准外观为白至浅黄色固体(本版的第 3 章；JIS K4129:1995 的第 3 章)；

——本标准规定了结晶点优等品≥94.50 ℃、合格品≥92.00 ℃，日本标准规定了熔程：92 ℃～95 ℃(本版的第 3 章；JIS K4129:1995 版的第 3 章)；

——本标准色谱柱为毛细管柱，固定相为(5%苯基)甲基聚硅氧烷，日本标准为填充柱，固定相为甲基硅氧烷或氰乙基甲基聚硅氧烷[本版的 5.4.3；JIS K4129:1995 的 5.4 中的(1.2.4)]；

——本标准纯度及有机杂质的定量方法为峰面积归一化法，日本标准为校正峰面积归一化法(本版的 5.4.1；JIS K4129:1995 版的第 3 章)；

——本标准纯度为优等品≥99.50%、合格品≥96.00%，日本标准纯度为 97.5%以上[本版的第 3 章；JIS K4129:1995 版的 5.4 中的(1.5.2)]；

——本标准低沸物为优等品≤0.10%、合格品≤0.20%，日本标准低沸物为 0.1%以下(本版的第 3 章；JIS K4129:1995 版的第 3 章)；

——本标准 2-萘酚为优等品≤0.10%、合格品≤4.00%，日本标准 2-萘酚为 2.5%以下(本版的第 3 章；JIS K4129:1995 版的第 3 章)；

——本标准 1-萘胺为优等品、合格品均为≤0.10%，日本标准规定的高沸物为 0.10%以下(本版的第 3 章；JIS K4129:1995 版的第 3 章)；

——本标准没有规定水分和不挥发分指标，日本标准规定了水分和不挥发分指标(JIS K4129:1995 版的第 3 章)。

本标准由中国石油和化学工业协会提出。

本标准由全国染料标准化技术委员会(SAC/TC 134)归口。

本标准起草单位：常州市春港化工有限公司、江苏华达化工集团有限公司、沈阳化工研究院有限公司。

本标准主要起草人：周浩江、李春梅、徐光辉、马燕东、胡亚东。

1-萘酚

1 范围

本标准规定了1-萘酚的要求、采样、试验方法、检验规则以及标志、标签、包装、运输和贮存。

本标准适用于1-萘酚的产品质量控制。

结构式：

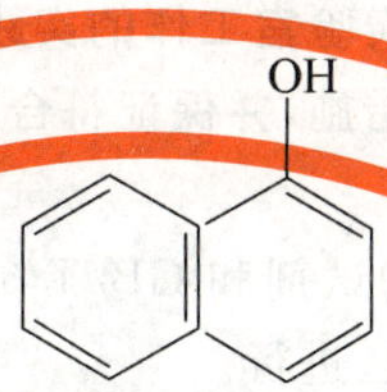

分子式：$C_{10}H_8O$

相对分子质量：144.17(按2007年国际相对原子质量)

CAS RN：90-15-3

2 规范性引用文件

下列文件中的条款通过本标准的引用而成为本标准的条款。凡是注日期的引用文件，其随后所有的修改单(不包括勘误的内容)或修订版均不适用于本标准，然而，鼓励根据本标准达成协议的各方研究是否可使用这些文件的最新版本。凡是不注日期的引用文件，其最新版本适用于本标准。

GB/T 2385—2007 染料中间体 结晶点范围测定通用方法(ISO 1392:1977,MOD)

GB/T 6678—2003 化工产品采样总则

GB/T 6682 分析实验室用水规格和试验方法(GB/T 6682—2008;ISO 3696:1987,MOD)

GB/T 8170—2008 数值修约规则与极限数值的表示和判定

GB/T 9722 化学试剂 气相色谱法通则

3 要求

1-萘酚的质量应符合表1的规定。

表1 1-萘酚的质量要求

项目	指标	
	优等品	合格品
(1) 外观	白色至灰色片状	浅灰至红褐色片状
(2) 结晶点/℃ ≥	94.50	92.00
(3) 1-萘酚纯度/% ≥	99.50	96.00
(4) 低沸物含量/% ≤	0.10	0.20
(5) 2-萘酚含量/% ≤	0.10	4.00
(6) 1-萘胺含量/% ≤	0.10	0.10
注：外观贮存时允许颜色变深。		

4 采样

以批为单位采样，生产厂以均匀产品为一批。每批采样数应符合 GB/T 6678—2003 中 7.6 的规定，所采样品的包装必须完好，采样时勿使外界杂质落入产品中。采样时用探管采取包括上、中、下三部分的样品，所采样品总量不得少于 500 g。将采取的样品充分混匀后，分装于两个清洁、干燥、密封良好的容器中，其上粘贴标签。注明：产品名称、批号、生产厂名称、取样日期、地点。一个供检验，一个保存备查。

5 试验方法

警告——使用本标准的人员应有正规实验室工作的实践经验。本标准并未指出所有可能的安全问题。使用者有责任采取适当的安全和健康措施，并保证符合国家有关法规规定的条件。

5.1 一般规定

除非另有规定，仅使用确认为分析纯的试剂和 GB/T 6682 中规定的三级水。检验结果的判定按 GB/T 8170—2008 中的 4.3.3 修约值比较法进行。

5.2 外观的评定

在自然光线下采用目视评定。

5.3 结晶点的测定

称样量 20 g，其他按 GB/T 2385—2007 的规定进行。

两次平行测定结果之差应不大于 0.1 ℃，取其算术平均值作为测定结果。

5.4 1-萘酚纯度及有机杂质含量的测定

5.4.1 测定原理

采用气相色谱法，样品经毛细管色谱柱分离，经氢火焰离子化检测器检测，用峰面积归一化法定量。

5.4.2 试剂

三氯甲烷。

5.4.3 仪器

a) 气相色谱仪：仪器灵敏度和稳定性应符合 GB/T 9722 的规定；

b) 检测器：氢火焰离子化检测器(FID)；

c) 色谱工作站或积分仪；

d) 微量注射器：1.0 μL～10.0 μL；

e) 色谱柱：长 30 m，内径 0.32 mm，膜厚 0.25 μm；

f) 固定相：(5％苯基)甲基聚硅氧烷，如 DB-5。

5.4.4 色谱仪操作条件

色谱操作条件如表 2 所示。

可根据不同仪器，选择最佳操作条件。

表 2 色谱操作条件

载气	氮气
载气压力/kPa	50
柱温/℃	140
检测器温度/℃	300
汽化室温度/℃	300
燃烧气(氢气)流量/(mL/min)	30

表 2（续）

助燃气(空气)流量/(mL/min)	300
补偿气(氮气)流量/(mL/min)	20
分流比	10∶1

5.4.5 测定步骤

称取样品 0.3 g～0.4 g(精确至 0.001 g)于 10 mL 棕色容量瓶中,用三氯甲烷溶解并稀释至刻度。

开启色谱仪。待仪器各项操作条件稳定后,用微量注射器吸取上述样品溶液 1.0 μL 进样,待出峰完毕后,用色谱工作站或积分仪进行结果处理。

5.4.6 结果计算

1-萘酚纯度及有机杂质的质量分数以 w_i 计,数值用%表示,按式(1)计算：

$$w_i = \frac{A_i}{\sum A_i} \times 100 \qquad \cdots\cdots(1)$$

式中：

A_i——试样中组分 i 的峰面积数值；

$\sum A_i$——试样中各组分 i 的峰面积数值之和。

计算结果表示到小数点后两位。

注：1-萘酚前的所有杂质峰为低沸物。

5.4.7 允许差

纯度的两次平行测定结果之差应不大于 0.2%,各有机杂质含量两次平行测定结果之差应不大于 0.05%,取其算术平均值作为测定结果。

5.4.8 色谱图

1-萘酚的气相色谱图见图 1。

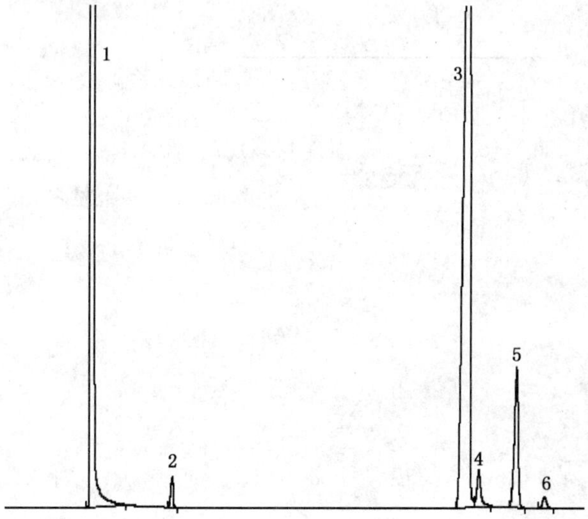

1——溶剂；

2——萘；

3——1-萘酚；

4——2-萘酚；

5——1-萘胺；

6——未知物。

图 1 1-萘酚气相色谱示意图

6 检验规则

6.1 检验分类

本标准第3章表1中规定的全部项目为出厂检验项目。

6.2 出厂检验

1-萘酚应由生产厂的质量检验部门检验合格，附合格证明后方可出厂。生产厂应保证所有出厂的1-萘酚均符合本标准的要求。

6.3 复验

如果检验结果中有一项指标不符合本标准的规定时，应重新自两倍量的包装中取样进行检验。重新检验的结果即使只有一项指标不符合本标准的要求，则整批产品为不合格。

7 标志、标签、包装、运输和贮存

7.1 标志、标签

1-萘酚的每个包装上都应注明：产品名称规格、注册商标、产品生产许可证编号及标志（如适用）、净含量、生产厂名称、厂址、标准编号、批号、生产日期。也可将批号、生产日期打印在标签上，并和产品质量检验合格的证明一起放入包装桶内的塑料袋外面。同时应附有产品质量检验合格的证明。

7.2 包装

1-萘酚用内衬黑塑料袋的编织袋或麻袋包装，每袋净含量25 kg，其他包装可与用户协商确定。

7.3 运输

运输时应轻取轻放，防止日晒、碰撞和雨淋，切勿损坏包装。

7.4 贮存

1-萘酚应贮存于阴凉，干燥通风处，防止受潮受热。

ICS 71.100.01;87.060.10
G 56

中华人民共和国国家标准

GB/T 25783—2010

1,4-二氨基蒽醌隐色体

1,4-Diaminoanthraquinone leuco compound

2010-12-23 发布　　2011-10-01 实施

中华人民共和国国家质量监督检验检疫总局
中国国家标准化管理委员会　发布

前　言

本标准由中国石油和化学工业协会提出。

本标准由全国染料标准化技术委员会(SAC/TC 134)归口。

本标准起草单位:江苏亚邦染料股份有限公司、沈阳化工研究院有限公司。

本标准主要起草人:李春梅、刘丽。

1,4-二氨基蒽醌隐色体

1 范围

本标准规定了1,4-二氨基蒽醌隐色体的要求、采样、试验方法、检验规则以及标志、标签、包装、运输和贮存。

本标准适用于1,4-二氨基蒽醌隐色体的产品质量控制。

结构式：

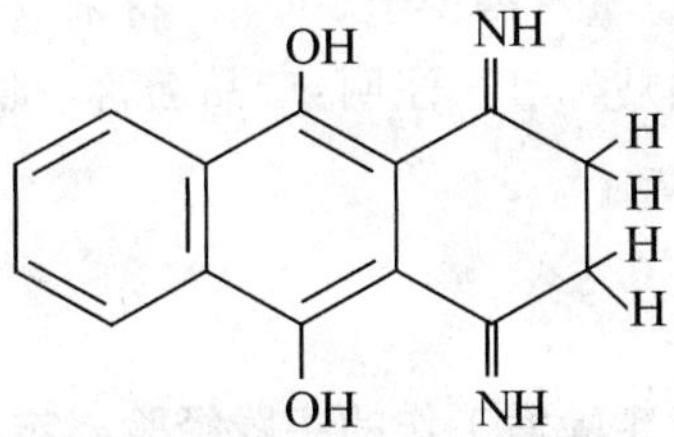

分子式：$C_{14}H_{12}N_2O_2$

相对分子质量：240.26(按2007年国际相对原子质量)

CAS RN：5327-72-0

2 规范性引用文件

下列文件中的条款通过本标准的引用而成为本标准的条款。凡是注日期的引用文件，其随后所有的修改单(不包括勘误的内容)或修订版均不适用于本标准，然而，鼓励根据本标准达成协议的各方研究是否可使用这些文件的最新版本。凡是不注日期的引用文件，其最新版本适用于本标准。

GB/T 601　化学试剂　标准滴定溶液的制备

GB/T 603　化学试剂　试验方法中所用制剂及制品的制备(GB/T 603—2002，neq ISO 6353-1：1982)

GB/T 2386—2006　染料及染料中间体　水分的测定

GB/T 6678—2003　化工产品采样总则

GB/T 6682　分析实验室用水规格和试验方法(GB/T 6682—2008；ISO 3696：1987，MOD)

GB/T 8170—2008　数值修约规则与极限数值的表示和判定

GB/T 21876—2008　溶剂染料及染料中间体　灰分的测定

3 要求

1,4-二氨基蒽醌隐色体质量应符合表1的规定。

表1　1,4-二氨基蒽醌隐色体的质量要求

项　　目		指　　标
(1) 外观		黄棕色或墨绿色闪光结晶
(2) 1,4-二氨基蒽醌隐色体的质量分数(化学法)/%	≥	95.00
(3) 1,4-二氨基蒽醌隐色体纯度(HPLC)/%	≥	97.50
(4) 1-氨基-4-羟基蒽醌质量分数(HPLC)/%	≤	1.00
(5) 1,4-二氨基蒽醌氧体质量分数(HPLC)/%	≤	1.20

表 1（续）

项　　目		指　　标
(6) 水分的质量分数/%	≤	0.50
(7) 灰分的质量分数/%	≤	0.50
(8) pH 值		7～9

4　采样

以批为单位采样，生产厂以一次拼混均匀的产品为一批。每批采样数应符合 GB/T 6678—2003 中 7.6 的规定采样。所采产品的包装必须完好，采样时勿使外界杂质落入产品中。采样时用探管采取包括上、中、下三部分的样品，所采样品总量不得少于 500 g。将采取的样品充分混匀后，分装于两个清洁、干燥、密封良好的避光容器中，其上粘贴标签。注明：产品名称、批号、生产厂名称、取样日期、地点。一个供检验，一个保存备查。

5　试验方法

警告——使用本标准的人员应有实验室工作的实践经验。本标准并未指出所有的安全问题。使用者有责任采取适当的安全和健康措施，并保证符合国家有关法规规定的条件。

5.1　一般规定

除非另有规定，仅使用确认为分析纯的试剂和 GB/T 6682 中规定的三级水。试验中所用标准滴定溶液，制剂及制品，在没有注明其他要求时，均按 GB/T 601 和 GB/T 603 的规定制备与标定。检验结果的判定按 GB/T 8170—2008 中的 4.3.3 修约值比较法进行。

5.2　外观的评定

在自然光线下采用目视评定。

5.3　1,4-二氨基蒽醌隐色体含量的测定（化学法）

5.3.1　试剂和溶液

a）硫酸；

b）连二亚硫酸钠；

c）氢氧化钠溶液：300 g/L；

d）硫酸标准滴定溶液：$c(\frac{1}{2}H_2SO_4)=0.2$ mol/L；

e）氢氧化钠标准滴定溶液：$c(NaOH)=0.3$ mol/L；

f）甲基红-溴甲酚绿指示剂。

5.3.2　仪器与装置

a）电炉：1 000 W；

b）单口蒸馏烧瓶：1 000 mL；

c）蒸馏弯头；

d）冷凝管；

e）蒸馏接受器；

f）锥型瓶：500 mL。

5.3.3　分析步骤

称取已研细的试样 1 g（精确至 0.000 2 g），置于 1 000 mL 单口蒸馏烧瓶中，加 15 mL 硫酸，在电炉上微热，摇动，使物料充分溶解，冷却至室温，逐渐加入 450 mL 水稀释，摇匀。加 150 mL 氢氧化钠溶液，加 6 g 连二亚硫酸钠后，立即接上预先安装好的蒸馏吸收装置（吸收瓶预先加入 100 mL 硫酸标准滴定溶液),控制温度,缓慢加热蒸馏。待蒸出 250 mL～300 mL 溶液为止(总体积 350 mL～400 mL)。在蒸出溶液中加 5 滴甲基红-溴甲酚绿指示剂,用氢氧化钠标准滴定溶液进行滴定,被滴定溶液由微红色变为浅绿色即为终点。

5.3.4 结果计算

1,4-二氨基蒽醌隐色体含量以质量分数 w_1 计,数值用%表示,按式(1)计算:

$$w_1=\frac{[(c_1V_1-c_2V_2)/1\,000](M/2)}{m}\times 100 \quad \cdots\cdots(1)$$

式中:

c_1——硫酸标准滴定溶液浓度的准确数值,单位为摩尔每升(mol/L);

V_1——用作吸收的硫酸标准滴定溶液体积的准确数值,单位为毫升(mL);

c_2——氢氧化钠标准滴定溶液浓度的准确数值,单位为摩尔每升(mol/L);

V_2——回滴时消耗氢氧化钠标准滴定溶液体积的准确数值,单位为毫升(mL);

M——1,4-二氨基蒽醌隐色体的摩尔质量数值,单位为克每摩尔 g/mol[$M(C_{14}H_{12}N_2O_2)=240.26$];

m——试样质量的数值,单位为克(g)。

计算结果表示到小数点后两位。

5.3.5 允许差

含量两次平行测定结果之差不大于 0.5%(质量分数),取其算术平均值作为测定结果。

5.4 1,4-二氨基蒽醌隐色体纯度及杂质含量的测定(HPLC)

5.4.1 方法提要

采用高效液相色谱法,以甲醇和水作流动相,通过紫外检测器,用峰面积归一化法计算 1,4-二氨基蒽醌隐色体纯度及杂质的含量。

5.4.2 仪器设备

a) 液相色谱仪:输液泵——流量范围(0.1～5.0)mL/min,在此范围内其流量稳定性为±1%;
检测器——多波长紫外分光检测器或具有同等性能的分光检测器;

b) 色谱柱:长为 150 mm,内径为 4.6 mm 的不锈钢柱,固定相为 C_{18} ODS 5 μm;

c) 色谱工作站或积分仪;

d) 微量注射器:(10～25)μL,平头;

e) 超声波发生器;

f) 分析天平:感量±0.01 mg。

5.4.3 试剂和溶液

a) 甲醇:色谱纯;

b) 乙腈:色谱纯;

c) 磷酸;

d) 水:经 0.45 μm 滤膜过滤。

5.4.4 色谱分析条件

a) 流动相:甲醇、水与磷酸的体积比为 65∶35∶0.1;

b) 波长:254 nm;

c) 流量:1.0 mL/min;

d) 进样量:5 μL。

可根据装置不同,选择最佳分析条件,流动相应摇匀后用超声波发生器进行脱气。

5.4.5 溶液的制备

称取 1,4-二氨基蒽醌隐色体试样 5.0 mg,于 25 mL 容量瓶中,加乙腈溶解并稀释至刻度,于超声波发生器中震荡、充分溶解后备用(样品溶液应现用现配)。

5.4.6 分析步骤

开启色谱仪，待仪器各项操作条件稳定后，用微量注射器进试样溶液 5 μL，待最后一个组分流出完毕(见色谱图 1)，用色谱工作站或积分仪进行结果处理。

5.4.7 结果计算

1,4-二氨基蒽醌隐色体的纯度及杂质含量以 w_i 计，数值用%表示，按式(2)计算：

$$w_i = \frac{A_i}{\sum A_i} \times (100 - w_{灰} - w_{水}) \qquad \cdots\cdots(2)$$

式中：

A_i——各有机组分 i 的峰面积数值；

$\sum A_i$——各有机组分 i 的响应值之和；

$w_{灰}$——灰分含量的数值，以质量分数(%)计；

$w_{水}$——水分含量的数值，以质量分数(%)计。

计算结果表示到小数点后两位。

5.4.8 允许差

1,4-二氨基蒽醌隐色体的纯度两次平行测定结果之差应不大于 0.5%，各有机杂质的含量两次平行测定结果之差应不大于 0.02%，取其算术平均值作为测定结果。

5.4.9 色谱图

色谱图见图 1。

5.5 水分含量的测定

称样量为 3 g～5 g，烘箱温度为 100 ℃～105 ℃，其他按 GB/T 2386—2006 中 3.2 的规定进行。

允许差为 0.05%(质量分数)。

5.6 灰分含量的测定

称样量为 2 g，温度为 850 ℃±25 ℃，其他按 GB/T 21876—2008 的规定进行。

允许差为 0.05%(质量分数)。

5.7 pH 值的测定

称取样品 10 g(精确至 0.01 g)，于 400 mL 烧杯中，加 150 mL 50 ℃的水，充分搅拌，抽滤。用广泛 pH 试纸(pH 范围 1～14)测定滤液的 pH 值。

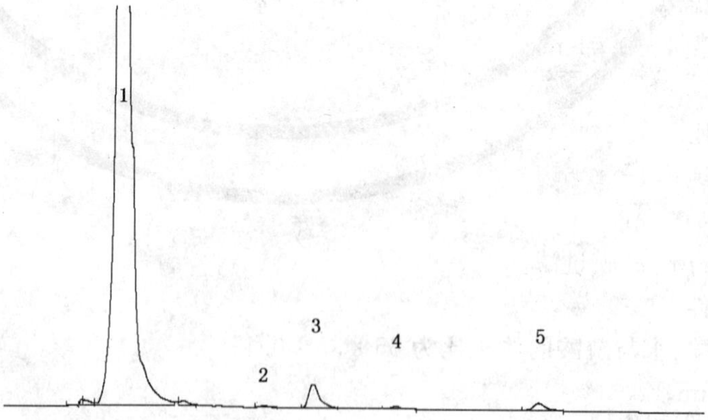

1——1,4-二氨基蒽醌隐色体；

2——1-氨基-4-羟基蒽醌隐色体；

3——1,4-二氨基蒽醌；

4——未知物；

5——1-氨基-4-羟基蒽醌。

图 1 1,4-二氨基蒽醌隐色体液相色谱示意图

6 检验规则

6.1 检验分类

本标准第 3 章表 1 中规定的全部项目为出厂检验项目。

6.2 出厂检验

1,4-二氨基蒽醌隐色体应由生产厂的质量检验部门检验合格,附合格证明后方可出厂。生产厂应保证所有出厂的 1,4-二氨基蒽醌隐色体均符合本标准的要求。

6.3 复验

如果检验结果中有一项指标不符合本标准的规定时,应重新自两倍量的包装中取样进行检验,重新检验的结果即使只有一项指标不符合本标准的要求,则整批产品为不合格。

7 标志、标签、包装、运输和贮存

7.1 标志、标签

1,4-二氨基蒽醌隐色体的的每个外包装上都应涂上牢固、清晰的标志,注明:产品名称、注册商标、产品生产许可证编号及标志(如适用)、净含量、生产厂名称、厂址、标准编号、批号、生产日期。也可将批号、生产日期打印在标签上,并和产品质量检验合格的证明一起粘贴在包装袋的外面。同时应附有产品质量检验合格的证明。

7.2 包装

1,4-二氨基蒽醌隐色体用内衬塑料袋的编织袋或纸塑复合袋包装,每袋净含量 25 kg,其他包装可与用户协商确定。

7.3 运输

运输时应轻取轻放,严防包装破裂,不得与其他物品混放,防止日晒、碰撞和雨淋。

7.4 贮存

贮存时应远离火源和火种,放置阴凉干燥通风处。

ICS 71.100.01;87.060.10
G 56

中华人民共和国国家标准

GB/T 25784—2010

2,4,6-三硝基苯酚(苦味酸)

2,4,6-Trinitrophenol (Picric acid)

2010-12-23 发布　　2011-10-01 实施

中华人民共和国国家质量监督检验检疫总局
中国国家标准化管理委员会 发布

前　言

本标准由中国石油和化学工业协会提出。

本标准由全国染料标准化技术委员会(SAC/TC 134)归口。

本标准起草单位:大连染料化工有限公司、沈阳化工研究院有限公司。

本标准主要起草人:马有新、张秋玲、于敏、沈日炯。

2,4,6-三硝基苯酚(苦味酸)

警告——使用本标准的人员应有实验室工作的实践经验。本标准并未指出所有的安全问题。使用者有责任采取适当的安全和健康措施,并保证符合国家有关法规规定的条件。

1 范围

本标准规定了2,4,6-三硝基苯酚(苦味酸)的要求、采样、试验方法、检验规则、标志、标签、包装、运输、贮存、以及安全和安全技术说明书。

本标准适用于2,4,6-三硝基苯酚的产品质量控制。

结构式:

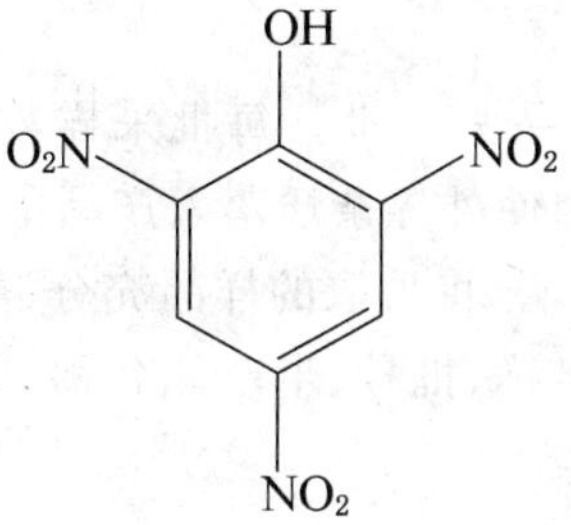

分子式:$C_6H_3N_3O_7$

相对分子质量:229.11(按2007年国际相对原子质量)

CAS RN:88-89-1

2 规范性引用文件

下列文件中的条款通过本标准的引用而成为本标准的条款。凡是注日期的引用文件,其随后所有的修改单(不包括勘误的内容)或修订版均不适用于本标准,然而,鼓励根据本标准达成协议的各方研究是否可使用这些文件的最新版本。凡是不注日期的引用文件,其最新版本适用于本标准。

GB 190 危险货物包装标志

GB/T 191 包装储运图示标志(GB/T 191—2008,ISO 780:1997,MOD)

GB/T 2385—2007 染料中间体 结晶点的测定通用方法

GB/T 2386—2006 染料及染料中间体 水分的测定

GB/T 6678—2003 化工产品采样总则

GB/T 6682 分析实验室用水规格和试验方法(GB/T 6682—2008,ISO 3696:1987,MOD)

GB/T 8170—2008 数值修约规则与极限数值的表示和判定

GB 12268—2005 危险货物品名表

GB 12463 危险货物运输包装通用技术条件

GB 15258 化学品安全标签编写规定

GB 15603 常用化学危险品贮存通则

GB 16483 化学品安全技术说明书编写规定

3 要求

2,4,6-三硝基苯酚的质量应符合表1的规定。

表 1 2,4,6-三硝基苯酚的质量要求

项　目		指　标	
		优等品	一等品
(1) 外观		黄色粒状结晶	
(2) 干品结晶点/℃	≥	120.0	119.0
(3) 水分的质量分数/%		10.0～20.0	10.0～20.0
(4) 硫酸根离子的质量分数/%	≤	0.5	1.0
(5) 硝酸含量		不显色	不显色
(6) 水不溶物的质量分数/%	≤	0.1	0.2
(7) 灰分的质量分数/%	≤	0.2	0.2

4 采样

以批为单位采样，生产厂以均匀产品为一批。每批采样数应符合 GB/T 6678—2003 中 7.6 的规定，所采样品的包装必须完好，采样时勿使外界杂质落入产品中。采样时用探管采取包括上、中、下三部分的样品，所采样品总量不得少于 200 g。将采取的样品充分混匀后，分装于两个清洁、干燥、密封良好的容器中，其上粘贴标签。注明：产品名称、批号、生产厂名称、取样日期、地点。一个供检验，一个保存备查。

5 试验方法

5.1 一般规定

除非另有规定，仅使用确认为分析纯的试剂和 GB/T 6682 中规定的三级水。检验结果的判定按 GB/T 8170—2008 中的 4.3.3 修约值比较法进行。

5.2 外观评定

在自然光线下采用目视评定。

5.3 干品结晶点的测定

取一定量的试样置于表面皿上，将盛有试样的表面皿移入温度为 80 ℃～90 ℃的恒温干燥箱内，烘干 1 h，然后置于长约 150 mm，直径 20 mm 玻璃试管中，于 140 ℃～150 ℃空气浴中，加热融化后（熔融试样约占试管的三分之二），按 GB/T 2385—2007 的规定进行。

5.4 水分含量的测定

按照 GB/T 2386—2006 中的 3.2“烘干法”进行。称取试样 2 g～5 g(精确至 0.000 2 g)，烘干温度 80 ℃～90 ℃，烘干至恒量。

5.5 硫酸根离子含量的测定

5.5.1 原理

将试样用沸水完全溶解，用快速定性滤纸过滤，将滤液调至弱酸性，加入氯化钡溶液生成硫酸钡沉淀，沉淀经过滤、洗涤、烘干、称量，计算硫酸根离子含量。

5.5.2 试剂和溶液

a） 盐酸；

b） 氯化钡溶液：100 g/L。

5.5.3 仪器设备

a） 玻璃砂芯漏斗：G4；

b） 吸滤瓶：500 mL。

5.5.4 分析步骤

准确称取试样约 10 g(精确至 0.000 2 g),溶于 250 mL 沸水中,再继续煮沸 10 min,趁热用快速定性滤纸过滤。烧杯、滤纸用 50 mL 热水洗,滤液加盐酸 1 mL,然后加热至近沸,在搅拌下迅速往此溶液中加入氯化钡溶液 15 mL,静置 4 h 后,待沉淀完全,用已恒量的 G4 玻璃砂芯漏斗进行热过滤,并用热水充分洗涤沉淀物,然后置于恒温干燥箱中于 100 ℃~105 ℃,烘至恒量。

5.5.5 结果计算

硫酸根离子以质量分数 w_1 计,数值用%表示,按式(1)计算:

$$w_1=\frac{0.411\,4\times(m_1-m_2)}{m_3}\times 100 \qquad \cdots\cdots(1)$$

式中:

m_1——玻璃砂芯漏斗和不溶物恒量后质量的数值,单位为克(g);

m_2——玻璃砂芯漏斗恒量后质量的数值,单位为克(g);

m_3——试样质量的数值,单位为克(g);

0.411 4——硫酸钡换算为硫酸根的系数。

5.5.6 允许差

两次平行测定结果之差不大于 0.05%(质量分数),取其算术平均值作为测定结果。

5.6 硝酸含量的测定

5.6.1 原理

二苯胺被氧化后呈现蓝绿色。

5.6.2 试剂和溶液

a) 硫酸;

b) 二苯胺溶液:1 g 二苯胺溶于 100 mL 硫酸中。

5.6.3 分析步骤

准确称取试样 1 g(精确至 0.000 2 g),加入 30 mL 水,充分搅拌,加入 2 mL 二苯胺溶液不呈现蓝绿色即为合格。

5.7 水不溶物含量的测定

5.7.1 原理

将试样完全溶于热水,用玻璃砂芯漏斗抽滤,不溶物经干燥恒量,测定水不溶物含量。

5.7.2 仪器设备

a) 玻璃砂芯漏斗:G4;

b) 吸滤瓶:500 mL。

5.7.3 分析步骤

准确称取试样约 10 g(精确至 0.000 2 g),溶于 300 mL 沸水中,再继续煮沸 10 min,趁热用已恒量的 G4 玻璃砂芯漏斗进行热过滤,再用热水洗至无酸性,然后置于恒温干燥箱中于 100 ℃~105 ℃,烘至恒量。

5.7.4 结果计算

水不溶物以质量分数 w_2 计,数值用%表示,按式(2)计算:

$$w_2=\frac{m_4-m_5}{m_6}\times 100 \qquad \cdots\cdots(2)$$

式中:

m_4——玻璃砂芯漏斗和不溶物恒量后质量的数值,单位为克(g);

m_5——玻璃砂芯漏斗恒量后质量的数值,单位为克(g);

m_6——试样质量的数值,单位为克(g)。

5.7.5 允许差

两次平行测定结果之差不大于0.02%(质量分数),取其算术平均值作为测定结果。

5.8 灰分的测定

5.8.1 原理

在电炉上缓慢将试样烧尽,炭化残渣,然后在高温电炉中于700 ℃下灼烧,冷却称量。

5.8.2 试剂

a) 硝酸;

b) 硫酸。

5.8.3 仪器设备

a) 瓷坩埚:50 mL;

b) 高温电炉:能控制温度在700 ℃。

5.8.4 分析步骤

准确称取试样约2 g(精确至0.000 2 g),置于700 ℃预先恒量的瓷坩埚中,用硫酸湿润后,加热烧尽炭化残渣,加几滴硝酸和硫酸,待消解完全后,在密切注视下蒸发,将瓷坩埚移入高温电炉内,于700 ℃灼烧至恒量。

5.8.5 结果计算

灰分以质量分数 w_3 计,数值用%表示,按式(3)计算:

$$w_3 = \frac{m_7 - m_8}{m_9} \times 100 \quad \cdots\cdots(3)$$

式中:

m_7——瓷坩埚和残余物恒量后质量的数值,单位为克(g);

m_8——瓷坩埚恒量质量的数值,单位为克(g);

m_9——试样质量的数值,单位为克(g)。

5.8.6 允许差

两次平行测定结果之差不大于0.02%(质量分数),取其算术平均值作为测定结果。

6 检验规则

6.1 检验分类

本标准第3章表1中规定的全部项目均为型式检验项目,其中(1)、(2)、(3)项目为出厂检验项目,应逐批进行检验。在正常连续生产情况下,每个月至少进行一次型式检验。但如有下述情况需进行型式检验:

a) 新产品最初定型时;

b) 产品异地生产时;

c) 生产配方、工艺及原材料有较大改变时;

d) 停产三个月后又恢复生产时;

e) 客户提出要求时。

6.2 出厂检验

2,4,6-三硝基苯酚应由生产厂的质量检验部门根据本标准的要求检验合格,附合格证明后方可出厂。生产厂应保证所有出厂的产品都符合本标准的要求。

6.3 复检

如果检验结果中有一项指标不符合本标准的规定时,应重新自两倍量的包装中取样进行检验,重新检验的结果即使只有一项指标不符合本标准的要求,则整批产品为不合格。

7 标志、标签、包装、运输和贮存

7.1 标志、标签

2,4,6-三硝基苯酚的每个包装上都应按 GB 190 和 GB/T 191 中的有关规定涂上牢固、清晰的易燃易爆物品标志和相关的安全储运标志,并注明:产品名称规格、注册商标、净含量、产品生产许可证编号(如适用)及标志、生产厂名称、厂址、标准编号、批号、生产日期。也可将批号、生产日期打印在标签上,并和产品质量检验合格的证明一起放入包装桶内的塑料袋外面。并应符合 GB 15258 化学品安全标签编写规定。

7.2 包装

本产品采用纸板桶或大木箱等包装,内衬双层聚乙烯袋双扎口,每箱折干品含量 25 kg。包装要严密,无泄露,经常检查是否有渗漏水情况,包装破损时要及时处理,含水量不足时应立即添加。产品包装应符合 GB 12463 及危险化学品包装的相关规定。

7.3 运输

本产品应按危险化学品运输要求进行运输。运输过程应防止曝晒、雨淋、受潮、并保持包装完整,标志清晰。应轻拿轻放,防止压坏和碰破包装物,严禁拖、拉、摔和撞,不得混运。

7.4 贮存

本产品应按 GB 15603 及相关规定贮存于阴凉通风的仓库内,最高仓温不宜超过 30 ℃,防止水分蒸发形成干品造成危险,防止与爆炸物或金属粉末接触,远离火源,不得混贮。

8 安全、安全技术说明书

8.1 安全

根据 GB 12268—2005 2,4,6-三硝基苯酚危险品编号为(UN:0154;CN:11057),属于第一类爆炸品。遇明火易引起爆炸,遇金属粉末增加危险性或有爆炸危险,触及皮肤易经皮肤吸收。使用及搬运时,应严格注意安全。

8.2 安全技术说明书

按 GB 16483 化学品安全技术说明书编写规定,该产品出厂应提供详细的安全技术说明书。安全技术说明书应包括如下内容:

a) 提供该产品的危险性信息;

b) 安全使用方法;

c) 运输、储存要求;

d) 防护措施;

e) 应急处理措施等。

ICS 71.100.01;87.060.10
G 56

中华人民共和国国家标准

GB/T 25785—2010

2-氨基-4,6-二硝基酚钠(苦氨酸钠)

2-Amino-4,6-dinitrophenol sodium (picramic acid sodium hydrate)

2010-12-23 发布　　2011-10-01 实施

中华人民共和国国家质量监督检验检疫总局
中国国家标准化管理委员会　发布

前　言

本标准由中国石油和化学工业协会提出。

本标准由全国染料标准化技术委员会(SAC/TC 134)归口。

本标准起草单位:大连染料化工有限公司、沈阳化工研究院有限公司。

本标准主要起草人:丰收、马有新、张秋玲、沈日炯。

2-氨基-4,6-二硝基酚钠(苦氨酸钠)

警告——使用本标准的人员应有实验室工作的实践经验。本标准并未指出所有的安全问题。使用者有责任采取适当的安全和健康措施,并保证符合国家有关法规规定的条件。

1 范围

本标准规定了2-氨基-4,6-二硝基酚钠(苦氨酸钠)的要求、采样、试验方法、检验规则、标志、标签、包装、运输、贮存以及安全和安全技术说明书。

本标准适用于2-氨基-4,6-二硝基酚钠的产品质量控制。

结构式:

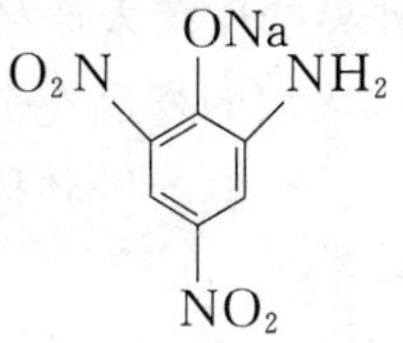

分子式:$C_6H_4N_3NaO_5$

相对分子量:221.10(按2007年国际相对原子质量)

2 规范性引用文件

下列文件中的条款通过本标准的引用而成为本标准的条款。凡是注日期的引用文件,其随后所有的修改单(不包括勘误的内容)或修订版均不适用于本标准,然而,鼓励根据本标准达成协议的各方研究是否可使用这些文件的最新版本。凡是不注日期的引用文件,其最新版本适用于本标准。

GB 190 危险货物包装标志

GB/T 191 包装储运图示标志(GB/T 191—2008,ISO 780:1997,MOD)

GB/T 601 化学试剂 标准滴定溶液的制备

GB/T 603 化学试剂 试验方法中所用制剂及制品的制备

GB/T 2386—2006 染料及染料中间体 水分的测定

GB/T 6678—2003 化工产品采样总则

GB/T 6682 分析实验室用水规格和试验方法(GB/T 6682—2008,ISO 3696:1987,MOD)

GB/T 8170—2008 数值修约规则与极限数值的表示和判定

GB 12268—2005 危险货物品名表

GB 12463 危险货物运输包装通用技术条件

GB 15258 化学品安全标签编写规定

GB 15603 常用化学危险品贮存通则

GB 16483 化学品安全技术说明书编写规定

3 要求

2-氨基-4,6-二硝基酚钠的质量应符合表1的规定。

表 1 2-氨基-4,6-二硝基酚钠的质量要求

项　　目		指　　标
(1) 外观		棕红色膏状物
(2) 水分的质量分数/%		25.0～35.0
(3) 2-氨基-4,6-二硝基酚钠的质量分数(干品氨基值)/%	≥	86.0
(4) 干品水不溶物的质量分数/%	≤	0.1
(5) 干品酸不溶物的质量分数/%	≤	0.1
(6) 干品纯度(HPLC)/%	≥	98.0

4 采样

以批为单位采样,生产厂以均匀产品为一批。每批采样数应符合 GB/T 6678—2003 中 7.6 的规定,所采样品的包装必须完好,采样时勿使外界杂质落入产品中。采样时用探管采取包括上、中、下三部分的样品,所采样品总量不得少于 200 g。将采取的样品充分混匀后,分装于两个清洁、干燥、密封良好的容器中,其上粘贴标签。注明:产品名称、批号、生产厂名称、取样日期、地点。一个供检验,一个保存备查。

5 试验方法

5.1 一般规定

除非另有规定,仅使用确认为分析纯的试剂和 GB/T 6682 中规定的三级水。试验中所用标准滴定溶液,制剂及制品,在没有注明其他要求时,均按 GB/T 601 和 GB/T 603 规定制备。检验结果的判定按 GB/T 8170—2008 中的 4.3.3 修约值比较法进行。

5.2 外观的评定

在自然光线下采用目视评定。

5.3 水分的测定

按照 GB/T 2386—2006 中的 3.2"烘干法"进行。称取试样 2 g～5 g(精确至 0.000 2 g),烘干温度 80 ℃～90 ℃,烘干至恒量。

5.4 2-氨基-4,6-二硝基酚钠含量(干品氨基值)的测定(化学法)

5.4.1 原理

2-氨基-4,6-二硝基酚钠在酸性条件下与亚硝酸钠定量地起重氮化反应。终点用淀粉-碘化钾试纸确定。

5.4.2 试剂和溶液

a) 盐酸;

b) 亚硝酸钠标准滴定溶液:$c(NaNO_2)=0.1$ mol/L;

c) 淀粉-碘化钾试纸。

5.4.3 仪器设备

一般实验室仪器。

5.4.4 试样准备

按本标准的 5.3 进行,将试样烘干至恒量。

5.4.5 分析步骤

准确称取已烘干试样约 0.5 g(精确至 0.000 2 g),置于 400 mL 清洁干燥的烧杯中,加入 250 mL 水及 20 mL 盐酸,在电炉上加热完全溶解后,将此溶液冷却至 0 ℃～10 ℃,然后把滴定管的尖端放入溶

液中，在不断搅拌下，将亚硝酸钠标准滴定溶液(占总需量的95%左右)一次加入，然后把滴定管尖端取出液面，用水淋洗滴定管的尖端，再逐滴加入亚硝酸钠标准溶液，直至溶液使淀粉-碘化钾试纸呈微蓝色，并保持5 min不退色，即为终点。

在相同条件下做一空白试验。

5.4.6 结果计算

2-氨基-4,6-二硝基酚钠含量(干品氨基值)以质量分数 w_1 计，数值用%表示，按式(1)计算：

$$w_1 = \frac{(V - V_0)cM}{m \times 1\,000} \times 100 \qquad \cdots\cdots(1)$$

式中：

V——滴定试样消耗亚硝酸钠标准滴定溶液体积的数值，单位为毫升(mL)；

V_0——空白试验消耗亚硝酸钠标准滴定溶液体积的数值，单位为毫升(mL)；

c——亚硝酸钠标准滴定溶液浓度的准确数值，单位为摩尔每升(mol/L)；

M——2-氨基-4,6-二硝基酚钠的摩尔质量的数值，单位为克每摩尔(g/mol)[$M(C_6H_4N_3O_5Na)$ = 221.10]；

m——试样的质量的数值，单位为克(g)。

5.4.7 允许差

两次平行测定结果之差不大于0.2%(质量分数)，取其算术平均值作为测定结果。

5.5 干品水不溶物的测定

5.5.1 原理

将试样完全溶于热水，用玻璃砂芯漏斗G4抽滤，不溶物经干燥至恒量，测定水不溶物含量。

5.5.2 仪器设备

a) 玻璃砂芯漏斗：G4；

b) 吸滤瓶：500 mL。

5.5.3 试样准备

按本标准的5.3进行，将试样烘干至恒量。

5.5.4 分析步骤

准确称取已烘干试样约1 g(精确至0.000 2 g)，置于800 mL烧杯中，加入600 mL沸水，再继续煮沸10 min，趁热用已恒量的G4玻璃砂芯漏斗进行热过滤，并用热水充分洗涤至无色，然后置于恒温干燥箱中于100 ℃～105 ℃，烘至恒量。

5.5.5 结果计算

干品水不溶物含量以质量分数 w_2 计，数值用%表示，按式(2)计算：

$$w_2 = \frac{m_1 - m_2}{m_3} \times 100 \qquad \cdots\cdots(2)$$

式中：

m_1——玻璃砂芯漏斗和不溶物恒量后质量的数值，单位为克(g)。

m_2——玻璃砂芯漏斗恒量后质量的数值，单位为克(g)；

m_3——试样质量的数值，单位为克(g)。

5.5.6 允许差

两次平行测定结果之差不大于0.05%(质量分数)，取其算术平均值作为测定结果。

5.6 干品酸不溶物含量的测定

5.6.1 原理

试样中加入一定量的盐酸和沸水，使试样完全溶解，用玻璃砂芯漏斗抽滤，不溶物经干燥恒量，测定酸不溶物含量。

5.6.2 试剂和溶液

a) 盐酸；

b) 盐酸溶液：$c(HCl)=0.02$ mol/L。

5.6.3 仪器设备

a) 玻璃砂芯漏斗：G4；

b) 吸滤瓶：500 mL。

5.6.4 试样准备

按本标准的5.3进行，将试样烘干至恒量。

5.6.5 分析步骤

准确称取已烘干试样约1 g(精确至0.000 2 g)，置于800 mL烧杯中，加盐酸20 mL，搅匀后，再加入500 mL沸水，搅拌使之溶解，趁热用已恒量的G4玻璃砂芯漏斗进行热过滤，不溶物用0.02 mol/L盐酸溶液充分洗涤至无色，然后置于恒温干燥箱中于100 ℃～105 ℃，烘至恒量。

5.6.6 结果计算

干品酸不溶物以质量分数 w_3 计，数值用%表示，按式(3)计算：

$$w_3=\frac{m_4-m_5}{m_6}\times 100 \qquad \cdots\cdots(3)$$

式中：

m_4——玻璃砂芯漏斗和不溶物恒量后质量的数值，单位为克(g)；

m_5——玻璃砂芯漏斗恒量后质量的数值，单位为克(g)；

m_6——试样质量的数值，单位为克(g)。

5.6.7 允许差

两次平行测定结果之差不大于0.05%(质量分数)，取其算术平均值作为测定结果。

5.7 干品纯度的测定(液相色谱法)

5.7.1 原理

采用反相液相色谱，在BDS C_{18}色谱柱上，以乙腈加0.05 mol/L醋酸水溶液为流动相，经紫外检测器(285 nm)检测，用峰面积归一化法测定2-氨基-4,6-二硝基酚钠的纯度。

5.7.2 试剂和溶液

a) 乙腈：色谱纯；

b) 醋酸水溶液：$c(C_2H_4O_2)=0.05$ mol/L；

c) 水：经0.45 μm滤膜过滤。

5.7.3 仪器设备

a) 液相色谱仪：输液泵-流量范围(0.1～10)mL/min，在此范围内其流量稳定性为±1%
检测器-多波长紫外分光检测器或具有同等性能的紫外分光检测器；

b) 色谱柱：长为200 mm，内径为4.6 mm的不锈钢柱，固定相为 C_{18} BDS 5 μm；

c) 数据处理机：色谱工作站或积分仪；

d) 平头微量注射器：(10～25)μL；

e) 超声波发生器。

5.7.4 色谱条件

a) 流动相：乙腈与0.05 mol/L醋酸水溶液的体积比为40∶60；

b) 流量：1 mL/min；

c) 进样量：5 μL；

d) 波长：285 nm。

可根据装置不同，选择最佳分析条件，流动相应摇匀后用超声波发生器进行脱气。

5.7.5 **试样溶液的制备**

称取(按本标准的5.3进行,已烘干至恒量)干品2-氨基-4,6-二硝基酚钠的试样0.005 g～0.01 g(精确至0.000 2 g),加入流动相溶液使之溶解并稀释至10 mL容量瓶中。

5.7.6 **分析步骤**

开启色谱仪,待仪器各项操作条件稳定后,用微量注射器进试样溶液5 μL,待最后一个组分流出完毕(见图1),用色谱工作站或积分仪进行结果处理。

5.7.7 **结果计算**

2-氨基-4,6-二硝基酚钠的纯度 w_4,数值用%表示,按式(4)计算:

$$w_4 = \frac{A}{\sum A_i} \times 100 \qquad \cdots\cdots(4)$$

式中:

A——试样2-氨基-4,6-二硝基酚钠的峰面积的数值;

$\sum A_i$——试样中各组分的峰面积的数值之和。

5.7.8 **允许差**

两次平行测定结果之差应不大于0.2%,取其算术平均值作为测定结果。

5.7.9 **色谱图**

2-氨基-4,6-二硝基酚钠色谱图见图1。

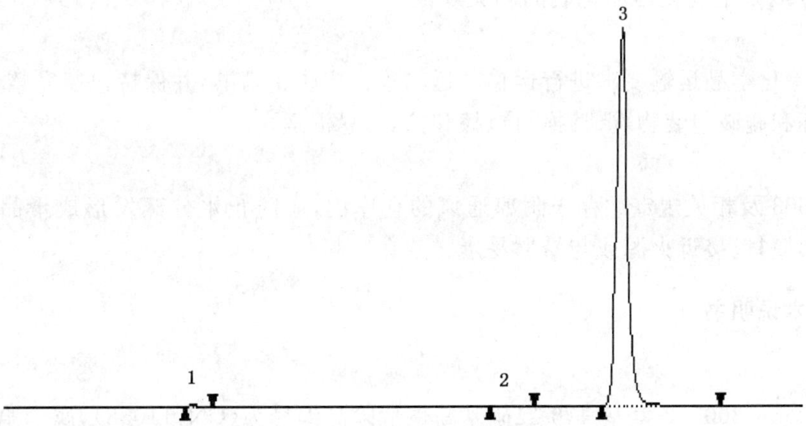

1——未知物1;

2——未知物2;

3——2-氨基-4,6-二硝基酚钠。

图1 2-氨基-4,6-二硝基酚钠色谱图

6 检验规则

6.1 检验分类

本标准第3章表1中规定的全部项目均为型式检验项目,其中(1)、(2)、(3)、(4)项目为出厂检验项目,应逐批进行检验。在正常连续生产情况下,每个月至少进行一次型式检验。但有下列情况之一时要随时进行型式检验:

a) 新产品最初定型时;

b) 产品异地生产时;

c) 生产配方、工艺及原材料有较大改变时;

d) 停产三个月后又恢复生产时;

e) 客户提出要求时。

6.2 出厂检验

2-氨基-4,6-二硝基酚钠应由生产厂的质量检验部门检验合格,附合格证明后方可出厂。生产厂应保证所有出厂的产品都符合本标准的要求。

6.3 复检

如果检验结果中有一项指标不符合本标准的规定时,应重新自两倍量的包装中取样进行检验,重新检验的结果即使只有一项指标不符合本标准的要求,则整批产品为不合格。

7 标志、标签、包装、运输和贮存

7.1 标志、标签

2-氨基-4,6-二硝基酚钠的每个包装上都应按 GB 190 和 GB/T 191 中的有关规定涂上牢固、清晰的易燃物品标志和相关的安全储运标志,并注明:产品名称、注册商标、产品生产许可证编号及标志(如适用)、净含量、生产厂名称、厂址、标准编号、批号、生产日期。也可将批号、生产日期打印在标签上,并和产品质量检验合格的证明一起放入包装桶内的塑料袋外面。并应符合 GB 15258 化学品安全标签编写规定。

7.2 包装

2-氨基-4,6-二硝基酚钠采用纸板桶等,内衬双层聚乙烯袋双扎口,每箱折干品含量 25 kg。包装要严密,无泄漏,经常检查是否有渗漏水情况,包装破损时要及时处理,含水量不足时应立即添加。产品包装应符合 GB 12463 及危险化学品包装的相关规定。

7.3 运输

本产品按危险化学品运输要求进行运输。运输过程应防止雨淋,并保持包装完整,标志清晰。应轻拿轻放,防止压坏和碰破包装物,严禁拖、拉、摔和撞,切忌混运。

7.4 贮存

应按 GB 15603 及相关规定贮存于阴凉通风的仓库内,应防止水分蒸发形成干品造成危险。该产品不得混贮,严禁撞打、接近火源或与易燃易爆物放在一起。

8 安全、安全技术说明书

8.1 安全

根据 GB 12268—2005,2-氨基-4,6-二硝基酚钠危险品编号为(CN:11058),属于第一类爆炸品。是易燃固体,接触人员应佩带防毒面具,胶皮手套等防护用具。使用及搬运时,应严格注意安全。工作现场禁止吸烟、进食和饮水。

8.2 安全技术说明书

按 GB 16483 化学品安全技术说明书编写规定,该产品出厂应提供详细的安全技术说明书。安全技术说明书应包括如下内容:

a) 提供该产品的危险性信息;
b) 安全使用方法;
c) 运输、储存要求;
d) 防护措施;
e) 应急处理措施等。

ICS 71.100.01;87.060.10
G 56

GB

中华人民共和国国家标准

GB/T 25786—2010

2-氨基-4-乙酰氨基苯甲醚

2-Amino-4-acetamino anisole

2010-12-23 发布　　2011-10-01 实施

中华人民共和国国家质量监督检验检疫总局
中国国家标准化管理委员会　发布

前言

本标准由中国石油和化学工业协会提出。

本标准由全国染料标准化技术委员会(SAC/TC 134)归口。

本标准起草单位:浙江吉华集团有限公司、沈阳化工研究院有限公司。

本标准主要起草人:陈美芬、季浩。

2-氨基-4-乙酰氨基苯甲醚

1 范围

本标准规定了2-氨基-4-乙酰氨基苯甲醚产品的要求、采样、试验方法、检验规则以及标志、标签、包装、运输和贮存。

本标准适用于2-氨基-4-乙酰氨基苯甲醚的产品质量控制。

结构式：

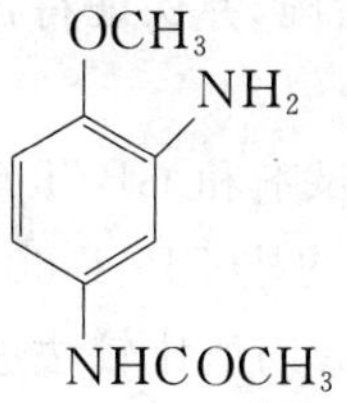

分子式：$C_9H_{12}N_2O_2$

相对分子质量：180.20(按2007年国际相对原子质量)

CAS RN.：6375-47-9

2 规范性引用文件

下列文件中的条款通过本标准的引用而成为本标准的条款。凡是注日期的引用文件，其随后所有的修改单(不包括勘误的内容)或修订版均不适用于本标准，然而，鼓励根据本标准达成协议的各方研究是否可使用这些文件的最新版本。凡是不注日期的引用文件，其最新版本适用于本标准。

GB/T 601 化学试剂 标准滴定溶液的制备

GB/T 603 化学试剂 试验方法中所用制剂及制品的制备(GB/T 603—2002，neq ISO 6353-1：1982)

GB/T 2386—2006 染料及染料中间体 水分的测定

GB/T 6678—2003 化工产品采样总则

GB/T 6682 分析实验室用水规格和试验方法(GB/T 6682—2008，ISO 3696：1987，MOD)

GB/T 8170—2008 数值修约规则与极限数值的表示和判定

3 要求

2-氨基-4-乙酰氨基苯甲醚的质量应符合表1的规定。

表1 2-氨基-4-乙酰氨基苯甲醚的质量要求

项目		指标
(1) 外观		灰色至棕褐色结晶
(2) 2-氨基-4-乙酰氨基苯甲醚的质量分数(氨基值，以干品计)/%	≥	96.00
(3) 2-氨基-4-乙酰氨基苯甲醚的纯度(HPLC)/%	≥	98.00
(4) 水分的质量分数/%	≤	20.0

4 采样

以批为单位采样，生产厂以均匀产品为一批。每批采样数应符合 GB/T 6678—2003 中 7.6 的规定，所采样品的包装必须完好，采样时勿使外界杂质落入产品中。采样时用探管采取包括上、中、下三部分的样品，所采样品总量不得少于 500 g。将采取的样品充分混匀后，分装于两个清洁、干燥、密封良好的容器中，其上粘贴标签。注明：产品名称、批号、生产厂名称、取样日期、地点。一个供检验，一个保存备查。

5 试验方法

警告——使用本标准的人员应有正规实验室工作的实践经验。本标准并未指出所有可能的安全问题。使用者有责任采取适当的安全和健康措施，并保证符合国家有关法规规定的条件。

5.1 一般规定

除非另有规定，仅使用确认为分析纯的试剂和 GB/T 6682 中规定的三级水。试验中所用标准滴定溶液、制剂及制品，在没有注明其他要求时，均按 GB/T 601 和 GB/T 603 的规定制备与标定。检验结果的判定按 GB/T 8170—2008 中的 4.3.3 修约值比较法进行。

5.2 外观的评定

在自然光线下采用目视评定。

5.3 2-氨基-4-乙酰氨基苯甲醚含量（氨基值，以干品计）的测定

5.3.1 试剂和溶剂

a) 盐酸溶液：盐酸与水的体积比为 1∶1；

b) 亚硝酸钠标准滴定溶液：$c(NaNO_2)=0.1$ mol/L，标定时用淀粉-碘化钾试纸判定终点；

c) 溴化钾溶液：100 g/L；

d) 淀粉-碘化钾试纸。

5.3.2 分析步骤

称取样品 0.5 g 左右（精确至 0.1 mg），置于 400 mL 烧杯中，加入 200 mL 热水使其溶解，加入 1+1 盐酸溶液 30 mL，溴化钾溶液 20 mL，冷却至 5 ℃～10 ℃，用亚硝酸钠标准溶液滴定至碘化钾淀粉试纸呈现微蓝色，经 5 min 不消失即为终点，同时做空白实验。

5.3.3 结果计算

2-氨基-4-乙酰氨基苯甲醚含量（氨基值，以干品计）以质量分数 w_1 计，数值用%表示，按式（1）计算：

$$w_1=\frac{[(V-V_0)/1\,000]cM}{m}\times 100 \qquad \cdots\cdots(1)$$

式中：

V——试样消耗亚硝酸钠标准滴定溶液体积的数值，单位为毫升（mL）；

V_0——空白消耗亚硝酸钠标准滴定溶液体积的数值，单位为毫升（mL）；

c——亚硝酸钠标准滴定溶液浓度的实际数值，单位为摩尔每升（mol/L）；

M——2-氨基-4-乙酰氨基苯甲醚的摩尔质量数值，单位为克每摩尔（g/mol）[$M(C_9H_{12}N_2O_2)=180.20$]；

m——试样质量的数值（以干品计），单位为克（g）。

计算结果表示到小数点后两位。

5.3.4 允许差

两次平行测定结果之差应不大于 0.3%（质量分数），取其算术平均值作为测定结果。

5.4 2-氨基-4-乙酰氨基苯甲醚纯度测定(液相色谱法)

5.4.1 原理

采用反相高效液相色谱法,在 C_{18} 柱上,以甲醇+水(1.0 g/L 乙酸铵溶液)=40+60 为流动相,分离 2-氨基-4-乙酰氨基苯甲醚及有机杂质,经紫外检测器(254 nm)检测,用峰面积归一化法测定 2-氨基-4-乙酰氨基苯甲醚的纯度。

5.4.2 仪器设备

a) 液相色谱仪:输液泵——流量范围(0.1~5.0)mL/min,在此范围内其流量稳定性为±1%;

检测器——多波长紫外分光检测器或具有同等性能的紫外分光检测器;

b) 色谱柱:长为 150 mm,内径为 4.6 mm 的不锈钢柱,固定相为 ODS C_{18}、粒径 5 μm;

c) 色谱工作站或数据处理机;

d) 超声波发生器;

e) 微量注射器:平头,25 μL。

5.4.3 试剂和溶液

a) 水:经 0.45 μm 水膜过滤;

b) 甲醇:色谱纯;

c) 乙酸铵水溶液:1.0 g/L。

5.4.4 色谱操作条件

a) 流动相:甲醇与乙酸铵水溶液的体积比为 40:60;

b) 波长:254 nm;

c) 流量:0.8 mL/min;

d) 柱温:室温;

e) 进样量:5 μL。

可以根据仪器的不同选择合适的色谱操作条件。

5.4.5 分析步骤

称取试样约 25 mg(精确至 1 mg),于 25 mL 容量瓶中,加甲醇溶解并定容,置于超声波发生器充分溶解,取出摇匀备用。

待仪器运行稳定后,用微量注射器吸取试样溶液注入进样阀,待最后一个组分流出完毕(见图 1),进行结果处理。

5.4.6 结果计算

2-氨基-4-乙酰氨基苯甲醚纯度以 w_2 计,数值用%表示,按式(2)计算

$$w_2 = \frac{A}{\sum A_i} \times 100 \quad \cdots\cdots(2)$$

式中:

A——2-氨基-4-乙酰氨基苯甲醚的峰面积数值;

$\sum A_i$——试样中各组分的峰面积数值之和。

计算结果表示到小数点后两位。

5.4.7 允许差

两次平行测定结果之差应不大于 0.2%,取其算术平均值作为测定结果。

5.4.8 色谱图

色谱图见图 1。

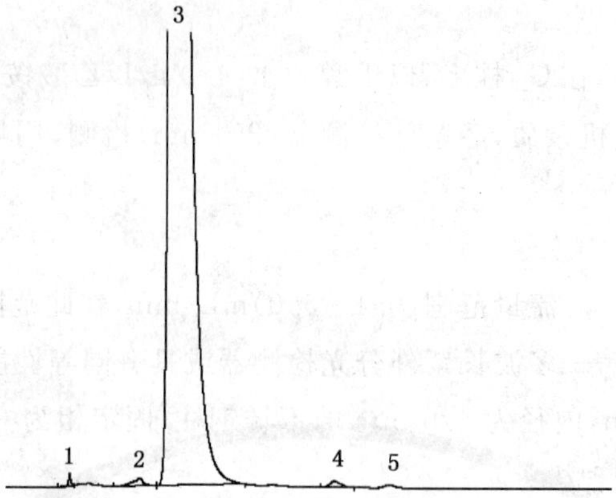

1——未知物；

2——未知物；

3——2-氨基-4-乙酰氨基苯甲醚；

4——未知物；

5——未知物。

图1 2-氨基-4-乙酰氨基苯甲醚液相色谱图

5.5 水分的测定

按 GB/T 2386—2006 中 3.2“烘干法”的规定进行测定，烘干温度(80～85)℃，烘干时间 8 h。

6 检验规则

6.1 检验分类

表1中规定的全部项目均为出厂检验项目。

6.2 出厂检验

2-氨基-4-乙酰氨基苯甲醚应由生产厂的质量检验部门根据本标准的要求进行检验合格，附合格证明后方可出厂。生产厂应保证所有出厂的产品都符合本标准的要求。

6.3 复验

如果检验结果中有一项指标不符合本标准的规定时，应重新自两倍量的包装中取样进行检验，重新检验的结果即使只有一项指标不符合本标准的要求，则整批产品为不合格。

7 标志、标签、包装、运输和贮存

7.1 标志、标签

2-氨基-4-乙酰氨基苯甲醚的每个包装上都应涂上牢固、清晰的标志，注明：产品名称规格、注册商标、产品生产许可证编号及标志(如适用)、净含量、生产厂名称、厂址、标准编号、批号、生产日期。也可将批号、生产日期打印在标签上，并和产品质量检验合格的证明一起放入包装桶内的塑料袋外面。

7.2 包装

2-氨基-4-乙酰氨基苯甲醚用内衬塑料袋的编织袋包装，每袋净含量 50 kg，其他包装可以与用户协商确定。

7.3 运输

运输中应防止曝晒、潮湿和雨淋，不得强力挤压和碰撞。

7.4 贮存

2-氨基-4-乙酰氨基苯甲醚应贮存在阴凉、干燥、通风的库房内，防止受潮受热，远离火源，按化学品规定贮运。

ICS 71.100.01;87.060.10
G 56

中华人民共和国国家标准

GB/T 25787—2010

4,4’-二羟基二苯砜(双酚S)

4,4’-Sulfonyldiphenol(Bisphenol-S)

2010-12-23 发布

2011-10-01 实施

中华人民共和国国家质量监督检验检疫总局
中国国家标准化管理委员会 发布

前　言

本标准由中国石油和化学工业协会提出。

本标准由全国染料标准化技术委员会(SAC/TC 134)归口。

本标准起草单位:江苏敖伦达科技实业股份有限公司、南通柏盛化工有限公司、沈阳化工研究院有限公司。

本标准主要起草人:汪荣芬、许庆丰、李春梅。

4,4'-二羟基二苯砜(双酚S)

1 范围

本标准规定了4,4'-二羟基二苯砜(双酚S)的要求、采样、试验方法、检验规则以及标志、标签、包装、运输和贮存。

本标准适用于4,4'-二羟基二苯砜的产品质量控制。

结构式:

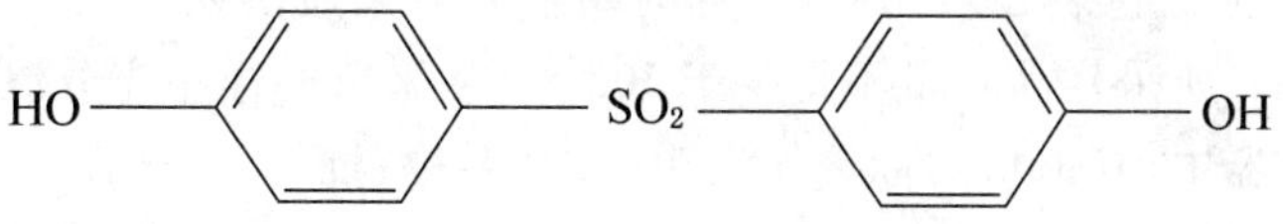

分子式:$C_{12}H_{10}O_4S$

相对分子质量:250.27(按2007年国际相对原子质量)

CAS RN:80-09-1

2 规范性引用文件

下列文件中的条款通过本标准的引用而成为本标准的条款。凡是注日期的引用文件,其随后所有的修改单(不包括勘误的内容)或修订版均不适用于本标准,然而,鼓励根据本标准达成协议的各方研究是否可使用这些文件的最新版本。凡是不注日期的引用文件,其最新版本适用于本标准。

GB/T 605 化学试剂 色度测定的通用方法(GB/T 605—2006,neq ISO 6353-1:1982)

GB/T 2384—2007 染料中间体 熔点范围的测定通用方法

GB/T 2386—2006 染料及染料中间体 水分的测定

GB/T 3049—2006 工业用化工产品 铁含量测定的通用方法 1,10-菲啰啉分光光度法(ISO 6685:1982,IDT)

GB/T 6678—2003 化工产品采样总则

GB/T 6682 分析实验室用水规格和试验方法(GB/T 6682—2008,ISO 3696:1987,MOD)

GB/T 8170—2008 数值约规则与极限数值的表示修和判定

GB/T 21876—2008 溶剂染料及染料中间体 灰分的测定

3 要求

4,4'-二羟基二苯砜的质量应符合表1的要求。

表1 4,4'-二羟基二苯砜的质量要求

项目		指标	
		一等品	合格品
(1) 外观		白色结晶粉末	
(2) 干品初熔点/℃	≥	245.0	—
(3) 4,4'-二羟基二苯砜纯度/%	≥	99.50	95.00
(4) 2,4-双酚S含量/%	≤	0.50	—
(5) 水分的质量分数/%	≤	0.80	1.00

表 1（续）

项　　目		指　　标	
		一等品	合格品
(6) 灰分的质量分数/%	≤	0.30	1.00
(7) 色度，色度号	≤	20	—
(8) 铁离子的质量分数/(mg/kg)	≤	5	—

4　采样

以批为单位采样，生产厂以一次拼混均匀的产品为一批。每批采样数应符合 GB/T 6678—2003 中 7.6 的规定采样。所采产品的包装必须完好，采样时勿使外界杂质落入产品中。采样时用探管采取包括上、中、下三部分的样品，所采样品总量不得少于 500 g。将采取的样品充分混匀后，分装于两个清洁、干燥、密封良好的避光容器中，其上粘贴标签。注明：产品名称、批号、生产厂名称、取样日期、地点。一个供检验，一个保存备查。

5　试验方法

警告——使用本标准的人员应有正规实验室工作的实践经验。本标准并未指出所有可能的安全问题。使用者有责任采取适当的安全和健康措施，并保证符合国家有关法规规定的条件。

5.1　一般规定

除非另有规定，仅使用确认为分析纯的试剂和 GB/T 6682 中规定的三级水。检验结果的判定按 GB/T 8170—2008 中的 4.3.3 修约值比较法进行。

5.2　外观的评定

在自然光线下采用目视评定。

5.3　干品初熔点的测定

按 GB/T 2384—2006 的规定进行。试样按本标准的 5.5 烘干后进行测定。

两次平行测定结果之差应不大于 0.1 ℃，取其算术平均值作为测定结果。

5.4　4,4'-二羟基二苯砜纯度及 2,4-双酚 S 含量

5.4.1　方法提要

采用高效反相液相色谱法，在十八烷基键合固定相上，以乙腈和水及冰乙酸为流动相，分离 4,4'-二羟基二苯砜及各组分，经紫外检测器检测，以峰面积归一法确定 4,4'-二羟基二苯砜纯度及 2,4-双酚 S 含量。

5.4.2　仪器设备

a)　液相色谱仪：输液泵——流量范围(0.1～5.0)mL/min，在此范围内其流量稳定性为±1%；
　　检测器——多波长紫外分光检测器或具有同等性能的分光检测器；

b)　色谱柱：长为 150 mm，内径为 4.6 mm 的不锈钢柱，固定相为 C_{18} ODS 5 μm；

c)　色谱工作站或积分仪；

d)　微量注射器：(10～25)μL，平头；

e)　超声波发生器。

5.4.3　试剂和溶液

a)　乙腈：色谱纯；

b)　冰乙酸；

c)　水：经 0.45 μm 滤膜过滤。

5.4.4 色谱分析条件

a) 流动相:乙腈、水与冰乙酸的体积比为 33∶67∶1;

b) 波长:254 nm;

c) 流量:0.8 mL/min;

d) 进样量:5 μL。

可根据装置不同,选择最佳分析条件,流动相应摇匀后用超声波发生器进行脱气。

5.4.5 分析步骤

称取试样 15 mg(精确至 0.1 mg)至 25 mL 容量瓶中,用乙腈充分溶解并稀释至刻度。用微量注射器吸取 5 μL 试样溶液,注入进样阀中,待最后一个组分流出完毕(见色谱图),用色谱工作站或积分仪进行结果处理。

5.4.6 结果计算

4,4'-二羟基二苯砜纯度及 2,4-双酚 S 含量以 w_i 计,数值用%表示,按式(1)计算:

$$w_i = \frac{A_i}{\sum A_i} \times 100 \quad \cdots\cdots(1)$$

式中:

A_i——试样中组分 i 的峰面积数值;

$\sum A_i$——试样中各组分 i 的峰面积数值之和。

计算结果表示到小数点后两位。

5.4.7 允许差

4,4'-二羟基二苯砜纯度两次平行测定的结果之差应不大于 0.2%,2,4-双酚 S 含量两次平行测定的结果之差应不大于 0.05%,取算术平均值作为测定结果。

5.4.8 色谱图

见图 1。

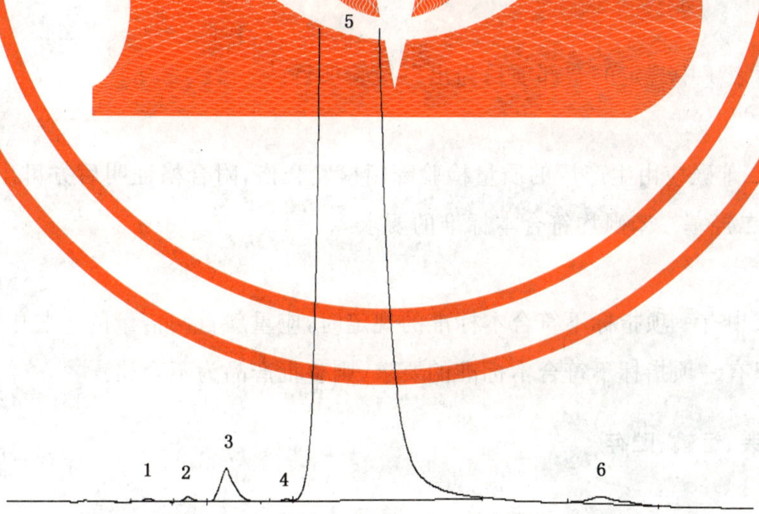

1——未知物;

2——未知物;

3——未知物;

4——未知物;

5——4,4'-二羟基二苯砜;

6——2,4-双酚 S。

图 1 4,4'-二羟基二苯砜的液相色谱示意图

5.5 水分含量的测定

称样量 3 g，烘干温度 105 ℃～110 ℃。烘干时间为 4 h，其他按 GB/T 2386 2006 中 3.2 的规定进行。

允许差 0.05%(质量分数)。

5.6 灰分含量的测定

按 GB/T 21876—2008 的规定进行，温度为 650 ℃±25 ℃，称样量 10 g。

允许差 0.05%(质量分数)。

5.7 铁离子含量的测定

5.7.1 方法提要

用抗坏血酸将试样中的三价铁离子还原成二价铁离子，在 pH＝2～9 时，二价铁离子可与 1,10-菲啰啉生成橙红色络合物，在分光光度计最大吸收波长(510 nm)处测定其吸光度或与标准铁色阶目视比较。

5.7.2 测定步骤

按本标准 5.6 进行灰化后的试样，用 4 mL(1∶9)硝酸溶液溶解后，按 GB/T 3049—2006 的规定进行测定。

5.8 色度的测定

按 GB/T 605 的规定进行。样品溶剂：甲醇，样品比色浓度：100 g/L，比色管：25 mL。

误差范围：±5 色度号。

6 检验规则

6.1 检验分类

本标准第 3 章表 1 中规定的全部项目为出厂检验项目。

6.2 出厂检验

4,4'-二羟基二苯砜应由生产厂的质量检验部门检验合格，附合格证明后方可出厂。生产厂应保证所有出厂的 4,4'-二羟基二苯砜均符合本标准的要求。

6.3 复验

如果检验结果中有一项指标不符合本标准的规定时，应重新自两倍量的包装中取样进行检验，重新检验的结果即使只有一项指标不符合本标准的要求，则整批产品为不合格。

7 标志、标签、包装、运输、贮存

7.1 标志、标签

4,4'-二羟基二苯砜的每个外包装上都应涂上牢固、清晰的标志，注明：产品名称、注册商标、产品生产许可证编号及标志(如适用)、净含量、生产厂名称、厂址、标准编号、批号、生产日期。也可将批号、生产日期打印在标签上，并和产品质量检验合格的证明一起放入包装桶内的塑料袋外面。

7.2 包装

4,4'-二羟基二苯砜用内衬塑料袋的编织袋或纸塑复合袋包装，每袋净含量 25 kg 或 50 kg。其他包装可与用户协商确定。

7.3 运输

运输时应轻取轻放，防止日晒、碰撞和雨淋，严防包装破裂。

7.4 贮存

贮存于阴凉干燥通风处。

ICS 71.100.01;87.060.10
G 57

中华人民共和国国家标准

GB/T 25788—2010

C.I.溶剂蓝 104

C.I. Solvent blue 104

2010-12-23 发布 2011-10-01 实施

中华人民共和国国家质量监督检验检疫总局
中国国家标准化管理委员会 发布

前　言

本标准由中国石油和化学工业协会提出。

本标准由全国染料标准化技术委员会(SAC/TC 134)归口。

本标准起草单位:宁波龙欣精细化工有限公司、沈阳化工研究院有限公司。

本标准主要起草人:刘晓梅、蒲爱军、黄兆龙、陈春飞、王晓永。

C.I.溶剂蓝 104

1 范围

本标准规定了C.I.溶剂蓝104产品的要求、采样、试验方法、检验规则以及标志、标签、包装、运输和贮存。

本标准适用于C.I.溶剂蓝104的产品质量控制。

结构式：

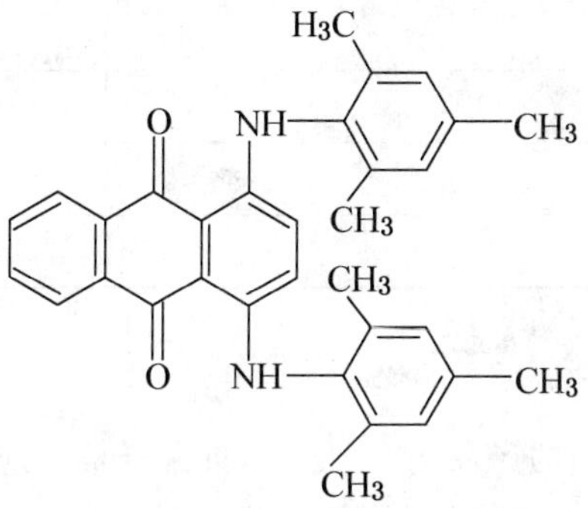

分子式：$C_{32}H_{30}N_2O_2$

相对分子质量：474.59(按2007年国际相对原子质量)

CAS RN：116-75-6

2 规范性引用文件

下列文件中的条款通过本标准的引用而成为本标准的条款。凡是注日期的引用文件，其随后所有的修改单(不包括勘误的内容)或修订版均不适用于本标准，然而，鼓励根据本标准达成协议的各方研究是否可使用这些文件的最新版本。凡是不注日期的引用文件，其最新版本适用于本标准。

GB/T 601　化学试剂　标准滴定溶液的制备

GB/T 602　化学试剂　杂质测定用标准溶液的制备(GB/T 602—2002,neq ISO 6353-1:1982)

GB/T 603　化学试剂　试验方法中所用制剂及制品的制备(GB/T 603—2002,neq ISO 6353-1:1982)

GB/T 2381—2006　染料及染料中间体　不溶物质含量的测定

GB/T 2383—2003　染料筛分细度的测定

GB/T 2386—2006　染料及染料中间体　水分的测定

GB/T 3049—2006　工业用化工产品　铁含量测定的通用方法　1,10-菲啰啉分光光度法(ISO 6685:1982,IDT)

GB/T 6678—2003　化工产品采样总则

GB/T 6682　分析实验室用水规格和试验方法(GB/T 6682—2008,ISO 3696:1987,MOD)

GB/T 6688—2008　染料　色光和强度的测定　仪器法

GB/T 8170—2008　数值修约规则与极限数值的表示和判定

GB/T 21876—2008　溶剂染料及染料中间体　灰分的测定

3 要求

3.1 外观：深蓝色均匀粉末。

3.2 C.I.溶剂蓝104的质量应符合表1的规定。

表1 C.I.溶剂蓝104的质量要求

项目		指标
(1) 纯度/%	≥	98.50
(2) 色光(与标准品)		近似～微
(3) 强度(为标准品的)/分		100
(4) 灰分的质量分数/%	≤	0.20
(5) 铁离子的质量分数/(mg/kg)	≤	100
(6) 水分的质量分数/%	≤	0.30
(7) 甲苯不溶物的质量分数/%	≤	0.20
(8) 150 μm标准筛残余物的质量分数/%	≤	2.50

4 采样

以批为单位采样，一次拼混均匀的产品为一批。每批采样桶数应符合GB/T 6678—2003中7.6的规定。所采样产品的包装必须完好，采样时勿使外界杂质落入产品中，用探管从上、中、下三部分采样，所采样品总量不得少于500 g。将采得的样品充分混匀后，分装于两个清洁、干燥、密封良好的容器中，其上粘贴标签。注明：产品名称、批号、生产厂名称、取样日期、地点。一个供检验，一个保存备查。

5 试验方法

5.1 一般规定

除非另有规定，仅使用确认为分析纯的试剂和GB/T 6682中规定的三级水。试验中所用标准滴定溶液，制剂及制品，在没有注明其他要求时，均按GB/T 601、GB/T 602和GB/T 603的规定制备与标定。检验结果的判定按GB/T 8170—2008中的4.4.3修约值比较法进行。

5.2 外观的评定

在自然光线下采用目视评定。

5.3 纯度测定(HPLC)

5.3.1 原理

采用反相高效液相色谱法，在C_{18}柱上，以甲醇＋水为流动相，分离C.I.溶剂蓝104及其有机杂质，经紫外检测器检测，用峰面积归一化法测定C.I.溶剂蓝104的纯度。

5.3.2 仪器设备

a) 液相色谱仪：输液泵——流量范围(0.1～5.0)mL/min，在此范围内其流量稳定性为±1%；
检测器——多波长紫外分光检测器或具有同等性能的紫外分光检测器；

b) 色谱柱：长为150 mm，内径为4.6 mm的不锈钢柱，固定相为ODS C_{18}，粒径5 μm；

c) 色谱工作站或积分仪；

d) 超声波发生器；

e) 微量注射器：平头，25 μL。

5.3.3 试剂和溶液

a) 甲醇：色谱纯；

b) 三氯甲烷；

c) 水：经 0.45 μm 膜过滤。

5.3.4 **色谱分析条件**

a) 流动相：甲醇与水的体积比为 95∶5；

b) 波长：254 nm；

c) 流量：1.0 mL/min；

d) 柱温：室温；

e) 进样量：3 μL。

可根据仪器设备不同，选择最佳分析条件，流动相应摇匀后用超声波发生器进行脱气。

5.3.5 **分析步骤**

称取试样约 0.015 g（精确至 0.000 1 g）于 25 mL 容量瓶中，加三氯甲烷溶解并定容，置于超声波发生器充分溶解，取出摇匀备用。

待仪器运行稳定后，用微量注射器吸取试样溶液注入进样阀，待最后一个组分流出完毕（见图 1），进行结果处理。

5.3.6 **结果计算**

C.I.溶剂蓝 104 的纯度以 w_1 计，数值以%表示，按式(1)计算：

$$w_1=\frac{A}{\sum A_i}\times 100 \quad \cdots\cdots(1)$$

式中：

A——C.I.溶剂蓝 104 的峰面积数值；

$\sum A_i$——试样中各组分的峰面积数值之和。

计算结果表示到小数点后两位。

5.3.7 **允许差**

两次平行测定结果之差应不大于 0.2%，取其算术平均值作为测定结果。

5.3.8 **色谱图**

见图 1。

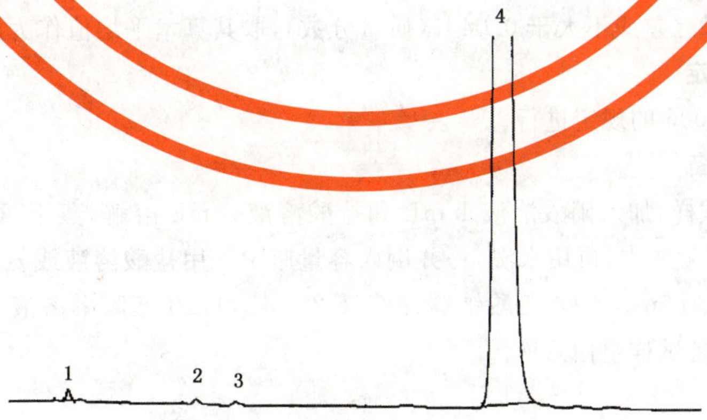

1——溶剂；

2——未知物；

3——未知物；

4——C.I.溶剂蓝 104。

图 1 C.I.溶剂蓝 104 色谱示意图

5.4　色光和强度的测定

5.4.1　方法提要

根据制备 PS(聚苯烯)塑料色板来测强度和色光。

5.4.2　仪器和设备

a)　分析天平；

b)　注塑机；

c)　测色仪。

5.4.3　试剂和材料

a)　PS 塑料粒子；

b)　钛白粉；

c)　纯白油；

d)　ABS(苯乙烯共聚树脂)；

e)　PC(聚碳酸酯)；

f)　PETP(聚酯)。

5.4.4　分析步骤

在称取约 0.125 0 g 试样(精确至 0.000 1 g),加入到装有 125 g PS(精确至 0.1 g)塑料粒子的塑料袋中,摇几下后加 0.140 0 g(精确至 0.000 1 g)钛白粉,摇几下,加 3 滴纯白油,摇匀。通过注塑机成型,取用最后三个(六片)色板,标准与试样同样操作。注塑板用测色仪测得与标准比较的强度和色光。

ABS(苯乙烯共聚树脂)、PC(聚碳酸酯)、PETP(聚酯)板可以同样操作,注塑温度分别为 230 ℃、280 ℃、290 ℃。

5.4.5　色光和强度的评定

按 GB/T 6688—2008 规定进行判断。

5.5　灰分的测定

在已恒量并称量的瓷坩埚中称约 2 g～3 g 的试样(精确至 0.000 1 g),放在电炉上灰化(加热至烟无色,冷却后加浓硫酸 0.5 mL,加热至无三氧化硫气体放出)。然后将坩埚放入马弗炉中(700 ℃±10 ℃)灼烧 2 h。取出,在石棉板上放置约 3 min,再移入干燥器中冷却到室温后称量。其他按 GB/T 21876—2008 中的规定进行。

两次平行测定结果之差应不大于 0.04%(质量分数),取其算术平均值作为测定结果。

5.6　铁离子含量的测定

按 GB/T 3049—2006 的规定进行。

5.6.1　试样溶液的制备

取 5.5 试验后的试样,加入硝酸溶液 1 mL 和盐酸溶液 3 mL 溶解,蒸干,稍冷,用盐酸溶液 3 mL 分三次洗至 100 mL 容量瓶中,再用水洗,一并倒入容量瓶中。用盐酸溶液或氨水溶液调 pH=2 左右,顺序加入抗坏血酸溶液 1 mL,乙酸-乙酸钠缓冲溶液 20 mL,1,10-菲啰啉溶液 5 mL,用水定容。静置 15 min,备用。同时制备试样空白溶液。

5.6.2　分析步骤

用分光光度计分别测定标准色阶溶液和试样溶液的吸光度。并以标准铁离子浓度为横坐标,其相对应的吸光度为纵坐标绘制标准曲线,再根据标准曲线求出试样中铁离子的含量。

5.6.3　结果计算

试样中铁离子含量以质量分数 w_2 计,数值用毫克每千克(mg/kg)表示,按式(2)计算：

$$w_2 = \frac{(\rho_1 - \rho_0)Vf}{m} \qquad \cdots\cdots(2)$$

式中：

ρ_1——从标准曲线中查得试样溶液中铁离子的浓度的数值，单位为微克每毫升（μg/mL）；

ρ_0——空白溶液中铁离子的浓度的数值，单位为微克每毫升（μg/mL）；

V——试样溶液最终定容体积的数值，单位为毫升（mL）；

f——试样的稀释倍数；

m——试样的质量的数值，单位为克（g）。

计算结果表示到小数点后两位。

5.7 水分的测定

按 GB/T 2386—2006 的 3.2“烘干法”规定进行。

两次平行测定结果之差应不大于 0.06%（质量分数），取其算术平均值作为测定结果。

5.8 甲苯不溶物的测定

按 GB/T 2381—2006 的规定进行。

准确称取约 2 g 试样（精确至 0.000 1 g）于烧杯 500 mL 中，加入 200 mL 甲苯，加热中不断搅拌，待完全溶解后用恒量并已称量的 G3 玻璃砂芯坩埚趁热过滤，过滤后将滤杯放入烘箱中，于 105 ℃烘 2 h，冷却后称量。

5.9 150 μm 标准筛残余物的测定

按 GB/T 2383—2003 的规定进行。

6 检验规则

6.1 检验分类

本标准第 3 章所有检验项目均为型式检验项目，其中 3.1 和 3.2 中（1）～（7）项为出厂检验项目，应逐批进行检验。在正常连续生产情况下，每年至少进行一次型式检验。但如有下述情况需进行型式检验：

a） 新产品最初定型时；

b） 产品异地生产时；

c） 生产配方、工艺及原材料有较大改变时；

d） 停产三个月后又恢复生产时；

e） 客户提出要求时。

6.2 出厂检验

C.I.溶剂蓝 104 应由质量检验部门根据本标准的要求检验合格，附合格证明后方可出厂。应保证所有出厂的 C.I.溶剂蓝 104 产品均符合本标准的要求。

6.3 复检

如果检验结果中有一项指标不符合本标准的要求时，应重新自两倍量的包装中取样进行检验，重新检验的结果，即使只有一项指标不符合本标准要求，则整批产品为不合格。

7 标志、标签、包装、运输和贮存

7.1 标志、标签

C.I.溶剂蓝 104 的每个包装桶上都应涂上牢固、清晰的标志，注明：产品名称、规格、注册商标、产品生产许可证编号及标志（如适用）、净含量、生产厂名称、厂址、标准编号、批号、生产日期。也可将批号、生产日期打印在标签上，并和产品质量检验合格的证明一起放入包装桶内的塑料袋外面。

7.2 包装

C.I.溶剂蓝 104 装于内衬塑料袋的包装容器内，并加密封，每桶净含量 25 kg，其他包装可与用户协商确定。

7.3 运输

运输时应防止倒置,小心轻放,避免碰撞,切勿损坏包装。

7.4 贮存

C.I.溶剂蓝 104 应贮存于阴凉,干燥通风处,防止受潮受热。

ICS 71.100.01;87.060.10
G 56

中华人民共和国国家标准

GB/T 25789—2010

对苯二胺

p-Phenylenediamine

2010-12-23 发布　　　　2011-10-01 实施

中华人民共和国国家质量监督检验检疫总局
中国国家标准化管理委员会
发布

前　言

本标准由中国石油和化学工业协会提出。

本标准由全国染料标准化技术委员会(SAC/TC 134)归口。

本标准起草单位:浙江安诺芳胺化学品有限公司、沈阳化工研究院有限公司。

本标准主要起草人:顾奇龙、朴克壮、谭应龙、胡志文。

对 苯 二 胺

1 范围

本标准规定了对苯二胺的要求、采样、试验方法、检验规则、标志、标签、包装、运输、贮存以及安全、安全技术说明书。

本标准适用于对苯二胺的产品质量控制。

结构式：

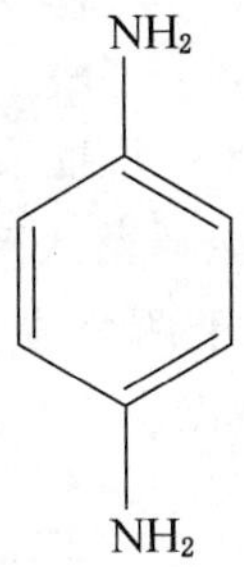

分子式：$C_6H_8N_2$

相对分子质量：108.14(按 2007 年国际相对原子质量)

CAS RN：106-50-3

2 规范性引用文件

下列文件中的条款通过本标准的引用而成为本标准的条款。凡是注日期的引用文件，其随后所有的修改单(不包括勘误的内容)或修订版均不适用于本标准，然而，鼓励根据本标准达成协议的各方研究是否可使用这些文件的最新版本。凡是不注日期的引用文件，其最新版本适用于本标准。

GB 190　危险货物包装标志

GB/T 191　包装储运图示标志(GB/T 191—2008，ISO 780：1997，MOD)

GB/T 2384—2007　染料中间体　熔点范围测定通用方法

GB/T 6678—2003　化工产品采样总则

GB/T 6682　分析实验室用水规格和试验方法(GB/T 6682—2008，ISO 3696：1987，MOD)

GB/T 8170—2008　数值修约规则与极限数值的表示和判定

GB/T 9722　化学试剂　气相色谱法通则

GB 12268—2005　危险货物品名表

GB 12463　危险货物运输包装通用技术条件

GB 15258　化学品安全标签编写规定

GB 15603　常用化学危险品贮存通则

GB 16483　化学品安全技术说明书内容和项目顺序

3 要求

对苯二胺的质量应符合表 1 的规定。

表 1 对苯二胺的质量要求

项目	指标		
	优等品	一等品	合格品
(1) 外观	白色至浅红色结晶	类白色至灰褐色结晶	黄褐色至灰褐色结晶
(2) 干品初熔点/℃ ≥	138.0	138.0	136.0
(3) 对苯二胺纯度/% ≥	99.90	99.50	99.00
(4) 邻苯二胺含量/% ≤	0.04	0.20	—
(5) 间苯二胺含量/% ≤	0.04	0.20	—
(6) 对氯苯胺含量/% ≤	0.01	0.03	—

4 采样

以批为单位采样，生产厂以均匀产品为一批。每批采样数应符合 GB/T 6678—2003 中 7.6 的规定，所采样品的包装必须完好，采样时勿使外界杂质落入产品中。所采样品应具有代表性，采样总量不得少于 500 g。将采取的样品充分混匀后，分装于两个清洁、干燥、密封良好的容器中，其上粘贴标签。注明：产品名称、批号、生产厂名称、取样日期、地点。一个供检验，一个保存备查。

5 试验方法

警告——使用本标准的人员应有正规实验室工作的实践经验。本标准并未指出所有可能的安全问题。使用者有责任采取适当的安全和健康措施，并保证符合国家有关法规规定的条件。

5.1 一般规定

除非另有规定，仅使用确认为分析纯的试剂和 GB/T 6682 中规定的三级水。检验结果的判定按 GB/T 8170—2008 中的 4.4.3 修约值比较法进行。

5.2 外观的评定

在自然光线下采用目视评定。

5.3 干品初熔点的测定

试样研磨成细粉后于 90 ℃条件下干燥 1 h，其他按 GB/T 2384—2007 中的规定进行。

5.4 对苯二胺纯度及有机杂质含量的测定

5.4.1 方法原理

采用气相色谱法，样品经毛细管色谱柱分离，经氢火焰离子化检测器检测，用峰面积归一化法定量。

5.4.2 试剂和材料

乙腈。

5.4.3 仪器和设备

a) 气相色谱仪：仪器灵敏度和稳定性应符合 GB/T 9722 的规定；

b) 检测器：氢火焰离子化检测器(FID)；

c) 色谱工作站或数据处理机；

d) 微量注射器：1.0 μL～10.0 μL；

e) 色谱柱：长 30 m，内径 0.32 mm，膜厚 0.25 μm。固定相为 14%氰丙基苯基-甲基聚硅氧烷，如 DB-1701 等，或固定相为 35%苯基-甲基聚硅氧烷，如 DB-35 等。

5.4.4 色谱仪操作条件

色谱仪操作条件见表 2。

可根据仪器不同，选择最佳分析条件。

5.4.5 分析步骤

称取样品 0.4 g(精确至 0.001 g)于 10 mL 棕色容量瓶中,用乙腈溶解并稀释至刻度。

开启色谱仪。待仪器各项操作条件稳定后,用微量注射器吸取上述样品溶液 1.0 μL 进样,待出峰完毕后,用色谱工作站或数据处理机进行结果处理。

表 2 色谱操作条件

检测器温度/℃		300
汽化室温度/℃		280
载气(氮气)压力/kPa		70
燃烧气(氢气)流量/(mL/min)		30
助燃气(空气)流量/(mL/min)		300
补偿气(氮气)流量/(mL/min)		20
分流比		10∶1
进样量/μL		1.0
程序升温	初始柱温/℃	130
	保持时间/min	5
	升温速度/(℃/min)	4
	中间温度/℃	160
	保持时间/min	0
	升温速度/(℃/min)	20
	终止温度/℃	260
	保持时间/min	10

5.4.6 结果计算

对苯二胺纯度及有机杂质含量以 w_i 计,数值用%表示,按式(1)计算:

$$w_i = \frac{A_i}{\sum A_i} \times 100 \qquad \cdots\cdots(1)$$

式中:

A_i——组分 i 的峰面积数值;

$\sum A_i$——试样中各组分 i 的峰面积数值之和。

计算结果保留到小数点后两位。

5.4.7 允许差

对苯二胺纯度的两次平行测定结果之差应不大于 0.2%,各有机杂质含量两次平行测定结果之差应不大于其平均值的 20%,取其算术平均值作为测定结果。

5.4.8 色谱图

对苯二胺气相色谱图见图 1。

6 检验规则

6.1 检验分类

本标准第 3 章表 1 中规定的全部项目均为出厂检验项目。

6.2 出厂检验

对苯二胺应由生产厂的质量检验部门根据本标准的要求检验合格,附合格证明后方可出厂。生产厂应保证所有出厂的产品都符合本标准的要求。

6.3 复验

如果检验结果中有一项指标不符合本标准的规定时，应重新自两倍量的包装中取样进行检验，重新检验的结果即使只有一项指标不符合本标准的要求，则整批产品为不合格。

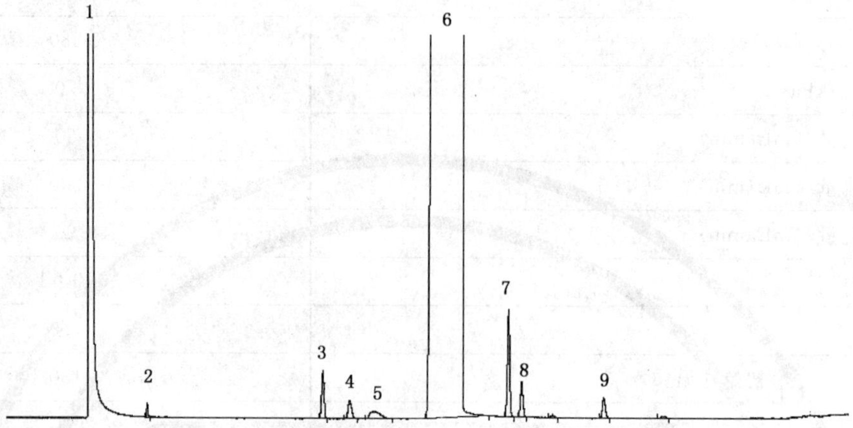

1——溶剂；
2——苯胺；
3——对氯苯胺；
4——邻苯二胺；
5——未知物；
6——对苯二胺；
7——间苯二胺；
8——未知物；
9——未知物。

图 1 对苯二胺气相色谱示意图

7 标志、标签、包装、运输和贮存

7.1 标志、标签

对苯二胺的每个包装上都应按 GB 190 和 GB/T 191 中的有关规定涂上牢固、清晰的危险化学品标志和相关的安全储运标志，并注明：产品名称、等级、注册商标、产品生产许可证编号及标志(如适用)、净含量、生产厂名称、厂址、标准编号、批号、生产日期。也可将批号、生产日期打印在标签上，并和产品质量检验合格的证明一起放入包装物内的塑料袋外面。并应符合 GB 15258 化学品安全标签编写规定。

7.2 包装

对苯二胺包装于内衬塑料袋的纸板桶或直开口铁桶中，包装规格为 25 kg、50 kg、100 kg。其他包装与用户协商确定。产品包装要密封，应符合 GB 12463 及危险化学品包装的相关规定。

7.3 运输

对苯二胺产品应严格按照国家关于有毒货物的要求来运输，避免发生泄露和中毒事故。

7.4 贮存

对苯二胺是毒害品，可燃烧，应按 GB 15603 及相关规定密闭贮存于阴凉干燥并具有良好通风的库房内，切勿曝晒和雨淋，不可与易燃物放在一起，并远离火源和热源。

8 安全、安全技术说明书

8.1 安全

根据 GB 12268—2005，对苯二胺为 6.1 类毒害品，危险品编号为(UN:1673，CN:61789)。遇明火、高热能引起燃烧爆炸，触及皮肤可经皮肤吸收造成危害，误食或吸入蒸气、粉尘会引起中毒。使用及搬运时，应严格注意安全。

8.2 安全技术说明书

按 GB 16483 化学品安全技术说明书编写规定，该产品出厂应提供详细的安全技术说明书。安全技术说明书应包括如下内容：

a) 提供该产品的危险性信息；

b) 安全使用方法；

c) 运输、储存要求；

d) 防护措施；

e) 应急处理措施等。

ICS 71.100.01;87.060.10
G 57

中华人民共和国国家标准

GB/T 25790—2010

反应橙 KN-3R 150%(C.I.反应橙 16)

Reactive orange KN-3R 150%(C.I. Reactive orange 16)

2010-12-23 发布　　2011-10-01 实施

中华人民共和国国家质量监督检验检疫总局
中国国家标准化管理委员会　发布

前　言

本标准由中国石油和化学工业协会提出。

本标准由全国染料标准化技术委员会(SAC/TC 134)归口。

本标准起草单位:湖北得宝染料工业有限公司、沈阳化工研究院有限公司。

本标准主要起草人:严钦华、马君庆、尚爱国。

反应橙 KN-3R　150%(C.I.反应橙 16)

1　范围

本标准规定了反应橙 KN-3R 150%(C.I.反应橙 16)产品的要求、采样、试验方法、检验规则以及标志、标签、包装、运输和贮存。

本标准适用于反应橙 KN-3R 150%的产品质量控制。

结构式：

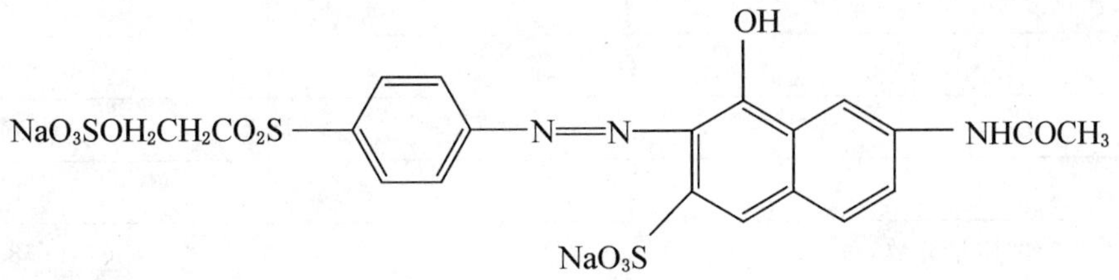

分子式：$C_{20}H_{17}N_3Na_2O_{11}S_3$

相对分子质量：617.54(按 2007 年国际相对原子质量)

CAS RN：20262-58-2

2　规范性引用文件

下列文件中的条款通过本标准的引用而成为本标准的条款。凡是注日期的引用文件，其随后所有的修改单(不包括勘误的内容)或修订版均不适用于本标准，然而，鼓励根据本标准达成协议的各方研究是否可使用这些文件的最新版本。凡是不注日期的引用文件，其最新版本适用于本标准。

GB/T 2374—2007　染料　染色测定的一般条件规定

GB/T 2381—2006　染料及染料中间体　不溶物质含量的测定

GB/T 2386—2006　染料及染料中间体　水分的测定

GB/T 2387—2006　反应染料　色光和强度的测定

GB/T 2390—2003　水溶性染料　pH 值的测定

GB/T 2391—2006　反应染料　固色率的测定

GB/T 3671.1—1996　水溶性染料溶解度和溶液稳定性的测定(ISO 105-Z07:1995,IDT)

GB/T 3920—2008　纺织品　色牢度试验　耐摩擦色牢度(ISO 105-X12:2001,MOD)

GB/T 3921—2008　纺织品　色牢度试验　耐皂洗色牢度(ISO 105-C10:2006,MOD)

GB/T 3922—1995　纺织品耐汗渍色牢度试验方法(eqv ISO 105-E04:1994)

GB/T 4841.1—2006　染料染色标准深度色卡　1/1

GB/T 6152—1997　纺织品　色牢度试验　耐热压色牢度(eqv ISO 105-X11:1994)

GB/T 6678—2003　化工产品采样总则

GB/T 6693—2009　染料　粉尘飞扬性的测定(ISO 105-Z06:1996,IDT)

GB/T 8427—2008　纺织品　色牢度试验　耐人造光色牢度：氙弧(ISO 105-B02:1994,MOD)

GB/T 8433—1998　纺织品　色牢度试验　耐氯化水色牢度(游泳池水)(eqv ISO 105-E03:1994)

GB/T 14576—1993　纺织品耐光、汗复合色牢度试验方法

GB 19601　染料产品中 23 种有害芳香胺的限量及测定

GB 20814　染料产品中 10 种重金属元素的限量及测定

3　要求

3.1　外观：桔红色至红色颗粒或均匀粉末。

3.2　反应橙 KN-3R 150%的质量应符合表 1 的规定。

表 1　反应橙 KN-3R 150%的质量要求

项　目		指　标
(1) 强度(为标准品的)/分		100
(2) 色光(与标准品)		近似～微
(3) 水分的质量分数/%	≤	7.0
(4) 水不溶物的质量分数/%	≤	0.2
(5) pH 值		4.5～6.0
(6) 溶解度(50 ℃)/(g/L)	≥	150
(7) 防尘性/级	≥	3
(8) 固色率(固着染料的质量分数)/%	≥	58
(9) 有害芳香胺的质量分数/(mg/kg)		符合 GB 19601 的标准要求
(10) 重金属元素的质量分数/(mg/kg)		符合 GB 20814 的标准要求

3.3　反应橙 KN-3R 150%在棉织物上的色牢度应不低于表 2 的规定。

表 2　反应橙 KN-3R 150%在棉织物上的色牢度

染色深度	耐光(氙弧)	耐汗光		耐洗 95 ℃			耐汗渍						耐摩擦		耐热压 200 ℃	耐氯化水 有效氯 50 mg/L
							酸			碱						
		酸	碱	变色	棉沾	粘沾	变色	棉沾	毛沾	变色	棉沾	毛沾	干	湿	变色(4 h 后)	
1/1	4-5	4	4	3	3	3	4-5	4	4-5	4-5	4	4-5	4-5	3-4	4-5	3
注：4%(owf)相当于 1/1 染色标准深度。																

4　采样

以批为单位采样，生产厂以一次拼混均匀的产品为一批。每批采样桶数应符合 GB/T 6678—2003 中 7.6 的规定。所采样产品的包装必须完好，采样时勿使外界杂质落入产品中。用探管从桶上、中、下三部分采样，所采样品总量不得少于 200 g。将所采样品充分混匀后，分装于两个清洁、干燥、密封良好的容器中，其上粘贴标签。注明：产品名称、批号、生产厂名称、采样日期、地点。一个供检验，一个保存备查。

5　试验方法

5.1　外观的评定

采用目视评定。

5.2　染色色光和强度的测定

5.2.1　染色一般条件

染色时的一般条件应符合 GB/T 2374—2007 的有关规定。

染色用棉布或棉纱：5 g，染色浴比：1∶40；或用棉针织布或棉纱：10 g，染色浴比：1∶20。染色深度：2%(owf)。

5.2.2 染液配方

以 5 g 棉布或棉纱染色为例，染液配方如表 3 所示。

表 3 染液配方

单位为毫升

染缸编号	1	2	3	4	5
2 g/L 染料标准品溶液的体积	47.5	50.0	52.5	—	—
2 g/L 染料样品溶液的体积	—	—	—	47.5	50.0
200 g/L 无水硫酸钠溶液的体积	100	100	100	100	100
200 g/L 无水磷酸钠溶液的体积	2	2	2	2	2
加水至总体积	200	200	200	200	200

5.2.3 染色操作

按 GB/T 2387—2006 中 6.1.5 的规定进行，吸色温度 60 ℃，固色温度 60 ℃。

5.2.4 皂煮

按 GB/T 2387—2006 中 6.1.6 的规定进行。

5.2.5 色光和强度的评定

按 GB/T 2374—2007 中第 7 章的有关规定进行。

5.3 水分的测定

按 GB/T 2386—2006 中 3.2 烘干法的规定进行。

5.4 水不溶物的测定

按 GB/T 2381—2006 中有关水溶性染料的规定进行。

5.5 pH 值的测定

按 GB/T 2390—2003 的规定进行。

5.6 溶解度的测定

按 GB/T 3671.1—1996 的规定进行，溶解温度为(50±2)℃。

5.7 固色率的测定

按 GB/T 2391—2006 中 6.2 的规定进行。吸色和固色温度、助剂用量参照本标准 5.2 的规定。

5.8 防尘性的测定

按 GB/T 6693—2009 的规定进行。

5.9 有害芳香胺的量的测定

按 GB 19601 的规定进行。

5.10 重金属元素的量的测定

按 GB 20814 的规定进行。

5.11 在棉织物上色牢度的测定

5.11.1 一般规定

所有色牢度的测试样应按 GB/T 4841.1—2006 的规定染成 1/1 染色标准深度。

5.11.2 耐摩擦色牢度的测定

耐摩擦色牢度按 GB/T 3920—2008 的规定进行。

5.11.3 耐洗色牢度的测定

耐洗色牢度按 GB/T 3921—2008 的规定进行。试验条件采用 GB/T 3921—2008 表 2 中的试验方法 D(4)。

5.11.4 耐汗渍色牢度的测定

耐汗渍色牢度按 GB/T 3922—1995 的规定进行。

5.11.5 耐热压色牢度的测定

耐热压色牢度按 GB/T 6152—1997 的规定进行，200 ℃干压(4 h 后评定)。

5.11.6 耐光色牢度的测定

耐光色牢度按 GB/T 8427—2008 的规定进行。

5.11.7 耐氯化水色牢度的测定

耐氯化水色牢度按 GB/T 8433—1998 的规定进行。

5.11.8 耐汗光色牢度的测定

按 GB/T 14576—1993 中 7.2 的规定进行。

6 检验规则

6.1 检验分类

本标准 3.1、3.2 和 3.3 所列的检验项目均为型式检验项目。其中本标准的 3.1 和 3.2 中(1)～(7)项为出厂检验项目，应逐批进行检验。在正常连续生产情况下，每年至少进行一次型式检验。但如有下述情况需进行型式检验：

a) 新产品最初定型时；

b) 产品异地生产时；

c) 生产配方、工艺及原材料有较大改变时；

d) 停产三个月后又恢复生产时；

e) 客户提出要求时。

6.2 出厂检验

反应橙 KN-3R 150%应由生产厂的质量检验部门检验合格，附合格证明后方可出厂。生产厂应保证所有出厂的反应橙 KN-3R 150%都符合本标准的要求。

6.3 复检

如果检验结果中有一项指标不符合本标准的要求时，应重新自两倍量的包装中取样进行检验，重新检验的结果，即使只有一项指标不符合本标准要求，则整批产品为不合格。

7 标志、标签、包装、运输和贮存

7.1 标志和标签

反应橙 KN-3R 150%的每个包装容器上都应涂上牢固、清晰的标志，注明：产品名称、规格、注册商标、净含量、生产厂名称、厂址、标准编号、批号、生产日期。也可将批号、生产日期打印在标签上，并和产品质量检验合格的证明一起放入包装容器内的塑料袋外面。

7.2 包装

反应橙 KN-3R 150%装于内衬塑料袋的包装容器内，并加密封，每件净含量 25 kg，其他包装可与用户协商确定。

7.3 运输

运输时应防止倒置，小心轻放，避免碰撞，切勿损坏包装。

7.4 贮存

反应橙 KN-3R 150%应贮存于阴凉，干燥通风处，防止受潮受热。贮存期二年。

ICS 71.100.01;87.060.10
G 57

中华人民共和国国家标准

GB/T 25791—2010

反应红 M-2BE(C.I.反应红 194)

Reactive red M-2BE(C.I. Reactive red 194)

2010-12-23 发布 2011-10-01 实施

中华人民共和国国家质量监督检验检疫总局
中国国家标准化管理委员会 发布

前　言

本标准由中国石油和化学工业协会提出。

本标准由全国染料标准化技术委员会(SAC/TC 134)归口。

本标准起草单位:湖北得宝染料工业有限公司、沈阳化工研究院有限公司。

本标准主要起草人:尚爱国、杨振梅。

反应红 M-2BE(C.I.反应红 194)

1 范围

本标准规定了反应红 M-2BE(C.I.反应红 194)产品的要求、采样、试验方法、检验规则以及标志、标签、包装、运输和贮存。

本标准适用于反应红 M-2BE 的质量控制。

结构式：

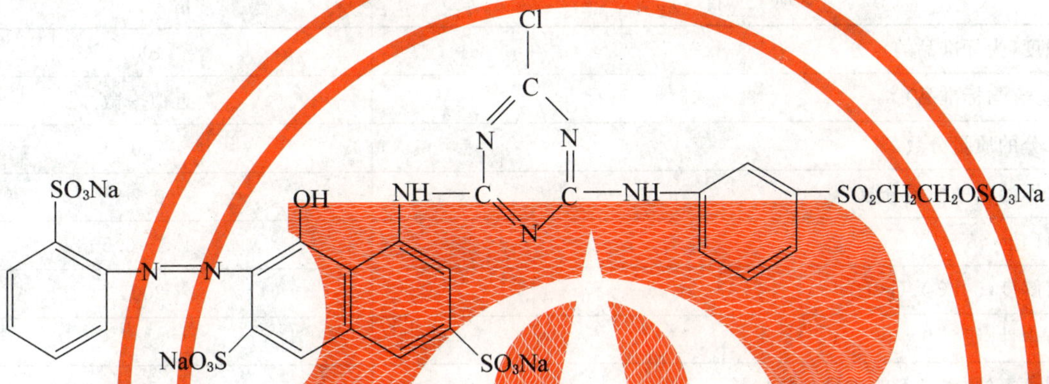

分子式：$C_{27}H_{18}ClN_7Na_4O_{16}S_5$

相对分子质量：984.21(按 2007 年国际相对原子质量)

CAS RN：23354-52-1

2 规范性引用文件

下列文件中的条款通过本标准的引用而成为本标准的条款。凡是注日期的引用文件，其随后所有的修改单(不包括勘误的内容)或修订版均不适用于本标准，然而，鼓励根据本标准达成协议的各方研究是否可使用这些文件的最新版本。凡是不注日期的引用文件，其最新版本适用于本标准。

GB/T 2374—2007 染料 染色测定的一般条件规定

GB/T 2381—2006 染料及染料中间体 不溶物质含量的测定

GB/T 2386—2006 染料及染料中间体 水分的测定

GB/T 2387—2006 反应染料 色光和强度的测定

GB/T 2390—2003 水溶性染料 pH 值的测定

GB/T 2391—2006 反应染料 固色率的测定

GB/T 3671.1—1996 水溶性染料溶解度和溶液稳定性的测定(ISO 105-Z07:1995,IDT)

GB/T 3920—2008 纺织品 色牢度试验 耐摩擦色牢度(ISO 105-X12:2001,MOD)

GB/T 3921—2008 纺织品 色牢度试验 耐皂洗色牢度(ISO 105-C10:2006,MOD)

GB/T 3922—1995 纺织品耐汗渍色牢度试验方法(eqv ISO 105-E04:1994)

GB/T 4841.3—2006 染料染色标准深度色卡 2/1、1/3、1/6、1/12、1/25

GB/T 6152—1997 纺织品 色牢度试验 耐热压色牢度(eqv ISO 105-X11:1994)

GB/T 6678—2003 化工产品采样总则

GB/T 6693—2009 染料 粉尘飞扬性的测定(ISO 105-Z06:1996,IDT)

GB/T 8427—2008 纺织品 色牢度试验 耐人造光色牢度:氙弧(ISO 105-B02:1994,MOD)

GB/T 8433—1998 纺织品 色牢度试验 耐氯化水色牢度(游泳池水)(eqv ISO 105-E03:1994)

GB/T 14576—1993 纺织品耐光、汗复合色牢度试验方法

GB 19601 染料产品中23种有害芳香胺的限量及测定

GB 20814 染料产品中10种重金属元素的限量及测定

3 要求

3.1 外观:紫红色颗粒或均匀粉末。

3.2 反应红 M-2BE 的质量应符合表1的规定。

表1 反应红 M-2BE 的质量要求

项目		指标
(1) 强度(为标准品的)/分		100
(2) 色光(与标准品)		近似～微
(3) 水分的质量分数/%	≤	7.0
(4) 水不溶物的质量分数/%	≤	0.2
(5) pH 值		4.5～6.5
(6) 溶解度(50 ℃)/(g/L)	≥	200
(7) 防尘性/级	≥	3
(8) 固色率(固着染料的质量分数)/%	≥	70
(9) 有害芳香胺的质量分数/(mg/kg)		符合 GB 19601 的标准要求
(10) 重金属元素的质量分数/(mg/kg)		符合 GB 20814 的标准要求

3.3 反应红 M-2BE 在纯棉织物上的色牢度应不低于表2的规定。

表2 反应红 M-2BE 在纯棉织物上的色牢度

<table>
<tr><td rowspan="3">染色深度</td><td rowspan="3">耐光(氙弧)</td><td colspan="2" rowspan="2">耐汗光</td><td colspan="3" rowspan="2">耐洗 95 ℃</td><td colspan="6">耐汗渍</td><td colspan="2" rowspan="2">耐摩擦</td><td rowspan="2">耐热压 200 ℃</td><td rowspan="3">耐氯化水 有效氯 50 mg/L</td></tr>
<tr><td colspan="3">酸</td><td colspan="3">碱</td></tr>
<tr><td>酸</td><td>碱</td><td>变色</td><td>棉沾</td><td>粘沾</td><td>变色</td><td>棉沾</td><td>毛沾</td><td>变色</td><td>棉沾</td><td>毛沾</td><td>干</td><td>湿</td><td>变色 (4 h后)</td></tr>
<tr><td>1/3</td><td>4</td><td>4</td><td>3-4</td><td>4</td><td>4</td><td>4</td><td>4-5</td><td>4</td><td>4</td><td>4</td><td>4</td><td>4-5</td><td>4-5</td><td>3-4</td><td>4</td><td>4</td></tr>
<tr><td colspan="17">注:1.8%(owf)相当于1/3染色标准深度。</td></tr>
</table>

4 采样

以批为单位采样,生产厂以一次拼混均匀的产品为一批。每批采样桶数应符合 GB/T 6678—2003 中7.6的规定。所采样产品的包装必须完好,采样时勿使外界杂质落入产品中。用探管从桶上、中、下三部分采样,所采样品总量不得少于200 g。将所采样品充分混匀后,分装于两个清洁、干燥、密封良好的容器中,其上粘贴标签。注明:产品名称、批号、生产厂名称、采样日期、地点。一个供检验,一个保存备查。

5 试验方法

5.1 外观的评定

采用目视评定。

5.2 染色色光和强度的测定

5.2.1 染色一般条件

染色时的一般条件应符合 GB/T 2374—2007 的有关规定。

染色用棉布或棉纱:5 g,染色浴比:1∶40;或用棉针织布或棉纱:10 g,染色浴比:1∶20。染色深度:2%(owf)。

5.2.2 染液配方

以 5 g 棉布或棉纱染色为例,染液配方如表 3 所示。

表 3 染液配方

单位为毫升

染缸编号	1	2	3	4	5
2 g/L 染料标准品溶液的体积	47.5	50.0	52.5	—	—
2 g/L 染料样品溶液的体积	—	—	—	47.5	50.0
200 g/L 无水硫酸钠溶液的体积	60	60	60	60	60
200 g/L 无水碳酸钠溶液的体积	20	20	20	20	20
加水至总体积	200	200	200	200	200

5.2.3 染色操作

按 GB/T 2387—2006 中 6.1.5 的规定进行,吸色温度 60 ℃,固色温度 60 ℃。

5.2.4 皂煮

按 GB/T 2387—2006 中 6.1.6 的规定进行。

5.2.5 色光和强度的评定

按 GB/T 2374—2007 中第 7 章的有关规定进行。

5.3 水分的测定

按 GB/T 2386—2006 中 3.2 烘干法的规定进行。

5.4 水不溶物的测定

按 GB/T 2381—2006 中有关水溶性染料的规定进行。

5.5 pH 值的测定

按 GB/T 2390—2003 的规定进行。

5.6 溶解度的测定

按 GB/T 3671.1—1996 的规定进行,溶解温度为(50±2)℃。

5.7 固色率的测定

按 GB/T 2391—2006 的 6.2 的规定进行。吸色和固色温度、助剂用量参照本标准 5.2 的规定。

5.8 防尘性的测定

按 GB/T 6693—2009 的规定进行。

5.9 有害芳香胺的量的测定

按 GB 19601 的规定进行。

5.10 重金属元素的量的测定

按 GB 20814 的规定进行。

5.11 在纯棉织物上色牢度的测定

5.11.1 一般规定

所有色牢度的测试样应按 GB/T 4841.3—2006 的规定染成 1/3 染色标准深度。

5.11.2 耐摩擦色牢度的测定

耐摩擦色牢度按 GB/T 3920—2008 的规定进行。

5.11.3 耐洗色牢度的测定

耐洗色牢度按 GB/T 3921—2008 的规定进行。试验条件采用 GB/T 3921—2008 表 2 中的试验方法 D(4)。

5.11.4 耐汗渍色牢度的测定

耐汗渍色牢度按 GB/T 3922—1995 的规定进行。

5.11.5 耐热压色牢度的测定

耐热压色牢度按 GB/T 6152—1997 的规定进行，200 ℃干压(4 h 后评定)。

5.11.6 耐光色牢度的测定

耐光色牢度按 GB/T 8427—2008 的规定进行。

5.11.7 耐氯化水色牢度的测定

耐氯化水色牢度按 GB/T 8433—1998 的规定进行。

5.11.8 耐汗光色牢度的测定

按 GB/T 14576—1993 中 7.2 的规定进行。

6 检验规则

6.1 检验分类

本标准 3.1、3.2 和 3.3 所列的检验项目均为型式检验项目。其中本标准的 3.1 和 3.2 中(1)～(7)项为出厂检验项目，应逐批进行检验。在正常连续生产情况下，每年至少进行一次型式检验。但如有下述情况需进行型式检验：

a) 新产品最初定型时；

b) 产品异地生产时；

c) 生产配方、工艺及原材料有较大改变时；

d) 停产三个月后又恢复生产时；

e) 客户提出要求时。

6.2 出厂检验

反应红 M-2BE 应由生产厂的质量检验部门检验合格，附合格证明后方可出厂。生产厂应保证所有出厂的反应红 M-2BE 都符合本标准的要求。

6.3 复检

如果检验结果中有一项指标不符合本标准的要求时，应重新自两倍量的包装中取样进行检验，重新检验的结果，即使只有一项指标不符合本标准要求，则整批产品为不合格。

7 标志、标签、包装、运输和贮存

7.1 标志、标签

反应红 M-2BE 的每个包装容器上都应涂上牢固、清晰的标志，注明：产品名称、规格、注册商标、净含量、生产厂名称、厂址、标准编号、批号、生产日期。也可将批号、生产日期打印在标签上，并和产品质量检验合格的证明一起放入包装容器内的塑料袋外面。

7.2 包装

反应红 M-2BE 装于内衬塑料袋的包装容器内，并加密封，每件净含量 25 kg，其他包装可与用户协商确定。

7.3 运输

运输时应防止倒置，小心轻放，避免碰撞，切勿损坏包装。

7.4 贮存

反应红 M-2BE 应贮存于阴凉，干燥通风处，防止受潮受热。贮存期二年。

ICS 71.100.01;87.060.10
G 57

中华人民共和国国家标准

GB/T 25792—2010

反应红 W-2G(C.I.反应红 84)

Reactive red W-2G(C.I. Reactive red 84)

2010-12-23 发布 2011-10-01 实施

中华人民共和国国家质量监督检验检疫总局
中国国家标准化管理委员会 发布

前言

本标准由中国石油和化学工业协会提出。

本标准由全国染料标准化技术委员会(SAC/TC 134)归口。

本标准起草单位:天津德凯化工股份有限公司、沈阳化工研究院有限公司。

本标准主要起草人:张克栋、杨桂芳、张兴华、刘文祥、彭渤。

反应红 W-2G(C.I.反应红 84)

1 范围

本标准规定了反应红 W-2G(C.I.反应红 84)产品的要求、采样、试验方法、检验规则以及标志、标签、包装、运输和贮存。

本标准适用于反应红 W-2G 的产品质量控制。

结构式：

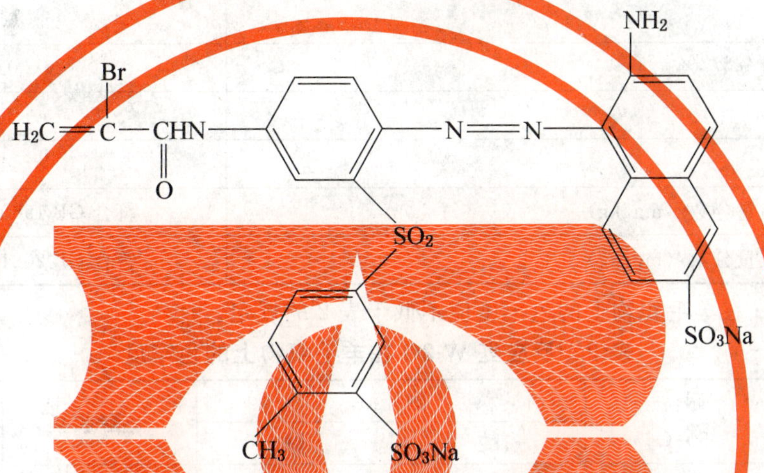

分子式：$C_{26}H_{19}BrN_4Na_2O_9S_3$

相对分子质量：753.53(按 2007 年国际相对原子质量)

CAS RN：85187-33-3

2 规范性引用文件

下列文件中的条款通过本标准的引用而成为本标准的条款。凡是注日期的引用文件，其随后所有的修改单(不包括勘误的内容)或修订版均不适用于本标准，然而，鼓励根据本标准达成协议的各方研究是否可使用这些文件的最新版本。凡是不注日期的引用文件，其最新版本适用于本标准。

GB/T 2374—2007 染料 染色测定的一般条件规定

GB/T 2381—2006 染料及染料中间体 不溶物质含量的测定

GB/T 2386—2006 染料及染料中间体 水分的测定

GB/T 3671.1—1996 水溶性染料溶解度和溶液稳定性的测定(ISO 105-Z07:1995,IDT)

GB/T 3920—2008 纺织品 色牢度试验 耐摩擦色牢度(ISO 105-X12:2001,MOD)

GB/T 3921—2008 纺织品 色牢度试验 耐皂洗色牢度(ISO 105-C10:2006,MOD)

GB/T 3922—1995 纺织品耐汗渍色牢度试验方法(eqv ISO 105-E04:1994)

GB/T 4841.1—2006 染料染色标准深度色卡 1/1

GB/T 5713—1997 纺织品 色牢度试验 耐水色牢度(eqv ISO 105-E01:1994)

GB/T 6152—1997 纺织品 色牢度试验 耐热压色牢度(eqv ISO 105-X11:1994)

GB/T 6678—2003 化工产品采样总则

GB/T 6693—2009 染料 粉尘飞扬性的测定(ISO 105-Z06:1996,IDT)

GB/T 8427—2008 纺织品 色牢度试验 耐人造光色牢度：氙弧(ISO 105-B02:1994,MOD)

GB 19601　染料产品中 23 种有害芳香胺的限量及测定

GB 20814　染料产品中 10 种重金属元素的限量及测定

3　要求

3.1　外观:红色均匀粉末或颗粒。

3.2　反应红 W-2G 的质量应符合表 1 的规定。

表 1　反应红 W-2G 的质量要求

项　目		指　标
(1) 强度(为标准品的)/分		100
(2) 色光(与标准品)		近似～微
(3) 水分的质量分数/%	≤	6.0
(4) 水不溶物的质量分数/%	≤	0.1
(5) 溶解度(90 ℃)/(g/L)	≥	50
(6) 防尘性/级	≥	3
(7) 有害芳香胺的质量分数/(mg/kg)		符合 GB 19601 的标准要求
(8) 重金属元素的质量分数/(mg/kg)		符合 GB 20814 的标准要求

3.3　反应红 W-2G 在羊毛织物上的色牢度应不低于表 2 的规定。

表 2　反应红 W-2G 在羊毛织物上的色牢度

<table>
<tr><th rowspan="3">染色深度</th><th rowspan="3">耐光(氙弧)</th><th colspan="3" rowspan="2">耐洗 50 ℃</th><th colspan="6">耐汗渍</th><th colspan="3" rowspan="2">耐水</th><th colspan="2" rowspan="2">耐摩擦</th><th rowspan="2">耐热压 180 ℃</th></tr>
<tr><th colspan="3">酸</th><th colspan="3">碱</th></tr>
<tr><th>变色</th><th>棉沾</th><th>毛沾</th><th>变色</th><th>棉沾</th><th>毛沾</th><th>变色</th><th>棉沾</th><th>毛沾</th><th>变色</th><th>棉沾</th><th>毛沾</th><th>干</th><th>湿</th><th>变色(4 h后)</th></tr>
<tr><td>1/1</td><td>6-7</td><td>3-4</td><td>4-5</td><td>4-5</td><td>4</td><td>4-5</td><td>4-5</td><td>4</td><td>4</td><td>4</td><td>4</td><td>4-5</td><td>4-5</td><td>4</td><td>3-4</td><td>4-5</td></tr>
<tr><td colspan="17">注:1.6%(owf)相当于 1/1 染色标准深度。</td></tr>
</table>

4　采样

以批为单位采样,生产厂以一次拼混均匀的产品为一批。每批采样桶数应符合 GB/T 6678—2003 中 7.6 的规定。所采样产品的包装必须完好,采样时勿使外界杂质落入产品中。用探管从桶上、中、下三部分采样,所采样品总量不得少于 200 g。将所采样品充分混匀后,分装于两个清洁、干燥、密封良好的容器中,其上粘贴标签。注明:产品名称、批号、生产厂名称、采样日期、地点。一个供检验,一个保存备查。

5　试验方法

5.1　外观的评定

采用目视评定。

5.2　染色色光和强度的测定

5.2.1　染色一般条件

染色时的一般条件应符合 GB/T 2374—2007 的有关规定。

染色用毛线或羊毛凡力丁:4 g,染色浴比:1∶50,染色深度:1%(owf)。

5.2.2　染液配方

染液配方如表 3 所示。

表 3 染液配方

单位为毫升

染 缸 编 号	1	2	3	4	5
1 g/L 染料标准品溶液的体积	38	40	42	—	—
1 g/L 染料样品溶液的体积	—	—	—	38	40
100 g/L 乙酸溶液的体积	2	2	2	2	2
加水至总体积	200	200	200	200	200

5.2.3 染色操作

把经沸水浸泡过的毛线或羊毛凡力丁按编号顺序放入按表 3 配制的染液中，室温入染，在 30 min 内升温到 98 ℃，并在 98 ℃～100 ℃下保温染色 30 min。冷却到 60 ℃，取出染样，用流水充分冲洗。晾干或在 60 ℃下烘干。

5.2.4 色光和强度的评定

按 GB/T 2374—2007 中第 7 章的有关规定进行。

5.3 水分的测定

按 GB/T 2386—2006 中 3.2 烘干法的规定进行。

5.4 水不溶物的测定

按 GB/T 2381—2006 中有关水溶性染料的规定进行。

5.5 溶解度的测定

按 GB/T 3671.1—1996 的规定进行，溶解温度为 90 ℃～95 ℃。

5.6 防尘性的测定

按 GB/T 6693—2009 的规定进行。

5.7 有害芳香胺的量的测定

按 GB 19601 的规定进行。

5.8 重金属元素的量的测定

按 GB 20814 的规定进行。

5.9 在羊毛织物上色牢度的测定

5.9.1 一般规定

所有色牢度的测试样应按 GB/T 4841.1—2006 的规定染成 1/1 染色标准深度。

5.9.2 耐摩擦色牢度的测定

耐摩擦色牢度按 GB/T 3920—2008 的规定进行。

5.9.3 耐洗色牢度的测定

耐洗色牢度按 GB/T 3921—2008 的规定进行。试验条件采用 GB/T 3921—2008 表 2 中的试验方法 B(2)。

5.9.4 耐汗渍色牢度的测定

耐汗渍色牢度按 GB/T 3922—1995 的规定进行。

5.9.5 耐水色牢度的测定

耐水色牢度按 GB/T 5713—1997 的规定进行。

5.9.6 耐热压色牢度的测定

耐热压色牢度按 GB/T 6152—1997 的规定进行，180 ℃干压(4 h 后评定)。

5.9.7 耐光色牢度的测定

耐光色牢度按 GB/T 8427—2008 的规定进行。

6 检验规则

6.1 检验分类

本标准 3.1、3.2 和 3.3 所列的检验项目均为型式检验项目。其中本标准的 3.1 和 3.2 中(1)～(6)项为出厂检验项目，应逐批进行检验。在正常连续生产情况下，每年至少进行一次型式检验。但如有下述情况需进行型式检验：

1) 新产品最初定型时；
2) 产品异地生产时；
3) 生产配方、工艺及原材料有较大改变时；
4) 停产三个月后又恢复生产时；
5) 客户提出要求时。

6.2 出厂检验

反应红 W-2G 应由生产厂的质量检验部门检验合格，附合格证明后方可出厂。生产厂应保证所有出厂的反应红 W-2G 都符合本标准的要求。

6.3 复检

如果检验结果中有一项指标不符合本标准的要求时，应重新自两倍量的包装中取样进行检验，重新检验的结果，即使只有一项指标不符合本标准要求，则整批产品为不合格。

7 标志、标签、包装、运输和贮存

7.1 标志、标签

反应红 W-2G 的每个包装容器上都应涂上牢固、清晰的标志，注明：产品名称、规格、注册商标、净含量、生产厂名称、厂址、标准编号、批号、生产日期。也可将批号、生产日期打印在标签上，并和产品质量检验合格的证明一起放入包装容器内的塑料袋外面。

7.2 包装

反应红 W-2G 装于内衬塑料袋的包装容器内，并加密封，每件净含量 25 kg，其他包装可与用户协商确定。

7.3 运输

运输时应防止倒置，小心轻放，避免碰撞，切勿损坏包装。

7.4 贮存

反应红 W-2G 应贮存于阴凉，干燥通风处，防止受潮受热。贮存期二年。

ICS 71.100.01;87.060.10
G 57

中华人民共和国国家标准

GB/T 25793—2010

反应黄 KN-GR 150%（C.I. 反应黄 15）

Reactive yellow KN-GR 150%（C.I. Reactive yellow 15）

2010-12-23 发布 2011-10-01 实施

中华人民共和国国家质量监督检验检疫总局
中国国家标准化管理委员会 发布

前　言

本标准由中国石油和化学工业协会提出。

本标准由全国染料标准化技术委员会(SAC/TC 134)归口。

本标准起草单位:湖北华丽染料工业有限公司、沈阳化工研究院有限公司。

本标准主要起草人:尚爱国、杨桂芳。

反应黄 KN-GR 150%(C.I.反应黄 15)

1 范围

本标准规定了反应黄 KN-GR 150%(C.I.反应黄 15)产品的要求、采样、试验方法、检验规则以及标志、标签、包装、运输和贮存。

本标准适用于反应黄 KN-GR 150%的产品质量控制。

结构式:

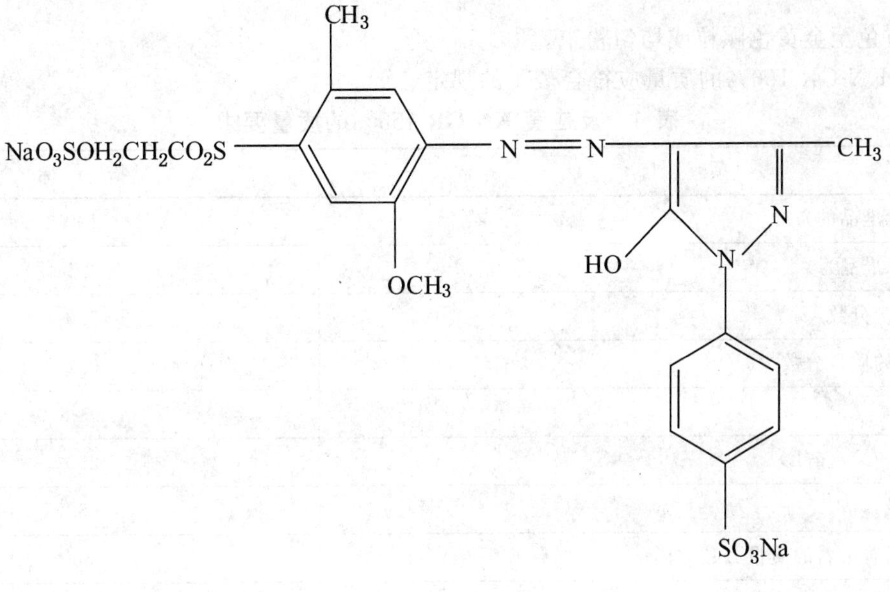

分子式:$C_{20}H_{20}N_4Na_2O_{11}S_3$

相对分子质量:634.57(按 2007 年国际相对原子质量)

CAS RN:12226-47-0

2 规范性引用文件

下列文件中的条款通过本标准的引用而成为本标准的条款。凡是注日期的引用文件,其随后所有的修改单(不包括勘误的内容)或修订版均不适用于本标准,然而,鼓励根据本标准达成协议的各方研究是否可使用这些文件的最新版本。凡是不注日期的引用文件,其最新版本适用于本标准。

GB/T 2374—2007 染料 染色测定的一般条件规定

GB/T 2381—2006 染料及染料中间体 不溶物质含量的测定

GB/T 2386—2006 染料及染料中间体 水分的测定

GB/T 2387—2006 反应染料 色光和强度的测定

GB/T 2390—2003 水溶性染料 pH 值的测定

GB/T 2391—2006 反应染料 固色率的测定

GB/T 3671.1—1996 水溶性染料溶解度和溶液稳定性的测定(ISO 105-Z07:1995,IDT)

GB/T 3920—2008 纺织品 色牢度试验 耐摩擦色牢度(ISO 105-X12:2001,MOD)

GB/T 3921—2008 纺织品 色牢度试验 耐皂洗色牢度(ISO 105-C10:2006,MOD)

GB/T 3922—1995 纺织品耐汗渍色牢度试验方法(eqv ISO 105-E04:1994)

GB/T 4841.1—2006　染料染色标准深度色卡　1/1

GB/T 6152—1997　纺织品　色牢度试验　耐热压色牢度(eqv ISO 105-X11:1994)

GB/T 6678—2003　化工产品采样总则

GB/T 6693—2009　染料　粉尘飞扬性的测定(ISO 105-Z06:1996,IDT)

GB/T 8427—2008　纺织品　色牢度试验　耐人造光色牢度:氙弧(ISO 105-B02:1994,MOD)

GB/T 8433—1998　纺织品　色牢度试验　耐氯化水色牢度(游泳池水)(eqv ISO 105-E03:1994)

GB/T 14576—1993　纺织品耐光、汗复合色牢度试验方法

GB 19601　染料产品中23种有害芳香胺的限量及测定

GB 20814　染料产品中10种重金属元素的限量及测定

3　要求

3.1　外观:黄色至金黄色颗粒或均匀粉末。

3.2　反应黄 KN-GR 150%的质量应符合表1的规定。

表1　反应黄 KN-GR 150%的质量要求

项　目		指　标
(1) 强度(为标准品的)/分		100
(2) 色光(与标准品)		近似～微
(3) 水分的质量分数/%	≤	7.0
(4) 水不溶物的质量分数/%	≤	0.2
(5) pH 值		4.5～6.0
(6) 溶解度(50℃)/(g/L)	≥	200
(7) 防尘性/级	≥	3
(8) 固色率(固着染料的质量分数)/%	≥	50
(9) 有害芳香胺的质量分数/(mg/kg)		符合 GB 19601 的标准要求
(10) 重金属元素的质量分数/(mg/kg)		符合 GB 20814 的标准要求

3.3　反应黄 KN-GR 150%在棉织物上的色牢度应不低于表2的规定。

表2　反应黄 KN-GR 150%在棉织物上的色牢度

染色深度	耐光(氙弧)	耐汗光		耐洗 95 ℃			耐汗渍						耐摩擦		耐热压 200 ℃	耐氯化水 有效氯 50 mg/L
							酸			碱						
		酸	碱	变色	棉沾	粘沾	变色	棉沾	毛沾	变色	棉沾	毛沾	干	湿	变色(4 h后)	
1/1	5	4-5	4-5	2-3	4	4	4	4-5	4-5	4-5	4-5	4-5	4-5	4	4	1-2

注:4%(owf)相当于1/1染色标准深度。

4　采样

以批为单位采样,生产厂以一次拼混均匀的产品为一批。每批采样桶数应符合 GB/T 6678—2003 中7.6的规定。所采样产品的包装必须完好,采样时勿使外界杂质落入产品中。用探管从桶上、中、下三部分采样,所采样品总量不得少于200 g。将所采样品充分混匀后,分装于两个清洁、干燥、密封良好的容器中,其上粘贴标签。注明:产品名称、批号、生产厂名称、采样日期、地点。一个供检验,一个保存

备查。

5 试验方法

5.1 外观的评定

采用目视评定。

5.2 染色色光和强度的测定

5.2.1 染色一般条件

染色时的一般条件应符合 GB/T 2374—2007 的有关规定。

染色用棉布或棉纱:5 g,染色浴比:1∶40;或用棉针织布或棉纱:10 g,染色浴比:1∶20。染色深度:2%(owf)。

5.2.2 染液配方

以 5 g 棉布或棉纱染色为例,染液配方如表 3 所示。

表 3 染液配方

单位为毫升

染 缸 编 号	1	2	3	4	5
2 g/L 染料标准品溶液的体积	47.5	50.0	52.5	—	—
2 g/L 染料样品溶液的体积	—	—	—	47.5	50.0
200 g/L 无水硫酸钠溶液的体积	100	100	100	100	100
200 g/L 无水碳酸钠溶液的体积	20	20	20	20	20
加水至总体积	200	200	200	200	200

5.2.3 染色操作

按 GB/T 2387—2006 中 6.1.5 的规定进行,吸色温度 40 ℃,固色温度 40 ℃。

5.2.4 皂煮

按 GB/T 2387—2006 中 6.1.6 的规定进行。

5.2.5 色光和强度的评定

按 GB/T 2374—2007 中第 7 章的有关规定进行。

5.3 水分的测定

按 GB/T 2386—2006 中 3.2 烘干法的规定进行。

5.4 水不溶物的测定

按 GB/T 2381—2006 中有关水溶性染料的规定进行。

5.5 pH 值的测定

按 GB/T 2390—2003 的规定进行。

5.6 溶解度的测定

按 GB/T 3671.1—1996 的规定进行,溶解温度为(50±2)℃。

5.7 固色率的测定

按 GB/T 2391—2006 的 6.2 的规定进行。吸色和固色温度、助剂用量参照本标准 5.2 的规定。

5.8 防尘性的测定

按 GB/T 6693—2009 的规定进行。

5.9 有害芳香胺的量的测定

按 GB 19601 的规定进行。

5.10 重金属元素的量的测定

按 GB 20814 的规定进行。

5.11 在棉织物上色牢度的测定

5.11.1 一般规定

所有色牢度的测试样应按 GB/T 4841.1—2006 的规定染成 1/1 染色标准深度。

5.11.2 耐摩擦色牢度的测定

耐摩擦色牢度按 GB/T 3920—2008 的规定进行。

5.11.3 耐洗色牢度的测定

耐洗色牢度按 GB/T 3921—2008 的规定进行。试验条件采用 GB/T 3921—2008 表 2 中的试验方法 D(4)。

5.11.4 耐汗渍色牢度的测定

耐汗渍色牢度按 GB/T 3922—1995 的规定进行。

5.11.5 耐热压色牢度的测定

耐热压色牢度按 GB/T 6152—1997 的规定进行,200 ℃干压(4 h 后评定)。

5.11.6 耐光色牢度的测定

耐光色牢度按 GB/T 8427—2008 的规定进行。

5.11.7 耐氯化水色牢度的测定

耐氯化水色牢度按 GB/T 8433—1998 的规定进行。

5.11.8 耐汗光色牢度的测定

按 GB/T 14576—1993 中 7.2 的规定进行。

6 检验规则

6.1 检验分类

本标准 3.1、3.2 和 3.3 所列的检验项目均为型式检验项目。其中本标准的 3.1 和 3.2 中(1)～(7)项为出厂检验项目,应逐批进行检验。在正常连续生产情况下,每年至少进行一次型式检验。但如有下述情况需进行型式检验:

a) 新产品最初定型时;

b) 产品异地生产时;

c) 生产配方、工艺及原材料有较大改变时;

d) 停产三个月后又恢复生产时;

e) 客户提出要求时。

6.2 出厂检验

反应黄 KN-GR 150%应由生产厂的质量检验部门检验合格,附合格证明后方可出厂。生产厂应保证所有出厂的反应黄 KN-GR 150%都符合本标准的要求。

6.3 复检

如果检验结果中有一项指标不符合本标准的要求时,应重新自两倍量的包装中取样进行检验,重新检验的结果,即使只有一项指标不符合本标准要求,则整批产品为不合格。

7 标志、标签、包装、运输和贮存

7.1 标志、标签

反应黄 KN-GR 150%的每个包装容器上都应涂上牢固、清晰的标志,注明:产品名称、规格、注册商标、净含量、生产厂名称、厂址、标准编号、批号、生产日期。也可将批号、生产日期打印在标签上,并和产品质量检验合格的证明一起放入包装容器内的塑料袋外面。

7.2 包装

反应黄 KN-GR 150%装于内衬塑料袋的包装容器内,并加密封,每件净含量 25 kg,其他包装可与用户协商确定。

7.3 运输

运输时应防止倒置，小心轻放，避免碰撞，切勿损坏包装。

7.4 贮存

反应黄 KN-GR 150％应贮存于阴凉，干燥通风处，防止受潮受热。贮存期二年。

ICS 71.100.01;87.060.10
G 57

中华人民共和国国家标准

GB/T 25794—2010

反应金黄 KN-RNL(C.I.反应橙 107)及反应红 M-RB(C.I.反应红 198)

Reactive golden yellow KN-RNL (C.I. Reactive orange 107) and Reactive red M-RB (C.I. Reactive red 198)

2010-12-23 发布 2011-10-01 实施

中华人民共和国国家质量监督检验检疫总局
中国国家标准化管理委员会 发布

前　言

本标准由中国石油和化学工业协会提出。

本标准由全国染料标准化技术委员会(SAC/TC 134)归口。

本标准起草单位:湖北华丽染料工业有限公司、沈阳化工研究院有限公司。

本标准主要起草人:王勇、王华权、严钦华 、董仲生、尚爱国、沙振中。

反应金黄 KN-RNL(C.I.反应橙 107)及反应红 M-RB(C.I.反应红 198)

1 范围

本标准规定了反应金黄 KN-RNL(C. I. 反应橙 107、反应金黄 KN-G)和反应红 M-RB(C. I. 反应红 198)产品的要求、采样、试验方法、检验规则以及标志、标签、包装、运输和贮存。

本标准适用于反应金黄 KN-RNL 和反应红 M-RB 的产品质量控制。

反应金黄 KN-RNL 的结构式：

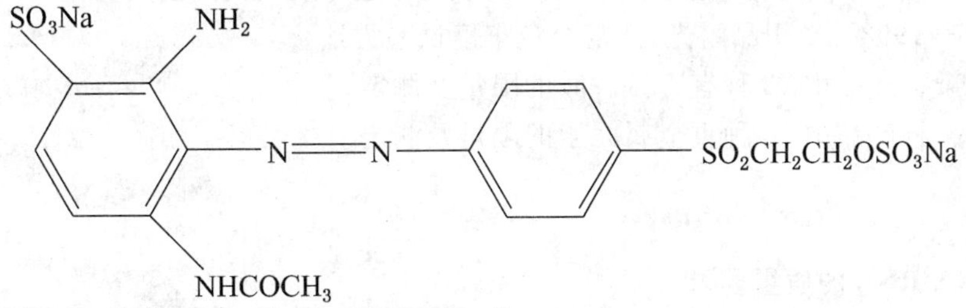

反应金黄 KN-RNL 的分子式：$C_{16}H_{16}N_4Na_2O_{10}S_3$

反应金黄 KN-RNL 的相对分子质量：566.49(按 2007 年国际相对原子质量)

反应金黄 KN-RNL 的 CAS RN：90597-79-8

反应红 M-RB 的结构式：

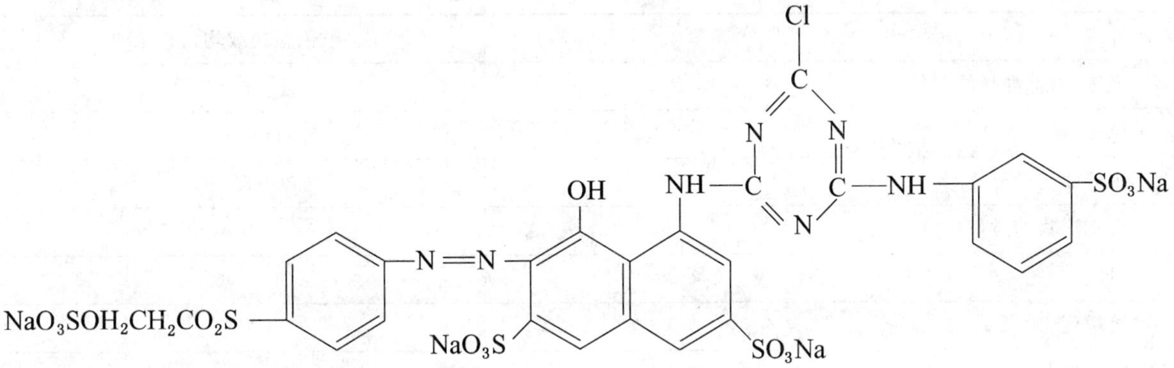

反应红 M-RB 的分子式：$C_{27}H_{18}ClN_7Na_4O_{16}S_5$

反应红 M-RB 的相对分子质量：984.21(按 2007 年国际相对原子质量)

反应红 M-RB 的 CAS RN：145017-98-8

2 规范性引用文件

下列文件中的条款通过本标准的引用而成为本标准的条款。凡是注日期的引用文件，其随后所有的修改单(不包括勘误的内容)或修订版均不适用于本标准，然而，鼓励根据本标准达成协议的各方研究是否可使用这些文件的最新版本。凡是不注日期的引用文件，其最新版本适用于本标准。

GB/T 2374—2007 染料 染色测定的一般条件规定

GB/T 2381—2006 染料及染料中间体 不溶物质含量的测定

GB/T 2386—2006 染料及染料中间体 水分的测定

GB/T 2387—2006 反应染料 色光和强度的测定

GB/T 2390　水溶性染料　pH 值的测定
GB/T 2391—2006　反应染料　固色率的测定
GB/T 3671.1—1996　水溶性染料溶解度和溶液稳定性的测定(ISO 105-Z07:1995,IDT)
GB/T 3920—2008　纺织品　色牢度试验　耐摩擦色牢度(ISO 105-X12:2001,MOD)
GB/T 3921—2008　纺织品　色牢度试验　耐皂洗色牢度(ISO 105-C10:2006,MOD)
GB/T 3922—1995　纺织品耐汗渍色牢度试验方法(eqv ISO 105-E04:1994)
GB/T 4841.1—2006　染料染色标准深度色卡　1/1
GB/T 6152—1997　纺织品　色牢度试验　耐热压色牢度(eqv ISO 105-X11:1994)
GB/T 6678—2003　化工产品采样总则
GB/T 6693—2009　染料　粉尘飞扬性的测定(ISO 105-Z06:1996,IDT)
GB/T 8427—2008　纺织品　色牢度试验　耐人造光色牢度:氙弧(ISO 105-B02:1994,MOD)
GB/T 8433—1998　纺织品　色牢度试验　耐氯化水色牢度(游泳池水)(eqv ISO 105-E03:1994)
GB/T 14576—1993　纺织品耐光、汗复合色牢度试验方法
GB 19601　染料产品中 23 种有害芳香胺的限量及测定
GB 20814　染料产品中 10 种重金属元素的限量及测定

3　要求

3.1　反应金黄 KN-RNL 的质量要求

反应金黄 KN-RNL 的质量要求应符合表 1 的规定。

反应金黄 KN-RNL 在棉织物上的色牢度应不低于表 2 的规定。

表 1　反应金黄 KN-RNL 和反应红 M-RB 的质量要求

项　　目		指　　标
(1) 外观		橙色颗粒或均匀粉末
(2) 强度(为标准品的)/分		100
(3) 色光(与标准品)		近似～微
(4) 水分的质量分数/%	≤	7.0
(5) 水不溶物的质量分数/%	≤	0.1
(6) pH 值		4.5～6.5
(7) 溶解度(50 ℃)/(g/L)	≥	200
(8) 防尘性/级	≥	3
(9) 固色率(固着染料的质量分数)/%	≥	60
(10) 有害芳香胺的质量分数/(mg/kg)		符合 GB 19601 的标准要求
(11) 重金属元素的质量分数/(mg/kg)		符合 GB 20814 的标准要求

表 2　反应金黄 KN-RNL 在棉织物上的色牢度

染色深度	耐光(氙弧)	耐汗光		耐洗 95 ℃			耐汗渍						耐摩擦		耐热压 200 ℃	耐氯化水 有效氯 50 mg/L
							酸			碱						
		酸	碱	变色	棉沾	粘沾	变色	棉沾	毛沾	变色	棉沾	毛沾	干	湿	变色(4 h后)	
1/1	4-5	4	4	3	4	4	4-5	4-5	4-5	4-5	4-5	4-5	4-5	3-4	4-5	3
注:4%(owf)相当于 1/1 染色标准深度。																

3.2 反应红 M-RB 的质量要求

反应红 M-RB 的质量均应符合表 3 的规定。

反应红 M-RB 在棉织物上的色牢度应不低于表 4 的规定。

表 3 反应红 M-RB 的质量要求

项目		指标
(1) 外观		暗红色颗粒或均匀粉末
(2) 强度(为标准品的)/分		100
(3) 色光(与标准品)		近似～微
(4) 水分的质量分数/%	≤	7.0
(5) 水不溶物的质量分数/%	≤	0.1
(6) pH 值		4.5～6.5
(7) 溶解度(50℃)/(g/L)	≥	200
(8) 防尘性/级	≥	3
(9) 固色率(固着染料的质量分数)/%	≥	60
(10) 有害芳香胺的质量分数/(mg/kg)		符合 GB 19601 的标准要求
(11) 重金属元素的质量分数/(mg/kg)		符合 GB 20814 的标准要求

表 4 反应红 M-RB 在棉织物上的色牢度

染色深度	耐光(氙弧)	耐汗光		耐洗 95 ℃			耐汗渍						耐摩擦		耐热压 200 ℃	耐氯化水 有效氯 50 mg/L
							酸			碱						
		酸	碱	变色	棉沾	粘沾	变色	棉沾	毛沾	变色	棉沾	毛沾	干	湿	变色(4 h 后)	
1/1	4	4	3-4	4	4	4	4-5	4	4-5	4-5	4	4-5	4-5	3-4	4-5	2-3
注：6%(owf)相当于 1/1 染色标准深度。																

4 采样

以批为单位采样，生产厂以一次拼混均匀的产品为一批。每批采样桶数应符合 GB/T 6678—2003 中 7.6 的规定。所采样产品的包装必须完好，采样时勿使外界杂质落入产品中。用探管从桶上、中、下三部分采样，所采样品总量不得少于 200 g。将所采样品充分混匀后，分装于两个清洁、干燥、密封良好的容器中，其上粘贴标签。注明：产品名称、批号、生产厂名称、采样日期、地点。一个供检验，一个保存备查。

5 试验方法

5.1 外观的评定

采用目视评定。

5.2 染色色光和强度的测定

5.2.1 染色一般条件

染色时的一般条件应符合 GB/T 2374—2007 的有关规定。

染色用棉布或棉纱：5 g，染色浴比：1∶40；或用棉针织布或棉纱：10 g，染色浴比：1∶20。染色深度：2%(owf)。

5.2.2 染浴配方

以 5 g 棉布或棉纱染色为例，反应金黄 KN-RNL 的染浴配方如表 5 所示，反应红 M-RB 的染浴配方如表 6 所示。

表 5 反应金黄 KN-RNL 染浴配方

单位为毫升

染缸编号	1	2	3	4	5
2 g/L 染料标准品溶液的体积	47.5	50	52.5	—	—
2 g/L 染料样品溶液的体积	—	—	—	47.5	50
200 g/L 无水硫酸钠溶液的体积	100	100	100	100	100
60 g/L 无水磷酸钠溶液的体积	20	20	20	20	20
加水至总体积	200	200	200	200	200

表 6 反应红 M-RB 的染浴配方

单位为毫升

染缸编号	1	2	3	4	5
2 g/L 染料标准品溶液的体积	47.5	50	52.5	—	—
2 g/L 染料样品溶液的体积	—	—	—	47.5	50
200 g/L 无水硫酸钠溶液的体积	60	60	60	60	60
200 g/L 无水碳酸钠溶液的体积	20	20	20	20	20
加水至总体积	200	200	200	200	200

5.2.3 染色操作

按 GB/T 2387—2006 中 6.1.5 的规定进行，反应金黄 KN-RNL 的吸色温度为 20 ℃～25 ℃，固色温度为 40 ℃。反应红 M-RB 的吸色温度和固色温度均为 60 ℃。

5.2.4 皂煮

按 GB/T 2387—2006 中 6.1.6 的规定进行。

5.2.5 色光和强度的评定

按 GB/T 2374—2007 中第 7 章的有关规定进行。

5.3 水分的测定

按 GB/T 2386—2006 中 3.2 烘干法的规定进行。

5.4 水不溶物的测定

按 GB/T 2381—2006 中有关水溶性染料的规定进行。

5.5 pH 值的测定

按 GB/T 2390 的规定进行。

5.6 溶解度的测定

按 GB/T 3671.1—1996 的规定进行，溶解温度为(50±2)℃。

5.7 固色率的测定

按 GB/T 2391—2006 的 6.2 的规定进行。吸色和固色温度、助剂用量参照本标准 5.2 的规定。

5.8 防尘性的测定

按 GB/T 6693—2009 的规定进行。

5.9 有害芳香胺的量的测定

按 GB 19601 的规定进行。

5.10 重金属元素的量的测定

按 GB 20814 的规定进行。

5.11 在纯棉织物上色牢度的测定

5.11.1 一般规定

所有色牢度的测试样应按 GB/T 4841.1—2006 的规定染成 1/1 染色标准深度。

5.11.2 耐摩擦色牢度的测定

耐摩擦色牢度按 GB/T 3920—2008 的规定进行。

5.11.3 耐洗色牢度的测定

耐洗色牢度按 GB/T 3921—2008 的规定进行。试验条件采用 GB/T 3921—2008 表 2 中的试验方法 D(4)。

5.11.4 耐汗渍色牢度的测定

耐汗渍色牢度按 GB/T 3922—1995 的规定进行。

5.11.5 耐热压色牢度的测定

耐热压色牢度按 GB/T 6152—1997 的规定进行,200 ℃干压(4h 后评定)。

5.11.6 耐光色牢度的测定

耐光色牢度按 GB/T 8427—2008 的规定进行。

5.11.7 耐氯化水色牢度的测定

耐氯化水色牢度按 GB/T 8433—1998 的规定进行。

5.11.8 耐汗光色牢度的测定

按 GB/T 14576—1993 中 7.2 的规定进行。

6 检验规则

6.1 检验分类

本标准 3.1 和 3.2 所列的检验项目均为型式检验项目。其中本标准的 3.1 表 1 中的(1)～(8)项、3.2 表 3 中的(1)～(8)项为出厂检验项目,应逐批进行检验。在正常连续生产情况下,每年至少进行一次型式检验。但如有下述情况需进行型式检验:

a) 新产品最初定型时;

b) 产品异地生产时;

c) 生产配方、工艺及原材料有较大改变时;

d) 停产三个月后又恢复生产时;

e) 客户提出要求时。

6.2 出厂检验

反应金黄 KN-RNL 和反应红 M-RB 应由生产厂的质量检验部门检验合格,附合格证明后方可出厂。生产厂应保证所有出厂的反应金黄 KN-RNL 和反应红 M-RB 都符合本标准的要求。

6.3 复检

如果检验结果中有一项指标不符合本标准的要求时,应重新自两倍量的包装中取样进行检验,重新检验的结果,即使只有一项指标不符合本标准要求,则整批产品为不合格。

7 标志、标签、包装、运输和贮存

7.1 标志、标签

反应金黄 KN-RNL 和反应红 M-RB 的每个包装容器上都应涂上牢固、清晰的标志,注明:产品名称、规格、注册商标、净含量、生产厂名称、厂址、标准编号、批号、生产日期。也可将批号、生产日期打印在标签上,并和产品质量检验合格的证明一起放入包装容器内的塑料袋外面。

7.2 包装

反应金黄 KN-RNL 和反应红 M-RB 装于内衬塑料袋的包装容器内,并加密封,每件净含量 25 kg,

其他包装可与用户协商确定。

7.3 运输

运输时应防止倒置，小心轻放，避免碰撞，切勿损坏包装。

7.4 贮存

反应金黄 KN-RNL 和反应红 M-RB 应贮存于阴凉，干燥通风处，防止受潮受热。贮存期二年。